工程科学与技术前沿著作系列
HEP Series in Engineering and Technology Frontiers

HEP
ETF

Engineering Science of Solids

—Applied Mechanics Theories and Applications to Engineering Materials

▶ ▶ ▶ ▶ ▶ ▶ ▶ ▶ ▶ ▶ ▶ ▶ ▶ ▶ ▶ ▶ ▶

固体工程科学

——工程材料的应用力学理论与实践

魏宇杰 著

高等教育出版社·北京

内容简介

与以往关注固体力学某一专业知识点如弹性、塑性、疲劳、断裂等的教材不同，本书是作者针对工程科学领域高度交叉的现状，面向通识化教育的需求而作出的一种尝试。本书涵括了固体变形各个专业知识点的力学内容，尤其是对固体力学问题的物理背景、物理过程进行了深入描述，并辅以简单的工程实例，以期不同工科专业背景的读者能够容易和牢靠地掌握固体力学的核心知识。

本书的阅读和使用需要具有一定的数学知识背景，但只要具备基本的高等数学知识就可以理解、消化、吸收其中的大部分内容。本书内容系统而完备，适合材料、机械、土木、化工、航空航天、工程力学等专业的高年级本科生、研究生、教师及相关科技人员阅读和参考。作为教学参考读物，亦可根据学时安排，选取部分章节加以讲授。

图书在版编目（CIP）数据

固体工程科学：工程材料的应用力学理论与实践 / 魏宇杰著. -- 北京：高等教育出版社，2021.3
   ISBN 978-7-04-055481-6

Ⅰ.①固… Ⅱ.①魏… Ⅲ.①科学 - 应用力学 - 研究 Ⅳ.① TB3 ② TB39

中国版本图书馆 CIP 数据核字（2021）第 024592 号

GUTI GONGCHENG KEXUE——GONGCHENG CAILIAO DE YINGYONG LIXUE LILUN YU SHIJIAN

策划编辑 刘占伟	责任编辑 刘占伟	封面设计 王凌波	版式设计 杜微言
插图绘制 黄云燕	责任校对 马鑫蕊	责任印制 赵 振	

出版发行　高等教育出版社
社　　址　北京市西城区德外大街4号
邮政编码　100120
印　　刷　天津嘉恒印务有限公司
开　　本　787mm×1092mm 1/16
印　　张　24.5
字　　数　550 千字
插　　页　2
购书热线　010-58581118

咨询电话　400-810-0598
网　　址　http://www.hep.edu.cn
　　　　　http://www.hep.com.cn
网上订购　http://www.hepmall.com.cn
　　　　　http://www.hepmall.com
　　　　　http://www.hepmall.cn
版　　次　2021年3月第1版
印　　次　2021年3月第1次印刷
定　　价　89.00 元

前　言

　　这本书是固体力学，更具体一点，是应用固体力学的教材。书中主要阐述如何分析工程中材料或者结构在外载作用下的变形与受力状态，即针对具体的工程结构确定其运动学、动力学、热力学以及本构方程 4 个方面的关系。为此，我们需要通过建立结构模型确定结构每一处边界的位移或载荷情况，建立位移与应变之间的对应关系（运动学）；建立力、动量、力矩平衡方程（动力学）；给出这一变形过程中的热、功、变形之间的关联，以及能量守恒条件下热力学参数的特性；建立动力学相关参数与运动学参数的关系；最后通过所确立的物理和力学关系，采用理论或者数值方法来确定材料或结构在外载作用下的变形与受力状态。本书内容系统而完备，主要面向工科专业的高年级本科生、硕士/博士研究生、教师及相关科技人员，为他们提供工作或科研中所需固体力学的基本知识和信息来源。

　　关于固体力学方面的书籍，从材料力学、结构力学、弹性力学、塑性力学等固体结构或变形的不同侧重点出发，已经积累了许多很好的教材。这类教材的一个显著特点是，延续了我国力学教育注重数学基础这个优良传统。

　　但目前工程科学高度交叉，数值计算方法快速发展，越来越多的工程技术人员需要用到力学分析手段，而又不一定具备大量的高等数学知识。这种通识化的教育需求就要求我们尽可能地少使用数学语言，将固体力学问题的物理背景和物理过程翔实而系统地描述出来，同时结合简单的工程实例，传授固体力学知识的应用方法。尽管工程学科的通识教育在国内已经引起广泛讨论，但针对这一目标设立的专业教材还非常缺乏，这也是力学作为一门工程与科学之间桥梁的学科所面临的挑战和亟需应对的问题。在国内目前还缺少具有通识性且与工程密切关联的固体力学导论方面的书籍，这也是作者撰写本书的初衷。

　　基于以上目标，本书采用了理论描述与工程实际应用相结合的案例分析，以加深读者对知识点的理解。尽管这本书也涵括了一部分需要有一定数学背景知识的内容，但只要具备基本的高等数学知识就可以理解、吸收其中的绝大部分内容。

　　对于按照理论力学、材料力学、结构力学、弹性力学等分类的固体力学教材，每一个归类所分析的问题以及所采用的主要分析方法都有一个比较清晰的界线。理论力学所采用的研究方法是从一些由经验或试验归纳出的反映客观规律的基本公理或定律出发，经过数学演绎得出物体机械运动在一般情况下的规律。理论力学以经过科学抽象的模型（如质点、刚体、刚体系等）为研究对象，其静力学部分由 5 条静力学公理演绎而成：力的平行四边形法则、二力平衡公理、加减平衡力系公理、作用和反作用公理、刚化原理。而动力学分析则以牛顿运动定律、万有引力定律为研究基础。当物体的变形不能忽略时，则成为变形体力学（如材料力学、弹性力学等）的讨论对象。更细致一点，材料力学研究材料在各种外力作用下产生的应变、应力、强度、刚度、稳定性以及导致各种材料破坏的极限，以便合理地设计并选择构件的尺寸和材料。材料力学所处理的对象主要是棒状材料，如杆、梁、轴等，同时它对分析对象的材料性质有一些前提条件，一般要求满足连续性、均匀性、各向同性 3 个方面的假设。连续性假设要求所处理的物体代表体积内部充满物质，没有任何空隙。这一假设并不排斥实际物体内空隙的存在，而是从宏观角度来看，这些空隙的大小比代表体积的尺寸小得多，因此可以获得材料的宏观等效力学行为。均匀性则要求固体内部各处力学性能一样。各向同性指材料各个不同方向的力学性能相同。与连续性假设类似，后两者也是基于代表体积内宏观力学性能均匀且各向同性。弹性力学所处理的范围较之材料力学更为广泛通用，它对所处理对象的材料性质的要求是具有连续性、均匀性、弹性（即在使得物体变形的外力移除后，能恢复到外力施加前的状态）以及小应变（即可以将变形前后的物体看成大小不变，不会引起力学分析结果的显著误差）。固体力学综合了以上各个分支学科所处理的对象和环境，研究固体在外界因素（如力、热、光、电、磁等）作用下，内部各物质点产生的位移、运动、应力-应变以及破坏等情况下的特征与规律，其本身是连续介质力学的分支，通常包含结构力学、材料力学、弹性力学、塑性力学、振动理论、断裂力学、复合材料力学等。

固体力学研究运动、力与固体变形，是诸多学科和应用领域的核心研究内容，例如航空航天、化工、土木工程、机械工程、工程科学与力学、应用数学与物理学等。一方面，我们可以采用物理原理与数学语言来推导出控制材料运动、变形与热力学反应的方程；另一方面，可利用所得到的方程来解决工程实践中特定的力学问题。对一个连续体运动与变形的固体力学研究大致可分为 4 个方面：① 运动学，这一过程研究几何变化与形变，不考虑力导致的变形。在这一阶段，我们依据研究对象的变形特征，建立对应的应变-位移关系。② 动力学，此时研究物体在力或力矩下的平衡问题，并依据动量与力矩平衡方程，导出运动方程以及应力张量的对称性。研究所得的典型关系包括力平衡与力矩的平衡。③ 热力学，研究变形中的能量守恒，涉及功、热以及与热力学特性之间的转换关系。研究关系包含热力学第一定律和第二定律。④ 在前面所建立的 3 个关系的基础上，我们需要建立动力学中的参数与运动学中的参数的物理关联，以及这一关联过程中的热力学参数的变化，从而描述材料的热力学行为。这一部分也就是常说的本构方程或本构关系。在建立了这几方面的关系后，我们就可以通过理论或者数值方法来获得固体的运动和变形与热力学相关参量之间的相互关系，从而为工程设计提供指导。

按照所需建立的 4 个方面的关系，我们将逐一介绍涉及的基本概念和知识点，之后讨论如何应用所学的知识来解决工程中所关注的典型问题。在前面的 4 个章节，我们将针对材料弹性小变形的情况，建立固体中位移与应变之间的对应关系（运动学）；给出应力、动量、力矩平衡方程 (动力学)；之后从物理层面介绍如何构建应力和应变之间的本构关系，其中涉及功、热以及与热力学特性之间的转换关系的部分将在材料的塑形变形部分加以介绍。最后，介绍如何通过边界条件的确立来求解典型弹性力学边值问题。

与固体力学分支学科的教材不同，本书主要是基于工程科学的思想撰写，希望相关工程领域如土木、航空航天、机械、岩土、能源、光学、工程物理等的读者能对固体力学的核心理论和运用方法有一个比较全面的认识。因此，本书的重点将落在如何将理论运用于工程实践。前 6 章除了基本知识的介绍，也对线弹性本构关系作了一些应用领域的拓展介绍，例如，针对复合材料的广泛应用，在第 5 章介绍了如何理解与分析复合材料的弹性变形。在第 7 章就波在各向异性介质中的传播等作了相应的介绍。力学与其他学科，尤其是有机高分子材料、生物力学以及软物质科学等的交叉越来越多，这些问题通常涉及非线性力学行为及其应用。在第 8 章、第 9 章中，我们重点介绍了与之相对应的概念以及目前广泛采用的力学分析方法。

材料在弹性极限之后将进入塑性变形阶段，与之对应的力学参数是材料的屈服强度，它通常与材料内部的塑性变形机理相关。第 10 章、第 11 章分别介绍了材料的屈服准则，典型金属材料的强度和其内部结构与变形机理之间的关联，以及均匀材料的弹塑性本构模型。第 12 章、第 13 章则介绍了如何通过弹塑性分析来解决塑性加工、塑性增强问题。第 14 章介绍了与时间相关的弹塑性行为背后的物理机制，以及相应的物理力学模型。

到目前为止，力学分析的一个重大应用方向是提供安全设计与评估，保证系统各结构的可靠性，因此针对给定载荷，了解材料的失效机制，给出安全设计指标与评估方法是固体力学的重要研究内容之一。从第 15 章开始，我们分别针对材料或结构在弹性载荷下的失稳，以及过载情况下的塑性屈服开展分析（第 15 章）。同时，由于实际的加工或服役过程的影响，材料内部或表面不可避免地存在一定尺度的缺陷，这些缺陷在材料的服役过程中会随着载荷性质而演化，最终导致宏观或整体失效，为此我们给出了分析这类含初始缺陷结构的断裂行为（第 16 章、第 17 章）以及疲劳性能的理论和实验方法（第 18 章、第 19 章）。随后，我们结合不同的固体力学知识点，阐述了岩土、孔隙介质变形中的弹性力学（第 20 章）和接触力学（第 21 章）问题，考察了具体工程应用过程中如何开展力学设计和材料选择，以实现给定需求下结构的力学性能（第 22 章）。

作者在中国科学院大学研究生课程教学实践中综合了学生们的反馈意见和建议，形成了目前的版本。另外，在稿件整理的过程中，得到了如雷顺奇、曾霞光、彭神佑、温济慈、庞震乾、段闯闯、王尧、常正华、谢文慧、刘卓尔、许广涛、袁力超等学生，以及施兴华研究员、苏业旺研究员、孙成奇研究员的帮助，在此一并表示感谢。

书稿审读过程中，南京增材制造研究院的罗春平老师以及高等教育出版社的刘占伟副编审和王超副编审给出了不少改进建议，对此我们表示衷心感谢。

魏宇杰

2020 年 2 月

目　录

第 1 章　固体基本结构

1.1　简介

在介绍关于固体力学的知识之前，我们有必要对固体的结构作一个深入了解。通常物质被划分为固体、液体和气体 3 种状态。最初始的固体指各种各样的晶体所具有的状态，也就是我们所说的"结晶态"，生活中常见的雪花和冰块就是典型的例子。我们每天接触到的食盐也是晶体，一般的食盐（最好是粗粒盐）由许多立方晶体构成。如果去地质博物馆，还可以看到许多颜色和形状各异的规则晶体，十分漂亮。物质在固态时的突出特征是有一定的体积和几何形状，在不同方向上物理性质可以不同（称为"各向异性"）；晶态的固体由分子或原子有规则地周期性排列构成，其原子所在的位置通常称为"空间点阵"，同时晶态的固体有一定的熔点，且熔化时温度不变。

从 20 世纪 60 年代开始，科学家们就尝试通过急速冷却的方法将合金物质由液态（或气态）固化成型，原子或分子来不及规则排序以形成结晶态，因而在室温或低温下能保留液态时原子或分子处于无序排列的凝聚状态。这类固态合金中的原子没有周期性和规则排列，不再呈长程有序，而是处于一种长程无序的排列状态，因此没有晶态合金中的晶粒、晶界存在，一般称为非晶态合金[1]。与晶态固体的另一个差异是非晶态的固体没有固定的熔点，通常采用其玻璃化转变温度来表征材料在温度上升时由固态转变为液体的过程。由于其所具备的长程无序状态，金属玻璃可以说是目前最为理想的各向同性固体材料。

固体力学是研究固体材料在外界载荷如力、热、光、电、磁等作用下，其内部各物质点产生的位移、运动、应力-应变以及破坏等情况下的特征与规律。固体力学是连续介质力学的分支，通常包含材料力学、弹性力学、塑性力学、振动理论、断裂力学等。有的依据材料特性，又可以发展出更精细的方向，如复合材料力学、岩土力学等。考虑到固体材料的力学性能和其内在结构的相关性，下面将对固体的基本结构，尤其是晶体材料的结构，作一个简要的介绍。

1.2　晶体结构及对称性

如果我们观察常见的宏观金属材料，它们一般由取向各不相同的多晶粒所组成，如图 1.1a、b 和图 1.2 所示。每个晶粒都是一个单晶。在单晶内部，原子在空间按一定周期排列，长程有序。晶界则是两个相邻单晶组成的界面，见图 1.2c。由于打破了各自单晶内部原子的周期排布，晶界中一般存在无序原子。当然也有不存在无序原子的情况，如孪晶界面。

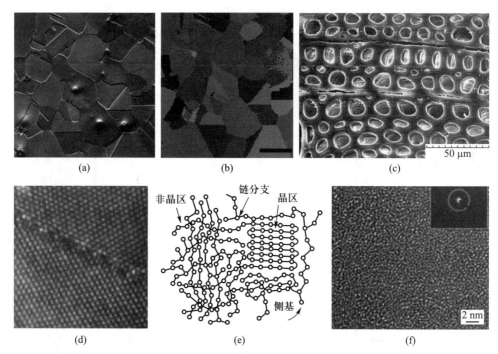

图 1.1 材料的微观结构（见书后彩图）。（a）304 不锈钢中的晶粒结构；（b）晶粒结构在背散射扫描电镜下的晶粒取向差异；（c）树木的细胞结构；（d）晶体材料的原子结构；（e）聚合物材料或者橡胶材料的链状网络结构；（f）非晶材料的无序结构

图 1.2 宏观材料的多层次微观结构。宏观材料一般由取向各不相同的多晶粒所组成。在晶粒内部，原子在空间按一定周期排列，长程有序。（a）宏观材料；（b）透射电镜下宏观材料内部的晶粒；（c）高分辨率电镜下晶粒内的原子及两个晶粒之间的界面

　　考虑到晶体的结构和力学性能的直接相关性，这里对目前的晶体系统作一个介绍。图 1.3 中分别介绍了二维和三维晶体的基本结构定义。针对三维晶胞，定义 a、b、c 分别为 3 条棱边的长度，α、β、γ 分别为 a 和 b、b 和 c、c 和 a 之间的夹角，那么 a、b、c 和 α、β、γ 就是我们所说的点阵常数。根据三维晶胞对应的各棱矢量 a、b 和 c 及其夹角关系，目前全部空间点阵可以归为 7 大类，即 7 个晶系。与此对应，布

拉维从数学上推导出，反映空间点阵全部特征的平行六面体包含 14 种类型，这 14 种空间点阵也就是我们常说的布拉维点阵（Bravais lattice），它充分反映了晶体的对称性。表 1.1 中给出了由 a、b、c 和 α、β、γ 关系决定的 7 个晶系和 14 种布拉维空间点阵。

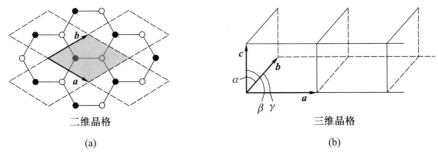

图 1.3 晶胞胞元。（a）二维材料的晶胞由平行四边形组成，原子在空间的位置由晶胞各边所对应的特征方向 a 和 b 来决定，$\boldsymbol{R} = l\boldsymbol{a} + m\boldsymbol{b}$；（b）三维晶体材料由平行六面体晶胞各边对应的矢量 a，b 和 c 决定，原子在空间的位置由 $\boldsymbol{R} = l\boldsymbol{a} + m\boldsymbol{b} + n\boldsymbol{c}$ 描述，其中 l、m、n 为整数

表 1.1 7 个晶系的结构特征和最小对称操作

晶系	布拉维结构	晶格常数	旋转轴
三斜	简单三斜	$a \neq b \neq c$ $\alpha \neq \beta \neq \gamma \neq 90°$	无
单斜	简单单斜 底心单斜	$a \neq b \neq c$ $\alpha = \beta = 90° \neq \gamma$	1 个二重旋转
正交	简单正交 底心正交 体心正交 面心正交	$a \neq b \neq c$ $\alpha = \beta = \gamma = 90°$	2 个相互垂直的二重对称
四方	简单四方 体心四方	$a = b \neq c$ $\alpha = \beta = \gamma = 90°$	1 个绕一轴的四重对称
立方	简单立方 体心立方 面心立方	$a = b = c$ $\alpha = \beta = \gamma = 90°$	4 个绕 $\langle 111 \rangle$ 的三重对称
菱方	简单菱方	$a = b = c$ $\alpha = \beta = \gamma \neq 90°$	1 个绕 $[111]$ 的三重对称
六方	简单六方	$a = b \neq c$ $\alpha = \beta = 90°$ $\gamma = 120°$	1 个绕 $[0001]$ 的六重对称

1.3　原子径向分布

由于晶体的分布特征，点阵原子在空间的规则排布使得其分布函数有间断性，可以依此来判断晶体的晶系类别。如图 1.4b 所示，我们来看一个半径为 R，厚度为 ΔR 的球壳所包含的原子数量 $\Delta N(R)$，如果定义 $n(R)$ 是这个球壳中单位体积所含的原子个数，那么有 $\Delta N(R) = n(R) 4\pi R^2 \Delta R$，$n(R)$ 也即我们常说的原子径向分布函数。

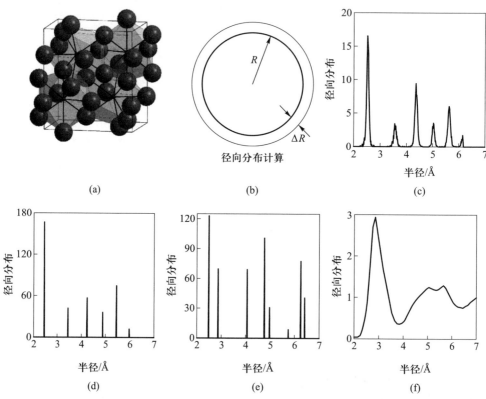

图 1.4　原子径向分布函数。（a）规则点阵中原子的典型排布；（b）通过取一定球冠内原子的数量，可以获得原子在这一位置的分布函数 $n(R)$；（c）高熵合金 FeCoNiCrCu 中的原子径向分布[2]；（d）和（e）分别为面心立方与体心立方铁的分布函数；（f）双元素金属玻璃 $Cu_{50}Zr_{50}$ 的分布函数，由于原子的无序排列，径向分布函数表现为连续函数

1.4　晶体结构调控与力学性能

对单一元素而言，其晶体结构可能随着温度、压力等环境的改变而变化。因此，可以通过改变材料所在的温度、压力等物理环境参数来改变其晶体结构。同时，通过合金或者添加溶质原子的方法，也可以有效地调整晶体结构，从而构建多种材料体系，实现材料物理力学特性的调控。以常见的钢铁材料为例，可以看出晶体结构调整对其物理力学性能的巨大影响。钢铁材料最显著的差异来自碳在钢铁中的存在方式：如果碳原子溶于 $\alpha-$ 铁而形成固溶体，通常称为铁素体，为体心立方结构；对于溶于 $\gamma-$

铁而形成的面心立方结构固溶体，则称为奥氏体；当碳原子与铁原子形成正交点阵金属化合物 Fe_3C 时，则称为渗碳体；同时碳也可以以游离态的六方石墨结构存在，通常由渗碳体在高温下分解而成。图 1.5 所示为铁碳合金相图，其中对碳和铁组成的结构随温度变化的情况也给出了详细说明，如表 1.2 和表 1.3 所示。

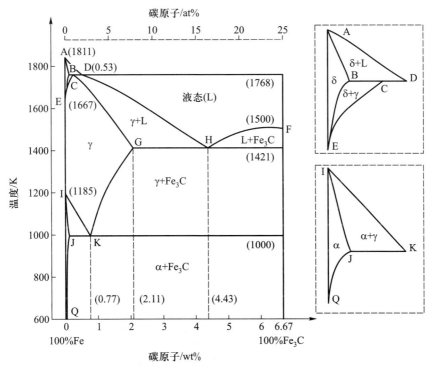

图 1.5 铁碳合金相图：碳钢和铸铁成分、温度及组织之间的关系（右侧的小图是左图中关键节点区域的放大）

表 1.2　铁碳合金相图中不同点对应的温度及碳含量情况

相点	温度/K	碳含量/%	备注
A	1811	0.00	纯铁的熔点
B	1768	0.09	
C	1768	0.17	
D	1768	0.53	
E	1667	0.00	奥氏体铁到铁素体铁的转变温度
F	1500	6.77	渗碳体熔点
G	1421	2.11	碳在铁素体中的最大相对密度
H	1421	4.43	
I	1185	0.00	
J	1000	0.02	
K	1000	0.77	共析点
Q	600	0.00	室温下碳在铁素体中的相对密度

表 1.3　铁碳合金相图中不同组织的形成与演化关系

铁素体 (α–铁)	体心立方结构，室温环境下的稳定结构，含碳量极低
奥氏体 (γ–铁)	面心立方结构，结构的稳定温度为 912～1394 K
渗碳体 (Fe$_3$C)	菱形正交晶体结构，材料硬度高，脆性大，含碳量高达 6.67%，对应于 25% 的原子比例
马氏体	体心立方结构，一般由奥氏体淬火（快速冷却到低温状态）而成，含碳量较铁素体高
珠光体	铁素体和渗碳体片层相间的组织，呈现典型层片状
贝氏体	α + Fe$_3$C，棒状、针尖状结构，贝氏体转变温度为 523～823 K，为碳元素从过饱和的碳化物中析出所形成的一种相结构
回火马氏体	颗粒状结构，淬火后的马氏体回火到 923～2523 K，经过扩散发生如下反应：马氏体 (体心立方结构) → 回火马氏体 (α + Fe$_3$C)

图 1.6 给出了几类典型合金相的微结构图。其中，图 1.6b 中的奥氏体结构通过缓慢冷却得到珠光体，珠光体回火后得到球状体，中度冷却得到贝氏体，而快速冷却则得到马氏体，回火后的马氏体一般称为回火马氏体。

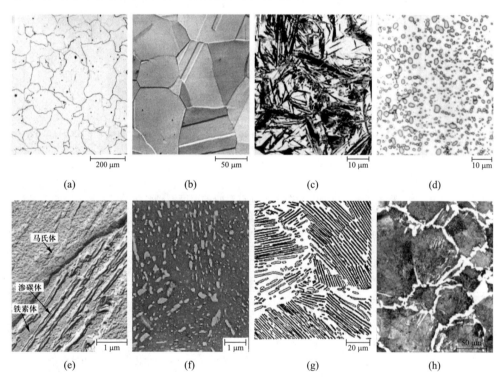

图 1.6　扫描电镜下不同铁碳合金相的结构特征。(a)～(g) 分别为铁素体、奥氏体、马氏体、球状体、贝氏体、回火马氏体、珠光体结构；(h) 渗碳体结构

通过调节铁碳合金相结构，我们可以实现材料力学性能的优化。图 1.7 所示为奥氏体在不同处理温度下其铁碳合金相的结构演化及其力学性能的变化。

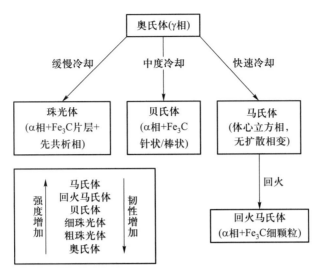

图 1.7 奥氏体在不同处理温度下其铁碳合金相的结构演化及其力学性能的变化

1.5 原子相互作用

造成这些不同原子不同空间排布的根本原因在于它们之间内在的相互作用，这也是我们所关注的各类固体具有不同力学特性的源头。原子之间的相互作用按照作用键的特性可以分为 3 种：① 化学键，它特指相邻原子之间的强烈相互作用，其又包含离子键（如 NaCl 中 Na $-$ e $\rightarrow$ Na$^+$，一个 Na$^+$ 被 6 个 Cl$^-$ 包围）、共价键（金刚石）、金属键（如大部分金属材料）。② 典型的较弱的键包括由瞬时偶极矩的相互作用而形成的范德瓦耳斯键（van der Waals bond），常见于分子晶体中。③ 如果主要依靠氢原子和电负性很大但半径很小的两个原子结合时，我们将这类作用键称为氢键（hydrogen bond），典型的氢键分子包括 H$_2$O。

前面所讨论的各类原子相互作用是固体形成特定排列的根本原因，这类相互作用是物理领域的核心科学问题，涉及如何精确描述电子的运动轨迹问题。所幸力学所处理的对象大多为宏观体系，可以将精细的物理规律通过宏观力学模型来处理。比较通俗易懂的方法是将两个原子的相互作用通过势函数 $U(r)$ 来描述。两个原子间的相互作用力可推导为 $F(r) = -\dfrac{\partial U}{\partial r}$。而这两个原子之间的刚度则由 $E(r) = \dfrac{\partial F}{\partial r}\bigg|_{r_w}$ 给出。图 1.8 给出了两个原子间的相互作用势 $U(r)$ 及相互作用力 $F(r)$ 随距离的变化。固体变形的过程中，正是因为构成材料的内部原子之间距离变化而产生应力。

前面提到了晶体在空间分布上的差异，现在考虑用一个通过某些原子的平面将晶体从几何上分为两部分。如果我们在物理上将这两部分沿着分割面的法向分开，那么所需要的给定面积上的力与所取的分割平面有关。这是因为不同分割面上的原子分布可能很不一样，如果考虑原子间的作用势为最近邻的对势，即只考虑原子和其最近邻原子之间存在作用，分割面两侧的原子之间的相互作用显然受该分割面的影响。我们将这个虚拟的分割面称为晶面。这样一来，对于晶体而言，应力作用在不同晶面上所

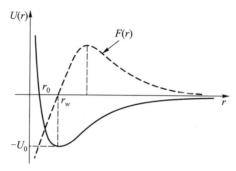

图 1.8 两原子间的相互作用势 $U(r)$ 随距离的变化及相互作用力的变化 $F(r)$。这里考虑的是简单对势，两原子间的平衡距离为 r_w，对应于势能最低状态 $-U_0$

产生的力学行为将不同，应力的变化存在方向依赖性。如果我们将变形局限在弹性阶段，这就是我们所说的晶体材料弹性响应的各向异性。

1.6 晶面与晶向

为了便于讨论晶体材料中的各向异性，我们需要采用空间点阵来定义晶面。针对一类原子空间点阵，假定晶面 P 与晶胞的 3 个基矢组成的基面截距分别为 x、y 和 z，由此构成 3 个分量 $\left(\dfrac{x}{a}, \dfrac{y}{b}, \dfrac{z}{c}\right)$，取各自的倒数后得到 $\left(\dfrac{a}{x}, \dfrac{b}{y}, \dfrac{c}{z}\right)$。如果将倒置的截距所表示的晶面乘以一个共同因子，使得各自的整数最小，这就是我们常用的描述晶面的米勒指数 $(h\,k\,l)$ (Miller indices)，即 $(h\,k\,l) = \left(\dfrac{Na}{x}, \dfrac{Nb}{y}, \dfrac{Nc}{z}\right)$，这里的 N 就是所说的共同因子。以图 1.9 为例，图 1.9a~d 给出了几种典型的晶体结构，晶面的定义通过图 1.9e 加以说明，这里晶面与晶胞的 3 个基矢组成的基面截距分别为 $\dfrac{2}{5}a$、$\dfrac{4}{5}b$ 和 $\dfrac{3}{5}c$，由此构成 3 个分量 $\left(\dfrac{x}{a}, \dfrac{y}{b}, \dfrac{z}{c}\right) = (2, 4, 3)$，取各分量对应的倒数，得到 $\left(\dfrac{1}{2}, \dfrac{1}{4}, \dfrac{1}{3}\right)$。通过乘以一个共同因子 $N = 12$ 使得各自的整数最小，这样得到该晶面的米勒指数为 $(6, 3, 4)$。图 1.9f 中晶面与晶胞的 3 个基矢组成的基面截距分别为 $-\dfrac{3}{5}a$、$\dfrac{1}{2}b$ 和 ∞，由此构成 3 个分量 $\left(-\dfrac{3}{5}, \dfrac{1}{2}, \infty\right)$，那么其倒数则为 $\left(-\dfrac{5}{3}, 2, 0\right)$。通过乘以一个共同因子

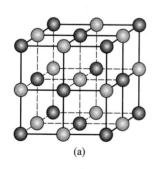
(a)

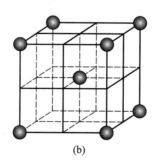
(b)

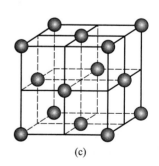
(c)

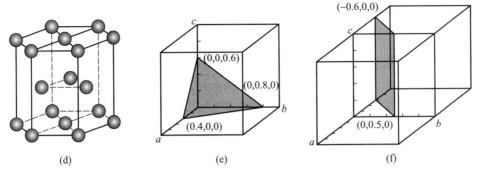

(d)   (e)   (f)

图 1.9 典型晶体结构及晶面的定义。（a）简单立方晶体 NaCl；（b）体心立方晶体 W；（c）面心立方晶体 Cu；（d）六方晶体 Mg；（e）晶面的米勒指数定义，这里晶面与晶胞的 3 个基矢组成的基面截距分别为 $\frac{2}{5}a$、$\frac{4}{5}b$ 和 $\frac{3}{5}c$，对应的晶面的米勒指数为 $(6,3,4)$；（f）这里晶面与晶胞的 3 个基矢组成的基面截距分别为 $-\frac{3}{5}a$、$\frac{1}{2}b$ 和 ∞，对应的晶面的米勒指数为 $(-5,6,0)$

3 使得各自的整数最小，对应的晶面米勒指数为 $(-5,6,0)$。

    一般将晶体中性质相同的晶面定义为晶面系。图 1.10 中给出了面心立方晶体中典型晶面及其构成的晶面系。一般单个晶面和晶面系分别用不同的括号来代表：单个晶面表示为 (hkl)，而晶面系则用 $\{hkl\}$ 来表示。与晶面相对应的是晶体中的方向定义。它和一般的矢量定义相同，表示为沿 $[xyz]$ 方向的矢量，这里 $[xyz]$ 的参考单位长度分别为晶体胞元 a、b、c 的长度。与晶面的定义类似，一般通过取公约数使得 $[xyz]$ 晶向为整数。图 1.11 给出了面心立方晶体中对应于 (111) 面法向的晶向，即 $[111]$ 方向；同时给出 (111) 面上位错滑移可沿 $[110]$、$[01\bar{1}]$、$[101]$、$[1\bar{1}0]$、$[011]$、$[\bar{1}01]$ 共 6 个方向，它们构成该面上的滑移方向系，一般用 $\langle 110 \rangle$ 表示。一般在面心立方晶体中，滑

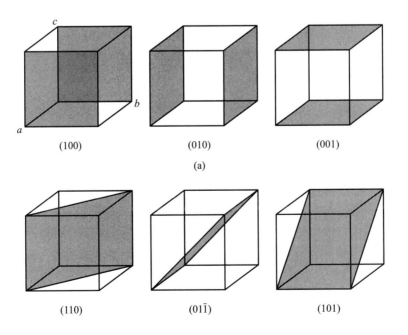

(100)   (010)   (001)

(a)

(110) $(01\bar{1})$ (101)

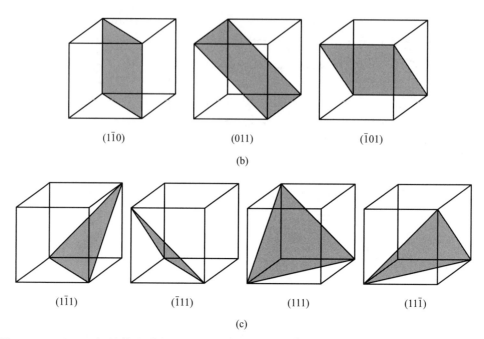

$(1\bar{1}0)$ (011) $(\bar{1}01)$

(b)

$(1\bar{1}1)$ $(\bar{1}11)$ (111) $(11\bar{1})$

(c)

图 1.10 面心立方晶体中典型晶面及晶面系的定义。（a）$\{100\}$ 晶面系中的不同晶面 (100)、(010)、(001)；（b）$\{110\}$ 晶面系中的不同晶面 (110)、$(01\bar{1})$、(101)、$(1\bar{1}0)$、(011)、$(\bar{1}01)$；（c）$\{111\}$ 晶面系中的不同晶面 $(1\bar{1}1)$、$(\bar{1}11)$、(111)、$(11\bar{1})$

移面系 $\{111\}$ 有 4 个独立滑移面，每个滑移面有 3 个独立滑移方向，这样构成 12 个独立的滑移系。这在后续的晶体塑性变形中还将提到。

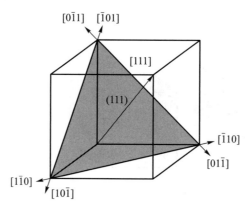

图 1.11 面心立方晶体中晶向及晶面滑移系的定义。这里考虑的是 (111) 面对应的法向 $[111]$，以及面内位错滑移的可能方向 $[1\bar{1}0]$、$[10\bar{1}]$、$[01\bar{1}]$、$[\bar{1}10]$、$[\bar{1}01]$、$[0\bar{1}1]$，这些方向构成 $\langle 110 \rangle$ 方向系

1.7 小结

在介绍固体的变形之前，本章简要介绍了固体的结构，作为后续学习的一个基础。针对物质的通常归类——固体、液体和气体，我们重点介绍了固体材料中的晶体材料：固态晶体的分子或原子具有周期性排列，其原子在特定的"空间点阵"上。不管是固体非晶还是固体晶体，它们的性能都可以在原子层次进行调控。目前在工程中所见到的大部分材料都是不断优化和调节的结果。这些调控将改变晶体内原子的相互作用或者其中的缺陷的运动特性。为了便于对后续晶体材料各向异性行为的理解，以及晶体中典型缺陷位错运动的理解，我们也在这章中介绍了晶向和晶面的概念。对晶体结构有兴趣的读者可以进一步阅读固体物理方面的专著[3-6]。

参考文献

[1]   Chen M W. A brief overview of metallic glasses[J]. NPG Asia Materials, 2011, 3: 82-90.

[2]   Liu S Y, Wei Y J. The Gaussian distribution of lattice size and atomic level heterogeneity in high entropy alloys[J]. Extreme Mechanics Letters, 2017, 11: 84-88.

[3]   黄昆, 韩汝琪. 固体物理学 [M]. 北京: 高等教育出版社, 1988.

[4]   阎守胜. 现代固体物理学导论 [M]. 北京: 北京大学出版社, 2008.

[5]   Charles K. Introduction to Solid State Physics[M]. 8th ed. Wiley, 2005.

[6]   Callister W D, Rethwisch D G. Material Science and Engineering: An Introduction [M]. 9th ed. Wiley, 2014.

第 2 章 固体的变形

2.1 简介

前面我们说到固体由具有相互作用的原子构成，它们之间的相互作用状态与原子的内部排列相关。当施加力、热、光、电、磁等载荷时，材料内部原子之间的距离将产生变化；这些原子的集体行为导致了宏观介质的变形与运动，从而在内部形成对应的应力–应变响应行为。在本书中，我们所谈到的概念和方法主要针对包含足够多微观基本单元的宏观介质，考察这些微观基本单元的宏观统计平均行为。

首先来看固体中变形和位移的定义。针对一段性质均匀的柱状固体，其初始横截面积和初始长度分别为 A_0 和 L_0，当这一柱状体承受轴向拉伸力 F 时，如何获得它的变形量？该变形量和材料的哪一固有性质相关？要回答这些问题，我们先回顾一下弹簧中的弹性概念，这一关系通常认为由英国科学家胡克（Hooker）于 1660 年提出，最终发表于 1678 年。在其论文《论弹簧》中，给出了"拉力与伸长成正比"的结论，也即刚度系数为 K 的弹簧受到拉伸力 F 的作用时，它的伸长量可以通过 $\mathrm{d}L = F/K$

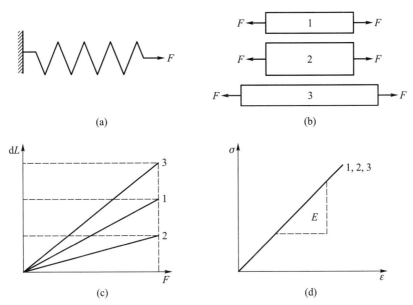

图 2.1 弹性变形的胡克定律与应力–应变行为。（a）典型弹簧由刚度决定力与位移之间的关系；（b）不同几何尺寸的柱子的拉伸；（c）力与伸长量的关系；（d）不同几何特征的同一种宏观材料具有相同的应力与应变关系

获得，如图 2.1a 所示。胡克定律建立了线弹性的概念，但尚未表达为应力和应变的形式。实际上东汉的经学家和教育家郑玄（公元 127—200 年）为《考工记·弓人》一文的 "量其力，有三钧" 一句作注解中写道："假设弓力胜三石，引之中三尺，弛其弦，以绳缓擐之，每加物一石，则张一尺。" 我们可以看到，在以弓构成的弹簧系统中，郑玄明确阐述了力与变形量成正比的关系。郑玄的这一发现比胡克的描述要早近 1500 年，因此胡克定律应称之为 "郑玄–胡克定律"。对于下面要考虑的各类固体的变形，需要同样构建对应的能反映这一材料与结构性质的 "刚度系数"。

2.2　弹簧变形与应力–应变

如果通过采用类似于弹簧系统的分析方法来考察材料本征属性，就会面临图 2.1 中所展示的问题。针对图 2.1b 中由相同材料构成但几何尺寸不同的柱状固体，考察其拉伸下的力和伸长量之间的关系。由图 2.1c 可以看到，在相同载荷的作用下，相同长度的柱子中横截面积大的抵抗变形的能力要强，因此有必要对面积作归一化。同时，相同横截面积的柱子中，越长的柱子抵抗变形的能力越弱，所以对长度也要作归一化。由此，我们定义单位面积上的材料所承载的力与单位长度柱子的伸长量分别为柱子所承受的应力与应变，即

$$\sigma = \frac{F}{A_0}, \quad \varepsilon = \frac{\mathrm{d}L}{L_0} = \frac{L - L_0}{L_0} \tag{2.1}$$

式中，σ 为应力，具有压强的量纲；ε 为应变，是无量纲量 [1]。通过应力–应变方法建立的材料响应关系，可以排除几何因素的影响来表征材料的本质特征，如图 2.1d 所示。图 2.1c 中所示的同一类型材料构成的不同几何结构具有不同的力与伸长量关系，它们可以统一用同一应力–应变关系来表示。

应力和应变的概念最早是由伯努利（Bernoulli）兄弟引入的。1705 年，瑞士数学家和力学家 Jacobi Bernoulli 在他生平的最后一篇论文中指出，要正确描述材料在拉伸下的变形，就必须给出单位面积上的作用力，即应力（stress），以及单位长度的伸长，即应变（strain）。1727 年，瑞士数学家与力学家 Leonhard Euler 给出了应力 σ 与应变 ε 之间的关系，即 $\sigma = E\varepsilon$。此时的 E 还只是一个比例系数。直到 1807 年，Thomas Young 才发展了反映应力–应变关系的常数 E，并提出将其作为材料常数这一概念，因此我们通常将这一比例关系中的系数 E 称为杨氏模量。

目前我们定义的应力和应变都是参照原始构形（没有加载前固体的几何特征），这样的定义一般适用于线弹性材料在小变形下的情况。为了将这类情况区别于后面将要涉及的非线性弹性材料和/或大变形下的应力–应变定义，我们将目前依据原始尺寸所得到的应变叫做工程应变 $\varepsilon_{\mathrm{e}} = (L - L_0)/L_0$，与它对应的工程应力为 $\sigma_{\mathrm{e}} = F/A_0$。对非线弹性或大变形的情况，应变需要定义在当前长度为 l 的状态下，这时我们定义长度在 t 时刻为 l，到了 $t + \mathrm{d}t$ 时刻，伸长了 $\mathrm{d}l$。因此，$\mathrm{d}t$ 时间段内对应的应变增量

---

① 规范表达应为 "量纲为一的量"，余同。

为 $d\varepsilon = dl/l$。而总的应变增量则是材料拉伸过程中不同状态下应变增量的累积，即

$$\varepsilon = \int_0^t d\varepsilon = \int_{L_0}^L \frac{dl}{l} = \ln \frac{L}{L_0} \tag{2.2}$$

这时所得到的应变 ε 为真应变。同样地，定义当前横截面为 A 的情况下，该截面的真应力为 $\sigma = F/A$，因此有

$$\sigma = \frac{F}{A} = \frac{FL}{AL} = \frac{FL}{V_0} = \frac{FL}{A_0 L_0} = \sigma_0 \frac{L}{L_0} = \sigma_0 \exp(\varepsilon) \tag{2.3}$$

可以看出，当 ε 超过 0.1 时，真应力和工程应力之间的差异为 $\exp(\varepsilon) - 1$，将超过 10%。

除了拉伸变形，固体还可以承受剪切变形。图 2.2 给出了简单剪应力 τ 作用下固体单元的变形模式。这种情况下，材料的剪切应变定义为 $\gamma_{xy} = u/h \approx \tan\theta$。与前面对应于拉伸变形下的杨氏模量类似，剪应力与剪应变两者的斜率对应于剪切模量。

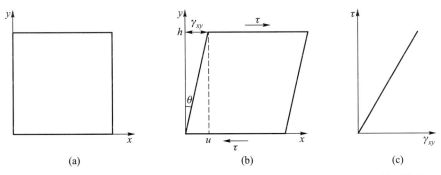

图 2.2 固体承受剪切变形时剪应变的定义。（a）原始的未变形单元；（b）在简单剪应力 τ 作用下单元产生的沿剪切方向的切变，偏转角度与工程应变之间的关系为 $\gamma_{xy} = u/h = \tan\theta$，小角度偏转情况下，$\gamma_{xy} \approx \theta$；（c）弹性小变形情况下，$\tau = G\gamma_{xy}$，两者的斜率对应于剪切模量。

以上关于一维固体的应力–应变的定义已经可以用来描述材料测试中获得的材料应力–应变响应。例如，我们在材料试验机上开展的简单拉伸试验或者剪切试验。图 2.3 给出了两类不同金属材料简单拉伸直至断裂的应力–应变关系。其中，图 2.3a 是金属玻璃在室温及低变形率下的应力–应变关系；图 2.3b 是 304 不锈钢在同样的变形条件下的应力–应变关系。不难看到，两种材料在线性小变形情况下，所获得的应力–应变之间存在一个类似于在弹簧的力和位移响应中看到的线性关系。这一阶段应力随应变线性增加，其应力–应变曲线中的斜率表征了材料的弹性属性。

针对材料在简单拉伸时的应力–应变关系，我们将这一情形下应力–应变的线性响应系数定义为杨氏模量，用 E 表示，即

$$E = \frac{\sigma}{\varepsilon} \tag{2.4}$$

式 (2.4) 表明了材料抵抗弹性变形的能力。对照弹簧的刚度系数 K，将式 (2.4) 代入式 (2.3) 中，可以得到圆柱棒材料的等效刚度系数

$$K = \frac{EA_0}{L_0} \tag{2.5}$$

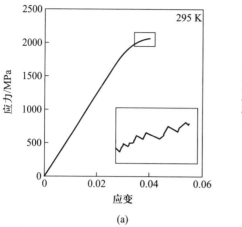
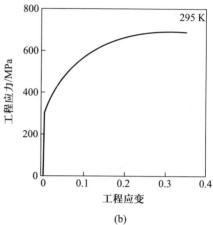

(a)   (b)

图 2.3 金属材料的应力–应变关系，小变形弹性阶段两者呈线性关系。（a）室温下金属玻璃 $Zr_{41}Ti_{14}Cu_{12.5}Ni_{10}Be_{22.5}$ 的应力–应变关系，它的弹性应变可以达到约 2%；（b）304 不锈钢室温下的应力–应变关系，它的弹性变形非常小，大约在 0.1% 左右

刚度系数与圆柱的横截面积和长度都有关系。在后续的变形中，我们将看到金属玻璃在进入非弹性区域后迅速失效；304 不锈钢则在材料屈服后经历大量的非弹性变形，从而最终失效。后续阶段的变形我们将在本书的后半部分的章节中涉及。目前将集中讨论固体材料和结构的小变形及线弹性响应。考虑到金属材料的弹性变形通常都很小，一般在 0.2% 以内（即便是金属玻璃，其最大弹性应变也只有 2% 左右），因此在这一弹性范围内工程应变和真应变之间的差异很小。后续我们将不严格区分金属材料在弹性变形阶段的应变是工程应变还是真应变，抑或工程应力还是真应力。

2.3 弹性小变形[1]

在前面章节考虑了一维变形情况下应变的定义，考虑到实际弹性变形体多涉及复杂的三维结构，因此需要对一般的三维单元中弹性应变和位移的关系作一个全面的定义。我们考虑图 2.4a 中笛卡儿坐标系下的一个长方体单元，该单元在 x-y 平面内的投影是矩形 $ABDC$。在变形前，AB 和 AC 的长度分别为 $\mathrm{d}x$ 和 $\mathrm{d}y$，如图 2.4b 所示。A、B、C、D 的坐标分别为：$A(x, y)$，$B(x+\mathrm{d}x, y)$，$C(x, y+\mathrm{d}y)$，$D(x+\mathrm{d}x, y+\mathrm{d}y)$。变形以后，单元产生由 (u, v) 描述的位移场。A、B、C、D 分别到达新的位置 A'、B'、C'、D'。它们的坐标分别为 $A'[x+u, y+v]$，$B'[x+\mathrm{d}x+u(x+\mathrm{d}x, y), y+v(x+\mathrm{d}x, y)]$，$C'[x+u(x, y+\mathrm{d}y), y+\mathrm{d}y+v(x, y+\mathrm{d}y)]$，$D'[x+\mathrm{d}x+u(x+\mathrm{d}x, y+\mathrm{d}y), y+\mathrm{d}y+v(x+\mathrm{d}x, y+\mathrm{d}y)]$。

将 $u(x+\mathrm{d}x, y)$ 和 $u(x, y+\mathrm{d}y)$ 以及 $v(x+\mathrm{d}x, y)$ 和 $v(x, y+\mathrm{d}y)$ 按泰勒（Taylor）级数展开，并略去关于 $\mathrm{d}x$、$\mathrm{d}y$、$\mathrm{d}z$ 的二次及以上小项，即得

$$u(x+\mathrm{d}x, y) - u(x, y) = \left(\frac{\partial u}{\partial x}\right)\mathrm{d}x \tag{2.6a}$$

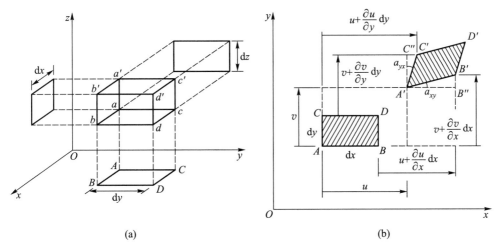

图 2.4 三维代表性微元在变形前后的几何特征。（a）变形前长方体微元及其平面投影；（b）微元在 $x-y$ 投影面上变形前后的形状及各点的位移场变化

$$u\,(x, y + \mathrm{d}y) - u\,(x, y) = \left(\frac{\partial u}{\partial y}\right)\mathrm{d}y \tag{2.6b}$$

$$v\,(x + \mathrm{d}x, y) - v\,(x, y) = \left(\frac{\partial v}{\partial x}\right)\mathrm{d}x \tag{2.6c}$$

$$v\,(x, y + \mathrm{d}y) - v\,(x, y) = \left(\frac{\partial v}{\partial y}\right)\mathrm{d}y \tag{2.6d}$$

从图 2.4b 的分析可知，原长为 $\mathrm{d}x$ 的 AB 边经过变形后成为 $A'B'$ 边，如果忽略转角带来的长度变化，那么其新的 x 方向长度为 $A'B''$，由此我们得到该边在 x 方向的相对伸长，即沿 x 方向的正应变 ε_{xx} 的表达式为

$$\varepsilon_{xx} = \frac{A'B'' - AB}{AB} = \frac{u\,(x + \mathrm{d}x, y) - u\,(x, y)}{\mathrm{d}x} = \frac{\partial u}{\partial x} \tag{2.7}$$

不难通过同样的方式，获得其他两个方向 $\mathrm{d}y$ 和 $\mathrm{d}z$ 变形前后的长度差异，并依此推断出该方向的正应变

$$\varepsilon_{yy} = \frac{\partial v}{\partial y}, \quad \varepsilon_{zz} = \frac{\partial w}{\partial z} \tag{2.8}$$

当对应的应变大于 0 时，表示线段伸长，反之表示线段缩短。

现在来考察各条边变形前后的角度变化，它们和剪切应变量相关。如图 2.4b 所示，变形前沿 x 方向的线段 AB 在变形过程中可能向 y 方向偏转，与 x 轴形成一定夹角 a_{xy}；而沿 y 方向的线段 AC 在变形过程中可能向 x 方向偏转，并形成夹角 a_{yx}。此前的直角 $\angle BAC$ 产生的角度变化为 $a_{xy} + a_{yx}$，它表示前面定义的工程剪应变 γ_{xy}，也即

$$\gamma_{xy} = \gamma_{yx} = a_{xy} + a_{yx} \tag{2.9}$$

由图 2.4b 可知，当变形微小时

$$a_{xy} \approx \tan a_{xy} = \frac{B'B''}{A'B''} = \frac{v\left(x+\mathrm{d}x, y\right)-v}{\mathrm{d}x+\left[u\left(x+\mathrm{d}x, y\right)-u\right]} = \frac{\dfrac{\partial v}{\partial x}\mathrm{d}x}{\mathrm{d}x+\dfrac{\partial u}{\partial x}\mathrm{d}x} = \frac{\dfrac{\partial v}{\partial x}}{1+\dfrac{\partial u}{\partial x}} \approx \frac{\partial v}{\partial x}$$

(2.10)

同理得到

$$a_{xy} \approx \frac{\partial u}{\partial y}$$

将 a_{xy} 和 a_{yx} 的值代入式 (2.9) 中，有

$$\gamma_{xy} = \gamma_{yx} = \frac{\partial u}{\partial y} + \frac{\partial v}{\partial x}$$

(2.11)

对于其他两个面内剪应变的推导，可以采用同样的方法得到。总结以上推导可知，针对微观上足够大、宏观上足够小的代表性单元，该点的应变与位移的关系由下式给出：

$$\begin{cases} \varepsilon_{xx} = \dfrac{\partial u}{\partial x} \\[2mm] \varepsilon_{yy} = \dfrac{\partial v}{\partial y} \\[2mm] \varepsilon_{zz} = \dfrac{\partial w}{\partial z} \\[2mm] \gamma_{xy} = \gamma_{yx} = \dfrac{\partial u}{\partial y} + \dfrac{\partial v}{\partial x} \\[2mm] \gamma_{yz} = \gamma_{zy} = \dfrac{\partial w}{\partial y} + \dfrac{\partial v}{\partial z} \\[2mm] \gamma_{xz} = \gamma_{zx} = \dfrac{\partial u}{\partial z} + \dfrac{\partial w}{\partial x} \end{cases}$$

(2.12)

式 (2.12) 称为几何方程，它给出了 6 个应变分量与 3 个位移分量之间的关系。该式也称为柯西公式，最早由法国数学家、力学家柯西（Augustin Louis Cauchy）导出。

很多时候我们采用数字下标来定义直角坐标下一点的位置分量 (x_1, x_2, x_3)，该点各方向的位移分量用 (u_1, u_2, u_3) 来表示。与之对应，式 (2.12) 可以表达为

$$\varepsilon_{11} = \frac{1}{2}\left(\frac{\partial u_1}{\partial x_1} + \frac{\partial u_1}{\partial x_1}\right), \quad \varepsilon_{12} = \frac{1}{2}\left(\frac{\partial u_1}{\partial x_2} + \frac{\partial u_2}{\partial x_1}\right)$$

$$\varepsilon_{22} = \frac{1}{2}\left(\frac{\partial u_2}{\partial x_2} + \frac{\partial u_2}{\partial x_2}\right), \quad \varepsilon_{23} = \frac{1}{2}\left(\frac{\partial u_2}{\partial x_3} + \frac{\partial u_3}{\partial x_2}\right)$$

$$\varepsilon_{33} = \frac{1}{2}\left(\frac{\partial u_3}{\partial x_3} + \frac{\partial u_3}{\partial x_3}\right), \quad \varepsilon_{13} = \frac{1}{2}\left(\frac{\partial u_1}{\partial x_3} + \frac{\partial u_3}{\partial x_1}\right)$$

(2.13)

以上的形式可以非常方便地描述为

$$\varepsilon_{ij} = \frac{1}{2}\left(\frac{\partial u_i}{\partial x_j} + \frac{\partial u_j}{\partial x_i}\right) \quad \text{或} \quad \varepsilon_{ij} = \frac{1}{2}\left(u_{i,j} + u_{j,i}\right)$$

(2.14)

需要注意，按照前面工程剪应变 γ_{ij} 的定义，我们有 $\gamma_{ij} = 2\varepsilon_{ij}(i \neq j)$。

现在来看图 2.5 中的代表微元绕顶点 A 的转动分量，也即 ω_x、ω_y、ω_z 的表达式。以图 2.4b 中所示为例，刚体的转动角可看作对角线 AD 的转动角，由图 2.5 可得

$$\omega_z = \frac{1}{2}\left(\frac{\pi}{2} - a_{xy} - a_{yx}\right) - \left(\frac{\pi}{4} - a_{yx}\right) \tag{2.15a}$$

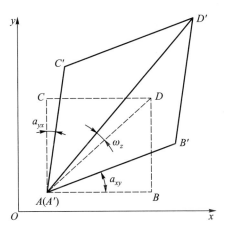

图 2.5 单元 $ABCD$ 变形为 $A'B'C'D'$ 后的转动分解示意图。可以看到，变形导致对角线 AD 的偏转，对应角度为 ω_z

即有

$$\omega_z = \frac{1}{2}\left(\frac{\partial v}{\partial x} - \frac{\partial u}{\partial y}\right) \tag{2.15b}$$

类似地，可以得到其他两个轴的转角

$$\begin{cases} \omega_x = \dfrac{1}{2}\left(\dfrac{\partial w}{\partial y} - \dfrac{\partial v}{\partial z}\right) \\[2mm] \omega_y = \dfrac{1}{2}\left(\dfrac{\partial u}{\partial z} - \dfrac{\partial w}{\partial x}\right) \\[2mm] \omega_z = \dfrac{1}{2}\left(\dfrac{\partial v}{\partial x} - \dfrac{\partial u}{\partial y}\right) \end{cases} \tag{2.15c}$$

由式 (2.12) 可知，6 个应变分量可用下列位移分量的 9 个一阶偏导数表达：

$$\begin{bmatrix} \dfrac{\partial u}{\partial x} & \dfrac{\partial u}{\partial y} & \dfrac{\partial u}{\partial z} \\[2mm] \dfrac{\partial v}{\partial x} & \dfrac{\partial v}{\partial y} & \dfrac{\partial v}{\partial z} \\[2mm] \dfrac{\partial w}{\partial x} & \dfrac{\partial w}{\partial y} & \dfrac{\partial w}{\partial z} \end{bmatrix} \tag{2.16}$$

这 9 个偏导数组成一个张量，称为相对位移张量。按照之前的推导，这个张量可

以分解为 2 个张量

$$\begin{bmatrix} \dfrac{\partial u}{\partial x} & \dfrac{\partial u}{\partial y} & \dfrac{\partial u}{\partial z} \\[2mm] \dfrac{\partial v}{\partial x} & \dfrac{\partial v}{\partial y} & \dfrac{\partial v}{\partial z} \\[2mm] \dfrac{\partial w}{\partial x} & \dfrac{\partial w}{\partial y} & \dfrac{\partial w}{\partial z} \end{bmatrix} = \begin{bmatrix} \varepsilon_{xx} & \dfrac{1}{2}\gamma_{xy} & \dfrac{1}{2}\gamma_{xz} \\[2mm] \dfrac{1}{2}\gamma_{xy} & \varepsilon_{yy} & \dfrac{1}{2}\gamma_{yz} \\[2mm] \dfrac{1}{2}\gamma_{xz} & \dfrac{1}{2}\gamma_{yz} & \varepsilon_{zz} \end{bmatrix} + \begin{bmatrix} 0 & -\omega_z & \omega_y \\[2mm] \omega_z & 0 & -\omega_x \\[2mm] -\omega_y & \omega_x & 0 \end{bmatrix} \qquad (2.17)$$

式 (2.17) 中右侧第一项为对称张量 $[\varepsilon_{ij}]$，它刻画了单元的变形所导致的应变，第二项为反对称张量 $[\omega_{ij}]$，对应于单元做刚性转动，不产生变形；也就是说式 (2.16) 给出的相对位移张量可以分解为一个表示纯应变的对称张量和一个表示刚性转动的反对称张量。这一关系可以用张量符号表示如下：

$$\phi_{i,j} = \varepsilon_{ij} + \omega_{ij} \qquad (2.18)$$

式中，$\phi_{i,j}$ 中的第一个下标表示位移分量的序号，第二个下标表示坐标轴的轴号；ε_{ij} 是对称张量，又称"无旋的"或"纯"应变张量，它表示一点的应变；ω_{ij} 是反对称张量，它表达了一点的旋转。

2.4 平面变形

如果需要分析的对象沿一个方向的几何尺寸足够大，而且沿该方向的截面在材料性能和几何形状上没有变化，且存在受限边界使得该方向的整体位移为零，变形与该方向的坐标无关，那么我们将该类问题称为平面应变问题。如图 2.6a 中所示的大坝结构，其沿 z 方向足够长，变形与 z 方向的关系可以忽略。此时有 $\dfrac{\partial u}{\partial z} = \dfrac{\partial v}{\partial z} = \dfrac{\partial w}{\partial z} = 0$，$w = 0$，从而可以导出 $\varepsilon_{iz} = 0, i = x, y, z$。与平面应变相对应的另一类平面变形状态是

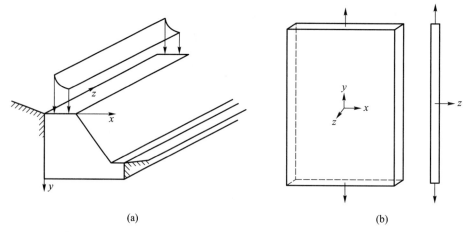

(a)   (b)

图 2.6 平面应变与平面应力。（a）图中所示的大坝结构沿 z 方向足够长，变形可以忽略，因此可以当成平面应变问题；（b）平面应力下的几何结构和应力状态

平面应力。顾名思义，此时的三维应力状态为平面应力状态，这一应力状态通常对应于薄板在拉伸时的变形：由于板壁足够薄，各应力分量沿着壁面方向不可能发生显著变化。如果所考虑的平面法向沿 z 方向，这一条件下，$\sigma_{iz} = 0$，$i = x, y, z$。

2.5 柱坐标系几何方程

前面介绍了直角坐标系下的应变与位移关系。现在考虑在柱（极）坐标问题中的应变–位移关系，这在常见的柱坐标问题分析中需要用到。我们先考虑径向和环向变形，用 u_r、u_θ 和 u_z 分别表示径向、环向和轴向位移分量。

考虑如图 2.7 所示的柱坐标系，我们先来看看沿径向的变形。图中的微元（黑色）经过变形后形成红色微元，初始微元径向大小为 dr，变形后的微元两端位置分别为 $r + u_r(r)$ 与 $(r + dr) + u_r(r + dr)$，则变形后微元长度为两者之差。考虑到 $u_r(r + dr) = u_r + \dfrac{\partial u_r}{\partial r} dr$，我们可以得到径向应变

$$\varepsilon_{rr} = \frac{\left[(r + dr) + \left(u_r + \dfrac{\partial u_r}{\partial r} dr \right) - (r + u_r) \right] - dr}{dr} = \frac{\partial u_r}{\partial r} \tag{2.19}$$

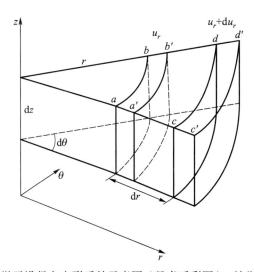

图 2.7 圆柱坐标下的微元沿径向变形后的示意图（见书后彩图）。该微元在变形前弧度为 $d\theta$，径向长度为 dr，这里显示了沿 r 方向变形前后的位置

现在来看沿圆周方向的变形情况，为方便起见，结合图 2.7 来看平面变形图，如图 2.8 所示。周向线段的长度变化可能由两个方面的机制导致。由图 2.8 可以看到，径向的位移 u_r 使得初始弧长为 $\overset{\frown}{ab}$ 的微元变形后成为 $\overset{\frown}{a'b'}$，这一变化导致弧长产生一个伸长量，大小为 $(r + u_r) d\theta - r d\theta$。我们可以计算得到对应于这一变化而产生的弧长方向的应变

$$\varepsilon_{\theta\theta}^{(u_r)} = \frac{(r + u_r) d\theta - r d\theta}{r d\theta} = \frac{u_r}{r} \tag{2.20a}$$

除了径向的变形导致周向的应变外，圆周方向的位移也会产生周向应变。如图 2.8b 所示。

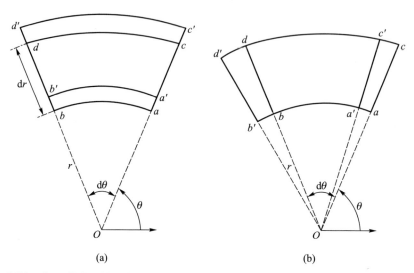

$$\text{(a)} \qquad\qquad\qquad\qquad \text{(b)}$$

图 2.8 圆柱坐标下的微元沿径向（a）和周向（b）位移产生的沿 z 方向的平面投影图

同样，对于弧长 $\widehat{ab}$，在 a 点到 a' 处对应的周向位移为 u_θ，而在 b 点到 b' 对应的周向位移为 $u_\theta + \dfrac{\partial u_\theta}{\partial \theta}\mathrm{d}\theta$。对应于这一位移而产生的弧长方向的应变为

$$\varepsilon_{\theta\theta}^{(u_\theta)} = \frac{u_\theta + \dfrac{\partial u_\theta}{\partial \theta}\mathrm{d}\theta - u_\theta}{r\mathrm{d}\theta} = \frac{1}{r}\frac{\partial u_\theta}{\partial \theta} \tag{2.20b}$$

综合这两种情况下所形成的变形，我们获得总的周向应变为

$$\varepsilon_{\theta\theta} = \varepsilon_{\theta\theta}^{(u_r)} + \varepsilon_{\theta\theta}^{(u_\theta)} = \frac{1}{r}\frac{\partial u_\theta}{\partial \theta} + \frac{u_r}{r} \tag{2.21}$$

而图 2.7 中的微元沿 z 方向的应变可以按照笛卡儿坐标系下的推导方式获得

$$\varepsilon_{zz} = \frac{\partial u_z}{\partial z} \tag{2.22}$$

现在我们来看沿周向的剪切应变的推导。参考图 2.9，$r-\theta$ 面内的剪切可以从微元的角度变化导出。变形前的微元角度 $\angle bac$ 变形后为 $\angle b'a'c'$，其中圆周方向的位移会导致 ac 偏转 u_θ/r，因而由剪切变形引起的剪应变为

$$\varepsilon_{\theta r} = \frac{1}{2}\gamma_{\theta r} = \frac{1}{2}\left(\angle bac - \angle b'a'c' - \frac{u_\theta}{r}\right) \tag{2.23}$$

为了得到最终的角度变化，我们先看 ac 边到 $a'c'$ 的偏转角 β，a 点到 a' 点产生的周向位移为 $u_\theta(r)$，而 c 点到 c' 点产生的周向位移为 $u_\theta(r+\mathrm{d}r)$，因此 β 可以通过下式获得：

$$\beta\mathrm{d}r = u_\theta\left(r + \mathrm{d}r\right) - u_\theta(r) \tag{2.24a}$$

简化该式，即有

$$\beta = \frac{\partial u_\theta}{\partial r} \tag{2.24b}$$

而 ab 边到 $a'b'$ 的偏转角 α 则可考虑通过如下方式求得：a 点到 a' 点产生的径向位移为 $u_r(\theta)$，b 点到 b' 点产生的径向位移为 $u_r(\theta + \mathrm{d}\theta)$，则 α 满足

$$\alpha r \mathrm{d}\theta = u_r(\theta + \mathrm{d}\theta) - u_r(\theta) \tag{2.25a}$$

其偏微分形式为

$$\alpha = \frac{1}{r}\frac{\partial u_r}{\partial \theta} \tag{2.25b}$$

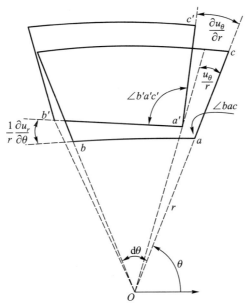

图 2.9　圆柱坐标下的微元沿径向和周向位移产生的剪切变形示意图（见书后彩图）。变形前的投影 (黑色) 在变形后 (红色) 由于周向和径向位移而导致角度变化

由图 2.9 中的剪切变形示意图不难看出

$$\alpha + \beta = \angle bac - \angle b'a'c' = \frac{1}{r}\frac{\partial u_r}{\partial \theta} + \frac{\partial u_\theta}{\partial r} \tag{2.26}$$

将式 (2.26) 代入 $\varepsilon_{\theta r}$ 的关系式中，得到

$$\varepsilon_{\theta r} = \frac{1}{2}\left(\frac{1}{r}\frac{\partial u_r}{\partial \theta} + \frac{\partial u_\theta}{\partial r} - \frac{u_\theta}{r}\right) \tag{2.27}$$

关于 $z - \theta$ 和 $r - z$ 面内的剪切可以用同样的方法，通过图 2.10 导出。这两个剪切分量分别为

$$\varepsilon_{\theta z} = \frac{1}{2}\left(\frac{1}{r}\frac{\partial u_z}{\partial \theta} + \frac{\partial u_\theta}{\partial z}\right), \quad \varepsilon_{rz} = \frac{1}{2}\left(\frac{\partial u_z}{\partial r} + \frac{\partial u_r}{\partial z}\right) \tag{2.28}$$

综合式 (2.19) ～ 式 (2.28) 的结果，我们可以给出圆柱坐标下 6 个应变分量与位移

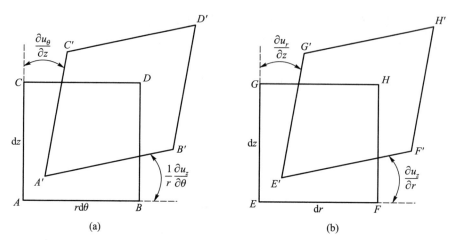

图 2.10 圆柱坐标下的微元在不同面上的投影，并由此可以获得沿轴向和周向位移产生的剪切变形示意图（a）以及沿径向和轴向位移导致的剪切变（b）

的对应关系

$$
\begin{cases}
\varepsilon_{rr} = \dfrac{\partial u_r}{\partial r} \\[2mm]
\varepsilon_{\theta\theta} = \dfrac{1}{r}\dfrac{\partial u_\theta}{\partial \theta} + \dfrac{u_r}{r} \\[2mm]
\varepsilon_{zz} = \dfrac{\partial u_z}{\partial z}
\end{cases}, \quad
\begin{cases}
\varepsilon_{\theta r} = \dfrac{1}{2}\left(\dfrac{1}{r}\dfrac{\partial u_r}{\partial \theta} + \dfrac{\partial u_\theta}{\partial r} - \dfrac{u_\theta}{r}\right) \\[2mm]
\varepsilon_{rz} = \dfrac{1}{2}\left(\dfrac{\partial u_z}{\partial r} + \dfrac{\partial u_r}{\partial z}\right) \\[2mm]
\varepsilon_{\theta z} = \dfrac{1}{2}\left(\dfrac{1}{r}\dfrac{\partial u_z}{\partial \theta} + \dfrac{\partial u_\theta}{\partial z}\right)
\end{cases}
\tag{2.29}
$$

我们在后续研究圆柱问题时将用到式 (2.29) 所给出的几何方程。

2.6 协调方程

我们回过头来看小变形情况，即直角坐标系下的应变–位移关系。在式 (2.14) 中，$\varepsilon_{ij} = \dfrac{1}{2}\left(u_{i,j} + u_{j,i}\right)$。这里有 6 个独立的应变分量，是由 3 个位移分量导出的，因此它们彼此之间必然存在一定的关系，这些关系就是应变协调方程。我们首先看以下两个应变的定义：

$$
\frac{\partial u_1}{\partial x_1} = \varepsilon_{11}, \quad \frac{\partial u_2}{\partial x_2} = \varepsilon_{22}
\tag{2.30a}
$$

同时

$$
\frac{\partial u_1}{\partial x_2} + \frac{\partial u_2}{\partial x_1} = 2\varepsilon_{12}
\tag{2.30b}
$$

将 $\partial u_1/\partial x_1$、$\partial u_2/\partial x_2$ 作如下微分：

$$
\frac{\partial^3 u_1}{\partial x_1 \partial x_2^2} = \frac{\partial^2 \varepsilon_{11}}{\partial x_2^2}
\tag{2.30c}
$$

$$
\frac{\partial^3 u_2}{\partial x_2 \partial x_1^2} = \frac{\partial^2 \varepsilon_{22}}{\partial x_1^2}
\tag{2.30d}
$$

结合式 (2.30b)，有

$$\frac{\partial^3 u_1}{\partial x_1 \partial x_2^2} + \frac{\partial^3 u_2}{\partial x_2 \partial x_1^2} = 2\frac{\partial^2 \varepsilon_{12}}{\partial x_1 \partial x_2} \tag{2.30e}$$

通过类似的方法，可以推导出

$$\frac{\partial^2 \varepsilon_{11}}{\partial x_2^2} + \frac{\partial^2 \varepsilon_{22}}{\partial x_1^2} = 2\frac{\partial^2 \varepsilon_{12}}{\partial x_1 \partial x_2} \tag{2.31a}$$

$$\frac{\partial^2 \varepsilon_{11}}{\partial x_3^2} + \frac{\partial^2 \varepsilon_{33}}{\partial x_1^2} = 2\frac{\partial^2 \varepsilon_{13}}{\partial x_1 \partial x_3} \tag{2.31b}$$

$$\frac{\partial^2 \varepsilon_{22}}{\partial x_3^2} + \frac{\partial^2 \varepsilon_{33}}{\partial x_2^2} = 2\frac{\partial^2 \varepsilon_{23}}{\partial x_2 \partial x_3} \tag{2.31c}$$

类似地，结合剪应变的定义，我们也可推导出

$$\frac{\partial^2 \varepsilon_{11}}{\partial x_2 \partial x_3} + \frac{\partial^2 \varepsilon_{23}}{\partial x_1^2} = \frac{\partial^2 \varepsilon_{13}}{\partial x_1 \partial x_2} + \frac{\partial^2 \varepsilon_{12}}{\partial x_1 \partial x_3} \tag{2.32a}$$

$$\frac{\partial^2 \varepsilon_{22}}{\partial x_1 \partial x_3} + \frac{\partial^2 \varepsilon_{13}}{\partial x_2^2} = \frac{\partial^2 \varepsilon_{23}}{\partial x_1 \partial x_2} + \frac{\partial^2 \varepsilon_{12}}{\partial x_2 \partial x_3} \tag{2.32b}$$

$$\frac{\partial^2 \varepsilon_{33}}{\partial x_1 \partial x_2} + \frac{\partial^2 \varepsilon_{12}}{\partial x_3^2} = \frac{\partial^2 \varepsilon_{13}}{\partial x_2 \partial x_3} + \frac{\partial^2 \varepsilon_{23}}{\partial x_1 \partial x_3} \tag{2.32c}$$

以上 6 个协调方程可以采用坐标分量形式统一写为

$$\frac{\partial^2 \varepsilon_{mn}}{\partial x_i \partial x_j} + \frac{\partial^2 \varepsilon_{ij}}{\partial x_m \partial x_n} = \frac{\partial^2 \varepsilon_{im}}{\partial x_j \partial x_n} + \frac{\partial^2 \varepsilon_{jn}}{\partial x_i \partial x_m} \tag{2.33}$$

这就是在弹性力学求解时为保证物体变形后保持整体性和连续性的条件，称为变形协调条件。数学上如果满足式 (2.33) 给出的应变协调方程，则可以确保解出的位移函数在其定义域内为单值连续函数。

2.7 泊松效应

材料沿加载方向伸长或缩短的同时，通常在垂直于加载方向也会产生变形。这一考虑单向拉伸时的横向变形问题是法国科学家泊松（Poisson）于 1827 年提出的[2]。为纪念他的贡献，横向变形和纵向伸长的比值的负值被命名为泊松比。如图 2.11 所示的一个单元体，考虑在一个方向上施加应力载荷 σ_{33}，在该方向产生应变 ε_{33}，那么在另外两个方向同样会引起相应的变形，即 ε_{11} 和 ε_{22}，我们定义这种应变比为泊松比，有

$$\nu_{13} = -\frac{\varepsilon_{11}}{\varepsilon_{33}}, \quad \nu_{23} = -\frac{\varepsilon_{22}}{\varepsilon_{33}} \tag{2.34}$$

这里 ν_{13} 说明直接施加在"3"方向上的应变引起"1"方向上的应变。以各向同性材料为例，它们的常见弹性常数如泊松比 ν、杨氏模量 E、剪切模量 G、体积模量 K 具有直接的关系。

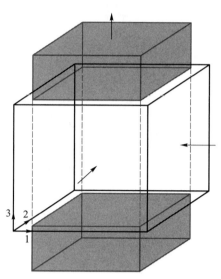

图 2.11 泊松效应示意图，材料沿"3"方向施加应力载荷 σ_{33}，则在该方向产生一个应变 ε_{33}，且同时在垂直于加载方向也会产生相应的变形 ε_{11} 和 ε_{22}

2.8 典型变形及应变不变量

2.8.1 刚体的平动和转动

与变形状态相对应的是刚体的平动和转动。我们先考察如图 2.12a 所示的单位长度的正方形单元。发生平动时，单元的位移场为

$$u_1 = a, \quad u_2 = b, \quad u_3 = 0 \tag{2.35}$$

由此位移场得到的应变为

$$\varepsilon = \begin{bmatrix} 0 & 0 & 0 \\ 0 & 0 & 0 \\ 0 & 0 & 0 \end{bmatrix} \tag{2.36}$$

式 (2.36) 表明刚体的平动不产生应变。

现在来看图 2.12b 刚体转动的情形。考虑将单元的一个顶点 A 固定，之后单元绕过 A 点垂直于纸面的 x_3 轴逆时针旋转角度 θ，此时单元中任意一点 (x_1, x_2, x_3) 旋转前后的位移为

$$\begin{bmatrix} u_1 \\ u_2 \\ u_3 \end{bmatrix} = \begin{bmatrix} \cos\theta & -\sin\theta & 0 \\ \sin\theta & \cos\theta & 0 \\ 0 & 0 & 1 \end{bmatrix} \begin{bmatrix} x_1 \\ x_2 \\ x_3 \end{bmatrix} - \begin{bmatrix} x_1 \\ x_2 \\ x_3 \end{bmatrix} \tag{2.37}$$

展开后

$$u_1 = (\cos\theta - 1)x_1 - \sin\theta x_2$$
$$u_2 = \sin\theta x_1 + (\cos\theta - 1)x_2$$
$$u_3 = 0 \tag{2.38}$$

按照之前应变和位移的关系，得到相应的应变为

$$\varepsilon = \begin{bmatrix} \cos\theta - 1 & 0 & 0 \\ 0 & \cos\theta - 1 & 0 \\ 0 & 0 & 0 \end{bmatrix} \tag{2.39}$$

式 (2.39) 中剪应变分量为零，表明刚体转动对剪切变形无贡献。此外需要注意的是，此处的应变是基于小变形的理论，适用于 θ 较小的情形，故正应变也为零；当 θ 较大时，需要考虑几何非线性因素的影响，式 (2.39) 不再适用。

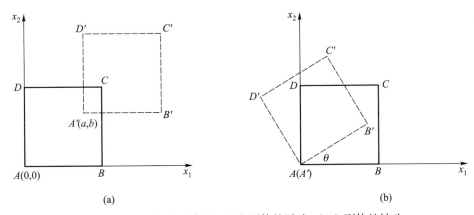

图 2.12 单元产生刚体运动时状态示意图。（a）刚体的平动；（b）刚体的转动

2.8.2 简单拉伸与压缩

简单拉伸与压缩指沿着试样的单方向施加拉伸或压缩载荷，其他方向的边界为自由状态。这一变形方式产生的位移场为：$u_1 = \varepsilon x_1$。我们也由此可得到对应的应变张量

$$[\varepsilon_{ij}] = \begin{bmatrix} \varepsilon & 0 & 0 \\ 0 & 0 & 0 \\ 0 & 0 & 0 \end{bmatrix} \tag{2.40}$$

需要注意的是，由于泊松效应，最终沿另外两个轴方向也将产生应变，其大小分别为 $\varepsilon_{22} = -\nu_{12}\varepsilon$ 和 $\varepsilon_{33} = -\nu_{13}\varepsilon$。

在超弹性材料力学性能测试中，我们经常将超弹性材料制成薄膜并沿薄膜面内互相垂直的两个方向施加载荷，这样的试验叫做均匀双轴拉伸试验，这一变形方式对应的位移场为

$$u_1 = \alpha x_1, \quad u_2 = \beta x_2, \quad u_3 = 0 \tag{2.41}$$

相应得到所施加的应变为

$$[\varepsilon_{ij}] = \begin{bmatrix} \alpha & 0 & 0 \\ 0 & \beta & 0 \\ 0 & 0 & 0 \end{bmatrix} \tag{2.42}$$

2.8.3　简单剪切

考虑如图 2.13a 所示的一个正六面体微元，在简单剪切作用时，垂直于 z 方向的平面之间发生沿应力作用方向的剪切变形，每一点上剪切变形产生的位移正比于该点的 z 坐标值；平面之间不存在层距（z 方向）的变化。如果我们看该六面体变形后位于 $y-z$ 平面的平面图形（图 2.13b），其状态如图 2.13c 所示。此时的应变状态为

$$\begin{bmatrix} 0 & 0 & 0 \\ 0 & 0 & \varepsilon_{yz} \\ 0 & \varepsilon_{zy} & 0 \end{bmatrix} \tag{2.43}$$

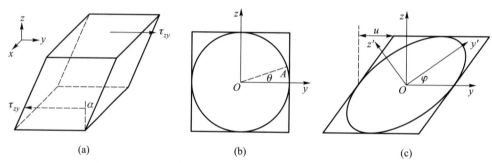

图 **2.13**　正六面体微元的简单剪切变形示意图。（a）变形后的三维单元；（b）变形前在 $y-z$ 平面的参考圆；（c）参考圆在剪切变形后的形状

现在来仔细考察参考圆变形后的特性，假定参考圆的半径为单位长度，其圆周上的任意一点 A 在 Oyz 坐标系中的坐标为 $(\cos\theta, \sin\theta)$，剪切变形之后，对应一个新的位置 A'，其坐标为 $(\cos\theta + u\sin\theta, \sin\theta)$。不难获得，变形前的单位圆经过简单剪切后，其轨迹变为

$$(y - uz)^2 + z^2 = 1 \tag{2.44}$$

我们定义一个新的坐标系 $Oy'z'$，其中 Oy' 方向为长轴方向，Oz' 方向为短轴方向，则该坐标轴相对于坐标系 Oyz 产生了逆时针方向的旋转，且对应的旋转角度 φ 和位移之间存在以下关系：

$$\varphi = \frac{1}{2}\arctan\frac{2}{u} \tag{2.45}$$

此时的椭圆长轴长度为

$$\lambda_1 = \sqrt{\frac{2}{(2 + u^2) - \sqrt{u^4 + 4u^2}}} \tag{2.46a}$$

短轴的长度为

$$\lambda_2 = \sqrt{\frac{2}{(2+u^2) + \sqrt{u^4 + 4u^2}}} \tag{2.46b}$$

且有 $\lambda_1 \lambda_2 = 1$，也即小变形情况下简单剪切不引起体积变化。对应的长轴与原始坐标系 Oy 的角度为 $\varphi = \frac{1}{2} \arctan \frac{2\lambda_1}{\lambda_1^2 - 1}$，也即 $\varphi = -\arctan \lambda_1$。可以看到，简单剪切过程中主轴方向是剪切方向位移的函数，即该方向随加载过程不断发生偏转，变形不在主轴方向上。

2.8.4 纯剪切

简单剪切容易与纯剪切变形产生混淆。对照图 2.13，我们在图 2.14a 中给出了三维单元在纯剪切变形前后的示意图，其对应的二维边界图以及由莫尔圆给出的主应力方向示意图如图 2.14b 所示。此时，材料的应力张量与简单剪切时的应力张量相同：纯剪切过程中对应的单元体的 4 个侧面上只有剪应力而没有正应力作用；尽管剪切前后线元长度发生了变化，但没有发生主轴的旋转。纯剪切变形使得主应变沿一个主轴

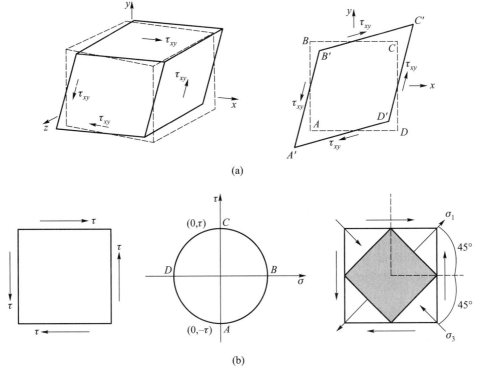

(a)

(b)

图 2.14 纯剪切变形。（a）纯剪切时的三维应力状态及变形情况，纯剪切产生的工程应变即为角度 $\angle BAD$ 的变化，即 $\gamma_{xy} = \angle BAD - \angle B'A'D'$。（b）剪切过程中应力作用方向；纯剪切变形的主应力方向表明纯剪切等价于拉–压二向应力状态；纯剪切过程导致的主应变沿一个主轴伸长，而沿另一个主轴（非旋转应变）缩短，随着剪切力的变化，主轴方向维持不变

伸长，而沿另一主轴（非旋转应变）缩短，但是两者应变量的绝对值相同，所以纯剪切是拉–压二向应力状态，如图 2.14b 中最右侧部分所示。纯剪切过程中，应力主轴的方向不随剪切力的变化而变化。

对比前面关于简单剪切和纯剪切讨论的结果我们看到，处于纯剪切状态的结构微元，其参考圆变形后与主应力方向一致（如图 2.15 所示）。对参考单位圆上的任意一点 A，当沿主方向 y' 施加一个拉伸，沿 z' 方向施加一个压缩时，A 点移动到 A' 位置，其在 $Oy'z'$ 坐标系中的坐标为 $(\lambda_1 \cos\theta, \lambda_2 \sin\theta)$（其中，$\lambda_1$ 和 λ_2 与主方向的拉伸或压缩量有关）。显然，单位圆变形后是一个椭圆，且满足椭圆方程

$$\frac{y'^2}{\lambda_1^2} + \frac{z'^2}{\lambda_2^2} = 1 \tag{2.47}$$

纯剪切变形后，该椭圆的主方向与主应力方向不会发生改变，$\lambda_2 = 1/\lambda_1$，没有体积变化，即主应变沿一个主轴伸长，而沿另一个主轴（非旋转应变）缩短，剪切力的大小不改变主轴方向。简单剪切与纯剪切相比相差一个同心体的转动，这是两者之间的显著差别。

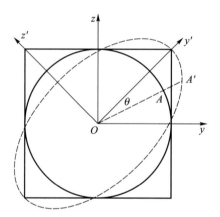

图 2.15 纯剪切变形示意图。纯剪切变形下，变形前的参考圆在变形后变成椭圆，椭圆的长轴和短轴方向不随剪切变形的大小变化而变化

2.8.5 体积应变

依据前面对应变的定义，我们可以推导出另一个大家关心的应变量：体积应变。考虑一长方体单元，其初始各边长度分别为 a、b、c，各边方向平行于坐标方向，变形后各边的长度依次为 $a(1+\varepsilon_{11})$、$b(1+\varepsilon_{22})$、$c(1+\varepsilon_{33})$。那么该单元变形前后的体积分别为 $V_0 = abc$ 和 $V = a(1+\varepsilon_{11})b(1+\varepsilon_{22})c(1+\varepsilon_{33})$。这样一来，得到单元的相对体积变化即体积应变为

$$\varepsilon_v = \frac{V - V_0}{V_0} = \frac{a(1+\varepsilon_{11})b(1+\varepsilon_{22})c(1+\varepsilon_{33}) - abc}{abc} \approx (\varepsilon_{11} + \varepsilon_{22} + \varepsilon_{33}) \tag{2.48}$$

式 (2.48) 中近似表达式成立的条件在于我们忽略了约等式左侧关于应变的二次及以上的高阶项。最终体积应变 ε_v 的值即为应变张量的迹，$\varepsilon_v = \text{tr}(\varepsilon)$。

2.8.6 应变不变量

对应地，我们可以定义应变张量的不变量 (the principal invariants)，它们在不同的旋转坐标系下保持不变。

一个变形张量可以分解为 3 个不包含剪切变形，只存在拉伸或压缩变形的状态，这 3 个方向称为主应变方向，对应的大小为主应变。主应变及其方向可以通过求解应变矩阵的特征值来获得：

$$\det \begin{bmatrix} \varepsilon_{xx} - \varepsilon_{e} & \varepsilon_{xy} & \varepsilon_{xz} \\ \varepsilon_{xy} & \varepsilon_{yy} - \varepsilon_{e} & \varepsilon_{yz} \\ \varepsilon_{xz} & \varepsilon_{yz} & \varepsilon_{zz} - \varepsilon_{e} \end{bmatrix} = 0 \tag{2.49}$$

对应于求解以下的三阶方程：

$$\varepsilon_{e}^3 - J_1 \varepsilon_{e}^2 + J_2 \varepsilon_{e} + J_3 = 0 \tag{2.50}$$

式中，J_1 为第一不变量，它是应变张量的迹，$J_1 = \operatorname{tr}(\boldsymbol{\varepsilon}) = \boldsymbol{\varepsilon} : \boldsymbol{I}$；$J_2$ 为第二不变量，也通常称为等效应变，$J_2 = \frac{1}{2}[(\operatorname{tr}\boldsymbol{\varepsilon})^2 - \operatorname{tr}(\boldsymbol{\varepsilon}^2)]$；$J_3$ 为第三不变量，对应的值为 $J_3 = \det \boldsymbol{\varepsilon}$。

求解式 (2.50) 得到应变矩阵的 3 个特征根 $\{\varepsilon_1, \varepsilon_2, \varepsilon_3\}$，它们即为对应的 3 个主应变。我们一般按照 $\varepsilon_1 \geqslant \varepsilon_2 \geqslant \varepsilon_3$ 的顺序来排列。与之对应，我们可以将 3 个不变量用主应变表示，相应表达式为 $J_1 = \varepsilon_1 + \varepsilon_2 + \varepsilon_3$，$J_2 = \varepsilon_1\varepsilon_2 + \varepsilon_2\varepsilon_3 + \varepsilon_3\varepsilon_1$，$J_3 = \varepsilon_1\varepsilon_2\varepsilon_3$。将所得到的各主应变分别代入式 (2.42) 中，可求得对应于 3 个主应变的 3 个特征方向。

2.9 小结

在这一章节中介绍了几何变化与形变之间的关系，依据研究对象的变形特征，介绍了不同坐标系下的应变–位移关系。同时，也介绍了从位移导出应变的过程中各应变所需要满足的协调方程。考虑到物体在一个方向上变形时导致的其他方向的位移，介绍了刻画这一变形行为的泊松效应，对应的参数为泊松比。结合可能的变形特征，还介绍了典型应变情况下的几何特征和基本概念。与后面将要讲到的应力的概念类似，应变是我们开展固体变形分析的前提和基础。

参考文献

[1] 徐芝纶. 弹性力学简明教程 [M]. 北京：高等教育出版社, 1980.

[2] Poisson S D. Note sur l'extension des fils et des plaques élastiques[J]. Annales de Chimie et de Physique, 1827, 36: 384-387.

第 3 章 平 衡 方 程

3.1 简介

前面已经介绍了应变的定义及其基本性质。弹性介质中施加应变的直接结果是产生应力。因此，需要对应力作一个说明与定义。

针对当前构形下的一个正方体微元，如图 3.1 所示，考虑其中的一个面，该面面积为 A，法向为 n。如果施加在该面上的力为 $f(n)$，当不断缩小微元体积时，对应的该面面积也将相应地变小，那么该点处法向为 n 的面元上的应力可以定义为

$$t(n) = \lim_{A \to 0} \frac{f(n)}{A} = \lim_{A \to 0} \left(\frac{f_1 e_1}{A} + \frac{f_2 e_2}{A} + \frac{f_n n}{A} \right) \tag{3.1}$$

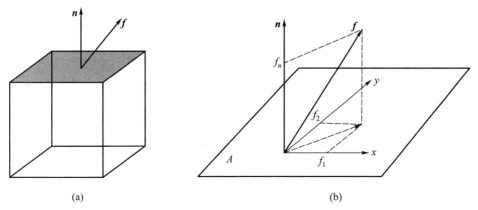

图 3.1 （a）考虑当前构形下的一个正方体微元，微元上一个面具有法向 n，施加在该面上的力为 f；（b）该面微元上的作用力可以分解为各边平行于面内的分量和垂直分量

这里考虑到 f 有 3 个分量，因此将其分解为 $f(n) = f_1 e_1 + f_2 e_2 + f_n n$。这里，$e_1$ 和 e_2 为面元 A 内的两个单位正交矢量，平行于平面，因此 (e_1, e_2, n) 构成了面元 A 上的局部正交坐标系。按照式 (3.1) 的定义，我们获得作用在这个面上的面应力矢量，含 3 个应力分量，$t = (t_{nn}, t_{n1}, t_{n2})$，这里 t_{nn} 为作用在该面上沿 n 方向的正应力，t_{n1} 和 t_{n2} 分别为作用在该面上沿面内 e_1 方向和 e_2 方向的两个剪应力分量。如果所选择的正方体微元的 3 个轴的方向与全局坐标系的方向一致，那么就可以对该微元 6 个面中的 3 个独立面作同样处理。此时，n 可分别取为 e_3、e_1、e_2 3 个方向，这

样得到该微元体所对应点的应力状态

$$\boldsymbol{\sigma} = \begin{bmatrix} \sigma_{11} & \sigma_{12} & \sigma_{13} \\ \sigma_{21} & \sigma_{22} & \sigma_{23} \\ \sigma_{31} & \sigma_{32} & \sigma_{33} \end{bmatrix} \tag{3.2}$$

这是按照作用力的形式获得的微元体的应力状态。当微元体趋向于无穷小时，我们就得到一点的应力张量。这些应力分量，按照力与力矩的平衡要求，并非完全独立的。下面将要考察这些应力分量的定义以及它们所满足的平衡条件。

3.2 平面应力

如果需要分析的对象在一个方向的几何尺寸足够小，而且沿该方向的截面在材料性能上没有变化，应力也可以忽略，同时该面上不存在剪应力分量，那么我们将该类问题简化为平面应力问题。如图 3.2 所示的薄板结构，受到沿两方向的载荷，薄板厚度远小于其他两个方向的尺度，沿薄板厚度方向应力基本不发生变化，因此可以当成平面应力问题。此时，有 $\sigma_{i3} = 0, i = 1, 2, 3$。

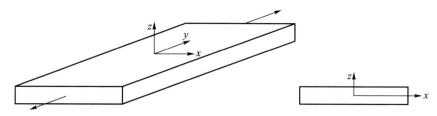

图 3.2 薄板结构受到沿两方向的载荷，薄板厚度远小于其他两个方向的尺度，沿薄板厚度方向应力基本不发生变化，因此可以当成平面应力问题

为了得到一点的应力张量需要满足的平衡条件，先以一个二维差分单元为例，推导对应的平衡方程（equation of equilibrium）。如图 3.3 所示，我们考虑一个各边平行于坐标轴 $(\boldsymbol{e}_1, \boldsymbol{e}_2)$ 的长方形微元。在这里，假定该微元沿 $\boldsymbol{e}_3$ 为单位厚度，因此可定义微元的面密度为 ρ。作用在单位面积上的体力为 $\boldsymbol{b} = (b_1\boldsymbol{e}_1 + b_2\boldsymbol{e}_2)$。如果该微元的边长分别为 $\mathrm{d}x_1$、$\mathrm{d}x_2$，那么其质量 $m = \rho\mathrm{d}x_1\mathrm{d}x_2$。作用在各面（边）的应力为 σ_{ij}，其中第一个下标 "i" 代表的是作用面的法向且定义外法向为正方向，第二个下标 "j" 代表的是所加的作用力的方向。

根据牛顿第二定律，沿着 $\boldsymbol{e}_1$ 方向，有 $\sum F_1 = m\dfrac{\partial^2 x_1}{\partial t^2}$，沿 $\boldsymbol{e}_1$ 方向的力平衡方程可以描述为

$$\left[\left(\sigma_{11} + \frac{\partial \sigma_{11}}{\partial x_1}\mathrm{d}x_1\right) - \sigma_{11}\right]\mathrm{d}x_2 + \left[\left(\sigma_{21} + \frac{\partial \sigma_{21}}{\partial x_2}\mathrm{d}x_2\right) - \sigma_{21}\right]\mathrm{d}x_1 + b_1\mathrm{d}x_1\mathrm{d}x_2$$
$$= \rho\mathrm{d}x_1\mathrm{d}x_2\frac{\partial^2 x_1}{\partial t^2} \tag{3.3a}$$

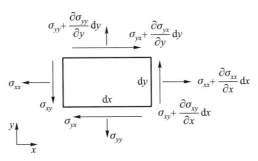

图 3.3 各边平行于坐标轴 (e_1, e_2) 的长方形微元。依据力和力矩的平衡来推导该单元在静态平衡时各应力分量所满足的关系

同样，微元在 e_2 方向的平衡方程为

$$\left[\left(\sigma_{22} + \frac{\partial \sigma_{22}}{\partial x_2}\mathrm{d}x_2\right) - \sigma_{22}\right]\mathrm{d}x_1 + \left[\left(\sigma_{12} + \frac{\partial \sigma_{12}}{\partial x_1}\mathrm{d}x_1\right) - \sigma_{12}\right]\mathrm{d}x_2 + b_2\mathrm{d}x_1\mathrm{d}x_2$$
$$= \rho\mathrm{d}x_1\mathrm{d}x_2\frac{\partial^2 x_2}{\partial t^2} \tag{3.3b}$$

简化上面的两个方程，我们得到二维平面应力状态下微元的平衡条件，它们是关于应力分量的偏微分方程

$$\begin{cases} \dfrac{\partial \sigma_{11}}{\partial x_1} + \dfrac{\partial \sigma_{21}}{\partial x_2} + b_1 = \rho\dfrac{\partial^2 x_1}{\partial t^2} \\[2mm] \dfrac{\partial \sigma_{12}}{\partial x_1} + \dfrac{\partial \sigma_{22}}{\partial x_2} + b_2 = \rho\dfrac{\partial^2 x_2}{\partial t^2} \end{cases} \tag{3.4}$$

如果忽略体积力的影响，则有 $\boldsymbol{b} = 0$，即 $b_1 = b_2 = 0$。更多时候，我们考虑准静态的平衡问题时，会忽略式 (3.4) 中的惯性力项，$\dfrac{\partial^2 x_1}{\partial t^2} = \dfrac{\partial^2 x_2}{\partial t^2} = 0$。

现在，来考察该二维微元的力矩平衡情况。以通过微元左下角顶点且方向为 e_3 的矢量为旋转轴，那么微元的力矩 $\boldsymbol{M}_3$（如果忽略二阶小量）可以描述为

$$\boldsymbol{M}_3 = (\sigma_{12}\mathrm{d}x_2)\,\mathrm{d}x_1 - (\sigma_{21}\mathrm{d}x_1)\,\mathrm{d}x_2 \tag{3.5}$$

通常 $\boldsymbol{M}_3 = I_3\ddot{\omega}_3$，其中 I_3 表示刚体绕 e_3 为轴转动时的转动惯量，$\ddot{\omega}_3$ 为对应的角加速度。在准静态问题中，$\ddot{\omega}_3 = 0, \boldsymbol{M}_3 = 0$，我们有

$$\sigma_{12} = \sigma_{21} \tag{3.6}$$

二维微元的力矩平衡要求应力张量是对称的。

3.3　三维应力问题

有了二维差分微元推导力矩平衡与应力平衡方程的例子，我们可以很快建立三维微元的平衡方程。类似地，考虑一个各边平行于坐标轴 (e_1, e_2, e_3) 的长方体微元，如

图 3.4 所示。微元的各边长分别为 $\mathrm{d}x_1$、$\mathrm{d}x_2$、$\mathrm{d}x_3$。定义微元的密度为 ρ，那么其质量 $m = \rho \mathrm{d}x_1 \mathrm{d}x_2 \mathrm{d}x_3$。作用在单位体积上的体力为 $\boldsymbol{b} = (b_1 \boldsymbol{e}_1 + b_2 \boldsymbol{e}_2 + b_2 \boldsymbol{e}_3)$。考察微元各面的中心点坐标

$$\left(x_1 \pm \frac{1}{2}\mathrm{d}x_1, x_2, x_3\right), \left(x_1, x_2 \pm \frac{1}{2}\mathrm{d}x_2, x_3\right), \left(x_1, x_2, x_3 \pm \frac{1}{2}\mathrm{d}x_3\right) \tag{3.7}$$

各边平行于坐标轴 $(\boldsymbol{e}_1, \boldsymbol{e}_2, \boldsymbol{e}_3)$。

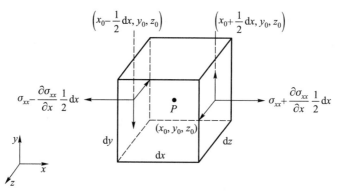

图 3.4 微元中心点 $P(x_1, x_2, x_3)$ 的应力张量及其不同面上应力分量的表达形式。依据该单元的静态平衡，可推导相应的应力分量之间的关系

微元中心点 $P(x_1, x_2, x_3)$ 的应力张量用式 (3.2) 表示。不难得到作用在中心位置为 $\left(x_1 + \frac{1}{2}\mathrm{d}x_1, x_2, x_3\right)$ 的面上的应力分量为

$$\left(\sigma_{11} + \frac{1}{2}\frac{\partial \sigma_{11}}{\partial x_1}\mathrm{d}x_1\right), \quad \left(\sigma_{12} + \frac{1}{2}\frac{\partial \sigma_{12}}{\partial x_1}\mathrm{d}x_1\right), \quad \left(\sigma_{13} + \frac{1}{2}\frac{\partial \sigma_{13}}{\partial x_1}\mathrm{d}x_1\right)$$

同理，作用在中心位置为 $\left(x_1 - \frac{1}{2}\mathrm{d}x_1, x_2, x_3\right)$ 的面上的应力为

$$-\left(\sigma_{11} - \frac{1}{2}\frac{\partial \sigma_{11}}{\partial x_1}\mathrm{d}x_1\right), \quad -\left(\sigma_{12} - \frac{1}{2}\frac{\partial \sigma_{12}}{\partial x_1}\mathrm{d}x_1\right), \quad -\left(\sigma_{13} - \frac{1}{2}\frac{\partial \sigma_{13}}{\partial x_1}\mathrm{d}x_1\right)$$

其中负号表示这个面的法向为 $\boldsymbol{e}_1$ 的负方向。通过相同的方法，我们得到 $\left(x_1, x_2 + \frac{1}{2}\mathrm{d}x_2, x_3\right)$ 面上的应力分量为

$$\left(\sigma_{21} + \frac{\partial \sigma_{21}}{\partial x_2}\frac{1}{2}\mathrm{d}x_2\right), \quad \left(\sigma_{22} + \frac{\partial \sigma_{22}}{\partial x_2}\frac{1}{2}\mathrm{d}x_2\right), \quad \left(\sigma_{23} + \frac{\partial \sigma_{23}}{\partial x_2}\frac{1}{2}\mathrm{d}x_2\right)$$

且 $\left(x_1, x_2 - \frac{1}{2}\mathrm{d}x_2, x_3\right)$ 面上的应力分量为

$$-\left(\sigma_{21} - \frac{\partial \sigma_{21}}{\partial x_2}\frac{1}{2}\mathrm{d}x_2\right), \quad -\left(\sigma_{22} - \frac{\partial \sigma_{22}}{\partial x_2}\frac{1}{2}\mathrm{d}x_2\right), \quad -\left(\sigma_{23} - \frac{\partial \sigma_{23}}{\partial x_2}\frac{1}{2}\mathrm{d}x_2\right)$$

以及 $\left(x_1, x_2, x_3 + \dfrac{1}{2}\mathrm{d}x_3\right)$ 面上的应力分量为

$$\left(\sigma_{31} + \frac{\partial \sigma_{31}}{\partial x_3}\frac{1}{2}\mathrm{d}x_3\right), \quad \left(\sigma_{32} + \frac{\partial \sigma_{32}}{\partial x_3}\frac{1}{2}\mathrm{d}x_3\right), \quad \left(\sigma_{33} + \frac{\partial \sigma_{33}}{\partial x_3}\frac{1}{2}\mathrm{d}x_3\right)$$

且 $\left(x_1, x_2, x_3 - \dfrac{1}{2}\mathrm{d}x_3\right)$ 面上的应力分量为

$$-\left(\sigma_{31} - \frac{\partial \sigma_{31}}{\partial x_3}\frac{1}{2}\mathrm{d}x_3\right), \quad -\left(\sigma_{32} - \frac{\partial \sigma_{32}}{\partial x_3}\frac{1}{2}\mathrm{d}x_3\right), \quad -\left(\sigma_{33} - \frac{\partial \sigma_{33}}{\partial x_3}\frac{1}{2}\mathrm{d}x_3\right)$$

综合考虑各面上的应力对 $\boldsymbol{e}_1$ 方向的总力的贡献, 我们有

$$\begin{aligned}
F_1 = & \left(\sigma_{11} + \frac{\partial \sigma_{11}}{\partial x_1}\frac{1}{2}\mathrm{d}x_1\right)\mathrm{d}x_2\mathrm{d}x_3 - \left(\sigma_{11} - \frac{\partial \sigma_{11}}{\partial x_1}\frac{1}{2}\mathrm{d}x_1\right)\mathrm{d}x_2\mathrm{d}x_3 + \\
& \left(\sigma_{21} + \frac{\partial \sigma_{21}}{\partial x_2}\frac{1}{2}\mathrm{d}x_2\right)\mathrm{d}x_1\mathrm{d}x_3 - \left(\sigma_{21} - \frac{\partial \sigma_{21}}{\partial x_2}\frac{1}{2}\mathrm{d}x_2\right)\mathrm{d}x_1\mathrm{d}x_3 + \\
& \left(\sigma_{31} + \frac{\partial \sigma_{31}}{\partial x_3}\frac{1}{2}\mathrm{d}x_3\right)\mathrm{d}x_1\mathrm{d}x_2 - \left(\sigma_{31} - \frac{\partial \sigma_{31}}{\partial x_3}\frac{1}{2}\mathrm{d}x_3\right)\mathrm{d}x_1\mathrm{d}x_2
\end{aligned} \tag{3.7a}$$

简化式 (3.7a) 可以得到

$$F_1 = \left(\frac{\partial \sigma_{11}}{\partial x_1} + \frac{\partial \sigma_{21}}{\partial x_2} + \frac{\partial \sigma_{31}}{\partial x_3}\right)\mathrm{d}x_1\mathrm{d}x_2\mathrm{d}x_3 \tag{3.7b}$$

综合考虑体力以及惯性项, 得到在 $\boldsymbol{e}_1$ 方向上的力平衡方程

$$\left(\frac{\partial \sigma_{11}}{\partial x_1} + \frac{\partial \sigma_{21}}{\partial x_2} + \frac{\partial \sigma_{31}}{\partial x_3}\right)\mathrm{d}x_1\mathrm{d}x_2\mathrm{d}x_3 + b_1\mathrm{d}x_1\mathrm{d}x_2\mathrm{d}x_3 = \rho\,\mathrm{d}x_1\mathrm{d}x_2\mathrm{d}x_3\frac{\partial^2 x_1}{\partial t^2} \tag{3.8}$$

式 (3.8) 可以进一步简化为下面的偏微分方程:

$$\left(\frac{\partial \sigma_{11}}{\partial x_1} + \frac{\partial \sigma_{21}}{\partial x_2} + \frac{\partial \sigma_{31}}{\partial x_3}\right) + b_1 = \rho\frac{\partial^2 x_1}{\partial t^2} \tag{3.9a}$$

通过类似的分析, 我们可以得到 $\boldsymbol{e}_2$ 方向上的平衡方程

$$\left(\frac{\partial \sigma_{12}}{\partial x_1} + \frac{\partial \sigma_{22}}{\partial x_2} + \frac{\partial \sigma_{32}}{\partial x_3}\right) + b_2 = \rho\frac{\partial^2 x_2}{\partial t^2} \tag{3.9b}$$

以及 $\boldsymbol{e}_3$ 方向的平衡条件

$$\left(\frac{\partial \sigma_{13}}{\partial x_1} + \frac{\partial \sigma_{23}}{\partial x_2} + \frac{\partial \sigma_{33}}{\partial x_3}\right) + b_3 = \rho\frac{\partial^2 x_3}{\partial t^2} \tag{3.9c}$$

简化下标, 则式 (3.9) 中的 3 个偏微分形式的平衡方程可以统一简写为

$$\frac{\partial \sigma_{ij}}{\partial x_i} + b_j = \rho\frac{\partial^2 x_j}{\partial t^2} \tag{3.10}$$

通常情况下, 如果忽略体积力, 且仅考虑静力学平衡问题而忽略惯性项, 有以下平衡方程组:

$$\frac{\partial \sigma_{11}}{\partial x_1} + \frac{\partial \sigma_{21}}{\partial x_2} + \frac{\partial \sigma_{31}}{\partial x_3} = 0 \tag{3.11a}$$

$$\frac{\partial \sigma_{12}}{\partial x_1} + \frac{\partial \sigma_{22}}{\partial x_2} + \frac{\partial \sigma_{32}}{\partial x_3} = 0 \tag{3.11b}$$

$$\frac{\partial \sigma_{13}}{\partial x_1} + \frac{\partial \sigma_{23}}{\partial x_2} + \frac{\partial \sigma_{33}}{\partial x_3} = 0 \tag{3.11c}$$

以上方程在我们后续求解弹性问题时经常用到。

3.4 三维情形下力矩的平衡

参考二维情况下力矩的平衡分析，我们考虑微元中心且方向为 e_3 的力矩 M_3，如果忽略二阶小量，可以描述为

$$M_3 = (\sigma_{12} \mathrm{d}x_2 \mathrm{d}x_3)\,\mathrm{d}x_1 - (\sigma_{21} \mathrm{d}x_1 \mathrm{d}x_3)\,\mathrm{d}x_2 \tag{3.12}$$

依据准静态条件下刚体绕 e_3 为轴的角加速度 $\ddot{\omega}_3 = 0$，$M_3 = 0$，我们得到

$$\sigma_{12} = \sigma_{21} \tag{3.13a}$$

对应地，可以获得其他两个方向上的力矩平衡条件及其对应的结论，分别为

$$\sum M_2 = 0, \quad \sigma_{13} = \sigma_{31} \tag{3.13b}$$

和

$$\sum M_1 = 0, \quad \sigma_{32} = \sigma_{23} \tag{3.13c}$$

依据式 (3.13) 给出的力矩平衡条件，我们得到应力矩阵为对称矩阵，因此一般又将应力矩阵简化为

$$\boldsymbol{\sigma} = \begin{bmatrix} \sigma_{11} & \sigma_{12} & \sigma_{13} \\ & \sigma_{22} & \sigma_{23} \\ 对称 & & \sigma_{33} \end{bmatrix} \tag{3.14}$$

上面的应力形式一般称为柯西应力，源自柯西（Cauchy）在 1822 年所阐明的三维情况下的应力规范，该规范同时揭示应力具有二阶对称张量的性质。

3.5 柯西面力公式

我们考虑和应力的定义相反的一个过程，假定已知变形体的三维应力张量，现在需要考察某一面上平衡状态下的应力与三维应力张量的关系。这一关系由柯西导出，称为柯西公式。柯西公式又称为斜面应力公式，用于描述已知法线方向的任意斜面的应力分量与已知柯西应力分量之间的关系。

先考虑一个简单的一维模型，当一均匀圆截面杆承受载荷时，载荷将通过物质点由一点传递到多点，直至整个材料。圆截面杆的初始长度为 L_0，初始截面面积为 A_0，在较远的端点处承受大小为 F 的拉伸后，其对应的长度与横截面积变为 L 和 A，如图 3.5 所示。我们现在忽略同一面积由于变形带来的变化，而是考虑某一横截面，其

外法向为 $\boldsymbol{n}$，作用在该面上的力 $\boldsymbol{F} = F\boldsymbol{n}$，这里 F 代表 $\boldsymbol{F}$ 的模，且 $F > 0$，如图 3.6 所示。与压力的定义类似，我们将截面积 A 上所传递的力的强度也即单位面积上力的大小定义为应力 $\sigma = F/A$。截面上的应力一般称为面牵引力矢量 $\boldsymbol{t}(\boldsymbol{n})$，它描述法向为 $\boldsymbol{n}$ 的面上的力矢量的强度

$$\boldsymbol{t}\,(\boldsymbol{n}) = \frac{\boldsymbol{F}\,(\boldsymbol{n})}{A^{(n)}} = \frac{F\boldsymbol{n}}{A} = \sigma\boldsymbol{n} \tag{3.15}$$

式中，$A^{(n)}$ 表示应力矢量的作用面，即横截面。由式 (3.15) 可知，面牵引力具有应力的量纲。尽管式 (3.15) 描述的面牵引力与法向平行，但是绝大多数时候二者并不平行。例如，我们考虑一个截面与横截面之间夹角为 θ 的情况，如图 3.6 所示。

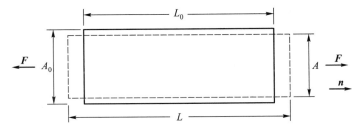

图 3.5 单向拉伸所产生的泊松效应；原始构形与当前构形的比较

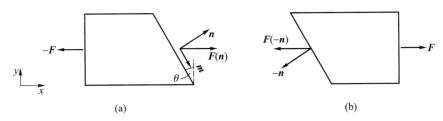

(a)   (b)

图 3.6 单向拉伸所产生的力沿某一斜面的分解示意图

按照前面对面牵引力的定义，有

$$\boldsymbol{t}\,(\boldsymbol{n}) = \frac{\boldsymbol{F}\,(\boldsymbol{n})}{A^{(n)}} = \frac{\boldsymbol{F}\,(\boldsymbol{n})}{A/\cos\theta} = \frac{\boldsymbol{F}\cos\theta}{A} = \frac{F\cos\theta}{A}\boldsymbol{n} \tag{3.16}$$

由图 3.6 可以发现，面牵引力又可以分解为两部分：垂直于受载荷平面的正应力与相切于该平面的剪应力。按照前面定义应力时采用的方法，先将力矢量作分解

$$\boldsymbol{t}\,(\boldsymbol{n}) = \frac{\boldsymbol{F}\,(\boldsymbol{n})}{A^{(n)}} = \frac{\boldsymbol{F}\,(\boldsymbol{n})}{A/\cos\theta} = \frac{F\cos\theta}{A}[(\boldsymbol{x}\cdot\boldsymbol{n})\boldsymbol{n} + (\boldsymbol{x}\cdot\boldsymbol{m})\,\boldsymbol{m}] \tag{3.17a}$$

$$\boldsymbol{t}\,(\boldsymbol{n}) = \frac{F\cos^2\theta}{A}\boldsymbol{n} + \frac{F\cos\theta\sin\theta}{A}\boldsymbol{m} = \sigma_{nn}\boldsymbol{n} + \sigma_{mn}\boldsymbol{m} \tag{3.17b}$$

定义 $\sigma_0 = F/A$，我们看到，$\sigma_{nn} = F\cos^2\theta/A = \sigma_0\cos^2\theta$，$\sigma_{mn} = \sigma_0\cos\theta\sin\theta$。它们一方面反映了力的分解，同时也体现了由于作用面面积的变化而带来的应力变化。现在考虑一下该物体分成两部分时对应的另一个斜截面的情况。这个斜截面的外法向

与 $\boldsymbol{n}$ 刚好相反，为 $-\boldsymbol{n} = -\cos\theta\boldsymbol{x} - \sin\theta\boldsymbol{y}$。其面积同样为 $A(-\boldsymbol{n}) = A/\cos\theta$，作用在这个斜截面上的外力为 $\boldsymbol{F}(-\boldsymbol{n}) = -F\boldsymbol{x}$。因此，这个面上的面牵引力为

$$t\left(-\boldsymbol{n}\right) = \frac{\boldsymbol{F}\left(-\boldsymbol{n}\right)}{A^{(-\boldsymbol{n})}} = \frac{-F\cos\theta}{A}\boldsymbol{x} = -\boldsymbol{t}(\boldsymbol{n}) \tag{3.18}$$

我们由此得到对应的斜截面上的牵引力为

$$\boldsymbol{t}\left(-\boldsymbol{n}\right) = -\boldsymbol{t}\left(\boldsymbol{n}\right) \tag{3.19}$$

式 (3.19) 给出了该斜截面的平衡条件。需要强调的是，关于面牵引力的概念将在后续讨论应力边界条件的时候经常用到。

如图 3.7 所示，已知直角坐标系下相互垂直的单位坐标向量 $\{\boldsymbol{e}_1, \boldsymbol{e}_2, \boldsymbol{e}_3\}$，相互垂直的 3 个坐标面上的柯西应力分量表示为 σ_{ij}，下标 i 和 j 分别表示的是坐标面的法线方向和应力方向，并且已知斜截面的法线方向 $\boldsymbol{n} = n_i\boldsymbol{e}_i = n_1\boldsymbol{e}_1 + n_2\boldsymbol{e}_2 + n_3\boldsymbol{e}_3$，其中 $n_i = \cos(\boldsymbol{n}, \boldsymbol{e}_i)$ 表示斜截面法线方向在直角坐标向量下的各个分量。同时可知，每个坐标面的面元 d_{S_i}（下标 i 表示坐标方向）与斜截面面元 $\mathrm{d}s$ 之间的关系可表示为 $\mathrm{d}s_i = \cos(\boldsymbol{n}, \boldsymbol{e}_i)\mathrm{d}s = n_i\mathrm{d}_S$。

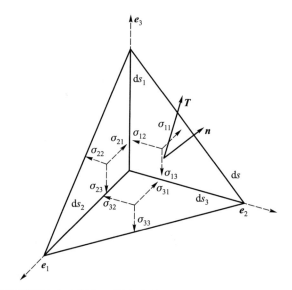

图 3.7 微元体任意斜截面应力向量与三维应力张量之间的关系

假设斜截面上的应力向量 $\boldsymbol{t}$ 在直角坐标系下的面牵引力表示为 $\boldsymbol{t} = t_i\boldsymbol{e}_i = t_1\boldsymbol{e}_1 + t_2\boldsymbol{e}_2 + t_3\boldsymbol{e}_3$，如果忽略体积力，那么该四面体微元满足力的平衡条件。由第 i 方向上的力平衡方程可以给出

$$F_i = \boldsymbol{t} \cdot \boldsymbol{e}_i\mathrm{d}s - \sigma_{ij}\mathrm{d}s_j = 0 \tag{3.20a}$$

由于 $\boldsymbol{t} = t_m\boldsymbol{e}_m$，且 $\mathrm{d}s_j = n_j\mathrm{d}s$，我们得到

$$F_i = \left(t_m\boldsymbol{e}_m \cdot \boldsymbol{e}_i - n_j\sigma_{ij}\right)\mathrm{d}s = 0 \tag{3.20b}$$

由于 $e_m \cdot e_i = \delta_{im}$，所以上式括号内左侧这一项又可以简化为 $t_m e_m \cdot e_i = t_i$，将此式代入式 (3.20b)，得到

$$t_i = \sigma_{ij} n_j \tag{3.20c}$$

式 (3.20c) 即为柯西原理或者柯西公式，亦称为斜面应力公式。它将力矢量和应力张量联系起来，给出了在三维空间任意斜面上的面应力与三维应力张量之间的关系，即

$$\boldsymbol{t}\left(\boldsymbol{n}\right) = \boldsymbol{\sigma} \cdot \boldsymbol{n} = \boldsymbol{\sigma}^{\mathrm{T}} \cdot \boldsymbol{n}, \quad \boldsymbol{\sigma} = \sigma_{ij} \boldsymbol{e}_i \otimes \boldsymbol{e}_j \tag{3.21a}$$

面应力 $\boldsymbol{t}\left(\boldsymbol{n}\right) = t_i \boldsymbol{e}_i$ 分量可以表述为

$$\boldsymbol{t}\left(\boldsymbol{n}\right) = t_i \boldsymbol{e}_i = \sigma_{ij} n_j \boldsymbol{e}_i, \quad t_i = \sigma_{ij} n_j \tag{3.21b}$$

如果将面牵引力 $\boldsymbol{t}$ 分解为平行与垂直于面法向 $\boldsymbol{n}$ 的两个部分，参照图 3.8，可以得到对应的表达式为

$$\boldsymbol{t} = \left(\boldsymbol{t} \cdot \boldsymbol{n}\right) \boldsymbol{n} + \boldsymbol{n} \times \left(\boldsymbol{t} \times \boldsymbol{n}\right) \tag{3.22a}$$

式中，$\left(\boldsymbol{t} \cdot \boldsymbol{n}\right) \boldsymbol{n}$ 为沿法向的正应力分量；$\boldsymbol{n} \times \left(\boldsymbol{t} \times \boldsymbol{n}\right)$ 为平行于平面的面内剪切分量。两者的模分别为

$$|\boldsymbol{t}_{nn}| = t_{nn} = t_i n_i = \sigma_{ij} n_i n_j, \quad |\boldsymbol{t}_{ns}| = \sqrt{|\boldsymbol{t}|^2 - t_{nn}^2} \tag{3.22b}$$

以上公式在求材料内部界面的应力关系时常常用到。

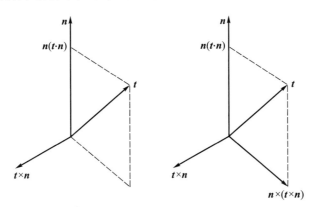

图 3.8　面应力 $\boldsymbol{t}\left(\boldsymbol{n}\right)$ 的分解：包括平面法向部分的分量和在面内的分量

3.6　最大主应力与剪应力

按照前面介绍的柯西公式，对受力物体内任意一点的应力状态 $\boldsymbol{\sigma}$，我们可以求得任意斜面上的面应力 $\boldsymbol{t}\left(\boldsymbol{n}\right) = \boldsymbol{\sigma} \cdot \boldsymbol{n}$，且这个面应力又可以分解为平行与垂直于面法向 $\boldsymbol{n}$ 的两个部分。如果存在 3 个正交的法向，使得这些平面上的面内剪切分量为零，那么对应的 3 个沿平面法向的正应力即为该点的主应力，这 3 个法向即为主应力方向。这一概念也是由柯西提出的，他同时提出主应变（principle strain）的概念。

3.6.1　最大主应力

按照前面的思路，如果存在一个面法向 $\boldsymbol{m}$ 使得该面上的应力满足

$$\boldsymbol{t} = \boldsymbol{\sigma}\boldsymbol{m} = \lambda\boldsymbol{m} \tag{3.23a}$$

后一个等式部分表示面牵引力只有沿面法向的分量，那么求解主应力的问题就等价于寻找应力张量的特征根和特征向量的问题，也就是求解

$$(\boldsymbol{\sigma} - \lambda\boldsymbol{I}) \cdot \boldsymbol{m} = 0 \tag{3.23b}$$

对应的 λ 为特征根，$\boldsymbol{m}$ 为特征向量，它们对应于我们寻找的主应力的大小和方向。式 (3.23b) 所对应的多项式可以写为

$$\lambda^3 - I_1\lambda^2 + I_2\lambda - I_3 = 0 \tag{3.24}$$

式中，I_1、I_2 和 I_3 的表达式为

$$I_1 = \mathrm{tr}(\boldsymbol{\sigma}), \quad I_2 = \frac{1}{2}\left[(\mathrm{tr}\boldsymbol{\sigma})^2 - \mathrm{tr}(\boldsymbol{\sigma}^2)\right], \quad I_3 = \det(\boldsymbol{\sigma}) \tag{3.25a}$$

一般将 I_1、I_2、I_3 称为 3 个应力不变量，它们的展开形式为

$$I_1 = \sigma_{11} + \sigma_{22} + \sigma_{33} \tag{3.25b}$$

$$I_2 = \sigma_{11}\sigma_{22} + \sigma_{22}\sigma_{33} + \sigma_{33}\sigma_{11} - \left(\sigma_{12}^2 + \sigma_{23}^2 + \sigma_{13}^2\right) \tag{3.25c}$$

$$I_3 = \sigma_{11}\sigma_{22}\sigma_{33} + 2\sigma_{12}\sigma_{23}\sigma_{13} - \left(\sigma_{33}\sigma_{12}^2 + \sigma_{11}\sigma_{23}^2 + \sigma_{22}\sigma_{13}^2\right) \tag{3.25d}$$

将多项式 (3.24) 的 3 个实特征根按照 $\lambda_1 \geqslant \lambda_2 \geqslant \lambda_3$ 来排序。这里 λ_1、λ_2、λ_3 表示 3 个主应力，$\boldsymbol{m}_1$、$\boldsymbol{m}_2$、$\boldsymbol{m}_3$ 是这 3 个主应力分别对应的单位主方向。图 3.9 给出

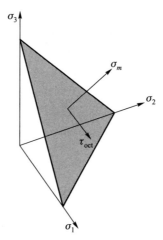

图 3.9　在主应力空间沿（111）方向面上的法向应力为 $\sigma_m = (\sigma_1 + \sigma_2 + \sigma_3)/3$，且这个面上的剪应力大小为 τ_{oct}

了在主应力空间沿（111）面上的法向应力和面内剪切所对应的八面体应力。此处 λ_1、λ_2、λ_3 即分别对应于 σ_1、σ_2、σ_3，且这个面上的剪应力大小为

$$\tau_{\text{oct}} = \frac{\sqrt{(\sigma_1 - \sigma_2)^2 + (\sigma_2 - \sigma_3)^2 + (\sigma_3 - \sigma_1)^2}}{3} \tag{3.26}$$

这一应力又称为八面体应力。

3.6.2 最大剪应力

除了上面介绍的主应力大小与方向，我们同时关心一般应力状态下最大剪应力的大小和方向。通过前面主应力的求解结果，3 个主应力的方向 $(\boldsymbol{m}_1, \boldsymbol{m}_2, \boldsymbol{m}_3)$ 构成新的正交坐标系。因此，可以将任意面法向 $\boldsymbol{\chi}$ 表示为 3 个主方向的组合，$\boldsymbol{\chi} = a\boldsymbol{m}_1 + b\boldsymbol{m}_2 + c\boldsymbol{m}_3$。对应地，微元上的面牵引力 $\boldsymbol{\varsigma}$ 也可以利用主应力方向来描述。注意，在这里将面法向 $\boldsymbol{\chi}$ 用主应力空间的特征向量作为基矢来表达，该面上的面牵引力表达式为

$$\boldsymbol{\varsigma} = \boldsymbol{\sigma}\boldsymbol{\chi} = \sum_{i=1}^{3} \lambda_i (\boldsymbol{m}_i \cdot \boldsymbol{\chi}) \boldsymbol{m}_i = \lambda_1 a\boldsymbol{m}_1 + \lambda_2 b\boldsymbol{m}_2 + \lambda_3 c\boldsymbol{m}_3 \tag{3.27}$$

针对这样的任意面牵引力，我们想确定 $\boldsymbol{\chi} = (a, b, c)$，使该面上的剪切力分量 ς_{nm} 最大。利用式 (3.27)，面牵引力的模为

$$\varsigma^2 = (\lambda_1 a)^2 + (\lambda_2 b)^2 + (\lambda_3 c)^2 \tag{3.28}$$

对于笛卡儿坐标系下的应力张量描述，有 $\boldsymbol{\sigma} = \sigma_{ij}\boldsymbol{e}_i \otimes \boldsymbol{e}_j$，这一应力张量在主应力空间可以简化为

$$\boldsymbol{\sigma} = \sigma_{ij}\boldsymbol{e}_i \otimes \boldsymbol{e}_j = \sum_{i=1}^{3} \lambda_i \boldsymbol{m}_i \otimes \boldsymbol{m}_i \tag{3.29}$$

因此可以得到

$$\boldsymbol{\varsigma} \cdot \boldsymbol{\chi} = \lambda_1 a^2 + \lambda_2 b^2 + \lambda_3 c^2 \tag{3.30}$$

通过式 (3.22)，我们有

$$\varsigma_{nn}^2 = |(\boldsymbol{\varsigma} \cdot \boldsymbol{\chi}) \boldsymbol{\chi}|^2 = (\lambda_1 a^2 + \lambda_2 b^2 + \lambda_3 c^2)^2 \tag{3.31}$$

对应的剪切分量的模为

$$\varsigma_{nm}^2 = \varsigma^2 - \varsigma_{nn}^2 = (\lambda_1 a)^2 + (\lambda_2 b)^2 + (\lambda_3 c)^2 - (\lambda_1 a^2 + \lambda_2 b^2 + \lambda_3 c^2)^2 \tag{3.32}$$

对应地，如果建立函数 $f = \varsigma_{nm}^2 (a, b, c)$，那么它的最大值即为剪切应力的极值。考虑到面法向为单位向量，有 $a^2 + b^2 + c^2 = 1$ 这一约束条件。因此，可以定义函数

$$F(a, b, c, \eta) = \varsigma_{nm}^2 + \eta (a^2 + b^2 + c^2 - 1) \tag{3.33}$$

式中，η 是拉格朗日乘子，需要与方向参数 (a,b,c) 同时确定。通过极值点的特性，有

$$dF = \frac{\partial F}{\partial a}da + \frac{\partial F}{\partial b}db + \frac{\partial F}{\partial c}dc + \frac{\partial F}{\partial \eta}d\eta = 0 \tag{3.34}$$

由于 da、db、dc、$d\eta$ 相互独立，式 (3.34) 满足的条件要求

$$\frac{\partial F}{\partial a} = 0, \quad \frac{\partial F}{\partial b} = 0, \quad \frac{\partial F}{\partial c} = 0, \quad \frac{\partial F}{\partial \eta} = 0 \tag{3.35}$$

求解式 (3.35) 给出的对应方程组，得到 (a,b,c) 的第一组解，即

$$(a,b,c) = (1,0,0)\,(0,1,0)\,,(0,0,1) \tag{3.36a}$$

这一结果中包含我们所需的 3 个不同的解。由面法向的初始定义 $\boldsymbol{\chi} = a\boldsymbol{m}_1 + b\boldsymbol{m}_2 + c\boldsymbol{m}_3$ 可知，这 3 个解分别给出了主应力的方向。这时候对应于 ς_{nm}^2 最小的情况，此时各面上的剪应力为零。

式 (3.35) 给出的变量 (a,b,c) 的第二组解中的 3 个解分别为

$$(a,b,c) = \left(\frac{1}{\sqrt{2}}, \pm\frac{1}{\sqrt{2}}, 0\right), \left(\frac{1}{\sqrt{2}}, 0, \pm\frac{1}{\sqrt{2}}\right), \left(0, \frac{1}{\sqrt{2}}, \pm\frac{1}{\sqrt{2}}\right) \tag{3.36b}$$

如果将第二组中的 3 个解代入式 (3.32)，可得到相应的剪应力的模及其对应的面法向，分别为

$$\varsigma_{nm}^2 = \frac{1}{4}(\lambda_1 - \lambda_2)^2, \quad \boldsymbol{\chi} = \frac{1}{\sqrt{2}}(\boldsymbol{m}_1 \pm \boldsymbol{m}_2) \tag{3.37a}$$

$$\varsigma_{nm}^2 = \frac{1}{4}(\lambda_1 - \lambda_3)^2, \quad \boldsymbol{\chi} = \frac{1}{\sqrt{2}}(\boldsymbol{m}_1 \pm \boldsymbol{m}_3) \tag{3.37b}$$

$$\varsigma_{nm}^2 = \frac{1}{4}(\lambda_2 - \lambda_3)^2, \quad \boldsymbol{\chi} = \frac{1}{\sqrt{2}}(\boldsymbol{m}_2 \pm \boldsymbol{m}_3) \tag{3.37c}$$

考虑到 $\lambda_1 \geqslant \lambda_2 \geqslant \lambda_3$，式 (3.37b) 对应的面法向为 $\boldsymbol{\chi} = \frac{1}{\sqrt{2}}(\boldsymbol{m}_1 \pm \boldsymbol{m}_3)$ 的微元上所对应的剪应力最大，即

$$(\varsigma_{nm})_{\max} = \frac{1}{2}(\lambda_{\max} - \lambda_{\min}) \tag{3.38}$$

当材料变形受剪应力控制时，该最大值及其所对应的面通常用来评价材料产生局部剪切的强度以及剪切平面的方向。

3.7 莫尔圆

3.6 节介绍了在三维应力状态下求解主应力以及最大剪应力的大小和方向的方法。这一求解可以在特定的应力状态下加以简化，即通过图形的方式来获得相应的关键力学量。1866 年，德国人 K. 库尔曼证明，物体中一点的二向应力状态可用平面上的一个圆表示，这就是应力圆（stress circle）。1882 年德国工程师克里斯蒂安 O. 莫尔（Christian Otto Mohr）对应力圆作了进一步的研究，提出借助应力圆来确定一点的

应力状态的几何方法，后人就称应力圆为莫尔应力圆，简称莫尔圆。工程中常见一类可近似为单元体上只有两对面承受应力并且所有应力作用线均在同一平面内，另一对面上没有任何应力的情况，称为平面应力状态。对于这类二向应力状态，图解法是一种简单、直观有效的办法。

如图 3.10 所示，在任意平面结构中选取方形面元，其应力状态由 $(\sigma_x, \sigma_y, \tau_{xy})$ 表示。这里，σ_x 和 σ_y 分别表示沿 x 方向和沿 y 方向的正应力，定义正应力 σ_x 和 σ_y 的方向，正值表示拉伸状态，负值表示压缩状态；τ_{xy} 表示剪切应力，且有 $\tau_{yx} = \tau_{xy}$。按照剪切力的定义，一般约定剪应力 τ_{xy} 沿逆时针方向为正值，而在顺时针方向时为负值。这样一来，τ_{xy} 表示剪切作用在法向为 x 方向的面上，方向沿 y 时为正。

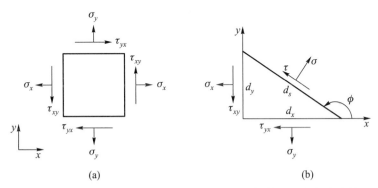

图 3.10 （a）二维应力状态示意图；（b）二维应力状态下斜截面上的应力分量

对于这样一种应力状态，我们考虑求解任意已知方向的斜面上的应力状态。参考三维模型的求解方法，忽略体积力的作用，考虑图 3.10b 所示的微元体的力平衡条件

$$\begin{cases} \sum F_x = 0 \\ \sum F_y = 0 \end{cases}$$

则可以得到斜面上的正应力 σ 和剪应力 τ 是关于已知的柯西应力 $(\sigma_x, \sigma_y, \tau_{xy})$ 和斜截面角度 ϕ 的函数，即

$$\begin{cases} \sigma = f_1(\sigma_x, \sigma_y, \tau_{xy}, \phi) \\ \tau = f_2(\sigma_x, \sigma_y, \tau_{xy}, \phi) \end{cases} \tag{3.39a}$$

通过几何运算，不难获得斜截面上的应力分量 σ 和 τ 与 $(\sigma_x, \sigma_y, \tau_{xy})$ 的关系

$$\begin{cases} \sigma = \dfrac{\sigma_x + \sigma_y}{2} + \dfrac{\sigma_x - \sigma_y}{2} \cos(2\phi) + \tau_{xy} \sin(2\phi) \\ \tau = -\dfrac{\sigma_x - \sigma_y}{2} \sin(2\phi) + \tau_{xy} \cos(2\phi) \end{cases} \tag{3.39b}$$

定义 $\sigma_0 = (\sigma_x + \sigma_y)/2$，式 (3.39b) 中的两部分满足

$$(\sigma - \sigma_0)^2 + \tau^2 = \left(\dfrac{\sigma_x - \sigma_y}{2}\right)^2 + \tau_{xy}^2 \tag{3.40}$$

式 (3.40) 表示 (σ, τ) 满足圆心在 $(\sigma_0, 0)$，且半径为 $R = \sqrt{\left(\dfrac{\sigma_x - \sigma_y}{2}\right)^2 + \tau_{xy}^2}$ 的

标准圆方程，一般称之为莫尔圆。由式 (3.40) 可以看到，任意二维应力状态，其作用在法向沿 x 方向的面上的应力分量 (σ_x, τ_{xy}) 和作用在法向沿 y 方向的面上的应力分量 (σ_y, τ_{yx}) 分别为圆周上共直径的两点。这两点的具体位置由 τ_{yx} 的符号决定。

如此我们就可以通过图形的方法得到任意倾角为 ϕ 的斜截面（相对于 x、y 轴）的应力状态，具体过程如图 3.11 所示。

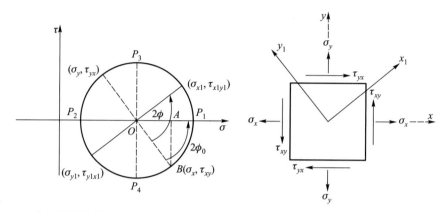

图 3.11 莫尔圆的绘制示意图：已知任意一点的二维应力状态 $(\sigma_x, \sigma_y, \tau_{xy})$，其两个面上的应力分量 (σ_x, τ_{xy}) 和 (σ_y, τ_{yx}) 分别为应力圆上共直径的两点。由此可以绘制所确定的莫尔圆，并从莫尔圆中获得各主应力的大小和方向

如果要绘制图 3.11 所示的莫尔圆，需要采用以下步骤，以便获得对应于应力状态 $(\sigma_x, \sigma_y, \tau_{xy})$ 的莫尔圆的关键参数：

（1）确定莫尔圆圆心 O 的坐标：$(\sigma_0, 0)$；

（2）获得莫尔圆的半径：$R = \sqrt{\left(\dfrac{\sigma_x - \sigma_y}{2}\right)^2 + \tau_{xy}^2}$；

（3）给出莫尔圆方程：$(\sigma - \sigma_0)^2 + \tau^2 = R^2$。

通过图 3.11 中绘制的莫尔圆，可以获得一些对应于应力状态 $(\sigma_x, \sigma_y, \tau_{xy})$ 的关键信息。

（1）最大和最小主应力位置为 P_1 和 P_2，其大小为

$$P_{1,2} = \sigma_0 \pm R = \frac{\sigma_x + \sigma_y}{2} \pm \sqrt{\left(\frac{\sigma_x - \sigma_y}{2}\right)^2 + \tau_{xy}^2}, \quad \sigma_1 \geqslant \sigma_2$$

（2）主应力方向可以通过三角形 OAB 的位置坐标求得，可以看到主方向与当前坐标之间的夹角为

$$\phi_0 = \frac{1}{2}\arctan\frac{\tau_{xy}}{\sigma_x - \sigma_0}$$

主应力面上剪应力为零。

（3）最大剪应力 $\tau_{\max}$ 发生在圆周的 P_3 和 P_4 点，其剪应力及其对应的正应力

σ_s 大小分别为

$$\tau_{\max} = \pm R = \pm\sqrt{\left(\frac{\sigma_x - \sigma_y}{2}\right)^2 + \tau_{xy}^2} = \pm\frac{\sigma_1 - \sigma_2}{2} \tag{3.41a}$$

$$\sigma_s = \sigma_0 = \frac{\sigma_x + \sigma_y}{2} \tag{3.41b}$$

且最大剪切力的方向 ϕ_s 与主应力方向之间满足 $\phi_s = \phi_0 \pm 45°$。

（4）任意一个斜面的应力状态 $(\sigma_{x1}, \sigma_{y1}, \tau_{x1y1})$ 与已知面应力状态 $(\sigma_x, \sigma_y, \tau_{xy})$ 之间的关系为

$$\sigma_{x1} = \sigma_0 + R\cos(2\phi - 2\phi_0) \tag{3.42a}$$

$$\sigma_{y1} = \sigma_0 - R\cos(2\phi - 2\phi_0) \tag{3.42b}$$

$$\tau_{x1y1} = R\sin(2\phi - 2\phi_0) \tag{3.42c}$$

也就是说，通过图形化的手段，可以快速获得不同应力状态下的关键应力信息以及这些应力信息与主轴之间的几何关系。

三向应力状态的莫尔圆是在已知物体上一点的 3 个主应力 σ_1、σ_2、σ_3 的前提下得到的。如图 3.12 所示，若 $\sigma_1 > \sigma_2 > \sigma_3$，则三向应力状态的莫尔圆具有如下性质：物体内所考虑点的任意方向截面上的正应力和剪应力在 $\sigma - \tau$ 坐标系中对应的点都落在图中的阴影部分。即莫尔圆给出了一点的应力范围。若已知截面的法向与 3 个主应力方向的夹角或方向余弦，也可通过几何方法确定出该截面上正应力和剪应力的值。但在一般工程应用中，知道应力范围就足够了。

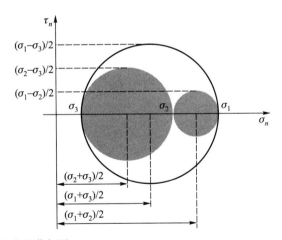

图 3.12 三向应力状态的莫尔圆

3.8 偏应力张量

对于式 (3.14) 给出的应力矩阵，如果排除掉其中的静水压力部分，此时得到的应力张量通常称为偏应力 σ'_{ij}，其定义为

$$\sigma'_{ij} = \sigma_{ij} + P\delta_{ij}, \quad P = -\frac{1}{3}\sum_{k=1}^{3}\sigma_{kk} \tag{3.43}$$

式中，$P = -\dfrac{1}{3}\sum\limits_{k=1}^{3}\sigma_{kk}$，即为静水压力。我们同样可以求解偏应力张量 σ'_{ij} 的特征根和特征向量

$$\left(\sigma'_{ij} - \lambda\boldsymbol{I}\right)\cdot\boldsymbol{m} = 0 \tag{3.44}$$

对应的 λ 为特征根，$\boldsymbol{m}$ 为特征向量。式 (3.23b) 所对应的多项式可以写为

$$\lambda^3 - J_2\lambda - J_3 = 0 \tag{3.45a}$$

这里 J_2 和 J_3 称为偏应力张量不变量，其表达式为

$$J_2 = 3P^2 - I_2, \quad J_3 = I_3 - I_2 P + 2P^3 \tag{3.45b}$$

它们的展开形式为

$$J_2 = \frac{1}{2}\sum_{i,j=1}^{3}\sigma'_{ij}\sigma'_{ij}, \quad J_3 = \frac{1}{3}\sum_{i,j,k=1}^{3}\sigma'_{ij}\sigma'_{jk}\sigma'_{ki} \tag{3.45c}$$

有兴趣的读者可以考察偏应力张量的特征根与特征方向，我们可以定义另一个使用广泛的应力不变量，又称为等效应力 $\overline{\sigma}$，在后续的强度准则中将常用到。定义 $\overline{\sigma} = \sqrt{3J_2}$，等效应力的展开形式为

$$\overline{\sigma} = \left\{\frac{1}{2}\left[(\sigma_{11} - \sigma_{22})^2 + (\sigma_{22} - \sigma_{33})^2 + (\sigma_{33} - \sigma_{11})^2\right] + 3\left[\sigma_{12}^2 + \sigma_{23}^2 + \sigma_{13}^2\right]\right\}^{1/2} \tag{3.46a}$$

$$\overline{\sigma} = \left\{\frac{1}{2}\left[(\sigma_1 - \sigma_2)^2 + (\sigma_2 - \sigma_3)^2 + (\sigma_3 - \sigma_1)^2\right]\right\}^{1/2} \tag{3.46b}$$

注意，在 $\overline{\sigma}$ 的定义中，我们在 $\sigma'_{ij}\sigma'_{ij}$ 的前面增加了一个系数。这一系数使得在简单拉伸/压缩情况下，等效应力等同于单轴应力，即 $\overline{\sigma} = |\sigma_{11}|$。注意到在主应力空间的（111）面上，法向应力为 $\sigma_m = \dfrac{1}{3}(\sigma_1 + \sigma_2 + \sigma_3)$，剪应力大小为 $\tau_{\text{oct}} = \dfrac{1}{3}\left[(\sigma_1 - \sigma_2)^2 + (\sigma_2 - \sigma_3)^2 + (\sigma_3 - \sigma_1)^2\right]^{1/2}$（见图 3.9），这一应力又称为八面体应力，意味着在主应力空间 8 个（111）面所构成的八面体上，各面的剪应力大小均为 τ_{oct}。对比式 (3.46b) 给出的等效应力表达式，八面体应力与等效应力 $\overline{\sigma}$ 仅相差一个系数。

3.9 小结

在这一章中从应力的定义出发，给出了应力分量在不同维度问题中的平衡条件，同时也深入介绍了应力张量的分析方法，以及与之相关的基本概念如柯西面力、主应力、最大剪应力以及莫尔圆分析方法等。考虑到由力转入应力的概念是刚体和变形体之间的跨越，对这些概念的深入准确理解是我们后续开展固体变形分析的基础。有兴趣的读者可进一步阅读弹性理论相关专著[1-3]。

参考文献

[1] 徐芝纶. 弹性力学简明教程 [M]. 北京：高等教育出版社, 1980.

[2] Timoshenko S P, Goodier J M. Theory of Elasticity [M]. 3rd ed. Columbus: McGraw-Hill College, 1970.

[3] Love A E H. A Treatise on the Mathematical Theory of Elasticity[M]. 4th ed. Cambridge: Cambridge University Press, 2013.

第 4 章 物理方程

4.1 简介

按照牛顿运动定律，如果要改变质点的运动状态，需要有外力作功。同样地，如果现在考虑的是一个变形体，那么物体的变形必然带来内能的变化。这一变形过程中的热力学行为就是连续介质力学研究的重点：此时通常涉及能量从一种形式转换为另一种形式。连续介质的方法要求我们关注参与变形的系统整体的热现象，而不是微观粒子个体或随机行为。我们通过宏观上可观测的状态量如温度、应力、体积等描述系统所处的力学状态。这些宏观状态量之间存在相互关联，由此及彼的变化必须遵循对任何物质都适用的基本热力学定律。关于固体在不同变形阶段的物理方程贯穿了固体力学的整个发展历程，随着新材料的不断出现，这一方面的内容仍然是力学领域的研究热点。这里将讨论由这些热力学规律推导出来的物体变形与各宏观力学性质之间的关系。

我们所分析的系统或物体可能与外部环境存在各种相互作用、能量传递或物质交换。实际中通常见到的就是系统具有确定的体积，这可以认为是一个特殊外场，相当于边界上存在一个势垒，使得物体中的原子或分子离开系统。如果物体不存在与外部的相互作用，我们称之为热孤立系统。需要提醒的是，尽管热孤立系统与其他物体不产生相互作用，一般也不是一个封闭体系，其能量有可能随时间变化。从机械的角度来看，这两者的差异仅仅在于热孤立系统的哈密顿量（能量）具有显式的时间依赖性。当物体与其他物体发生相互作用时，其自身并没有对应的哈密顿量，因为相互作用可能同时依赖于物体内部的分子状态与其他物体中的分子状态。

一个物体的能量是物体各子系统的能量之和，它是一个可叠加量。静止状态下该物体的宏观状态仅由两个独立量描述，比如体积与能量。而其他各状态参数均可由包含这两个量的函数给出。考虑到各热力学参数之间的相互依赖性，我们也可以用其中任意的一对参数作为独立变量来刻画其余的参数。

现在来看包裹一个物体的表面所受到的作用力。按照力学原理，作用在表面单元 dA 上的力为 $F = -\partial U(p,q,r)/\partial r$，这里物体的能量 $U(p,q,r)$ 为其中各微观单元的坐标与动量以及所考虑的表面单元的径向量的函数，这里 F 是一个外部参数。外力施加在物体上时将对其作功，这个功可以使得物体产生宏观上的运动（一般改变其动能），或者使在外场作用下的物体产生移动（例如克服重力作功）。这里将讨论外力作用导致物体体积上的变化，此时物体处于静止状态。

取外力对物体所作的功为正。如果物体处于热孤立状态，那么其能量的变化将全部来源于外力所作的功 W。而当该物体与外界存在热交换时，它的能量也可能由于热量 Q 的流入（或流出）而增加（或减少）。综合外力所作的功以及热量的流入（此时为正），该物体能量的变化率可表述为

$$\frac{\mathrm{d}U}{\mathrm{d}t} = \frac{\mathrm{d}W}{\mathrm{d}t} + \frac{\mathrm{d}Q}{\mathrm{d}t}$$

一般而言，这里的 U 为该物体所蕴含的所有能量，包括其宏观运动所具有的动能。通常情况下，当物体处于静止状态时，该能量则对应于物体的内能。当压力 P 作用于物体时，外力所做的功为

$$\frac{\mathrm{d}W}{\mathrm{d}t} = -P\frac{\mathrm{d}V}{\mathrm{d}t}$$

式中，V 为系统体积。综合以上两式，有

$$\frac{\mathrm{d}Q}{\mathrm{d}t} = \frac{\mathrm{d}U}{\mathrm{d}t} + P\frac{\mathrm{d}V}{\mathrm{d}t} \tag{4.1a}$$

如果假定每一个时刻物体的能量和体积恒定，且处于热平衡态，那么根据能量函数 $U(S,V)$，有

$$\frac{\mathrm{d}U}{\mathrm{d}t} = T\frac{\mathrm{d}S}{\mathrm{d}t} - P\frac{\mathrm{d}V}{\mathrm{d}t} \tag{4.1b}$$

式中，S 为系统的熵。对比式 (4.1) 中的两式，有

$$\frac{\mathrm{d}Q}{\mathrm{d}t} = T\frac{\mathrm{d}S}{\mathrm{d}t} \tag{4.2}$$

需要强调的是，物体的能量并不能划分为热和机械部分，只有当考虑物体从一个状态到另一个状态时，其能量的变化才可以区分为这一状态变化过程中所获得或失去的能量，以及外界对物体作的功或者物体对外界作的功。这一分解对于给定的初始态和终态而言通常不是唯一的，它们依赖于这两个状态转变之间的具体过程。

4.2　变形过程中的能量描述

在一个热力学过程中，系统减少的内能有一部分可以对外作功。我们通常将这部分具有转化能力，可对外输出的"可用能量"称为自由能，或者称为"热力学势"。由于所处的边界条件和环境方面的差异，自由能在可逆过程中被转化成功的能力不同，因此也形成了不同自由能的表达式。在系统大小不变的等温过程中，系统对外界所作的功不可能大于自由能的减少，也即系统自由能的减少就是等温过程中系统对外界所作功的上限，这就是最大功定理。

在讨论不同环境和边界下自由能的定义之前，先回顾一下基本的热力学定律。热力学第一定律描述一个封闭系统中内能的增加 $\mathrm{d}U$ 源于两部分，即热量的增加 δQ 和外力对系统所作的功 δW，$\mathrm{d}U = \delta W + \delta Q$。热力学第二定律描述了一个可逆过程中热量的增加和熵增之间的关系，$\delta Q = T\mathrm{d}S$。

下面我们讨论几类典型加载环境下力学系统的能量描述，并给出对应的应力–应变的能量共轭形式。

4.2.1 恒体积下的绝热变形

依据热力学第一定律，常体积下物体绝热过程中外力所作的功 $\mathrm{d}W$ 与系统增加的内能 $\mathrm{d}U$ 之间存在以下关系:

$$\mathrm{d}W = \mathrm{d}U - \mathrm{d}Q \tag{4.3}$$

式中，$\mathrm{d}Q$ 代表作功中转化为热的部分。在绝热变形过程中，$\mathrm{d}Q = 0$。也就是说这一热力学系统中外力所作的功中只有内能是可对外输出的，它以弹性应变能的形式储存在系统中，$U = U(\varepsilon_{ij})$。考虑弹性小变形的情形，有

$$\mathrm{d}U = \sum_{i,j} \frac{\partial U}{\partial \varepsilon_{ij}} \mathrm{d}\varepsilon_{ij} \tag{4.4a}$$

同时注意到弹性应变的增加导致弹性应变能的相应增加，此时

$$\mathrm{d}U = \sum_{i,j} \sigma_{ij} \mathrm{d}\varepsilon_{ij} \tag{4.4b}$$

对照以上两式，有

$$\sigma_{ij} = \frac{\partial U}{\partial \varepsilon_{ij}} \tag{4.4c}$$

绝大部分面临的弹性小变形问题都通过式 (4.4c) 加以描述，表示外界所作的功转化为内能，即材料内部的应变能。

4.2.2 恒压下的绝热变形

如果物体的体积在某一过程保持不变，那么

$$\mathrm{d}Q = \mathrm{d}U$$

即物体内能的变化等同于热量的变化。而当某一过程中压力不变时，热量的变化则为

$$\mathrm{d}Q = \mathrm{d}U + P\mathrm{d}V = \mathrm{d}(U + PV)$$

定义焓 H（enthalpy，有时候又叫热函数）

$$H = U + PV \tag{4.5a}$$

也即物体焓函数的变化等同于其所获得或流出的热量。根据前面的推导 $\mathrm{d}U = T\mathrm{d}S - P\mathrm{d}V$，可以得到热函数的全微分

$$\mathrm{d}H = \mathrm{d}U + P\mathrm{d}V + V\mathrm{d}P = T\mathrm{d}S + V\mathrm{d}P \tag{4.5b}$$

此时有

$$T = \left(\frac{\partial H}{\partial S}\right)_P, \quad V = \left(\frac{\partial H}{\partial P}\right)_S$$

将 1 kg 物质的温度提升 1 K 时所需的热量定义为比热容。那么它显然和获取热量时物体所处的环境有关。一般将常体积下的比热容定义为 C_V，将常压下的比热容定义为 C_P。当物体处于热孤立状态，$\mathrm{d}Q = 0$，那么常压下得到系统的热函数是保守的，按照 U 和 H 的定义，我们得到质量定容热容 $C_V = \left(\dfrac{\partial U}{\partial T}\right)_V$，质量定压热容 $C_P = \left(\dfrac{\partial H}{\partial T}\right)_P$。同样，依据热力学第一定律，在恒压的条件下，外力所作的功为

$$\mathrm{d}W = \mathrm{d}U + \mathrm{d}(PV)_P - \mathrm{d}Q = \mathrm{d}U + P\mathrm{d}V, \quad \mathrm{d}W = \mathrm{d}H \tag{4.6a}$$

该式用到了绝热过程条件 $\mathrm{d}Q = 0$，恒压条件 $\mathrm{d}P = 0$，因此得到 $\mathrm{d}W = \mathrm{d}H$。此时，可对外输出的能量为 H

$$\sigma_{ij} = \frac{\partial H}{\partial \varepsilon_{ij}} \tag{4.6b}$$

4.2.3　恒体积下的等温变形

在定温定容这一变形条件下，我们引入亥姆霍兹自由能（Helmholtz free energy）ψ，且有

$$\psi = U - TS \tag{4.7}$$

这里 S 为系统中的熵，由热力学第一定律得到

$$\mathrm{d}W = \mathrm{d}U - \mathrm{d}Q = \mathrm{d}U - \mathrm{d}(TS)_{T,V} = \mathrm{d}(U - TS)_{T,V} = \mathrm{d}\psi \tag{4.8a}$$

此时 $\mathrm{d}W = \mathrm{d}\psi$，因此有

$$\sigma_{ij} = \frac{\partial \psi}{\partial \varepsilon_{ij}} \tag{4.8b}$$

4.2.4　恒压下的等温变形

定温定压时，描述该热力学过程的能量为吉布斯自由能（Gibbs free energy）G，

$$G = U + PV - TS \tag{4.9a}$$

这一过程中外力所作的功 $\mathrm{d}W$ 为

$$\mathrm{d}W = \mathrm{d}U + P\mathrm{d}V - T\mathrm{d}S = \mathrm{d}(U + PV - TS)_{T,P} = \mathrm{d}G \tag{4.9b}$$

因此得到

$$\sigma_{ij} = \frac{\partial G}{\partial \varepsilon_{ij}} \tag{4.10}$$

依据以上的定义和讨论，我们看到内能 $U(S, V, N)$、焓 $H(S, P, N)$、亥姆霍兹自由能 $\psi(T, V, N)$ 和吉布斯自由能 $G(T, P, N)$ 都是自然变量不同的热力学势。它们都是基于热力学第一定律的推论而得到的。

针对不同的变形环境，需要建立对应的能量函数和变形之间的关系，从而获得系统中应力和变形的准确描述。需要注意的是，实际的应用中可能没法严格意义上保证温度、压力、体积等参数恒定，这个时候主要依据变量的变化范围以及因此而带来的能量上的变化来确定决定能量的主要因素，从而建立对应的热力学势以开展后续分析。

4.3 广义胡克定律

胡克的线弹性的概念，以及郑玄对弓构成的弹簧系统中力与变形量成正比的关系，是关于物体弹性变形的最初的本构描述，但还没有形成关于应力和应变的严格表达形式。在这一节中我们将介绍这一关系式。

4.3.1 胡克定律的假设与推论

先看看胡克定律适用的基本条件。一般满足胡克定律的材料称为胡克或者线弹性材料。在外载作用下的物体遵循胡克定律的前提条件包括：

（1）该材料是连续的，且在外载作用下仍然保持连续，不会在材料内部产生裂纹或者孔洞。

（2）我们考虑一组作用于物体的外载，用 $\boldsymbol{P}_1, \boldsymbol{P}_2, \cdots, \boldsymbol{P}_m$ 表示，它们对应的幅值为 $P_1, P_2, \cdots, P_m$。定义不同组的载荷之间具有如下约束：不同组之间各对应载荷施加点的位置以及载荷的方向不变，且它们的幅值之间的比例关系不变，即对另外的 A、B 两组不同外载 $\boldsymbol{P}_1^A, \boldsymbol{P}_2^A, \cdots, \boldsymbol{P}_m^A$ 和 $\boldsymbol{P}_1^B, \boldsymbol{P}_2^B, \cdots, \boldsymbol{P}_m^B$，一方面 $\boldsymbol{P}_k^A$ 和 $\boldsymbol{P}_k^B (k = 1, 2, \cdots, m)$ 载荷的施加位置点与 $\boldsymbol{P}_i$ 的相同，且方向不变，$\dfrac{\boldsymbol{P}_k^A}{P_k^A} = \dfrac{\boldsymbol{P}_k^B}{P_k^B} = \dfrac{\boldsymbol{P}_k}{P_k}$，同时它们的幅值之比满足 $P_1^A : P_2^A : \cdots : P_m^A = P_1^B : P_2^B : \cdots : P_m^B = P_1 : P_2 : \cdots : P_m$。

如果记任意位置点由于 $\boldsymbol{P}_1, \boldsymbol{P}_2, \cdots, \boldsymbol{P}_m$ 载荷所产生的位移为 $\boldsymbol{r}$，其中的某个分量为 u，则胡克定律给出

$$u = c_1 P_1 + c_2 P_2 + \cdots + c_m P_m \tag{4.11a}$$

式中，$c_1, c_2, \cdots, c_m$ 是不依赖于 $P_1, P_2, \cdots, P_m$ 的常数，它们随载荷作用点的位置、载荷方向以及位移分量 u 及其测量点位置的不同而变化。

（3）物体中存在唯一的无载荷作用下的状态，任何时候当外载移除时物体将恢复到这一状态。

通过以上 3 个条件，我们可以推导出线弹性物体变形中的一些有意思的结论：

（1）可以导出叠加原理。也就是说，上式中系数 c_k 不依赖于 $P_1, P_2, \cdots, P_m$ 中除 P_k 以外的载荷，有兴趣的读者可以自行证明这一结论。

（2）可以明确外载功的特征。如果考察一组载荷作用下所作的功，此时需要对应于 $\boldsymbol{P}_1, \boldsymbol{P}_2, \cdots, \boldsymbol{P}_m$ 载荷作用点的位移且沿着载荷作用方向的位移分量，分别记为 $u_1, u_2, \cdots, u_m$。依据之前的分析，我们可以将 u_k 表示为

$$u_k = c_{k1} P_1 + c_{k2} P_2 + \cdots + c_{km} P_m \tag{4.11b}$$

这一组外载所作的功 $W = \sum\limits_{k=1}^{m} \dfrac{1}{2} u_k P_k$，展开得到

$$W = \frac{1}{2} \sum_{k=1}^{m} P_k \sum_{j=1}^{m} c_{kj} P_j \tag{4.12}$$

这一功的表达形式表明，它和载荷施加的顺序无关，仅依赖于最终的状态。

（3）通过以上功的表达式可以观察到，常系数 c_{kj} 是对称的，$c_{kj} = c_{jk}$。它的物理含义为：在 j 点所施加的单位载荷造成 k 点的位移等于 k 点受单位载荷时在 j 点形成的位移。需要注意的是，不管是载荷还是位移，它们在不同点的方向必须保持一致。这一对称性体现了后面需要讨论的线弹性问题中的互易定理（见 6.6 节），这一结论的证明作为练习留给读者。

4.3.2 胡克定律的应力–应变描述

前面考察的胡克材料的线弹性响应都是在力与位移的基础上进行描述的，现在介绍它的应力–应变描述。我们考虑恒体积下的绝热变形，外力所作的功 $\mathrm{d}W$ 转化为系统内能的增加：$\sigma_{ij} = \partial U / \partial \varepsilon_{ij}$。这里我们熟知的弹簧响应就是将外力所作的功转化为系统的弹性势能。参考描述弹簧伸长量和外力关系的胡克定律，可以通过类比来建立应变和应力的线弹性响应关系。为描述方便，将二阶应力和应变张量矩阵写成向量形式。其中，应变向量及各分量的对应关系如下式所示：

$$\boldsymbol{\varepsilon} = \begin{bmatrix} \varepsilon_1 \\ \varepsilon_2 \\ \varepsilon_3 \\ \varepsilon_4 \\ \varepsilon_5 \\ \varepsilon_6 \end{bmatrix}, \quad \text{其中} \begin{cases} \varepsilon_1 = \varepsilon_{11} \\ \varepsilon_2 = \varepsilon_{22} \\ \varepsilon_3 = \varepsilon_{33} \\ \varepsilon_4 = 2\varepsilon_{23} = \gamma_{23} \\ \varepsilon_5 = 2\varepsilon_{13} = \gamma_{13} \\ \varepsilon_6 = 2\varepsilon_{12} = \gamma_{12} \end{cases} \tag{4.13a}$$

对应的应力向量及各分量为

$$\boldsymbol{\sigma} = \begin{bmatrix} \sigma_1 \\ \sigma_2 \\ \sigma_3 \\ \sigma_4 \\ \sigma_5 \\ \sigma_6 \end{bmatrix}, \quad \text{其中} \begin{cases} \sigma_1 = \sigma_{11} \\ \sigma_2 = \sigma_{22} \\ \sigma_3 = \sigma_{33} \\ \sigma_4 = \sigma_{23} \\ \sigma_5 = \sigma_{13} \\ \sigma_6 = \sigma_{12} \end{cases} \tag{4.13b}$$

一般而言，各应力分量可以表述为以应变分量为自变量的函数

$$\begin{cases} \sigma_1 = \widehat{f}_1\left(\varepsilon_1, \varepsilon_2, \cdots, \varepsilon_6\right) \\ \sigma_2 = \widehat{f}_2\left(\varepsilon_1, \varepsilon_2, \cdots, \varepsilon_6\right) \\ \vdots \\ \sigma_6 = \widehat{f}_6\left(\varepsilon_1, \varepsilon_2, \cdots, \varepsilon_6\right) \end{cases} \tag{4.14a}$$

将式 (4.14a) 中的 $\widehat{f}_i$ 按照小应变条件作泰勒级数展开并忽略其二阶以上项

$$\sigma_1 \approx \widehat{f}_1(0) + \varepsilon_1 \left.\frac{\partial \widehat{f}_1}{\partial \varepsilon_1}\right|_{\varepsilon_1, \varepsilon_2, \cdots, \varepsilon_6 = 0} + O\left(\frac{\partial \widehat{f}_1}{\partial \varepsilon_1}\right) + \cdots + \varepsilon_6 \left.\frac{\partial \widehat{f}_1}{\partial \varepsilon_6}\right|_{\varepsilon_1, \varepsilon_2, \cdots, \varepsilon_6 = 0} + O\left(\frac{\partial \widehat{f}_1}{\partial \varepsilon_6}\right) \tag{4.14b}$$

考虑在没有变形时参考应力为零，有 $\widehat{f}_1(0) = 0$。对各线性项，定义其在零应变附近的斜率为常数，即

$$\left. \frac{\partial \widehat{f}_i}{\partial \varepsilon_j} \right|_{\varepsilon_1 = \varepsilon_2 = \cdots = \varepsilon_6 = 0} = C_{ij} \tag{4.14c}$$

那么参照式 (4.14b)，就可以获得广义的线弹性假设下的应力–应变关系式

$$\begin{cases} \sigma_1 = C_{11}\varepsilon_1 + C_{12}\varepsilon_2 + C_{13}\varepsilon_3 + \cdots + C_{16}\varepsilon_6 \\ \sigma_2 = C_{21}\varepsilon_1 + C_{22}\varepsilon_2 + C_{23}\varepsilon_3 + \cdots + C_{26}\varepsilon_6 \\ \vdots \\ \sigma_6 = C_{61}\varepsilon_1 + C_{62}\varepsilon_2 + C_{63}\varepsilon_3 + \cdots + C_{66}\varepsilon_6 \end{cases} \tag{4.15}$$

由式 (4.14c) 给出的 C_{ij} 是与应变无关的弹性常数，其对应的矩阵形式为

$$\boldsymbol{C} = \begin{bmatrix} C_{11} & C_{12} & \cdots & C_{16} \\ C_{21} & C_{22} & \cdots & C_{26} \\ \vdots & \vdots & & \vdots \\ C_{61} & C_{62} & \cdots & C_{66} \end{bmatrix} \tag{4.16}$$

式中，$\boldsymbol{C}$ 就是一般材料的弹性常数矩阵。后续我们将进一步讨论它的性质。

4.4 弹性常数基本性质

式 (4.16) 中给出的弹性常数矩阵包含 36 个分量。实际上，一般各向异性弹性固体的弹性张量之独立分量的数目曾经引起过激烈的讨论。1837 年，英国数学家乔治·格林指出，如果存在应变能函数，则联系 6 个应力分量和 6 个应变分量的 36 个弹性常数中只有 21 个是独立的。而柯西（Cauchy）从原子论的观点讨论了物体的弹性，利用对势导出了弹性张量的柯西关系，指出弹性张量具有完全对称性。在这里我们来考察这些分量的基本性质。

4.4.1 弹性张量的对称性

考虑到式 (4.13) 和式 (4.15) 的对应性，如果重新将应力与应变用二阶张量来表示，那么对应的物理方程即应力–应变关系可以另行描述为

$$\sigma_{ij} = C_{ijks}\varepsilon_{ks} \tag{4.17}$$

这里的 C_{ijks} 是一个 $3 \times 3 \times 3 \times 3$ 的四阶张量。与式 (4.16) 中 6×6 的二阶张量 C_{mn} 相比，它们之间存在以下的一一对应：

（1）当 $i = j$ 时，$m = i$。

（2）如果 $i \neq j$，需要分以下 3 类情形：$(i,j) = (2,3)$ 时，$m = 4$；$(i,j) = (1,3)$ 时，$m = 5$；$(i,j) = (1,2)$ 时，$m = 6$。

(k, s) 和 n 的对应关系可参照 (i, j) 和 m 的关系获得。

下面将证明关于 C_{ijks} 的 3 个性质：

$$C_{ijks} = C_{jiks} \tag{4.18a}$$

$$C_{ijks} = C_{ijsk} \tag{4.18b}$$

$$C_{ijks} = C_{ksij} \tag{4.18c}$$

事实上我们可以看到，结合式 (4.18a) 和式 (4.18c) 即可以导出式 (4.18b)。如果式 (4.18a) 和式 (4.18c) 成立，那么有 $C_{ijks} = C_{ksij} = C_{skij} = C_{ijsk}$。这样一来，即可以推出 $C_{ijsk} = C_{jiks} = C_{ksij}$。不难看到，等式 (4.18a) 源自应力的对称性，即 $\sigma_{ij} = \sigma_{ji}$。然而等式 (4.18b) 不能简单由 $\varepsilon_{ij} = \varepsilon_{ji}$ 导出。我们可通过反证的方式来得到 C_{ijks} 中等式 (4.18b) 给出的性质。如果式 (4.18b) 不成立，即 $C_{ijks} \neq C_{ijsk}$，可以将式 (4.17) 表示为

$$\sigma_{ij} = \frac{1}{2} C_{ijks} \varepsilon_{ks} + \frac{1}{2} C_{ijsk} \varepsilon_{sk} \tag{4.19}$$

既然 $\varepsilon_{ks} = \varepsilon_{sk}$，则

$$\sigma_{ij} = \frac{1}{2} (C_{ijks} + C_{ijsk}) \varepsilon_{ks} \tag{4.20}$$

这样可以重新定义 ε_{ks} 的系数为 $\frac{1}{2}(C_{ijks} + C_{ijsk})$，使其关于 ks 对称，这个新的 C_{ijks} 满足等式 (4.18b)。第三个条件即等式 (4.18c) 源自我们对应变能的定义。对于弹性变形下单位体积材料，其应变能为

$$w = \int_0^{\varepsilon_{pq}} \sigma_{ij} \mathrm{d}\varepsilon_{ij} = \int_0^{\varepsilon_{pq}} C_{ijks} \varepsilon_{ks} \mathrm{d}\varepsilon_{ij} \tag{4.21}$$

这个积分的结果应该和应变到 ε_{pq} 的路径无关。如果路径相关，我们总是能找到两种不同路径 1 和路径 2，并使得变形从 0 沿路径 1 加载到 ε_{pq}，再让变形从 ε_{pq} 沿路径 2 卸载到 0，这样的一个弹性过程可以获得能量，这在物理上是不可能的。基于这一原则，应变能 w 只依赖于最终 ε_{pq}。由此有

$$\mathrm{d}w = C_{ijks} \varepsilon_{ks} \mathrm{d}\varepsilon_{ij} = \frac{\partial w}{\partial \varepsilon_{ij}} \mathrm{d}\varepsilon_{ij} \tag{4.22}$$

既然 $\mathrm{d}\varepsilon_{ij}$ 为任意应变量，上式成立的条件又等价于

$$\sigma_{ij} = C_{ijks} \varepsilon_{ks} = \frac{\partial w}{\partial \varepsilon_{ij}} \tag{4.23}$$

通过式 (4.23) 对 ε_{ks} 的偏微分，进一步得到

$$C_{ijks} = \frac{\partial^2 w}{\partial \varepsilon_{ks} \partial \varepsilon_{ij}} \tag{4.24}$$

考虑到连续函数的微分可交换性

$$\frac{\partial^2 w}{\partial \varepsilon_{ks} \partial \varepsilon_{ij}} = \frac{\partial^2 w}{\partial \varepsilon_{ij} \partial \varepsilon_{ks}} \tag{4.25a}$$

可以得到

$$C_{ijks} = C_{ksij} \tag{4.25b}$$

此即等式 (4.18c)。通过证明关于 C_{ijks} 在式 (4.18) 中列出的 3 个性质，我们得到了该四阶弹性模量的对称性，因此得到它对应的二阶 6×6 的矩阵表达式中

$$\sigma_i = \sum_j C_{ij}\varepsilon_j, \quad \text{且 } C_{ij} = C_{ji} \tag{4.26}$$

考虑到这一对称性，我们最多需要 21 个独立弹性刚度常数。同时考虑到任意非零变形 ε 所产生的应变能为正值，C_{ij} 必须是一个正定对称矩阵。在实际材料中，考虑到不同晶体结构所具有的对称性，其弹性参数可相应地减少。

4.4.2 弹性张量的坐标变换

这里介绍如何通过晶体结构所具有的对称性来考察 C_{ij} 中所必需的非零元素。我们考虑一个正交坐标变换，其坐标系从 $\{e_i\}$ 变化为 $\{e_i'\}$，两者之间的转换通过

$$e_i' = \Omega_{ij}e_i \quad \text{或者} \quad X' = \Omega X \tag{4.27}$$

给出，其中 Ω 为正交矩阵，它的各元素的值为

$$\Omega_{ij} = e_i' \cdot e_j, \quad \Omega_{ij}\Omega_{kj} = \delta_{ik} = \Omega_{ji}\Omega_{jk} \tag{4.28}$$

对应的矩阵形式为

$$\Omega\Omega^{\mathrm{T}} = I = \Omega\Omega^{-1} = \Omega^{\mathrm{T}}\Omega \tag{4.29}$$

对应于坐标系 $\{e_i'\}$ 的弹性常数可以求解得到

$$C_{ijkl}' = \Omega_{ip}\Omega_{jq}\Omega_{ks}\Omega_{lt}C_{pqst} \tag{4.30}$$

当 $C_{ijkl}' = C_{ijkl}$，即

$$C_{ijkl} = \Omega_{ip}\Omega_{jq}\Omega_{ks}\Omega_{lt}C_{pqst} \tag{4.31}$$

时，说明经过 Ω 所表示的变换后，材料的弹性行为没有变化。此时，我们说该材料具有对 Ω 所表示的变换的对称性。如果 Ω 为中心反对称变换，有

$$\Omega = \begin{bmatrix} -1 & 0 & 0 \\ 0 & -1 & 0 \\ 0 & 0 & -1 \end{bmatrix} = -I$$

我们将该变换代入式 (4.31)，不难看出该式成立，因此所有各向异性材料具有中心反对称这一性质。当 Ω 为正常标准正交阵时，$\det\Omega = 1$，式 (4.30) 对应的变换为对某一轴的刚体转动，而且当 Ω 使式 (4.31) 也满足时，我们说这一材料具有旋转对称性。下面考虑一个简单例子：

$$\Omega(\theta) = \begin{bmatrix} \cos\theta & \sin\theta & 0 \\ -\sin\theta & \cos\theta & 0 \\ 0 & 0 & 1 \end{bmatrix} \tag{4.32}$$

此时 $\Omega(\theta)$ 代表的是绕 e_3 轴旋转 θ 角时的结果。如果 Ω 可表示为

$$\Omega = I - 2n \otimes n^{\mathrm{T}} \tag{4.33}$$

这里 I 为单位矩阵,那么 Ω 被称为针对法向为 n 的平面的映像,这时有

$$\Omega n = -n, \quad \Omega m = m \tag{4.34}$$

此处 m 为映像面 n 内的任意矢量。式 (4.33) 和式 (4.34) 在考虑孪晶结构的晶体材料中经常用到。一般 n 为孪晶界面,Ω 代表了孪晶和基体材料之间的关系,两者之间的弹性常数满足式 (4.31) 所给出的关系。对一般情况,当式 (4.33) 中的 Ω 满足式 (4.31) 时,此时材料具有对称面,以 $n^{\mathrm{T}} = [\cos\theta \quad \sin\theta \quad 0]$ 为例,对称面含 e_3 轴,对应于式 (4.33) 时的 Ω 为

$$\Omega(\theta) = \begin{bmatrix} -\cos 2\theta & -\sin 2\theta & 0 \\ -\sin 2\theta & \cos 2\theta & 0 \\ 0 & 0 & 1 \end{bmatrix}, \quad -\frac{\pi}{2} < \theta < \frac{\pi}{2} \tag{4.35}$$

考虑到 θ 和 $\theta + \pi$ 对应于同一平面,我们将 θ 限制在 $\left(-\dfrac{\pi}{2}, \dfrac{\pi}{2}\right)$ 区间。此时 Ω 为非正则正交阵 $(\det[\Omega(\theta)] = -1)$,当 $\theta = 0$ 时,有

$$\Omega = \begin{bmatrix} -1 & 0 & 0 \\ 0 & 1 & 0 \\ 0 & 0 & 1 \end{bmatrix} \tag{4.36}$$

它代表关于平面 $e_1 = 0$ 的映像,当式 (4.36) 使得式 (4.31) 满足时,我们说材料关于 $e_1 = 0$ 面对称,如果式 (4.31) 对式 (4.35) 中任意角度成立,那么材料横向对称,e_3 轴为其对称轴。两个极端的例子是三斜晶体和各向同性材料,前者既不具备对称轴,也没有映像对称面,后者则具备无穷多的对称轴和对称面。如果对式 (4.31) 两端乘以 $\Omega_{ia}\Omega_{jb}\Omega_{kc}\Omega_{ld}$,有

$$C_{abcd} = \Omega_{ia}\Omega_{jb}\Omega_{kc}\Omega_{ld}C_{ijkl} \tag{4.37}$$

考虑到 Ω 的性质,如果材料对 Ω 对称,那么它对 $\Omega^{\mathrm{T}} = \Omega^{-1}$ 也对称,即如果一材料对 e_1 轴旋转 θ 角具有对称性,那么它对 e_1 轴旋转 $-\theta$ 角也对称。

4.4.3 晶体材料的弹性常数

按照晶体材料所具备的对称性质,Voigt 将晶体归为 32 类,如果将 C 以 6×6 的矩阵表示时,我们又可将其归为 8 个基本群。下面给出这 8 类基本群所对应的弹性系数。不失一般性,选取对称面与坐标平面一致的情形,这样将用到正交阵 $\Omega(\theta)$,它代表一个法向在 (e_1, e_2) 组成平面内的对称映像,绕 e_3 轴转动,相对于 e_1 轴的角度为 θ,它对应的变换矩阵由式 (4.35) 描述。对于法向在 (e_2, e_3) 平面内的对称映像,考虑

到它绕 e_1 轴转动，相对于 e_2 轴的角度为 ϕ（图 4.1）。它对应的变换矩阵为

$$\boldsymbol{\Omega}(\phi) = \begin{bmatrix} -1 & 0 & 0 \\ 0 & -\cos 2\phi & -\sin 2\phi \\ 0 & -\sin 2\phi & \cos 2\phi \end{bmatrix}, \quad -\frac{\pi}{2} < \phi < \frac{\pi}{2} \tag{4.38}$$

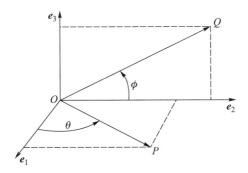

图 4.1 晶体对称面法向坐标及其旋转对称示意图。对称面法向 OP 和 OQ 分别表示对称面在 (e_1, e_2) 平面内，绕 e_3 轴转动，相对于 e_1 轴的角度为 θ，以及对称面在 (e_2, e_3) 面内，绕 e_1 轴转动，相对于 e_2 轴的角度为 ϕ

下面给出几类典型晶体的对称面及其独立的弹性常数情况。

（1）单斜晶系（monoclinic system）。它只有一个坐标对称面，$\theta = 0$。此时

$$\boldsymbol{\Omega}(0) = \begin{bmatrix} -1 & 0 & 0 \\ 0 & 1 & 0 \\ 0 & 0 & 1 \end{bmatrix} \tag{4.39}$$

即

$$\Omega_{ij} = \begin{cases} -\delta_{ij}, & i = 1 \\ \delta_{ij}, & i \neq 1 \end{cases}$$

因此 $C_{ijkl} = (-1)^N C_{pqst}$，这里 N 是 i、j、k、l 中"1"的数量。当 N 为奇数（$N = 1$ 或 3）时，$C_{ijks} = 0$，这些可能的 i、j、k、s 组合包括 $\{3313\}$、$\{3312\}$、$\{2313\}$、$\{2312\}$、$\{1113\}$、$\{2213\}$、$\{1112\}$、$\{2212\}$，对应于单元 C_{35}、C_{36}、C_{45}、C_{46}、C_{15}、C_{25}、C_{16}、C_{26}，它们必须为零。由此，可以推导出该类晶体具有 13 个弹性模量，具体的独立模量如下：

$$\begin{bmatrix} \sigma_1 \\ \vdots \\ \sigma_6 \end{bmatrix} = \begin{bmatrix} C_{11} & C_{12} & C_{13} & C_{14} & 0 & 0 \\ C_{12} & C_{22} & C_{23} & C_{24} & 0 & 0 \\ C_{13} & C_{23} & C_{33} & C_{34} & 0 & 0 \\ C_{14} & C_{24} & C_{34} & C_{44} & 0 & 0 \\ 0 & 0 & 0 & 0 & C_{55} & C_{56} \\ 0 & 0 & 0 & 0 & C_{56} & C_{66} \end{bmatrix} \begin{bmatrix} \varepsilon_1 \\ \vdots \\ \varepsilon_6 \end{bmatrix} \tag{4.40}$$

（2）正交晶系（orthorhombic crystal system），又称斜方晶系（rhombic system, trimetric system）。它具有 3 个坐标对称面，$\theta = 0$，$\pi/2$，$\phi = \pi/2$，通过对称转换比较，可以推导出该类晶体具有 9 个弹性模量。具体的独立模量如下：

$$
\begin{bmatrix} \sigma_1 \\ \vdots \\ \sigma_6 \end{bmatrix} = \begin{bmatrix} C_{11} & C_{12} & C_{13} & & & \\ C_{12} & C_{22} & C_{23} & & 0 & \\ C_{13} & C_{23} & C_{33} & & & \\ & & & C_{44} & & \\ & 0 & & & C_{55} & \\ & & & & & C_{66} \end{bmatrix} \begin{bmatrix} \varepsilon_1 \\ \vdots \\ \varepsilon_6 \end{bmatrix} \tag{4.41}
$$

（3）六方系晶体（hexagonal crystal），又称为横向各向异性材料。其对称面含 $x_3 = 0$ 平面以及任何含 e_3 轴的平面。e_3 轴为该晶体的对称轴。该类晶体具有 5 个弹性模量，其中 $C_{66} = (C_{11} - C_{12})/2$。对应的应力–应变关系为

$$
\begin{bmatrix} \sigma_1 \\ \vdots \\ \sigma_6 \end{bmatrix} = \begin{bmatrix} C_{11} & C_{12} & C_{13} & & & \\ C_{12} & C_{11} & C_{13} & & 0 & \\ C_{13} & C_{13} & C_{33} & & & \\ & & & C_{44} & & \\ & 0 & & & C_{44} & \\ & & & & & C_{66} \end{bmatrix} \begin{bmatrix} \varepsilon_1 \\ \vdots \\ \varepsilon_6 \end{bmatrix} \tag{4.42}
$$

（4）正方系晶体（cubic crystal）。这些晶体具有 9 个对称面，其中含以 3 个轴方向为法向的对称面，以及这些面绕所含对称轴旋转 $\pi/4$ 后对应的对称面。该类晶体具有 3 个弹性模量

$$
\begin{bmatrix} \sigma_1 \\ \vdots \\ \sigma_6 \end{bmatrix} = \begin{bmatrix} C_{11} & C_{12} & C_{12} & & & \\ C_{12} & C_{11} & C_{12} & & 0 & \\ C_{12} & C_{12} & C_{11} & & & \\ & & & C_{44} & & \\ & 0 & & & C_{44} & \\ & & & & & C_{44} \end{bmatrix} \begin{bmatrix} \varepsilon_1 \\ \vdots \\ \varepsilon_6 \end{bmatrix} \tag{4.43}
$$

4.4.4 关于弹性常数的限制条件

一个晶体结构的稳定性和其弹性常数是密切相关的。玻恩提出了稳定晶体材料的弹性常数判据。后续将会看到，静力学弹性问题的偏微分方程为椭圆型。这一强椭圆方程要求

$$
C_{ijks}a_ib_ja_kb_s > 0 \tag{4.44}
$$

对任一实向量 $\boldsymbol{a}$ 与 $\boldsymbol{b}$ 都成立。

如果将应变能为正的条件即式 (4.44) 用简化的矩阵表示，那么可以看出 $[C_{ij}]$ 必须为正定阵。这一条件要求它的各阶主子式必须正定，即

$$C_{ii} > 0, \quad \begin{vmatrix} C_{ii} & C_{ij} \\ C_{ji} & C_{jj} \end{vmatrix} > 0, \cdots, \quad \begin{bmatrix} C_{ii} & C_{ij} & C_{ik} & C_{il} & C_{im} & C_{in} \\ C_{ji} & C_{jj} & C_{jk} & C_{jl} & C_{jm} & C_{jn} \\ C_{ki} & C_{kj} & C_{kk} & C_{kl} & C_{km} & C_{kn} \\ C_{li} & C_{lj} & C_{lk} & C_{ll} & C_{lm} & C_{ln} \\ C_{mi} & C_{mj} & C_{mk} & C_{ml} & C_{mm} & C_{mn} \\ C_{ni} & C_{nj} & C_{nk} & C_{nl} & C_{nm} & C_{nn} \end{bmatrix} > 0 \quad (4.45a)$$

式中 i、j、k、l、m、n 不使用求和约定，且可为 $1 \sim 6$ 中任意不同数值。按照矩阵的性质，只要有首主子式正定即可。这样就可以得到以下关于 C_{ij} 的不等式[1-2]：

$$C_{11} > 0, \quad \begin{vmatrix} C_{11} & C_{12} \\ C_{21} & C_{22} \end{vmatrix} > 0, \quad \begin{vmatrix} C_{11} & C_{12} & C_{13} \\ C_{21} & C_{22} & C_{23} \\ C_{31} & C_{32} & C_{33} \end{vmatrix} > 0, \cdots, \quad \begin{bmatrix} C_{11} & C_{12} & \cdots & C_{16} \\ C_{21} & C_{22} & \cdots & C_{26} \\ \vdots & \vdots & & \vdots \\ C_{61} & C_{62} & \cdots & C_{66} \end{bmatrix} > 0 \quad (4.45b)$$

需要注意的是，二维变形和三维变形时的强椭圆条件和强凸性条件会得到对弹性常数的不同要求：由于二维变形情况下，$\varepsilon_3 = 0$，此时只要求退化后的 $C_{5\times5}$ 矩阵保持正定即可。

我们在这里以立方晶体材料为例，来考察其中的 3 个弹性常数 C_{11}、C_{12} 和 C_{44} 分别在三维和二维体系中所需要满足的基本条件。考虑三维变形的情况，利用首主子式的正定性，即式 (4.45b)，有

$$C_{11} > 0, \quad C_{11}^2 - C_{12}^2 > 0, \quad (C_{11} - C_{12})^2 (C_{11} + 2C_{12}) > 0, \quad C_{44} > 0 \quad (4.46a)$$

它们等价于

$$C_{11} + 2C_{12} > 0, \quad C_{11} - C_{12} > 0, \quad C_{44} > 0 \quad (4.46b)$$

这是因为式 (4.46a) 中的前 3 个不等式等价于

$$C_{11} + C_{12} > 0, \quad C_{11} - C_{12} > 0, \quad C_{11} + 2C_{12} > 0 \quad (4.47)$$

而式 (4.47) 中的 3 个不等式又等价于式 (4.46b) 中前面两个不等式。因此，式 (4.46a) 和式 (4.46b) 是等价的。针对二维变形，对于退化后的 $C_{5\times5}$ 弹性常数阵，正定性要求给出

$$C_{11} > 0, \quad C_{11}^2 - C_{12}^2 > 0, \quad C_{44} > 0 \quad (4.48a)$$

式 (4.48a) 又等价于

$$C_{11} + C_{12} > 0 \quad C_{11} - C_{12} > 0, \quad C_{44} > 0 \quad (4.48b)$$

对比三维变形要求的弹性常数所满足的方程 (4.46b) 和二维变形给出的对应要求式 (4.48b)，我们看到第一项是不同的，弹性常数 $C_{11} + 2C_{12}$ 和 $C_{11} + C_{12}$ 可各自看成三维和二维变形时的体积模量。

4.4.5 弹性柔度张量

目前绝大多数晶体材料的弹性常数已经确认，有兴趣的读者可以参考文献 [3]。与式 (4.26) 中的弹性模量矩阵相对应，我们对 $\sigma_i = \sum_j C_{ij} \varepsilon_j$ 求逆，可以得到应变–应力的表达式

$$\varepsilon_i = \sum_j S_{ij} \sigma_j, \quad S_{ij} = S_{ji} \tag{4.49}$$

这里，系数矩阵 $[S_{ij}]$ 称为弹性柔度矩阵，其元素个数与弹性模量矩阵 $[C_{ij}]$ 的元素个数对应，同样最多为 21 个。

4.4.6 晶体的定向模量

在某些特定的变形条件下，我们可能关注沿空间任一方向 (Q_1, Q_2, Q_3) 的变形，这里 Q_1、Q_2、Q_3 为该空间方向与晶体主坐标轴的 3 个方向夹角的余弦，例如单晶的波传播、拉伸等。按照之前弹性常数的坐标变换关系，我们可以获得该方向的应力–应变关系，从而对照单轴拉伸时的应力–应变关系，获得这一方向的等效杨氏模量 E，它和该方向以及弹性常数之间的关系为

$$\frac{1}{E} = \sum_{m=1}^{3} \sum_{n=1}^{3} \sum_{s}^{3} \sum_{t}^{3} S_{mnst} Q_m Q_n Q_s Q_t = E \boldsymbol{S} \boldsymbol{L}^{\mathrm{T}} \boldsymbol{L} \tag{4.50a}$$

式中，$\boldsymbol{S}$ 为之前介绍的柔度矩阵；$\boldsymbol{L} = [Q_1^2, Q_2^2, Q_3^2, Q_2 Q_3, Q_1 Q_3, Q_1 Q_2]$。如果考虑空间方向为某一晶面法向 (hkl)，我们可以将该晶面的法向表示为

$$\left(\frac{h}{\sqrt{h^2 + k^2 + l^2}}, \frac{k}{\sqrt{h^2 + k^2 + l^2}}, \frac{l}{\sqrt{h^2 + k^2 + l^2}} \right) = (Q_1, Q_2, Q_3)$$

将该式代入式 (4.50a) 中，得到垂直于晶面 (hkl) 的变形对应的等效杨氏模量表达式

$$\frac{1}{E_{(hkl)}} = E \boldsymbol{S} \boldsymbol{L}^{\mathrm{T}} \boldsymbol{L} \tag{4.50b}$$

式中，$\boldsymbol{L}$ 中的各分量由晶面指数 (hkl) 定义。

如果将式 (4.50b) 应用到正方晶系中，例如常见的铝、铁、铜、金、银等都属于这一体系，那么可以得到这些晶体中典型方向的等效杨氏模量。正方晶系中只有 3 个独立的弹性常数，对应于 3 个独立的柔度系数

$$\frac{1}{E_{(hkl)}} = \frac{1}{S_{11}} - 2 \left(S_{11} - S_{12} - \frac{S_{44}}{2} \right) \left(Q_1^2 Q_2^2 + Q_2^2 Q_3^2 + Q_3^2 Q_1^2 \right) \tag{4.51a}$$

又可以将式 (4.51a) 写为

$$\frac{1}{E_{(hkl)}} = \frac{1}{S_{11}} + (1 - A) S_{44} \left(Q_1^2 Q_2^2 + Q_2^2 Q_3^2 + Q_3^2 Q_1^2 \right) \tag{4.51b}$$

式中，$A = 2 \dfrac{S_{11} - S_{12}}{S_{44}}$，通常称为正方晶系材料的各向异性指数，$A = 1$ 时材料为各

向同性。考虑到 $Q_1^2 + Q_2^2 + Q_3^2 = 1$，代入 $E_{(hkl)}$ 的关系式 (4.50b) 中，不难获得

$$
\begin{cases}
E_{\min} = E_{(100)} = \dfrac{1}{S_{11}} \\[3mm]
E_{\max} = E_{(111)} = \dfrac{1}{S_{11} + \dfrac{1}{3}(1-A)S_{44}}
\end{cases}
\tag{4.52}
$$

式中，$S_{11} = 1/C_{11}$；$S_{44} = 1/C_{44}$；当 $A = 1$ 时，$E_{\min} = E_{\max}$。

4.5 各向同性材料

在一个受拉伸的弹簧中，可以定义力 F 和伸长量 x 之间的关系为 $F = Kx$，其中 K 为弹簧的刚度系数。储存弹簧中的弹性能为 $U_e = Kx^2/2$。与弹簧中存储的弹性能定义类似，变形的三维弹性材料中存储了相应的弹性应变能。不同的是，现在这一弹性应变能和变形体的体积有关，因此一般定义单位体积下的弹性变形能为

$$
U_e = \frac{1}{2} \sum_{i,j} C_{ij} \varepsilon_i \varepsilon_j
\tag{4.53}
$$

以正方系晶体为例，弹性模量矩阵如式 (4.43) 所示。因此，弹性变形能为

$$
U_e = \frac{C_{11}}{2}\left(\varepsilon_{11}^2 + \varepsilon_{22}^2 + \varepsilon_{33}^2\right) + C_{12}\left(\varepsilon_{11}\varepsilon_{22} + \varepsilon_{22}\varepsilon_{33} + \varepsilon_{11}\varepsilon_{33}\right) + 2C_{44}\left(\varepsilon_{12}^2 + \varepsilon_{23}^2 + \varepsilon_{31}^2\right)
\tag{4.54}
$$

弹性应变能对各应变分量的微分就可以得到对应的应力表达式。

4.5.1 Voigt–Reuss–Hill 近似理论

式 (4.26) 给出的是一般晶体材料的弹性本构关系。很多时候，我们描述的对象为多晶体材料。尽管每一个晶粒都是一个单晶体，但如果考虑一个单元中包含数量足够多的微小晶体且这些晶体的方向随机地在空间分布时，这个单元一般称为代表单元或者代表体积，可以认为它是各向同性固体。它的弹性性能可以按照 Voigt–Reuss–Hill（VRH）近似理论加以计算。按照 VRH 理论，基于每一个小的晶体中所承受的应变相同的假设，Voigt 给出了这一情况下的代表单元的体积模量 K_V 和剪切模量 G_V，分别为

$$
K_V = \frac{1}{9}\left(C_{11} + C_{22} + C_{33} + 2C_{12} + 2C_{13} + 2C_{23}\right)
\tag{4.55a}
$$

$$
G_V = \frac{1}{15}\left[(C_{11} + C_{22} + C_{33}) - (C_{12} + C_{13} + C_{23})\right] + \frac{1}{5}\left(C_{44} + C_{55} + C_{66}\right)
\tag{4.55b}
$$

Voigt 所给出的模量为它们各自的上限值。

与之对应，Reuss 假定每一个小的晶体中所承受的应力相同，并给出了代表单元的体积模量 K_R 和剪切模量 G_R，它们分别可用弹性柔度系数来表示

$$
K_R = \frac{1}{(S_{11} + S_{22} + S_{33}) + 2(S_{12} + S_{13} + S_{23})}
\tag{4.56a}
$$

$$G_{\mathrm{R}} = \frac{15}{4\left(S_{11} + S_{22} + S_{33}\right) - 4\left(S_{12} + S_{13} + S_{23}\right) + 3\left(S_{44} + S_{55} + S_{66}\right)} \tag{4.56b}$$

Reuss 等应力假定给出的是模量的下限值。

Hill 综合了上述两种方法的近似结果，取两者平均得到对应的体积模量 K 和剪切模量 G，分别定义为

$$K = \frac{K_{\mathrm{V}} + K_{\mathrm{R}}}{2}, \quad G = \frac{G_{\mathrm{V}} + G_{\mathrm{R}}}{2} \tag{4.57}$$

通过这两个模量，可以进一步得到对应的杨氏模量和泊松比。

4.5.2 各向同性材料弹性常数

对于各向同性材料（isotropic materials），两个弹性常数有不同的描述形式。如果采用 λ 和 μ 这两个拉梅系数，弹性矩阵可由下式表示：

$$C_{ijkl} = \lambda\delta_{ij}\delta_{kl} + \mu\left(\delta_{ik}\delta_{jl} + \delta_{il}\delta_{jk}\right) \tag{4.58}$$

对应的应力–应变关系为

$$\begin{bmatrix} \sigma_1 \\ \vdots \\ \sigma_6 \end{bmatrix} = \begin{bmatrix} \lambda + 2\mu & \lambda & \lambda & & & \\ \lambda & \lambda + 2\mu & \lambda & & 0 & \\ \lambda & \lambda & \lambda + 2\mu & & & \\ & & & \mu & & \\ & 0 & & & \mu & \\ & & & & & \mu \end{bmatrix} \begin{bmatrix} \varepsilon_1 \\ \vdots \\ \varepsilon_6 \end{bmatrix} \tag{4.59}$$

在实际使用中，这些不同的弹性模量参数之间是相互关联的。泊松比和拉梅系数之间的关系为

$$\nu = \frac{\lambda}{2(\lambda + \mu)} \tag{4.60a}$$

3 个常见模量同样可用拉梅系数表示，即

$$G = \mu, \quad E = \frac{\mu(3\lambda + 2\mu)}{\lambda + \mu}, \quad K = \lambda + \frac{2}{3}\mu \tag{4.60b}$$

表 4.1 给出了各向同性材料中任意两个弹性常数与其他弹性常数之间的转换关系。

由于应变能的强凸性条件，即对于任意非零应变张量应变能密度必须为正，则对于各向同性材料，其模量必须为正。通过式 (4.60) 和表 4.1 给出的弹性常数关系可以得到泊松比 ν 的取值范围。由于要求满足 $\lambda > 0$ 且 $G > 0$，因此

$$-1 \leqslant \nu \leqslant \frac{1}{2} \tag{4.61}$$

将式 (4.55) 应用于各向同性材料中，可以得到 $0 < E < \infty$ 且 $-1 < \nu < 1/2$ 这两个条件。可以看到，杨氏模量不仅必须为正，且必须有界。

表 4.1 关于各向同性材料中几种弹性常数 E、ν、G、K 之间的关系
（仅需两个独立常数表示）

	E	ν	G	K
E, ν	—	—	$\dfrac{E}{2(1+\nu)}$	$\dfrac{E}{3(1-2\nu)}$
G, ν	$2G(1+\nu)$	—	—	$\dfrac{2G(1+\nu)}{3(1-2\nu)}$
K, ν	$3K(1-2\nu)$	—	$\dfrac{3K(1-2\nu)}{2(1+\nu)}$	—
G, E	—	$\dfrac{E-2G}{2G}$	—	$\dfrac{GE}{3(3G-E)}$
E, K	—	$\dfrac{1}{2}\left(\dfrac{3K-E}{3K}\right)$	$\dfrac{3EK}{9K-E}$	—
G, K	$\dfrac{9KG}{3K+G}$	$\dfrac{1}{2}\left(\dfrac{3K-2G}{3K+G}\right)$	—	—

按照式 (4.49) 的定义，我们可以得到用杨氏模量和泊松比表示的各向同性材料的弹性柔度张量

$$
\boldsymbol{S} = \frac{1}{E}
\begin{bmatrix}
1 & -\nu & -\nu & & & \\
 & 1 & -\nu & & 0 & \\
 & & 1 & & & \\
 & & & 2(1+\nu) & & \\
 & & & & 2(1+\nu) & \\
 & & & & & 2(1+\nu)
\end{bmatrix}
\tag{4.62}
$$

式 (4.49) 和式 (4.59) 给出了各向同性材料的应力–应变之间的转换关系。也可以通过泊松效应和单轴拉伸下的应力–应变关系导出式 (4.49) 中的应力–应变关系。由单轴下的应力–应变关系 $\sigma = E\varepsilon$，我们先考虑沿 3 个轴向的正应力，沿 $\boldsymbol{e}_1$ 方向的应变包括沿 $\boldsymbol{e}_1$ 方向的应力 σ_1 贡献的部分，$\varepsilon_1^{(\sigma_1)} = \sigma_1/E$，以及沿 $\boldsymbol{e}_2$ 和 $\boldsymbol{e}_3$ 方向的应力由于泊松效应而贡献的部分，分别为 $\varepsilon_1^{(\sigma_2)} = -\nu\sigma_2/E$ 和 $\varepsilon_1^{(\sigma_3)} = -\nu\sigma_3/E$。考虑到剪应力并不产生沿 $\boldsymbol{e}_1$ 的应变，因此 ε_1 和 3 个正应力之间的关系为

$$
\varepsilon_1 = \varepsilon_1^{(\sigma_1)} + \varepsilon_1^{(\sigma_2)} + \varepsilon_1^{(\sigma_3)} = \frac{1}{E}\left[\sigma_1 - \nu(\sigma_2 + \sigma_3)\right]
\tag{4.63a}
$$

我们可以通过同样的叠加方式获得另外两个方向的正应变与正应力之间的关系，将三者结合，得到

$$
\begin{cases}
\varepsilon_1 = \dfrac{1}{E}\left[\sigma_1 - \nu(\sigma_2 + \sigma_3)\right] \\[2mm]
\varepsilon_2 = \dfrac{1}{E}\left[\sigma_2 - \nu(\sigma_1 + \sigma_3)\right] \\[2mm]
\varepsilon_3 = \dfrac{1}{E}\left[\sigma_3 - \nu(\sigma_1 + \sigma_2)\right]
\end{cases}
\tag{4.63b}
$$

对于各方向的剪应力与剪应变，它们之间不存在泊松效应，可直接给出对应的物理方程

$$\gamma_{23} = \varepsilon_4 = \frac{1}{G}\sigma_4 = \frac{2(1+\nu)}{E}\sigma_4 = \frac{2(1+\nu)}{E}\tau_{23}$$

$$\gamma_{13} = \varepsilon_5 = \frac{1}{G}\sigma_5 = \frac{2(1+\nu)}{E}\sigma_5 = \frac{2(1+\nu)}{E}\tau_{13} \qquad (4.63c)$$

$$\gamma_{12} = \varepsilon_6 = \frac{1}{G}\sigma_6 = \frac{2(1+\nu)}{E}\sigma_6 = \frac{2(1+\nu)}{E}\tau_{12}$$

式 (4.59) 与式 (4.63) 给出了三维情况下各向同性材料的线弹性应力–应变关系，它们构成了后续弹性力学分析的基本物理方程。

4.6 小结

在这一章中，我们建立了线弹性问题的物理方程，也就是应变和应力的广义胡克定律。同时，也介绍了表征这一线弹性响应关系的关键材料参数弹性模量，以及与之对应的弹性柔度。一般各向异性弹性固体的弹性张量含 21 个独立分量。而利用晶体的对称性，我们进一步介绍了常见晶体实际可能包含更少的独立分量，同时也讨论了沿单晶体某一方向加载时，如何计算该方向上的弹性模量。对于最简单的情况，各向同性的弹性体变形需要两个独立的弹性常数。我们也因此得到了各向同性条件下的应力–应变关系。这一关系是我们后面开展弹性问题分析的基础。

参考文献

[1] Born M. On the stability of crystal lattices[J]. Mathematical Proceedings of the Cambridge Philosophical Society, 1940, 36(2): 160.

[2] Born M, Huang K. Dynamical Theory of Crystal Lattices[M]. Oxford: Clarendon Press, 1956.

[3] Simmons G, Wang H. Single Crystal Elastic Constants and Calculated Aggregate Properties[M]. Cambridge: The MIT Press, 1971.

第 5 章　典型复合结构弹性变形

5.1　简介

除了晶体结构，人们还设计了包含不同结构的复合材料，且已广泛应用于工程实际中，使得我们有必要了解其弹性性能和弹性变形下的本构关系。由于纤维或板层结构排列的方向性也会引起这类材料的各向异性，通常需要多个弹性常数来表征。考虑到很多时候复合材料以薄板的几何形状出现，一般分析它在平面应力条件下的力学响应。

在工程实践中，多层薄膜广泛应用于电子器件中，此时这类复合薄膜由于不同层之间热膨胀系数的差异，在不同温度下将导致非均匀应力分布，这是影响薄膜生长质量和服役寿命的关键因素[1]。下面将就复合材料、复合薄板以及蜂窝结构的弹性行为展开讨论与分析。

5.2　简单复合结构

先考虑最直观的复合模式，从一维问题开始，考虑如图 5.1 所示的弹性复合体。

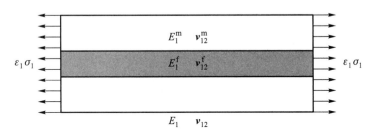

图 5.1　平行增强纤维整体结构受到轴向应力 σ_1 或应变 ε_1 载荷时的等效力学模型

（1）当整体结构受到平行于增强纤维的应力 σ_1 或应变 ε_1 时，从图 5.1 所描述的几何关系可知

$$\varepsilon_1 = \varepsilon_1^{\mathrm{m}} = \varepsilon_1^{\mathrm{f}} \tag{5.1}$$

基体与纤维应力大小为

$$\sigma_1^{\mathrm{m}} = E_1^{\mathrm{m}} \varepsilon_1^{\mathrm{m}} = E_1^{\mathrm{m}} \varepsilon_1, \quad \sigma_1^{\mathrm{f}} = E_1^{\mathrm{f}} \varepsilon_1^{\mathrm{f}} = E_1^{\mathrm{f}} \varepsilon_1 \tag{5.2}$$

当外力作用在上述横截面时，考虑到纤维与基体材料的平行性，有

$$\sigma_1 = \phi \sigma_1^{\mathrm{f}} + (1 - \phi) \sigma_1^{\mathrm{m}} = \phi E_1^{\mathrm{f}} \varepsilon_1 + (1 - \phi) E_1^{\mathrm{m}} \varepsilon_1 = E_1 \varepsilon_1 \tag{5.3}$$

式中，ϕ 为纤维的体积分数，得

$$E_1 = \phi E_1^{\mathrm{f}} + (1-\phi)\, E_1^{\mathrm{m}} \tag{5.4}$$

式 (5.4) 表示单向纤维增强的复合材料的等效弹性模量可由其组分材料的弹性模量加权得到，称为混合定律。

与此对应，考虑主泊松比 $\nu_{12} = -\varepsilon_2/\varepsilon_1$，注意 ε_2 是由两部分的横向变形导致的效应叠加

$$\varepsilon_2 = -\phi\nu_{12}^{\mathrm{f}}\varepsilon_1 - (1-\phi)\,\nu_{12}^{\mathrm{m}}\varepsilon_1 \tag{5.5}$$

因此有

$$\nu_{12} = \phi\nu_{12}^{\mathrm{f}} + (1-\phi)\,\nu_{12}^{\mathrm{m}} \tag{5.6}$$

（2）如果加载沿着垂直于纤维方向时，此时应力 σ_2 和应变 ε_2 为复合材料整体响应（见图 5.2）。

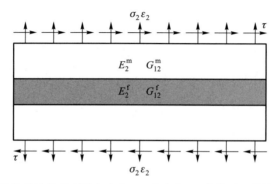

图 5.2 平行增强纤维整体结构受到横向应力 σ_2 或应变 ε_2 载荷时的等效力学模型

考虑到应力的串行作用

$$\sigma_2 = \sigma_2^{\mathrm{m}} = \sigma_2^{\mathrm{f}}, \quad \text{且 } \sigma_2 = E_2\varepsilon_2, \quad \sigma_2^{\mathrm{m}} = E_2^{\mathrm{m}}\varepsilon_2^{\mathrm{m}}, \quad \sigma_2^{\mathrm{f}} = E_2^{\mathrm{f}}\varepsilon_2^{\mathrm{f}} \tag{5.7}$$

由复合变形

$$\varepsilon_2 = \phi\varepsilon_2^{\mathrm{f}} + (1-\phi)\,\varepsilon_2^{\mathrm{m}} \tag{5.8}$$

我们得到

$$\frac{1}{E_2} = \frac{\phi}{E_2^{\mathrm{f}}} + \frac{1-\phi}{E_2^{\mathrm{m}}} \tag{5.9}$$

对于面内剪切模量 G_{12}，试样的整体剪应变 γ_{12} 由纤维与基体的剪应变叠加组成，即

$$\gamma_{12} = \phi\gamma_{12}^{\mathrm{f}} + (1-\phi)\,\gamma_{12}^{\mathrm{m}} \tag{5.10}$$

考虑到剪应力的传递特征 $\tau_1 = \tau_m = \tau_f$，则有

$$\frac{1}{G_{12}} = \frac{\phi}{G_{12}^{\mathrm{f}}} + \frac{1-\phi}{G_{12}^{\mathrm{m}}} \tag{5.11}$$

5.3 各向异性复合板材

现在考虑更一般的情形，忽略复合材料纤维和基底材料的细观结构特性，宏观上将它看作一种各向异性的材料，看它在平面应力条件下的力学响应。依据图 5.3 中的应力展示，我们不难看出，在平面应力状态下其应力分量具有以下特征：

$$\sigma_1 = \sigma_{11} \neq 0, \quad \sigma_3 = \sigma_{33} = 0$$
$$\sigma_2 = \sigma_{22} \neq 0, \quad \sigma_4 = \sigma_{23} = 0$$
$$\sigma_6 = \sigma_{12} \neq 0, \quad \sigma_5 = \sigma_{13} = 0$$

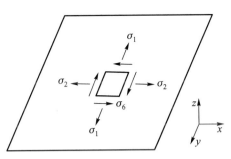

图 5.3 薄层纤维板的面内应力示意图

依据应变的叠加效应，有

$$
\begin{bmatrix} \varepsilon_1 \\ \varepsilon_2 \\ \varepsilon_6 \end{bmatrix} = \begin{bmatrix} S_{11} & S_{12} & 0 \\ S_{21} & S_{22} & 0 \\ 0 & 0 & S_{66} \end{bmatrix} \begin{bmatrix} \sigma_1 \\ \sigma_2 \\ \sigma_6 \end{bmatrix} \ \text{或} \ \begin{bmatrix} \varepsilon_1 \\ \varepsilon_2 \\ \varepsilon_6 \end{bmatrix} = \begin{bmatrix} \dfrac{1}{E_{11}} & -\dfrac{\nu_{12}}{E_{22}} & 0 \\ -\dfrac{\nu_{21}}{E_{11}} & \dfrac{1}{E_{22}} & 0 \\ 0 & 0 & \dfrac{1}{G_{12}} \end{bmatrix} \begin{bmatrix} \sigma_1 \\ \sigma_2 \\ \sigma_6 \end{bmatrix}
\tag{5.12}
$$

该柔度矩阵需要 E_{11}、E_{22}、ν_{12}、G_{12} 4 个独立参数来定义，其中 ν_{21} 可以依据柔度矩阵的对称性来确定，$\nu_{21} = \nu_{12} \dfrac{E_{11}}{E_{22}}$。这一弹性模量阵在复合材料的力学分析里面经常遇到。

如果将问题简化为薄纤维板的问题 (图 5.4)，那么可以将其分为两种情况：应力方向与纤维方向同轴；应力方向与纤维方向不同轴。我们将对此分别加以讨论。

（1）同轴向纤维增强复合材料的弹性响应，我们从应变叠加方法可以很快得到式 (5.12) 给出的 $\varepsilon - \sigma$ 关系。如果将式 (5.12) 中的矩阵求逆，则得到

$$
\begin{bmatrix} \sigma_1 \\ \sigma_2 \\ \tau_{12} \end{bmatrix} = \begin{bmatrix} \overline{C}_{11} & \overline{C}_{12} & 0 \\ \overline{C}_{12} & \overline{C}_{22} & 0 \\ 0 & 0 & \overline{C}_{66} \end{bmatrix} \begin{bmatrix} \varepsilon_1 \\ \varepsilon_2 \\ 2\varepsilon_{12} \end{bmatrix}
\tag{5.13a}
$$

式中

$$\overline{C}_{11} = \frac{E_1}{1 - \nu_{12}\nu_{21}}, \quad \overline{C}_{12} = \frac{\nu_{12}E_2}{1 - \nu_{12}\nu_{21}}, \quad \overline{C}_{22} = \frac{E_2}{1 - \nu_{12}\nu_{21}}, \quad \overline{C}_{66} = G_{12} \tag{5.13b}$$

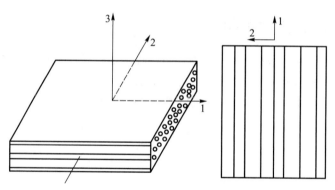

图 5.4 三维纤维复合材料的纤维走向与对应的力学模型

这里用到了对称性条件 $(\nu_{12}E_2 = \nu_{21}E_1)$，由此得到

$$E_1 = \overline{C}_{11} - \frac{\overline{C}_{12}^2}{\overline{C}_{22}}, \quad E_2 = \overline{C}_{22} - \frac{\overline{C}_{12}^2}{\overline{C}_{21}}, \quad \nu_{12} = \frac{\overline{C}_{12}}{\overline{C}_{22}}, \quad G_{12} = \overline{C}_{66} \tag{5.13c}$$

为了方便讨论，我们将式 (5.13a) 简写为 $\boldsymbol{\sigma}^{(1)} = \overline{\boldsymbol{C}}^{(1)} \boldsymbol{\varepsilon}^{(1)}$，表示在 $\{\boldsymbol{e}_1, \boldsymbol{e}_2\}$ 坐标系下的应力–应变关系，$\boldsymbol{\sigma}^{(1)} = [\sigma_1 \quad \sigma_2 \quad 2\tau_{12}]^{\mathrm{T}}$，且 $\boldsymbol{\varepsilon}^{(1)} = [\varepsilon_1 \quad \varepsilon_2 \quad 2\varepsilon_{12}]^{\mathrm{T}}$。式 (5.13a) 同时也给出了描述这一关系的弹性张量阵 $\overline{\boldsymbol{C}}^{(1)}$。

（2）当加载方向与纤维走向不一致时来看复合材料薄板的力学响应，此时需要用到坐标变换（图 5.5）。

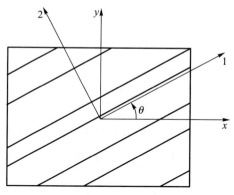

图 5.5 加载方向与纤维走向存在一定夹角时的应力–应变关系变换

这样一来，不难得到坐标系 $\{\boldsymbol{e}_i\}$ 下的矢量 $\boldsymbol{L}_e$ 在坐标系 $\{\boldsymbol{e}_i'\}$ 下的表达式 $\boldsymbol{L}_{e'}$，两者之间通过以下的变换方程给出：

$$\boldsymbol{L}_{e'} = \boldsymbol{R}\boldsymbol{L}_e, \quad R_{ij} = \boldsymbol{e}_i' \cdot \boldsymbol{e}_j \tag{5.14}$$

对任意张量 $\boldsymbol{A}$，它在坐标系 $\{\boldsymbol{e}_i\}$ 下的分量为

$$A_{ij} = \boldsymbol{e}_i \cdot \boldsymbol{A}\boldsymbol{e}_j \tag{5.15a}$$

对应地，它在坐标系 $\{\boldsymbol{e}_i'\}$ 下的分量为

$$A_{ij}' = \boldsymbol{e}_i' \cdot \boldsymbol{A}\boldsymbol{e}_j' \tag{5.15b}$$

我们可以得到

$$A'_{ij} = \left(\sum_{m=1}^{3} R_{im}\boldsymbol{e}_m\right) \cdot \boldsymbol{A} \left(\sum_{n=1}^{3} R_{jn}\boldsymbol{e}_n\right) = \sum_{m,n=1}^{3} R_{im}R_{jn}A_{mn} \tag{5.16}$$

也即 $\boldsymbol{A}' = \boldsymbol{R}\boldsymbol{A}\boldsymbol{R}^{\mathrm{T}}$，这里

$$\boldsymbol{R} = \begin{bmatrix} \cos\theta & \sin\theta & 0 \\ -\sin\theta & \cos\theta & 0 \\ 0 & 0 & 1 \end{bmatrix} \tag{5.17}$$

这样一来，将应力阵扩充到三维，即

$$\boldsymbol{\sigma} = \begin{bmatrix} \sigma_1 & \tau_{12} & 0 \\ \tau_{21} & \sigma_2 & 0 \\ 0 & 0 & 0 \end{bmatrix},$$

并运用 $\boldsymbol{A}' = \boldsymbol{R}\boldsymbol{A}\boldsymbol{R}^{\mathrm{T}}$，不难得到

$$\begin{bmatrix} \sigma_1 \\ \sigma_2 \\ \tau_{12} \end{bmatrix} = \boldsymbol{Q} \begin{bmatrix} \sigma_x \\ \sigma_y \\ \tau_{xy} \end{bmatrix}, \quad \begin{bmatrix} \varepsilon_1 \\ \varepsilon_2 \\ \varepsilon_{12} \end{bmatrix} = \boldsymbol{Q} \begin{bmatrix} \varepsilon_x \\ \varepsilon_y \\ \varepsilon_{xy} \end{bmatrix} \tag{5.18}$$

式中

$$\boldsymbol{Q} = \begin{bmatrix} \cos^2\theta & \sin^2\theta & 2\sin\theta\cos\theta \\ \sin^2\theta & \cos^2\theta & -2\sin\theta\cos\theta \\ -\sin\theta\cos\theta & \sin\theta\cos\theta & \cos^2\theta - \sin^2\theta \end{bmatrix} \tag{5.19}$$

需要注意的是，我们这里的应变量 [见式 (5.18)] 用的不是工程应变，但式 (5.13a) 中的应变为工程应变，所以通过坐标转换将 (5.13a) 中的共轴应力–应变关系转到偏轴应力–应变关系时需要特别小心。回到式 (5.18)，则有

$$\boldsymbol{Q}_{\mathrm{e}} = \begin{bmatrix} \cos^2\theta & \sin^2\theta & \sin\theta\cos\theta \\ \sin^2\theta & \cos^2\theta & -\sin\theta\cos\theta \\ -2\sin\theta\cos\theta & 2\sin\theta\cos\theta & \cos^2\theta - \sin^2\theta \end{bmatrix} \tag{5.20}$$

这样，式 (5.18) 就可以利用 $\boldsymbol{\sigma}^{(1)} = \overline{\boldsymbol{C}}^{(1)}\boldsymbol{\varepsilon}^{(1)}$，得到

$$\left.\begin{array}{l} \boldsymbol{\sigma}^{(1)} = \boldsymbol{Q}\boldsymbol{\sigma}^{(x)} \\ \boldsymbol{\varepsilon}^{(1)} = \boldsymbol{Q}_{\mathrm{e}}\boldsymbol{\varepsilon}^{(x)} \end{array}\right\} \tag{5.21}$$

这里 $\boldsymbol{\varepsilon}^{(x)} = [\varepsilon_x \quad \varepsilon_y \quad 2\varepsilon_{xy}]^{\mathrm{T}}$ 且 $\boldsymbol{\sigma}^{(x)} = [\sigma_x \quad \sigma_y \quad 2\tau_{xy}]^{\mathrm{T}}$，分别表示在 $\{\boldsymbol{e}_x, \boldsymbol{e}_y\}$ 坐标系下的应力、应变的描述。式 (5.21) 又可以写为

$$\boldsymbol{\sigma}^{(x)} = \boldsymbol{Q}^{-1}\boldsymbol{\sigma}^{(1)} = \boldsymbol{Q}^{-1}\overline{\boldsymbol{C}}^{(1)}\boldsymbol{\varepsilon}^{(1)} = \boldsymbol{Q}^{-1}\overline{\boldsymbol{C}}^{(1)}\boldsymbol{Q}_{\mathrm{e}}\boldsymbol{\varepsilon}^{(x)} = \overline{\boldsymbol{C}}^{(x)}\boldsymbol{\varepsilon}^{(x)} \tag{5.22}$$

式中，$\overline{\boldsymbol{C}}^{(x)} = \boldsymbol{Q}^{-1}\overline{\boldsymbol{C}}^{(1)}\boldsymbol{Q}_{\mathrm{e}}$，表示关联 $\{\boldsymbol{e}_x, \boldsymbol{e}_y\}$ 坐标系下应力–应变关系的弹性矩阵。如果将以上表达式代入式 (5.22)，则在 $x-y$ 坐标下，当纤维与应力施加方向

存在偏角 θ 时，对应的弹性响应阵 $\overline{C}^{(x)}$ 可以求得。如果定义偏轴板结构的模量 $E_x = \frac{\sigma_{xx}}{\varepsilon_{xx}}, E_y = \frac{\sigma_{yy}}{\varepsilon_{yy}}, \nu_{xy} = -\frac{\varepsilon_{yy}}{\varepsilon_{xx}}, \nu_{yx} = -\frac{\varepsilon_{xx}}{\varepsilon_{yy}}, G_{xy} = \frac{\tau_{xy}}{\gamma_{xy}}$，则可以得到

$$\frac{1}{E_x} = \frac{1}{E_1}\cos^4\theta + \left(\frac{1}{G_{12}} - \frac{2\nu_{12}}{E_1}\right)\sin^2\theta\cos^2\theta + \frac{1}{E_2}\sin^4\theta \tag{5.23a}$$

$$\frac{1}{E_y} = \frac{1}{E_1}\sin^4\theta + \left(\frac{1}{G_{12}} - \frac{2\nu_{12}}{E_1}\right)\sin^2\theta\cos^2\theta + \frac{1}{E_2}\cos^4\theta \tag{5.23b}$$

$$\nu_{xy} = E_x\left[\frac{\nu_{12}}{E_1} - \left(\frac{1}{E_1} + \frac{2\nu_{12}}{E_1} + \frac{1}{E_2} - \frac{1}{G_{12}}\right)\sin^2\theta\cos^2\theta\right] \tag{5.23c}$$

$$\nu_{yx} = E_y\left[\frac{\nu_{21}}{E_2} - \left(\frac{1}{E_1} + \frac{2\nu_{12}}{E_1} + \frac{1}{E_2} - \frac{1}{G_{12}}\right)\sin^2\theta\cos^2\theta\right] \tag{5.23d}$$

$$\frac{1}{G_{xy}} = 2\left(\frac{1}{E_1} + \frac{2}{E_2} + \frac{4\nu_{12}}{E_1} - \frac{1}{G_{12}}\right)\sin^2\theta\cos^2\theta + \frac{1}{G_{12}}(\sin^4\theta + \cos^4\theta) \tag{5.23e}$$

对于一般的三维情形下的复合材料，考虑到其通常具有正交对称性，一般有 9 个弹性模量。对应的本构关系 $\boldsymbol{\varepsilon} = \boldsymbol{S}\boldsymbol{\sigma}$ 中二阶柔度张量 $\boldsymbol{S}$ 含有 9 个独立分量

$$\begin{bmatrix} \varepsilon_1 \\ \vdots \\ \varepsilon_6 \end{bmatrix} = \begin{bmatrix} \frac{1}{E_{11}} & -\frac{\nu_{12}}{E_{22}} & -\frac{\nu_{13}}{E_{33}} & & & \\ -\frac{\nu_{21}}{E_{11}} & \frac{1}{E_{22}} & -\frac{\nu_{23}}{E_{33}} & & 0 & \\ -\frac{\nu_{31}}{E_{11}} & -\frac{\nu_{32}}{E_{22}} & \frac{1}{E_{33}} & & & \\ & & & \frac{1}{G_{23}} & & \\ & 0 & & & \frac{1}{G_{13}} & \\ & & & & & \frac{1}{G_{12}} \end{bmatrix} \begin{bmatrix} \sigma_1 \\ \vdots \\ \sigma_6 \end{bmatrix} \tag{5.24}$$

考虑到对称性，我们要求

$$\frac{\nu_{12}}{E_{22}} = \frac{\nu_{21}}{E_{11}}, \quad \frac{\nu_{13}}{E_{33}} = \frac{\nu_{31}}{E_{11}}, \quad \frac{\nu_{23}}{E_{33}} = \frac{\nu_{32}}{E_{22}}$$

其中每一个量和复合材料的微结构排布 (如纤维走向) 有关。这是一类正交对称材料。

5.4 复合结构中的热应力

除了应力导致的变形，有时候也需要考虑由于温度变化引起的变形，即热膨胀引起的变形。在各向同性条件下，热膨胀引起的应变为 $\Delta\varepsilon_{ij} = \alpha(T - T_0)\delta_{ij}$。这里，$\alpha$ 为热膨胀系数，T 代表当前温度，T_0 为初始温度。将这一项添加到应力–应变关系中，

有

$$
\begin{cases}
\varepsilon_1 = \dfrac{1}{E}\left[\sigma_1 - \nu(\sigma_2 + \sigma_3)\right] + \alpha(T - T_0) \\[2mm]
\varepsilon_2 = \dfrac{1}{E}\left[\sigma_2 - \nu(\sigma_1 + \sigma_3)\right] + \alpha(T - T_0) \\[2mm]
\varepsilon_3 = \dfrac{1}{E}\left[\sigma_3 - \nu(\sigma_1 + \sigma_2)\right] + \alpha(T - T_0)
\end{cases}
\tag{5.25}
$$

依据式 (5.25)，我们可以得到热膨胀时的应力–应变关系

$$
\sigma_{ij} = \frac{E}{1+\nu}\left[\varepsilon_{ij} + \frac{\nu}{1-2\nu}\left(\sum_{K=1}^{3}\varepsilon_{kk}\right)\delta_{ij} - \frac{1+\nu}{1-2\nu}\alpha(T-T_0)\delta_{ij}\right]
\tag{5.26}
$$

式 (5.26) 常被用来计算膜材料等由热膨胀引起的应力。这类应力在材料制备过程或者加工工艺中经常遇到。只有对它们有一个正确的认识和测量才能预测结构寿命，控制材料或结构的变形行为。下面将介绍如何通过曲率的测量来获得薄膜材料中的热应力状态。

考虑图 5.6 中所示的双层传感器元件，下标 1 和 2 分别表示对应于结构 1 和结构 2 的材料参数或尺寸参数。当结构 2 发生温度变化 ΔT 时，其热诱导变形会导致结构 1 在自由端位置产生相应的挠曲响应 d，其关系可表示为

$$
d = r\left(1 - \cos\theta\right) = \frac{l^2}{2r} = \gamma\Delta T
\tag{5.27}
$$

式中，d 表示自由端的挠度；ΔT 表示温度变化量；r 表示弯曲半径；θ 表示弯曲角度；转换因子 $\gamma = \dfrac{l^2}{2r\Delta T}$ 描述了温差与悬臂梁自由端的挠度之间的关系。假设在长度 l 方向上的温差 ΔT 一致，并且梁端部的挠曲半径满足 $r \gg l$，则梁端部的挠曲半径为[2-3]

$$
r = \frac{2}{3}\frac{\dfrac{7}{4}(t_1 + t_2)^2 - 2t_1 t_2 + \dfrac{E_1 b_1 t_1^3}{E_2 b_2 t_2} + \dfrac{E_2 b_2 t_2^3}{E_1 b_1 t_1}}{\Delta\alpha\Delta T(t_1 + t_2)}
\tag{5.28}
$$

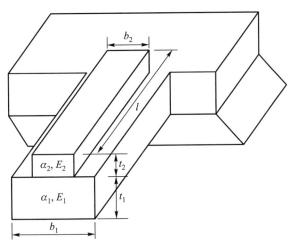

图 5.6 基于热膨胀系数差异的双层热传感器元件在不同温度下的曲率变化

式中，E_i 表示弹性模量；$\Delta\alpha = \alpha_1 - \alpha_2$；$\alpha_i$ 表示热膨胀系数；b_i 和 t_i 表示结构的宽度和厚度。于是，通过式 (5.27) 与式 (5.28) 建立起 ΔT 与 d 之间的关系，通过对基底挠曲响应的观测，可以获得材料的热响应，为材料参数的测量提供了一种行之有效的方法。

讨论一种简单的情况：当上下两层的厚度一致，即 $t_1 = t_2 = t$ 时，曲率半径为

$$r = \frac{t}{3\Delta\alpha\Delta T}\left(5 + \frac{1+\omega^2}{\omega}\right) \tag{5.29}$$

式中，$\omega = E_2 b_2/(E_1 b_1)$。应用该方程就可以很容易对不同材料的弹性模量进行比较。

5.5 Stoney 方程[4]

在工程实践中，多层薄膜广泛应用于电子器件中，而薄膜生长过程中由于生长环境的温度和服役环境温度之间的差异，通常会由于不同层之间热膨胀系数的差异（热失配）而形成残余应力，这是影响薄膜生长质量和服役寿命的关键因素。我们在这里简要分析该类残余应力的方法。

如图 5.7 所示，薄膜层由于内部生长过程或者外部作用力，相对于基底产生了一个错配应变，又因为薄膜与基底之间的约束，会对基底产生一个大小为 f 的作用力，并在基底上产生相应的响应–曲率。需要注意的是，这里 f 为沿 y 方向单位长度上薄膜在面内的力，相当于 $f = \dfrac{1}{L_y}\int\sigma_{xx}\mathrm{d}S$，这里的积分沿薄膜的横截面展开，且 L_y 为薄膜沿 y 方向的长度（见图 5.7）。实际应用中，考虑到薄膜厚度与基底相比非常小，一般假定 σ_{xx} 为常数。如何将实验可观测的曲率变化与薄膜内力联系起来，即为 Stoney 方程所描述的事情。

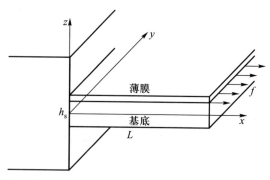

图 5.7 薄膜–基底结构示意图

如图 5.7 所示，以平面应变问题为例分析薄膜应力对基底变形的影响。这一力学问题需要用到以下假设。

（1）假设 1：考虑 $L \gg h_s$ 的情况，基底满足 Kirchhoff 薄板理论。变形前直的并垂直于基底中性面的材料线在变形后依然保持直线并垂直于中性面，$\varepsilon_{xz} = \varepsilon_{yz} = 0$；中性面法线方向的正应力可以忽略，即 $\sigma_{zz} = 0$。故基底内的应力–应变状态变量分别为 $(\sigma_{xx}, \sigma_{yy})$ 和 $(\varepsilon_{xx}, \varepsilon_{zz})$，其他方向上的分量均为零。

（2）假设 2：在变形过程中，基底为线弹性小变形阶段，则应力–应变关系为

$$\sigma_{xx} = \frac{E_{\mathrm{s}}}{(1 - \nu_{\mathrm{s}})(1 + \nu_{\mathrm{s}})} \varepsilon_{xx} \tag{5.30a}$$

$$\sigma_{yy} = \frac{E_{\mathrm{s}} \nu_{\mathrm{s}}}{(1 - \nu_{\mathrm{s}})(1 + \nu_{\mathrm{s}})} \varepsilon_{xx} \tag{5.30b}$$

$$\varepsilon_{zz} = -\frac{\nu_{\mathrm{s}}}{(1 - \nu_{\mathrm{s}})} \varepsilon_{xx} \tag{5.30c}$$

式中，E_{s} 和 ν_{s} 分别表示基底的弹性模量和泊松比。定义平面应变模量为

$$M_{\mathrm{s}} = \frac{E_{\mathrm{s}}}{(1 - \nu_{\mathrm{s}})(1 + \nu_{\mathrm{s}})}$$

基底任意一点 (x, z) 上的应变能密度为

$$U(x, z) = \frac{1}{2} \sigma_{ij} \varepsilon_{ij} = \frac{1}{2} \sigma_{xx} \varepsilon_{xx} = \frac{1}{2} M_{\mathrm{s}} (\varepsilon_{xx})^2 \tag{5.31}$$

小变形情况下的几何方程为

$$\varepsilon_{xx} = \frac{\partial u(x, z)}{\partial x} \tag{5.32}$$

式中，$u(x, z)$ 表示任意一点 (xz) 在 x 方向的位移。根据上述 Kirchhoff 假设，基底上任意一点的位移可以描述为与中性面上相应点的位移 $u_0(x, 0)$ 和转角 $\theta_x(x, 0)$ 的关系式，分别为

$$u(x, z) = u_0(x, 0) + z\theta_x(x, 0) \tag{5.33a}$$

$$\theta_x(x, 0) = -\frac{\partial w_0(x, 0)}{\partial x} \tag{5.33b}$$

式中，$w_0(x, 0)$ 表示中性面上 z 方向上的挠曲位移。应变关系可表示为

$$\varepsilon_{xx} = \frac{\partial u_0(x, 0)}{\partial x} - z \frac{\partial^2 w_0(x, 0)}{\partial x^2} \tag{5.34}$$

对于小的挠曲变形，径向变形和平面外变形是不耦合的。假设中性面的位移模式为

$$u_0(x, 0) = \varepsilon_0 x \tag{5.35a}$$

且

$$w_0(x, 0) = \frac{1}{2} \kappa x^2 \tag{5.35b}$$

可以看到，在这个假设里，x 方向位移为坐标的线性函数，挠曲方向为坐标的二次函数，κ 代表平面的曲率。式 (5.35) 满足左边缘的位移边界条件

$$u_0(0, 0) = 0, \quad w_0(0, 0) = 0$$

（3）假设 3：忽略基底局部的边缘效应，基底的曲率是常数，则有

$$\varepsilon_{xx} = \varepsilon_0 - \kappa z \tag{5.36}$$

基底的应变能密度为

$$U(x, z) = \frac{1}{2} \frac{E}{(1 - \nu)(1 + \nu)} (\varepsilon_0 - \kappa z)^2 \tag{5.37}$$

考虑整个结构中的变形能，有

$$
\begin{aligned}
V(\varepsilon_0, \kappa) &= \int_0^L \int_{-\frac{h_s}{2}}^{\frac{h_s}{2}} U(x, z) \, \mathrm{d}x \mathrm{d}z - fu\left(L, \frac{h_s}{2}\right) \\
&= \frac{1}{2} M_s L \left(\varepsilon_0^2 h_s + \frac{1}{12} \kappa^2 h_s^3\right) - fL\left(\varepsilon_0 - \frac{h_s}{2}\kappa\right)
\end{aligned} \tag{5.38}
$$

根据最小势能原理，有

$$\frac{\partial V(\varepsilon_0, \kappa)}{\partial \varepsilon_0} = 0, \quad \frac{\partial V(\varepsilon_0, \kappa)}{\partial \kappa} = 0 \tag{5.39}$$

通过式 (5.39)，可以求解得到

$$\varepsilon_0 = \frac{f}{M_s h_s} \tag{5.40}$$

对应的曲率为

$$\kappa = -\frac{6f}{M_s h_s^2} \tag{5.41}$$

此即平面应变状态下的 Stoney 方程，通过测量基底的曲率来推测薄膜内的应力的变化。同样，对于轴对称结构，依然可以得到相应的表达式，只需替换 M_s 为双轴模量，即

$$M_s = \frac{E_s}{1 - \nu_s}$$

再来回顾一下上述推导过程中所引入的一些假设。

（1）假设 1：考虑 $L \gg h_s$ 的情况，此时基底需要满足 Kirchhoff 薄板理论。

（2）假设 2：在变形过程中，基底为线弹性小变形。

（3）假设 3：忽略基底局部的边缘效应，基底的曲率是常数。

Stoney 方程在应用的过程中要严格依照这些假设，否则得到的结论将会产生很大的偏差。

5.6 蜂窝材料的复合变形

前面讨论的复合体系由材料性质不同的组分构成。目前，设计复合材料时还可以通过构建材料的复合结构，调整其变形与承载模式，从而实现特定的力学行为，如蜂窝材料和点阵材料等。

按照各向异性晶体材料的本构关系，密排六方晶体在面内的变形具有 6 重对称轴：如果绕平面法向转动 $\pi/3$ 后，将得到和原始密排六方蜂窝结构一样的结构，此时的自由能可以描述为

$$
\begin{aligned}
F = {} &\frac{1}{2} C_{3333} \varepsilon_{33}^2 + 2C_{1212}(\varepsilon_{11} + \varepsilon_{22})^2 + C_{1122}\left[(\varepsilon_{11} - \varepsilon_{22})^2 + 4\varepsilon_{12}^2\right] + \\
&2C_{1233}\varepsilon_{33}(\varepsilon_{11} + \varepsilon_{22}) + 4C_{1323}(\varepsilon_{13}^2 + \varepsilon_{23}^2)
\end{aligned} \tag{5.42}
$$

考虑到面内变形时，$\varepsilon_{i3} = 0\ (i = 1, 2, 3)$，那么在式 (5.42) 中只有两个独立的弹性常数，即 C_{1212} 和 C_{1122}。这表明，密排六方蜂窝结构在面内的弹性行为在小变形阶段也是各向同性的。如果蜂窝结构不是标准的密排六方形式，如图 5.8d 中针对一般的蜂窝结构建立的面内变形坐标系，那么它的变形行为需要 5 个弹性常数来描述，其中含两个不同方向的杨氏模量 E_1 和 E_2，剪切模量 G_{12}，以及两个泊松比 ν_{12} 和 ν_{21}。需要注意的是，只有 4 个弹性常数是独立的，因为依据弹性矩阵的对称性，我们有 $\nu_{21}/E_2 = \nu_{12}/E_1$[6]。针对图 5.8d 中的六边形蜂窝的几何结构，我们考虑了蜂窝壁可能的拉伸、压缩和弯曲变形的复合，得到[6]：

$$\frac{E_1}{E_w} = \left(\frac{t}{L}\right)^3 \frac{\cos\theta}{(h/L + \sin\theta)\sin^2\theta} \tag{5.43a}$$

$$\frac{E_2}{E_w} = \left(\frac{t}{L}\right)^3 \frac{h/L + \sin\theta}{\cos^3\theta} \tag{5.43b}$$

式中，E_w 是蜂窝壁材料的杨氏模量。式 (5.43) 也验证了对于六方密排材料，有 $E_1 = E_2$。当我们沿 X_1 方向加载时，得到的泊松比为

$$\nu_{12} = \frac{\cos^2\theta}{(h/L + \sin\theta)\sin\theta} \tag{5.44a}$$

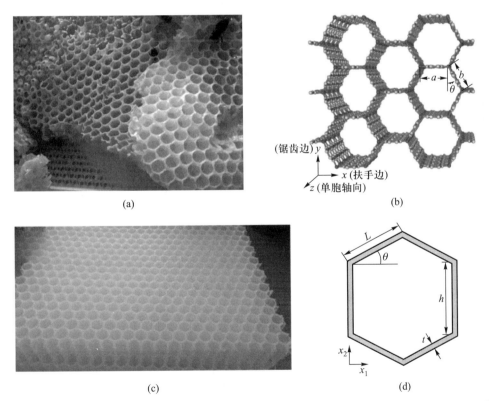

(a)

(b)

(c)

(d)

图 5.8 蜂窝材料设计可实现力学性能和轻量化的同步优化。（a）实际的蜂窝结构；（b）具有极高比强度的碳蜂窝结构，这里蜂窝的壁由单层石墨烯构成[5]；（c）人工制造的蜂窝材料；（d）针对一般的蜂窝结构建立的面内变形坐标系及对应的蜂窝单元几何结构

如果加载沿 X_2 方向，对应的泊松比为

$$\nu_{21} = \frac{(h/L + \sin\theta)\sin\theta}{\cos^2\theta} \tag{5.44b}$$

同样，对于密排六方蜂窝结构，考虑到 $\theta = 30°$ 且 $h/L = 1$，有 $\nu = \nu_{12} = \nu_{21} = 1$。该蜂窝结构材料的面内剪切模量为

$$\frac{G_{12}}{E_w} = \left(\frac{t}{L}\right)^3 \frac{h/L + \sin\theta}{(h/L)^2(2h/L + 1)\cos\theta} \tag{5.45}$$

对于密排六方蜂窝结构，有 $G_{12} = E/2(1+\nu)$，这正是前面讨论过的各向同性材料的剪切模量与杨氏模量及泊松比的关系。需要注意的是，当变形量比较大时，θ 和 h/L 将发生显著变化，使结构不再保持各向同性力学响应，这从图 5.9 所示关于密排

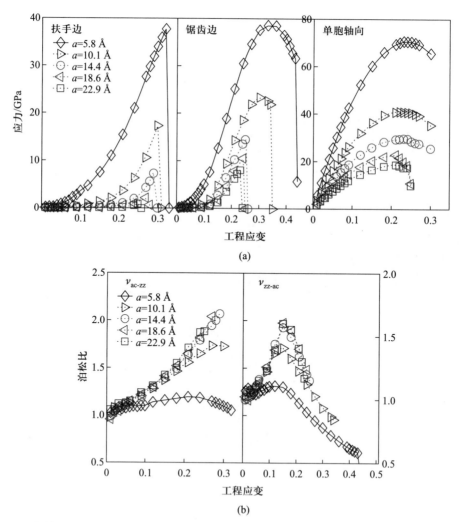

图 5.9 密排六方蜂窝结构的面内力学行为。（a）碳蜂窝结构的不同方向上的应力–应变曲线；（b）应变泊松比曲线

六方蜂窝结构的面内力学行为可以看出。由于复合变形机制的影响，蜂窝结构的弹性响应具有一定的非线性现象，如图 5.9a，在不同方向上的强度具有显著差异，其泊松效应在小应变阶段后与理论估计一致，当应变较大时存在显著差异，见图 5.9b。

5.7 小结

本章将弹性本构关系进一步拓展到目前广受关注的复合材料体系中。我们给出了复合材料中由于几何或力学性质上的因素带来的弹性变形行为，前者包含纤维的排布以及蜂窝的结构等，后者如层状材料中不同的热膨胀系数等。作为这一类变形的代表性应用，我们也介绍了如何通过可测量的层状材料变形来考察薄膜层内的应力状态。考虑到复合结构在工程中的广泛应用，复合材料或结构的力学分析是开展这类工程可靠性分析的先决条件，具有重要意义。

参考文献

[1] 沈观林, 胡更开, 刘彬. 复合材料力学 [M]. 2 版. 北京：清华大学出版社, 2013.

[2] Timoshenko S P. Strength of Materials[M]. New York: Van Nostrand, 1947.

[3] Fampel J H, Fisher F E. Engineering Design[M]. New York: Wiley, 1981.

[4] Stoney G G. The tension of metallic films deposited by electrolysis[J]. Proceedings of the Royal Society of London, Series A, 1909, 82(553): 172-175.

[5] Pang Z Q, Gu X K, Wei Y J, et al. Bottom-up design of three-dimensional carbon-honeycomb with superb specific strength and high thermal conductivity [J]. Nano Letters, 2017, 17(1): 179-185.

[6] Gibson L J, Ashby F M. Cellular Solids, Structure and Properties [M]. 2nd ed. Cambridge: Cambridge Press, 1997: 101.

第 6 章　弹性边值问题

6.1　简介

前面讨论了弹性体变形所遵循的物理规律，如何将弹性体内每一点的位移求出来，从而了解其内部的应变与应力状态，是工程中长期面临的问题。这样的求解过程通常都不容易，一方面边界的定义可能不是非常明确，这在实际工程中非常普遍；另一方面，当边界描述非常清晰时，可能实际求解无法实现。这就需要我们采用创造性思维，抓住主要问题（在这里是主要边界），使得问题可以弹性求解，且所求的解和真实的情况不会引起内部应力或应变上的较大的差异。这一章主要讨论如何提出正确的边界并实现弹性求解。

6.2　边界分类

弹性力学的求解是典型的物理力学边值问题，这一问题中的典型边界条件为：位移边界条件、应力边界条件和混合边界条件。一般按照边界条件的不同，将弹性力学问题分为位移边界条件问题、应力边界条件问题和混合边界条件问题。下面仔细描述3 类边界条件的表现形式。

（1）在位移边界问题中，物体在全部边界上的位移分量是已知的，也就是说

$$\boldsymbol{u}_s = (\widetilde{u}, \widetilde{v}, \widetilde{w}) \tag{6.1}$$

式中，$\boldsymbol{u}_s$ 是位移的边界值；$\widetilde{u}$、$\widetilde{v}$、$\widetilde{w}$ 在边界上是已知函数，如图 6.1a 所示。

（2）在应力边界问题中，物体在全部边界上所受的应力是已知的，也就是说，面力分量 $\widetilde{\tau}_x$、$\widetilde{\tau}_y$、$\widetilde{\tau}_z$ 在边界上所有各点都是坐标的已知函数，如果已知应力张量 $\boldsymbol{\sigma}$ 和边界上一点处的法向 $\boldsymbol{n} = (l, m, n)$，则边界上该点处的应力（张量）分量与面力（矢量）之间的关系为

$$\begin{aligned}
\widetilde{\tau}_x &= (\boldsymbol{\sigma} \cdot \boldsymbol{n})_x = \sigma_{xx}l + \tau_{xy}m + \tau_{xz}n \\
\widetilde{\tau}_y &= (\boldsymbol{\sigma} \cdot \boldsymbol{n})_y = \tau_{yx}l + \sigma_{yy}m + \tau_{yz}n \\
\widetilde{\tau}_z &= (\boldsymbol{\sigma} \cdot \boldsymbol{n})_z = \tau_{zx}l + \tau_{zy}m + \sigma_{zz}n
\end{aligned} \tag{6.2}$$

可以看到，当边界垂直于某个坐标轴时，应力边界条件将得到大大的简化，如在垂直于 x 轴的边界上，$\boldsymbol{n} = (\pm 1, 0, 0)$，如图 6.1b 所示。

（3）混合边界问题，这是实际中面临最多的情况，变形物体的一部分边界具有已

知位移，而其余边界具有已知面力，如图 6.1c 所示

$$\begin{cases} \tau_{xy}|_{x=L} = \tau_0, \quad \sigma_{xx}|_{x=L} = 0 \\ \sigma_{yy}|_{y=\pm h} = \tau_{xy}|_{y=\pm h} = 0 \\ u|_{x=0} = v|_{x=0} = 0 \end{cases} \tag{6.3}$$

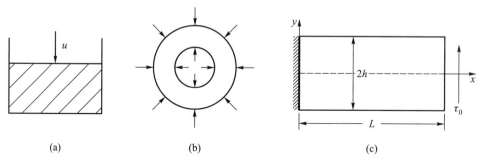

(a)　　　　　　　　(b)　　　　　　　　(c)

图 6.1　弹性力学问题中的典型边界条件。（a）位移边界条件；（b）应力边界条件；（c）混合边界条件

同一部分边界也可以出现混合边界条件。在求解弹性力学问题时，使应力分量、应变分量以及位移分量完全满足基本方程并不困难，但是，要使得边界条件也得到完全满足却往往非常困难。很多时候，弹性力学问题在数学上常被称为边界问题。与此同时，在工程结构问题中常常面临这样的情况：在物体的一小部分边界上，仅仅知道物体所受的面力的合力，而这个面力的具体分布并不明确，因而无法考虑这部分边界上的应力边界条件（见图 6.2）。

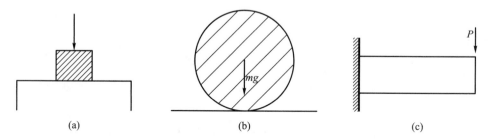

(a)　　　　　　　　(b)　　　　　　　　(c)

图 6.2　非确定性边界问题：物体的一小部分边界上的合力已知，但具体分布并不明确，如变形体的间接载荷传递，"集中"载荷的具体作用区域等

6.3　圣维南原理

圣维南原理（Saint Venant's principle) 由法国力学家圣维南（Saint Venant）于 1855 年提出。他早期为机械工程师，利用业余时间研究力学，1868 年成为法国科学院成员。圣维南在 1855—1856 年求解柱体扭转和弯曲问题时，开拓性地运用了这样的假设，即当柱体端部受不同的载荷作用方式时，如果它们之间的力和力矩在静力学上是等效的，则不同的载荷作用方式在端部以外区域中产生的应力场基本相同。通过这

一思想，他成功地用半逆解法求解了柱体扭转和弯曲问题。之后布森涅斯克将这一思想加以推广并为后来者所接受，以解决复杂的弹性力学问题。圣维南在材料力学和弹性力学方面作出了很大贡献，提出和发展了求解弹性力学问题的半逆解法。他一生重视将理论研究成果应用于工程实际，认为只有理论与实际相结合，才能促进理论研究和工程进步。

圣维南原理又称局部效应原理，指的是分布于弹性物体上的一小块面积或体积内的载荷所引起的物体中的内力，在离载荷作用区较远的地方，基本上只同载荷的合力和合力矩有关，载荷的具体分布只影响载荷作用区附近的应力分布。这里我们要把握圣维南原理的两个要点：

（1）圣维南原理需满足"静力等效"条件（图 6.3）。

（2）作用区域（等效置换区）要尽可能小，在置换区内的应力应变是不能满足边界条件的。

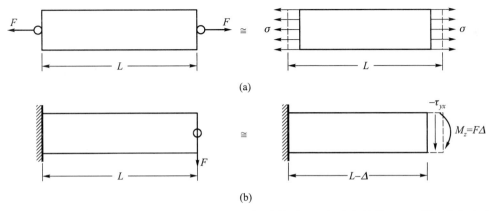

图 6.3 载荷的等价处理。（a）集中力作用下的拉伸等效为均匀应力拉伸；（b）横向的集中力等效为通过横截面的剪切以及端部的力矩

下面通过一个典型弹性问题来考察圣维南原理的有效性。距离大小一般指 $r/a > 3$，其中 a 是特征边界大小，r 是距这个特征边界的距离，在此之后圣维南原理所阐述过的等效准则适用。我们用一个例子说明问题，考虑一个三维无限大半空间承受同样大小的等效合力，但压力的分布不同。

（1）三维无限大半空间承受的均布压力

$$\begin{cases} p(r) = \dfrac{P}{\pi a^2}, & r \leqslant a \\ p(r) = 0, & r > a \end{cases} \tag{6.4}$$

（2）按照抛物线方程分布的压力

$$\begin{cases} p(r) = \dfrac{3P}{2\pi a^2}\left(1 - \dfrac{r^2}{a^2}\right)^{1/2}, & r \leqslant a \\ p(r) = 0, & r > a \end{cases} \tag{6.5}$$

可以看到，这两种分布合力的等效力为 P。

这两种情况下，按照接触力学求解方法，可以得到式 (6.4) 给出的均布压力产生的应力场为

$$
\begin{cases}
\sigma_{zz} = -\dfrac{P}{\pi a^2}\left[1 - \dfrac{z^3}{(a^2+z^2)^{3/2}}\right] \\[3mm]
\sigma_{rr} = \sigma_{\theta\theta} = -\dfrac{P}{\pi a^2}\left[\dfrac{1+2\nu}{2} - \dfrac{(1+\nu)\,z}{(a^2+z^2)^{1/2}} + 2\dfrac{z^3}{(a^2+z^2)^{3/2}}\right]
\end{cases}
\tag{6.6}
$$

而式 (6.5) 给出的抛物线分布压力所产生的应力场为

$$
\begin{cases}
\sigma_{zz} = -\dfrac{3P}{2\pi a^2}\dfrac{a^2}{a^2+z^2} \\[3mm]
\sigma_{rr} = \sigma_{\theta\theta} = -\dfrac{3P}{2\pi a^2}\left[(1+\nu)^2\left(1 - \dfrac{z}{a}\arctan\dfrac{a}{z}\right) - \dfrac{1}{2}\dfrac{a^2}{(a^2+z^2)}\right]
\end{cases}
\tag{6.7}
$$

从式 (6.6) 和式 (6.7) 的函数形式上看，由不同的载荷分布作用在三维无限大半空间产生的这两类应力场差异很大。现在来具体考察各应力分量的大小与距离的关系。从图 6.4a 中给出的式 (6.6) 和式 (6.7) 中 σ_{zz} 与深度 z/a 的关系，以及图 6.4b 中给出的 σ_{rr} 与深度 z/a 的关系来看，当 $z/a > 3$ 时，两种不同的边界载荷分布产生的内部应力场一致，从而证实了圣维南原理在这一弹性问题中的有效性。

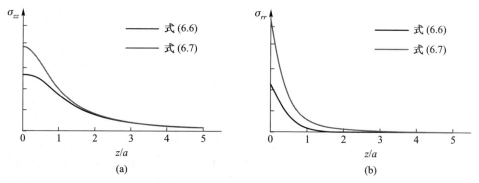

图 6.4 圣维南原理的有效性：三维无限大半空间承受同样大小的等效合力但截然不同的应力分布时，理论解给出的应力与距离的关系。(a) σ_{zz} 与深度 z/a 的关系；（b）σ_{rr} 与深度 z/a 的关系，可以看到 $z/a > 3$ 之后，两种不同的边界载荷分布产生的内部应力场基本相同

6.4 弹性问题求解

在结构力学里计算超静定结构有 3 种方法：位移法、力法、混合法。顾名思义，位移法中以位移为基本未知量求解；力法则以某些反力或内力为基本未知量；对于同时以某些位移和某些反力或内力为基本未知量的情况，称为混合法。无论哪一种法则，我们得到一种基本未知量后，就可以依据物理方程求出其他未知量。同样地，弹性力学问题也包含位移求解、应力求解及混合求解 3 种情况。混合求解需要同时以某些位

移分量和应力分量为基本未知函数，由一些只包含这些基本未知函数的微分方程和边界条件求出这些基本未知函数后，再用适当的方程求解其他的未知量。由于涉及混合边界求解的问题一般用得较少，下面主要就位移求解和应力求解作详细介绍。

6.4.1　位移求解

当涉及平面应力的弹性问题求解时一般采用位移求解方法。在这一过程中，以位移分量为基本函数，通过一些只包含位移分量的微分方程和边界条件求出位移分量以后，再利用几何方程求得变形分量，最后通过物理方程求出应力分量，得到所需的变形场和应力场。

平面应力下，非零的应力分量为 σ_{xx}、σ_{yy} 和 τ_{xy}。此时的物理方程为

$$\begin{cases} \sigma_{xx} = \dfrac{E}{1-\nu^2}(\varepsilon_{xx} + \nu\varepsilon_{yy}) \\[2mm] \sigma_{yy} = \dfrac{E}{1-\nu^2}(\varepsilon_{yy} + \nu\varepsilon_{xx}) \\[2mm] \tau_{xy} = \dfrac{E}{2(1+\nu)}\gamma_{xy} = G\gamma_{xy} \end{cases} \tag{6.8}$$

考虑平面内的位移分量 (u,v)，那么有对应的几何方程

$$\begin{cases} \varepsilon_{xx} = \dfrac{\partial u}{\partial x} \\[2mm] \varepsilon_{yy} = \dfrac{\partial v}{\partial y} \\[2mm] \gamma_{xy} = \dfrac{\partial u}{\partial y} + \dfrac{\partial v}{\partial x} \end{cases} \tag{6.9}$$

将几何方程 (6.9) 代入物理方程 (6.8) 中，得到

$$\begin{cases} \sigma_{xx} = \dfrac{E}{1-\nu^2}\left(\dfrac{\partial u}{\partial x} + \nu\dfrac{\partial v}{\partial y}\right) \\[2mm] \sigma_{yy} = \dfrac{E}{1-\nu^2}\left(\dfrac{\partial v}{\partial y} + \nu\dfrac{\partial u}{\partial x}\right) \\[2mm] \tau_{xy} = G\left(\dfrac{\partial u}{\partial y} + \dfrac{\partial v}{\partial x}\right) \end{cases} \tag{6.10}$$

将式 (6.10) 中的各应力分量代入以下平面应力时的平衡方程：

$$\begin{cases} \dfrac{\partial \sigma_{xx}}{\partial x} + \dfrac{\partial \tau_{xy}}{\partial y} + f_x = 0 \\[2mm] \dfrac{\partial \tau_{xy}}{\partial x} + \dfrac{\partial \sigma_{yy}}{\partial y} + f_y = 0 \end{cases} \tag{6.11a}$$

得到用位移的微分形式表达的平衡微分方程

$$\begin{cases} \dfrac{E}{1-\nu^2}\left(\dfrac{\partial^2 u}{\partial x^2} + \dfrac{1-\nu}{2}\dfrac{\partial^2 u}{\partial y^2} + \dfrac{1+\nu}{2}\dfrac{\partial^2 v}{\partial x\partial y}\right) + f_x = 0 \\[2mm] \dfrac{E}{1-\nu^2}\left(\dfrac{\partial^2 v}{\partial y^2} + \dfrac{1-\nu}{2}\dfrac{\partial^2 v}{\partial x^2} + \dfrac{1+\nu}{2}\dfrac{\partial^2 u}{\partial x\partial y}\right) + f_y = 0 \end{cases} \tag{6.11b}$$

这一位移表示的偏微分方程所对应的边界条件，如果是应力边界的话

$$\begin{cases} l\sigma_{xx} + m\tau_{xy} = \overline{f}_x \\ l\tau_{yx} + m\sigma_{yy} = \overline{f}_y \end{cases} \tag{6.12a}$$

则可以通过物理方程转换为相应的微分形式的位移边界条件

$$\begin{cases} \dfrac{E}{1-\nu^2}\left[l\left(\dfrac{\partial u}{\partial x} + \nu\dfrac{\partial v}{\partial y}\right) + m\dfrac{1-\nu}{2}\left(\dfrac{\partial u}{\partial y} + \dfrac{\partial v}{\partial x}\right)\right]_s = \overline{f}_x \\ \dfrac{E}{1-\nu^2}\left[m\left(\dfrac{\partial v}{\partial y} + \nu\dfrac{\partial u}{\partial x}\right) + l\dfrac{1-\nu}{2}\left(\dfrac{\partial u}{\partial y} + \dfrac{\partial v}{\partial x}\right)\right]_s = \overline{f}_y \end{cases} \tag{6.12b}$$

需要注意的是，针对平面应力问题的位移求解可以同样适用于平面应变问题。如果将式 (6.12b) 中的 ν 用 $\dfrac{\nu}{1-\nu}$ 代替，E 用 $\dfrac{E}{1-\nu^2}$ 代替，实际上就得到了对应于平面应变问题的解。这一变换过程中，剪切模量并不发生变化

$$G = \frac{E}{2(1+\nu)} = \frac{\dfrac{E}{1-\nu^2}}{2\left(1+\dfrac{\nu}{1-\nu}\right)} = \frac{E}{2(1+\nu)} \tag{6.13}$$

平面应力的弹性问题求解比较适合采用位移法的原因在于此时涉及的位移变量少。一旦得到一类边界问题的解后，可以很方便地通过简单变换将解切换到另一类边界环境。式 (6.11b) 给出的弹性体平衡和运动方程正是法国人 Navier 在 1821 年所发表的论文中给出的两个拉梅常数相等的特殊弹性体的控制方程。

6.4.2 应力求解

尽管平面应力的弹性问题也可以通过位移法来求解，从便捷的角度考虑，平面应力问题更适合以应力分量为基本未知函数来求解。通过只包含应力分量的微分方程和边界条件求出应力分量后，再利用物理方程求出应变分量，并用几何方程求出位移分量。此时需要用到协调方程

$$\frac{\partial^2 \varepsilon_{xx}}{\partial y^2} + \frac{\partial^2 \varepsilon_{yy}}{\partial x^2} = \frac{\partial^2 \gamma_{xy}}{\partial x \partial y} \tag{6.14}$$

将物理方程代入式 (6.14) 后得到

$$\frac{\partial^2}{\partial y^2}\left(\sigma_{xx} - \nu\sigma_{yy}\right) + \frac{\partial^2}{\partial x^2}\left(\sigma_{yy} - \nu\sigma_{xx}\right) = 2(1+\nu)\frac{\partial^2 \tau_{xy}}{\partial x \partial y} \tag{6.15}$$

再利用平衡方程

$$\begin{cases} \dfrac{\partial \tau_{xy}}{\partial y} = -\dfrac{\partial \sigma_{xx}}{\partial x} - f_x \\ \dfrac{\partial \tau_{xy}}{\partial x} = -\dfrac{\partial \sigma_{yy}}{\partial y} - f_y \end{cases} \tag{6.16}$$

对式 (6.16) 的第一个式子左右两边同时对 x 取一阶偏导，对第二个式子左右两边同时对 y 取一阶偏导，之后将两式左右两边分别相加得到

$$2\frac{\partial^2 \tau_{xy}}{\partial x \partial y} = -\frac{\partial^2 \sigma_{xx}}{\partial x^2} - \frac{\partial^2 \sigma_{yy}}{\partial y^2} - \frac{\partial f_x}{\partial x} - \frac{\partial f_y}{\partial y} \tag{6.17}$$

代入式 (6.15) 并简化得

$$\left(\frac{\partial^2}{\partial x^2} + \frac{\partial^2}{\partial y^2} \right)(\sigma_{xx} + \sigma_{yy}) = -(1+\nu)\left(\frac{\partial f_x}{\partial x} + \frac{\partial f_y}{\partial y} \right) \tag{6.18}$$

我们先考虑体积力为常数的情况，实际上这也是目前绝大部分弹性问题的真实情形，此时 $\dfrac{\partial f_x}{\partial x} = \dfrac{\partial f_y}{\partial y} = 0$，得到相容方程 [又称为利维（Levy）方程]

$$\left(\frac{\partial^2}{\partial x^2} + \frac{\partial^2}{\partial y^2} \right)(\sigma_{xx} + \sigma_{yy}) = 0 \tag{6.19}$$

应力求解平面问题时，需满足平衡方程 (6.16) 以及由相容条件导出的相容方程 (6.19)，此外应力边界条件也需满足。利用平衡方程 (6.11a) 以及相容方程 (6.19)，可以考虑其解为平衡方程 (6.11a) 的一个特解加以下齐次方程的通解：

$$\begin{cases} \dfrac{\partial \sigma_{xx}}{\partial x} + \dfrac{\partial \tau_{xy}}{\partial y} = 0 \\[2mm] \dfrac{\partial \tau_{xy}}{\partial x} + \dfrac{\partial \sigma_{yy}}{\partial y} = 0 \end{cases} \tag{6.20}$$

其中特解可以很容易获得，例如取

$$\sigma_{xx}^0 = -f_x x, \quad \sigma_{yy}^0 = -f_y y, \quad \tau_{xy}^0 = 0 \tag{6.21a}$$

或者

$$\sigma_{xx}^0 = 0, \quad \sigma_{yy}^0 = 0, \quad \tau_{xy}^0 = -f_x y - f_y x \tag{6.21b}$$

又或者

$$\sigma_{xx}^0 = -f_x x - f_y y, \quad \sigma_{yy}^0 = -f_x x - f_y y, \quad \tau_{xy}^0 = 0 \tag{6.21c}$$

等。我们现在来看如何获得齐次方程的通解，将式 (6.20) 中的第一式作以下变换：

$$\frac{\partial \sigma_{xx}}{\partial x} = \frac{\partial}{\partial y}(-\tau_{xy}) \tag{6.22a}$$

根据偏微分方程理论，如果 σ_{xx} 和 τ_{xy} 连续可导，一定存在一个连续可导函数 $A(x,y)$，使得

$$\begin{cases} \sigma_{xx} = \dfrac{\partial A}{\partial y} \\[3mm] -\tau_{xy} = \dfrac{\partial A}{\partial x} \end{cases} \tag{6.22b}$$

同样，对于式 (6.20) 中的第二式，一定存在连续可导函数 $B(x, y)$，使得

$$
\begin{cases}
\sigma_{yy} = \dfrac{\partial B}{\partial x} \\[2mm]
-\tau_{xy} = \dfrac{\partial B}{\partial y}
\end{cases}
\tag{6.22c}
$$

对比式 (6.22b) 中的第二式与式 (6.22c) 中的第二式，有

$$
\frac{\partial A}{\partial x} = \frac{\partial B}{\partial y}
\tag{6.23a}
$$

这样一来，一定存在函数 $\varphi(x, y)$，使得

$$
\begin{cases}
\dfrac{\partial \varphi}{\partial y} = A \\[2mm]
\dfrac{\partial \varphi}{\partial x} = B
\end{cases}
\tag{6.23b}
$$

如果函数 φ 已知，则不难得到应力的通解

$$
\begin{cases}
\sigma_{xx} = \dfrac{\partial^2 \varphi}{\partial y^2} \\[2mm]
\sigma_{yy} = \dfrac{\partial^2 \varphi}{\partial x^2} \\[2mm]
\tau_{xy} = -\dfrac{\partial^2 \varphi}{\partial x \partial y}
\end{cases}
\tag{6.24}
$$

如果将通解与任意一组特解叠加，就得到平衡方程 (6.11a) 的全解

$$
\begin{cases}
\sigma_{xx} = \dfrac{\partial^2 \varphi}{\partial y^2} + \sigma_{xx}^0 \\[2mm]
\sigma_{yy} = \dfrac{\partial^2 \varphi}{\partial x^2} + \sigma_{yy}^0 \\[2mm]
\tau_{xy} = -\dfrac{\partial^2 \varphi}{\partial x \partial y} + \tau_{xy}^0
\end{cases}
\tag{6.25}
$$

不难看出，如果函数 φ 满足前面的方程，那么式 (6.25) 中给出的通解满足平衡方程 (6.11a)。这里 φ 就是平面问题中的应力函数。

将上述应力的解 [式 (6.25)] 代入相容方程 (6.19)，有

$$
\left(\frac{\partial^2}{\partial x^2} + \frac{\partial^2}{\partial y^2} \right) \left(\frac{\partial^2 \varphi}{\partial y^2} + \sigma_{xx}^0 + \frac{\partial^2 \varphi}{\partial x^2} + \sigma_{yy}^0 \right) = 0
\tag{6.26}
$$

考虑到特解 σ_{xx}^0 和 σ_{yy}^0 为 x 和 y 的一次项，二阶导数为零，可以进一步得到

$$
\left(\frac{\partial^2}{\partial x^2} + \frac{\partial^2}{\partial y^2} \right) \left(\frac{\partial^2 \varphi}{\partial x^2} + \frac{\partial^2 \varphi}{\partial y^2} \right) = 0
\tag{6.27a}
$$

也即

$$
\frac{\partial^4 \varphi}{\partial x^4} + \frac{\partial^4 \varphi}{\partial y^4} + 2\frac{\partial^4 \varphi}{\partial x^2 \partial y^2} = 0
\tag{6.27b}
$$

更简洁的形式为

$$\nabla^4 \varphi = 0 \tag{6.27c}$$

式 (6.27c) 称为双调和方程，一旦获得了满足边界条件与式 (6.27c) 的应力函数 φ 的表达式，就得到了平面问题的解。对于位移边界问题，通常无法改用应力分量及其导数来表示，因此对于位移或混合边界条件的弹性问题，一般不采用应力求解方法。

6.5 应力函数的应用

首先来考察一些简单应力函数及其对应的应力边界条件，这对我们后续理解应力函数 φ 的特征，从而针对具体边界来预测 φ 的形式具有重要帮助。

先看一个简单的二次函数 $\varphi = bxy$，这里 φ 满足双协调方程 $\nabla^4 \varphi = 0$。在不考虑体力的情况下，按照式 (6.25)，得到各个应力分量

$$\sigma_{xx} = \frac{\partial^2 \varphi}{\partial y^2} = 0, \quad \sigma_{yy} = \frac{\partial^2 \varphi}{\partial x^2} = 0, \quad \tau_{xy} = -\frac{\partial^2 \varphi}{\partial x \partial y} = -b \tag{6.28}$$

如图 6.5a 所示，这一应力函数对应于承受纯剪应力的平面变形。

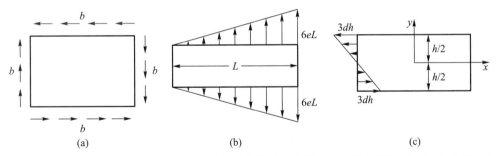

(a)　　　　　　　　　　(b)　　　　　　　　　　(c)

图 6.5 平面问题中的几类简单应力函数所对应的边界条件。（a）纯剪切边界；（b）垂直方向受三角形分布载荷的情况；（c）纯弯矩受力情况

现在先看一个简单的三次函数 $\varphi = ex^3$，同样满足 $\nabla^4 \varphi = 0$。这一函数对应的应力分量为

$$\sigma_{xx} = \frac{\partial^2 \varphi}{\partial y^2} = 0, \quad \tau_{xy} = -\frac{\partial^2 \varphi}{\partial x \partial y} = 0, \quad \sigma_{yy} = \frac{\partial^2 \varphi}{\partial x^2} = 6ex \tag{6.29}$$

图 6.5b 给出了这一应力函数描述的平面变形时矩形结构在垂直方向受三角形分布载荷的应力情况。

如果将应力函数变为 $\varphi = dy^3$，此时这一满足 $\nabla^4 \varphi = 0$ 的函数给出的各应力分量为

$$\sigma_{xx} = 6dy, \quad \sigma_{yy} = 0, \quad \tau_{xy} = 0 \tag{6.30}$$

这一应力函数描述的是梁在纯弯矩受力情况时的应力状态，如图 6.5c 所示。

6.5.1 圆孔问题的应力函数求解

下面我们将通过两个典型例子了解如何求解应力函数。先考虑一个带中心圆孔的大薄板承受单向拉伸的问题，如图 6.6 所示。这一弹性场的求解由德国工程师 Kirsch 在 1898 年给出。

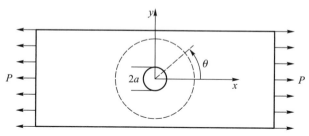

图 6.6 带中心圆孔（圆孔半径为 a）的大薄板承受水平方向拉伸。建立以圆孔为中心的极坐标系 (r, θ) 并求解相应的应力函数

我们先考虑无圆孔时的应力状态。根据图 6.5 中描述的几类典型应力函数，大薄板承受单向拉伸时的应力函数在直角坐标系下的形式为

$$\varphi = \frac{1}{2}py^2 \tag{6.31a}$$

利用 $y = r\sin\theta$，其对应的极坐标下的函数形式可写为

$$\overline{\varphi} = \frac{1}{2}pr^2\sin^2\theta \tag{4.31b}$$

这一应力函数对应的极坐标下的各应力分量，按照式 (6.25) 在极坐标下的对应形式，可以推导得出，即

$$\sigma_{rr}^0 = \frac{1}{r}\frac{\partial\overline{\varphi}}{\partial r} + \frac{1}{r^2}\frac{\partial^2\overline{\varphi}}{\partial\theta^2} = \frac{1}{2}p(1 + \cos 2\theta) \tag{6.32a}$$

$$\sigma_{\theta\theta}^0 = \frac{\partial^2\overline{\varphi}}{\partial r^2} = \frac{1}{2}p(1 - \cos 2\theta) \tag{6.32b}$$

$$\tau_{r\theta}^0 = -\frac{\partial}{\partial r}\left(\frac{1}{r}\frac{\partial\overline{\varphi}}{\partial\theta}\right) = -\frac{1}{2}p\sin 2\theta \tag{6.32c}$$

如果薄板中心带有一个圆孔，在所受远端均匀拉伸载荷不变的情况下，我们先给出有圆孔时的边界条件。在圆孔表面有以下边界条件：

$$\sigma_{rr} = \tau_{r\theta} = 0, \quad \text{当 } r = a \tag{6.33a}$$

由于圆孔尺寸有限，而薄板的长宽远大于圆孔半径，在距离圆孔比较远的地方，应力状态与圆孔无关，因此得到以下边界条件：

$$\begin{cases} \sigma_{rr} = \sigma_{rr}^0 \\ \sigma_{\theta\theta} = \sigma_{\theta\theta}^0 \\ \tau_{r\theta} = \tau_{r\theta}^0 \end{cases}, \quad \text{当 } r = \infty \tag{6.33b}$$

参考式 (6.32)，我们发现应力 $\sigma_{\theta\theta}^0$ 和 σ_{rr}^0 中都包含 $\cos 2\theta$ 项，而 $\tau_{r\theta}^0$ 包含 $\sin 2\theta$ 项，前者分别源自对 θ 的零次和二次偏微分，而后者源自对 θ 的一次偏微分。按照三角函数的微分性质，可以假定应力方程的通解为

$$\varphi = f_1(r) + f_2(r)\cos 2\theta \tag{6.34}$$

代入极坐标下的双调和方程

$$\left(\frac{\partial^2}{\partial r^2} + \frac{1}{r}\frac{\partial}{\partial r} + \frac{1}{r^2}\frac{\partial^2}{\partial \theta^2}\right)\left(\frac{\partial^2\varphi}{\partial r^2} + \frac{1}{r}\frac{\partial\varphi}{\partial r} + \frac{1}{r^2}\frac{\partial^2\varphi}{\partial \theta^2}\right) = 0 \tag{6.35}$$

考虑到式 (6.35) 需对任意 θ 成立，可以得到以下关于 f_1 和 f_2 的两个方程：

$$\begin{cases} \left(\dfrac{d^2}{dr^2} + \dfrac{1}{r}\dfrac{d}{dr}\right)\left(\dfrac{d^2f_1}{dr^2} + \dfrac{1}{r}\dfrac{df_1}{dr}\right) = 0 \\[3mm] \left(\dfrac{d^2}{dr^2} + \dfrac{1}{r}\dfrac{d}{dr} - \dfrac{4}{r^2}\right)\left(\dfrac{d^2f_2}{dr^2} + \dfrac{1}{r}\dfrac{df_2}{dr} - \dfrac{4f_2}{r^2}\right) = 0 \end{cases} \tag{6.36}$$

以上两个方程的通解分别为

$$\begin{cases} f_1(r) = A\ln r + Br^2\ln r + Cr^2 \\[3mm] f_2(r) = Er^2 + Fr^4 + \dfrac{G}{r^2} + H \end{cases} \tag{6.37}$$

这里 f_1 中对应力无影响的常数项已经略去。有了式 (6.37)，就可以得到应力函数，并求得对应的应力分量

$$\begin{cases} \sigma_{rr} = B(1 + 2\ln r) + 2C + \dfrac{A}{r^2} - \left(2E + \dfrac{6G}{r^4} + \dfrac{4H}{r^2}\right)\cos 2\theta \\[3mm] \sigma_{\theta\theta} = B(3 + 2\ln r) + 2C - \dfrac{A}{r^2} - \left(2E + 12Fr^2 + \dfrac{6G}{r^4}\right)\cos 2\theta \\[3mm] \tau_{r\theta} = \left(2E + 6Fr^2 - \dfrac{6G}{r^4} - \dfrac{2H}{r^2}\right)\sin 2\theta \end{cases} \tag{6.38}$$

下面将依据边界条件和问题的物理背景来确定对应的未知数 A、B、C、E、F、G、H。

首先考虑解的有效性，当 $r = \infty$ 时，显然各应力分量必须为有限值，因此与 $\ln r$ 以及 r^2 相关的发散项的系数必须为零，即 $B = F = 0$。这样还剩下 5 个待定的未知数。同时，利用边界条件 [式 (6.33a) 和式 (6.33b)]，得到以下 5 个独立方程：

$$\begin{cases} 2C + \dfrac{A}{a^2} = 0 \\[3mm] 2E + \dfrac{6G}{a^4} + \dfrac{4H}{a^2} = 0 \\[3mm] 2E - \dfrac{6G}{a^4} - \dfrac{2H}{a^2} = 0 \\[3mm] 2E = -\dfrac{p}{2} \\[3mm] 2C = \dfrac{p}{2} \end{cases} \tag{6.39}$$

这样一来，不难解出式 (6.38) 所要求的全部系数，即

$$A = -\frac{a^2}{2}p, \quad B = 0, \quad C = \frac{1}{4}p \tag{6.40a}$$

$$E = -\frac{1}{4}p, \quad F = 0, \quad G = -\frac{a^4}{4}p, \quad H = \frac{a^2}{2}p \tag{6.40b}$$

将式 (6.40) 代入式 (6.34) 中，得到应力函数的表达式为

$$\varphi = -\frac{p}{2}a^2\ln r + \frac{p}{4}r^2 - p\left(\frac{1}{4}r^2 + \frac{1}{4}\frac{a^4}{r^2} - \frac{a^2}{2}\right)\cos 2\theta \tag{6.41}$$

将式 (6.40) 代入式 (6.38) 中，此时得到极坐标系下带圆孔薄板的应力场

$$\begin{cases} \sigma_{rr} = \dfrac{p}{2}\left(1 - \dfrac{a^2}{r^2}\right) + \dfrac{p}{2}\left(1 + \dfrac{3a^4}{r^4} - \dfrac{4a^2}{r^2}\right)\cos 2\theta \\[2mm] \sigma_{\theta\theta} = \dfrac{p}{2}\left(1 + \dfrac{a^2}{r^2}\right) - \dfrac{p}{2}\left(1 + \dfrac{3a^4}{r^4}\right)\cos 2\theta \\[2mm] \tau_{r\theta} = -\dfrac{p}{2}\left(1 - \dfrac{3a^4}{r^4} + \dfrac{2a^2}{r^2}\right)\sin 2\theta \end{cases} \tag{6.42}$$

按照圣维南原理，薄板中心的圆孔对大面积薄板的应力状态改变应该局限于一个有限区域。我们在表 6.1 中也给出了特定角度 $\theta = \pi/2$ 时距离圆孔不同位置的应力值，可以看到，最大主应力 $\sigma_{\theta\theta}$ 在 $r = 3a$ 处，它和没有圆孔情况下的应力分布已经非常接近，差异在 8% 以内。同时需要注意，微小孔洞的存在使得局部应力显著提高，这对结构的安全可靠性提出了更高的要求。在实际工程设计中，我们需要对这些结构加以重点关注，这方面的内容可参考文献 [1-2]。

表 6.1　带有中心圆孔的大面积薄板在受单向均布载荷时距离圆孔不同位置的应力值

	$r = a$	$r = 1.5a$	$r = 2a$	$r = 3a$	$r = 4a$
$\sigma_{\theta\theta}/p$	3	1.519	1.219	1.074	1.037
σ_{rr}/p	0	0.370	0.281	0.148	0.088
$\tau_{r\theta}/p$	0	0	0	0	0

注：在式 (6.42) 中取 $\theta = \pi/2$。

6.5.2　梁的弯曲问题求解

梁的变形是弹性力学中的经典问题，早在伽利略时期，就研究了横截面为矩形，长度为 L，一端固支在墙中而另一端悬挂一重物的梁的弯曲[3]。伽利略对这类悬臂梁结构的分析应该是历史上首次以梁为变形体的研究，他正确地给出了梁的强度和几何尺寸的依赖关系，例如长度和截面抗弯刚度之间的函数关系，但未能给出轴向应力沿高度分布的关系，认为轴向应力在下底面处为零，而非现在我们所认识到的中性面处轴向应力为零。

在这里我们利用应力函数来获得变形梁的弹性解。考虑图 6.7 所示的梁，其上表面受到均布载荷 q，两端受均匀剪切力 ql。我们建立通过梁的中性面且平分梁的坐标系。

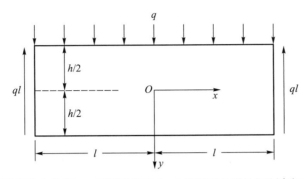

图 6.7 梁的上部受到均布载荷 q，两端受剪切力 ql 情况下的弹性问题求解

针对图 6.7 所示的边界条件，考虑到这一平面问题中各应力分量的主导因素不同，应力 σ_{xx} 主要由弯矩引起，剪应力 τ_{xy} 主要由剪力引起，而 y 方向的应力 σ_{yy} 由直接载荷 q 引起。因为均布载荷 q 不随 x 变化，可判断 σ_{yy} 不随 x 变化，因此可以假定

$$\sigma_{yy} = f(y) \tag{6.43}$$

根据式 (6.24)，有

$$\frac{\partial^2 \varphi}{\partial x^2} = f(y) \tag{6.44}$$

在上式中，对 x 积分两次，得到

$$\varphi = \frac{x^2}{2} f(y) + x f_1(y) + f_2(y) \tag{6.45}$$

将式 (6.45) 代入相容方程 $\nabla^4 \varphi = 0$，得到

$$\frac{1}{2} \frac{\mathrm{d}^4 f}{\mathrm{d} y^4} x^2 + \frac{\mathrm{d}^4 f_1}{\mathrm{d} y^4} x + \frac{\mathrm{d}^4 f_2}{\mathrm{d} y^4} + 2 \frac{\mathrm{d}^2 f}{\mathrm{d} y^2} = 0 \tag{6.46}$$

式 (6.46) 是 x 的二次方程，但相容方程要求全域内任意 x 值都满足该方程，这就要求其系数必须为零

$$\begin{cases} \dfrac{\mathrm{d}^4 f}{\mathrm{d} y^4} = 0 \\[2mm] \dfrac{\mathrm{d}^4 f_1}{\mathrm{d} y^4} = 0 \\[2mm] \dfrac{\mathrm{d}^4 f_2}{\mathrm{d} y^4} + 2 \dfrac{\mathrm{d}^2 f}{\mathrm{d} y^2} = 0 \end{cases} \tag{6.47}$$

此时不难得到各函数解的一般表达式

$$\begin{cases} f(y) = Ay^3 + By^2 + Cy + D \\ f_1(y) = Ey^3 + Fy^2 + Gy \\ f_2(y) = -\dfrac{A}{10} y^5 - \dfrac{B}{6} y^4 + Hy^3 + Ky^2 \end{cases} \tag{6.48}$$

这里我们略去了对应力无影响项。现在含待定系数的应力函数表达式为

$$\varphi = \frac{x^2}{2}\left(Ay^3 + By^2 + Cy + D\right) + x\left(Ey^3 + Fy^2 + Gy\right) -$$
$$\frac{A}{10}y^5 - \frac{B}{6}y^4 + Hy^3 + Ky^2 \tag{6.49}$$

相应的各应力分量可以写为

$$\sigma_{xx} = \frac{x^2}{2}\left(6Ay + 2B\right) + x\left(6Ey + 2F\right) - 2Ay^3 - 2By^2 + 6Hy + 2K \tag{6.50a}$$

$$\sigma_{yy} = Ay^3 + By^2 + Cy + D \tag{6.50b}$$

$$\tau_{xy} = -x\left(3Ay^2 + 2By + C\right) - \left(3Ey^2 + 2Fy + G\right) \tag{5.50c}$$

现在的重点是确定函数中的各待定系数。

观察各应力的特点，不难看到，由于坐标系以及载荷分布的对称性，由弯矩引起的应力 σ_{xx} 应该为位置 x 的对称函数，这样一来，式 (6.50a) 中关于 x 的奇次项系数必须为零，由此得到

$$E = F = 0 \tag{6.51a}$$

同时，考虑到 τ_{xy} 关于原点对称，τ_{xy} 是 x 的奇函数，因此有

$$E = F = G = 0 \tag{6.51b}$$

对于其他的边界条件，我们已知梁的上下边界占整个边界的大部分，一般将这一边界考虑为主要边界，在求解过程中使得在主要边界段满足所给定的条件；对于次要的小面积边界，如果无法逐点满足条件时，就需要采用圣维南原理进行等效处理。对于图 6.7 中的梁，有

$$\left(\sigma_{yy}\right)_{y=\frac{h}{2}} = 0, \quad \left(\sigma_{yy}\right)_{y=-\frac{h}{2}} = -q, \quad \left(\tau_{xy}\right)_{y=\pm\frac{h}{2}} = 0 \tag{6.51c}$$

将式 (6.50) 中的对应应力分量代入式 (6.51c)，得到以下方程组：

$$\begin{cases} \dfrac{h^3}{8}A + \dfrac{h^2}{4}B + \dfrac{h}{2}C + D = 0 \\[2mm] -\dfrac{h^3}{8}A + \dfrac{h^2}{4}B - \dfrac{h}{2}C + D = -q \\[2mm] -x\left(\dfrac{3}{4}h^2 A + hB + C\right) = 0 \\[2mm] -x\left(\dfrac{3}{4}h^2 A - hB + C\right) = 0 \end{cases}$$

求解上面关于 A、B、C、D 的四元一次方程组，得到

$$A = -\frac{2q}{h^3}, \quad B = 0, \quad C = \frac{3q}{2h}, \quad D = -\frac{q}{2} \tag{6.52}$$

结合式 (6.51) 和式 (6.52) 并将其代入式 (6.50)，得到各应力分量为

$$
\begin{cases}
\sigma_{xx} = -\dfrac{6q}{h^3}x^2y + \dfrac{4q}{h^3}y^3 + 6Hy + 2K \\[3mm]
\sigma_{yy} = -\dfrac{2q}{h^3}y^3 + \dfrac{3q}{2h}y - \dfrac{q}{2} \\[3mm]
\tau_{xy} = \dfrac{6q}{h^3}xy^2 - \dfrac{3q}{2h}x
\end{cases}
\tag{6.53}
$$

目前还有两个待定常数，即 H 和 K。考虑左右两边条件，梁右边没有水平面力，因此，当 $x = l$ 时，不论 y 取何值，$\sigma_{xx} = 0$。从式 (6.53) 可以看到，这一条件不可能满足（除非 $q = 0$），因此必须利用圣维南原理来处理，根据合力为零，且合力矩也为零，得到

$$
f_x = \int_{-\frac{h}{2}}^{\frac{h}{2}} (\sigma_{xx})_{x=l}\, \mathrm{d}y = 0
\tag{6.54a}
$$

$$
M_z = \int_{-\frac{h}{2}}^{\frac{h}{2}} (\sigma_{xx})_{x=l}\, y\mathrm{d}y = 0
\tag{6.54b}
$$

将式 (6.53) 中 σ_{xx} 的表达式代入式 (6.54a)，可得

$$
\int_{-\frac{h}{2}}^{\frac{h}{2}} \left(-\frac{6ql^2}{h^3}y + \frac{4q}{h^3}y^3 + 6Hy + 2K \right) \mathrm{d}y = 0
\tag{6.55a}
$$

由这一积分结果得到

$$
K = 0
\tag{6.55b}
$$

同时，将更新后的 σ_{xx} 代入式 (6.54b)，可得

$$
\int_{-\frac{h}{2}}^{\frac{h}{2}} \left(-\frac{6ql^2}{h^3}y + \frac{4q}{h^3}y^3 + 6Hy \right) y\mathrm{d}y = 0
\tag{6.55c}
$$

此时的积分结果为

$$
H = \frac{ql^2}{h^3} - \frac{q}{10h}
\tag{6.55d}
$$

结合式 (6.51)、式 (6.52)、式 (6.55b) 和式 (6.55d)，并将其代入式 (6.49)，我们得到应力函数的最终表达式

$$
\varphi = \frac{q}{20h^3}[20y^3(l^2 - x^2) + 4y^5 + 15h^2x^2y - 2h^2y^3 - 5h^3x^2]
\tag{6.56}
$$

对应地，将式 (6.55b) 和式 (6.55d) 代入式 (6.53)，得到

$$
\begin{cases}
\sigma_{xx} = \dfrac{6q}{h^3}\left(l^2 - x^2\right)y + q\dfrac{y}{h}\left(4\dfrac{y^2}{h^2} - \dfrac{3}{5}\right) \\[3mm]
\sigma_{yy} = -\dfrac{q}{2}\left(1 + \dfrac{y}{h}\right)\left(1 - \dfrac{2y}{h}\right)^2 \\[3mm]
\tau_{xy} = -\dfrac{6q}{h^3}x\left(\dfrac{h^2}{4} - y^2\right)
\end{cases}
\tag{6.57}
$$

另外还必须验证梁右边的剪应力 τ_{xy} 应该合成反作用力 ql，也就是 $\int_{-h/2}^{h/2} (\tau_{xy})_{x=l}\, \mathrm{d}y$ 必须等于 $-ql$。将式 (6.57) 中 τ_{xy} 的表达式代入，得到

$$\int_{-\frac{h}{2}}^{\frac{h}{2}} \left(-\frac{6ql}{h^3}y^2 + \frac{3ql}{2h} \right) \mathrm{d}y = -ql \tag{6.58}$$

这和我们所需的平衡条件一致。如果令梁截面的宽度为单位宽度，此时抗弯刚度 $I = h^3/12$，我们可以获得任意一个横截面的弯矩和剪力，分别为

$$M = ql\,(l-x) - \frac{q}{2}\,(l-x)^2 = \frac{q}{2}\,(l^2 - x^2) \tag{6.59a}$$

$$Q = -ql + q\,(l-x) = -qx \tag{6.59b}$$

于是，又可以将式 (6.57) 重新表述为

$$\sigma_{xx} = \frac{M}{I}y + q\frac{y}{h}\left(4\frac{y^2}{h^2} - \frac{3}{5} \right) \tag{6.60a}$$

$$\sigma_{yy} = -\frac{q}{2}\left(1 + \frac{y}{h} \right)\left(1 - \frac{2y}{h} \right)^2 \tag{6.60b}$$

$$\tau_{xy} = \frac{Qs}{bI}, \quad s = \frac{h^2}{8} - \frac{y^2}{2} \tag{6.60c}$$

式 (6.60c) 中的 s 为静矩。从应力表达式可以看到，σ_{xx} 的表达式与材料力学中依据梁理论得到的方程不同，除了梁理论中的 $\dfrac{M}{I}y$ 项外，这里出现了一个修正项 $q\dfrac{y}{h}\left(4\dfrac{y^2}{h^2} - \dfrac{3}{5} \right)$。而梁理论中 $\sigma_{yy} = 0$，现在它是一个沿高度变化的量。对剪应力来说，其应力和梁理论所得到的应力一致。图 6.8 给出了依据应力函数求解所得到的各应力分量随着梁高度方向变化的趋势。需要注意的是，现在 σ_{xx} 在梁的左右边有水平面力，这与实际的边界条件不一致，但是它的等效力、合力矩和边界条件一致。

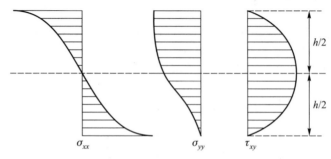

图 6.8　依据应力函数求解所得到的各应力分量随厚度变化的趋势，依次为 σ_{xx}、σ_{yy} 和 τ_{xy}

6.6　Betti–Rayleigh 功互易定理

通常弹性问题都比较难以求解，但是针对一些特殊的边值问题，可以通过下面将介绍的功的互易定理来求解。功的互易定理是固体力学中的经典重大定理之一[4-6]。在 4.3.1 节讨论胡克定律的假设与推论时我们已经看到了这一性质，这一定理的正式提出最早见于麦克斯韦（Maxwell）的文献 [7]。麦克斯韦在分析桁架的平衡和刚度时用到了位移互等的原理。之后 Betti 明确提出了功的互等定理[8]，并由 Rayleigh 进行了进一步的推广和应用[9]。功的互易定理是针对一个线弹性体可能承受的两种不同弹性变形状态的。我们称其中的一种为 "a"，与之对应的所有参数用上标 "(a)" 加以区分：在体积力 $\widehat{\boldsymbol{f}}^{(a)}$ 和边界牵引力 $\widehat{\boldsymbol{t}}^{(a)}$ 作用下，产生的位移场为 $\boldsymbol{u}^{(a)}$，应力和应变场分别为 $\sigma_{ij}^{(a)}$ 和 $\varepsilon_{ij}^{(a)}$。另一种弹性变形状态 "b" 对应于体积力 $\widehat{\boldsymbol{f}}^{(b)}$ 和边界牵引力 $\widehat{\boldsymbol{t}}^{(b)}$ 作用下的变形，此时的位移变形场为 $\boldsymbol{u}^{(b)}$，应力和应变场分别 $\sigma_{ij}^{(b)}$ 和 $\varepsilon_{ij}^{(b)}$。Betti 的功互易定理可描述为：假设状态 "a" 下的作用力导致状态 "b" 所形成的位移，这一过程所作的功等于状态 "b" 下的作用力导致状态 "a" 所形成的位移。我们将这一文字表述通过如下物理方程来描述：

$$\int_S \widehat{\boldsymbol{t}}^{(a)} \cdot \boldsymbol{u}^{(b)} \mathrm{d}S + \int_V \widehat{\boldsymbol{f}}^{(a)} \cdot \boldsymbol{u}^{(b)} \mathrm{d}V = \int_S \widehat{\boldsymbol{t}}^{(b)} \cdot \boldsymbol{u}^{(a)} \mathrm{d}S + \int_V \widehat{\boldsymbol{f}}^{(b)} \cdot \boldsymbol{u}^{(a)} \mathrm{d}V \quad (6.61)$$

它的等价形式是状态 "a" 下弹性体的应力分量在状态 "b" 下给出的相应应变分量上的弹性应变能等于状态 "b" 下弹性体的应力分量在 "a" 状态形成的应变分量上的弹性应变能。

Betti–Rayleigh 功互易定理的证明非常直接。首先来证明以下关系式：

$$\int_V \sigma_{ij}^{(a)} \varepsilon_{ij}^{(b)} \mathrm{d}V = \int_V \sigma_{ij}^{(b)} \varepsilon_{ij}^{(a)} \mathrm{d}V \quad (6.62)$$

考虑最一般的情形，该弹性体材料的弹性模量为 C_{ijkl}，有 $\sigma_{ij}^{(a)} = C_{ijkl} \varepsilon_{kl}^{(a)}$ 和 $\sigma_{ij}^{(b)} = C_{ijkl} \varepsilon_{kl}^{(b)}$，将这些表达式代入式 (6.62) 且注意到 C_{ijkl} 的对称性，$C_{ijkl} = C_{klij}$，不难获得式 (6.62) 这一等式。单独考虑式 (6.62) 中的左边项

$$\int_V \sigma_{ij}^{(a)} \varepsilon_{ij}^{(b)} \mathrm{d}V = \int_V \frac{1}{2} \sigma_{ij}^{(a)} (u_{i,j}^{(b)} + u_{j,i}^{(b)}) \mathrm{d}V = \int_V \sigma_{ij}^{(a)} u_{i,j}^{(b)} \mathrm{d}V \quad (6.63)$$

这里 $u_i^{(b)}$ 为 $\boldsymbol{u}^{(a)}$ 的第 i 分量，$u_{i,j}^{(b)} = \partial u_{i,j}^{(b)} / \partial x_j$。式 (6.63) 中的后一个等式用到了应力张量的对称性。注意到 $\sigma_{ij}^{(a)} u_{i,j}^{(b)} = \left[\sigma_{ij}^{(a)} u_i^{(b)} \right]_{,j} - \sigma_{ij,j}^{(a)} u_i^{(b)}$，同时应用平衡方程 $\sigma_{ij,j}^{(a)} + f_i^{(a)} = 0$，$f_i^{(a)}$ 为 $\widehat{\boldsymbol{f}}^{(a)}$ 的第 i 个分量，又可将式 (6.63) 转化为

$$\int_V \sigma_{ij}^{(a)} \varepsilon_{ij}^{(b)} \mathrm{d}V = \int_S \sigma_{ij}^{(a)} u_i^{(b)} n_j \mathrm{d}S + \int_V f_i^{(a)} u_i^{(b)} \mathrm{d}V \quad (6.64)$$

在边界 S 上，$t_i^{(a)} = \sigma_{ij}^{(a)} n_j$ 即为 $\widehat{\boldsymbol{t}}^{(a)}$ 的第 i 个分量，我们进一步得到

$$\int_V \sigma_{ij}^{(a)} \varepsilon_{ij}^{(b)} \mathrm{d}V = \int_S t_i^{(a)} u_i^{(b)} \mathrm{d}S + \int_V f_i^{(a)} u_i^{(b)} \mathrm{d}V = \int_S \widehat{\boldsymbol{t}}^{(a)} \cdot \boldsymbol{u}^{(b)} \mathrm{d}S + \int_V \widehat{\boldsymbol{f}}^{(a)} \cdot \boldsymbol{u}^{(b)} \mathrm{d}V$$
$$(6.65)$$

通过同样的步骤，也可以得到式 (6.62) 中的右侧部分为

$$\int_V \sigma_{ij}^{(b)}\varepsilon_{ij}^{(a)}\mathrm{d}V = \int_S t_i^{(b)}u_i^{(a)}\mathrm{d}S + \int_V f_i^{(b)}u_i^{(a)}\mathrm{d}V = \int_S \widehat{\boldsymbol{t}}^{(b)}\cdot\boldsymbol{u}^{(a)}\mathrm{d}S + \int_V \widehat{\boldsymbol{f}}^{(b)}\cdot\boldsymbol{u}^{(a)}\mathrm{d}V$$

$$(6.66)$$

将式 (6.65) 和式 (6.66) 代入式 (6.62)，就给出了式 (6.61) 所表达的功互易定理。功的互易定理是固体力学的重要定理之一，由于 Betti 和 Rayleigh 提出和推广了该定理的应用，我们今天一般称其为 Betti–Rayleigh 功互易定理。在后面，还将涉及如何应用这一定理来求解边值问题。

6.7 小结

本章着重介绍了各向同性弹性力学问题的求解。实际上，很多的弹性问题所面向的介质呈现出各向异性。使这一领域发生深刻变革的工作是 1959—1962 年期间由 3 位科学家完成的，他们分别是 Eshelby、Lehnitskii 和 Stroh。有兴趣作深入研究的读者可以参考 Ting 的著作[10]。

参考文献

[1]   Peterson P E. Stress Concentration Factors[M]. New York: Wiley, 1974.

[2]   Walter D., Pilkey D F. Peterson's Stress Concentration Factors[M]. 3rd ed. New York: Wiley, 2008.

[3]   Timoshenko S P, Goodier J M. Theory of Elasticity[M]. 3rd ed. Columbus: McGraw-Hill College, 1970.

[4]   Lamb H. On reciprocal theorem in dynamics[J]. Proceedings of the London Mathematical Society, 1887, 1: 144-151.

[5]   Andleev N N. Reciprocal theorem in theory of vibration and sound[Z]. Physics Dictionary, 1936, 1: 458-459 (in Russian).

[6]   胡海昌. 论弹性动力学中的倒易定理及它的一些应用 [J]. 力学学报, 1957, 1 : 73-71.

[7]   Maxwell J W. On calculation of the equilibrium and stiffness of frames[J]. Philosophical Magazine Series 4, 1864, 27: 294-299.

[8]   Betti E. Teoriadella elasticita[J]. Nuovo Cimento, 1872, 7/8: 69-97.

[9]   Rayleigh L. More general form of reciprocal theorem[J]. Scientific Papers, 1873, 1: 179-184.

[10] Ting T C T. Anisotropic Elasticity: Theory and Applications[M]. Oxford: Oxford University Press, 1996.

第 7 章　波 动 方 程

7.1　简介

我们知道，材料中的原子处在永不停歇的运动中，但在力学分析中，不考虑把物质再分为"实在"的质点并考察它们的力与运动关系，而是将若干"实在"的质点组合成"代表物质单元"，宏观上模型化地把物体看作这些连续分布的物质单元所构成的系统，各物质单元的密度和速度对于坐标和时间的依存关系都是连续的，物质单元所承受的力也是位置的连续函数，其所对应的力与运动关系的研究统称为连续介质力学。爱因斯坦对这样的处理方法有一个高度评价，认为它在工程实践中具有伟大的实际意义，同时也通过这一描述方法发展了新的数学概念，并创造了一些形式的工具，如场论和偏微分方程[1-2]。除了静力学的平衡，我们同样也关注这些连续介质中连续不断的"代表物质单元"的运动。

7.2　拉格朗日坐标与欧拉坐标

这些物质单元某一定时刻在空间的位置决定了物体在该时刻的构形。为了描述不同构形下物体的变形场，需要对各单元进行一个描述，因此需要建立一个供参考的空间坐标系。先以一维运动来讨论如何建立相应的坐标系，以及坐标系下不同的观察物质运动的方法。考虑单元 X 在空间中所占据的位置为 x，因此介质的运动表现为各单元 X 在不同时间 t 所占据的空间位置 x，与之对应的空间位置函数可设为

$$x = \widehat{x}(X, t) \tag{7.1}$$

如果单元固定，那么式 (7.1) 描述的就是该单元空间位置的时间历程；如果时间固定，式 (7.1) 给出的是该物体在这一时刻的空间构形，它由所有连续分布的单元位置决定。为了保证空间位置的唯一性和时间历程的确定性，某一时刻一个单元只能占据一个空间位置且该位置只有一个单元。这样，我们也可以从具体的空间位置来确定其 t 时刻对应的单元。这样一来，单值和连续性条件使得式 (7.2) 可以反演

$$X = \widehat{X}(x, t) \tag{7.2}$$

当研究介质的运动时，一般采用两种方法，即拉格朗日方法和欧拉方法。

拉格朗日法通过跟踪介质中物质单元的运动考察物质单元的物理属性随时间的变化；此时，各物质单元的物理量 φ 是单元 X 和时间 t 的函数

$$\varphi = F(X, t) \tag{7.3}$$

这里，各物质单元的位置 X 为自变量，称为拉格朗日坐标或者物质坐标。

与之对应的是站在空间的点上考察物质的运动，看通过这一空间位置的物质单元的物理特性随时间的变化，此时物理量 φ 是空间坐标点 x 和时间 t 的函数

$$\varphi = f(x, t) \tag{7.4}$$

这类坐标方法称为欧拉方法。此时，各空间位置 x 为自变量，称为欧拉坐标或者空间坐标。

通过式 (7.1) 和式 (7.2) 可以看到，对同一个物理量 F 的空间描述和物质描述之间是可以变换的，即

$$f(x, t) = F(\widehat{X}(x, t), t) \tag{7.5a}$$

或者

$$F(X, t) = f(\widehat{x}(X, t), t) \tag{7.5b}$$

这样一来，对同一个物理量，当采用的描述方法不同时，其对时间的微分不同。如果在空间的位置上 (固定坐标系) 看该位置物理量随时间的变化，那么

$$\frac{\partial \varphi}{\partial t} = \left[\frac{\partial f(x, t)}{\partial t} \right]_x \tag{7.6a}$$

称为空间微分（欧拉微分）。对应地，如果跟踪一个物质单元的物理量随时间的变化 (随体坐标系)，则有

$$\frac{\mathrm{d}\varphi}{\mathrm{d}t} = \left[\frac{\partial F(X, t)}{\partial t} \right]_X \tag{7.6b}$$

称为物质微分 (拉格朗日微分)，更多的时候叫做随体导数。注意这两者之间表达式的差异，它们的区别可以通过复合函数的微分法则来说明

$$\frac{\mathrm{d}\varphi}{\mathrm{d}t} = \left[\frac{\partial F(X, t)}{\partial t} \right]_X = \left[\frac{\partial F[\widehat{X}(x, t), t]}{\partial t} \right]_x + \left[\frac{\partial F[\widehat{X}(x, t), t]}{\partial x} \right]_t \left(\frac{\partial x}{\partial t} \right)_X \tag{7.7}$$

上式可以简化为

$$\frac{\mathrm{d}\varphi}{\mathrm{d}t} = \left(\frac{\partial f(x, t)}{\partial t} \right)_x + \left(\frac{\partial f(x, t)}{\partial x} \right)_t \left(\frac{\partial x}{\partial t} \right)_X \tag{7.8}$$

注意到 $\left(\dfrac{\partial x}{\partial t} \right)_X$ 是物质单元 X 的空间坐标位置 x 对时间的微分，对应于物质单元的速度 v

$$v = \left(\frac{\partial x}{\partial t} \right)_X = \frac{\mathrm{d}x}{\mathrm{d}t} \tag{7.9}$$

这样可以进一步将式 (7.8) 简写为

$$\frac{\mathrm{d}\varphi}{\mathrm{d}t} = \frac{\partial \varphi}{\partial t} + v\frac{\partial \varphi}{\partial x} \tag{7.10}$$

如果 φ 为速度时，它的随体导数为单元加速度 a

$$a = \left(\frac{\partial v}{\partial t} \right)_X = \frac{\mathrm{d}v}{\mathrm{d}t} \tag{7.11}$$

由式 (7.10) 可以看到

$$a = \frac{\mathrm{d}v}{\mathrm{d}t} = \frac{\partial v}{\partial t} + v\frac{\partial v}{\partial x} \tag{7.12}$$

上式右侧第一项为空间位置 x 处的单元速度对时间的变化率，在定常场中这一项为零；第二项为速度由于空间位置的变化而引起的时间上的变化率，称为迁移加速度，当速度不存在空间梯度 (均匀场) 时，该项为零。

7.3 一维波动方程

波动一般指振动在空间的传播，我们熟知的有机械波和电磁波。前者只能在弹性媒介中传播，其产生和传播分别对应于波源与弹性媒质。各类声源，往复运动的机械、传动系统都可看作波源；具有连续质量分布、变形时能产生弹性力（保守力）的物质，如空气、水、铁轨、大楼、弹簧等都是弹性媒质。

如图 7.1 所示，当媒质质元的振动方向与波的传播方向垂直时，称为横波，如抖动的绳子；若质元的振动方向与其传播方向相同时，称为纵波，如空气中的声波。一般固体中既可有横波也可有纵波，而流体中只能有纵波。当存在横波和纵波叠加时，称为叠加波。水表面的波既非横波又非纵波，它由水的流动性和不可压缩性相结合而形成纵向与横向运动结合的二维运动。如果我们假定一个微小的漂浮物在水面上随着波动而运动，如果我们从固定坐标系，如河岸上观察它的运动轨迹，在垂直于水波方向和水的运动方向所在的平面上，将形成椭圆形轨道。

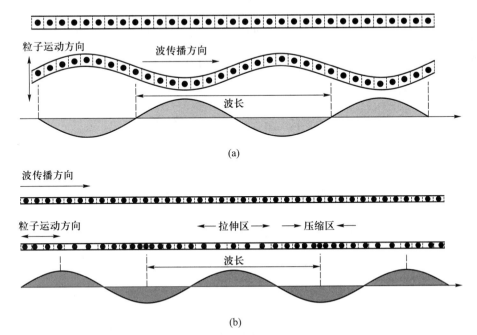

图 7.1 不同波的运动与波传播介质的运动示意图。（a）质元的振动方向与波的传播方向垂直，称为横波；（b）纵波中质元的振动方向与其传播方向相同，沿波的传播方向，有的区域受压，有的区域被拉伸

弹性介质中可以同时存在两种振动方向互相正交的不同类型的波，它们在介质中以不同速度独立传播，互不干涉。

7.2 节中介绍的背景知识对分析应力波在物质中的传播是必需的。应力波的速度描述和选择的坐标系密切相关。如果从物质单元本身考察波传播，那么波阵面在物质中的位置随时间的变化可以描述为

$$X = g(t)$$

对应的物质波速（拉格朗日波速）为

$$C_{\mathrm{m}} = \frac{\mathrm{d}X}{\mathrm{d}t} = \dot{g}(t) \tag{7.13a}$$

如果从空间位置考察波传播，那么波阵面在空间的位置随时间的变化可以描述为

$$x = G(t)$$

此时的空间波速 (欧拉波速) 是

$$C_{\mathrm{s}} = \frac{\mathrm{d}x}{\mathrm{d}t} = \dot{G}(t) \tag{7.13b}$$

尽管式 (7.13a) 和式 (7.13b) 描述的是同一件事情，但由于两者在不同的坐标系中观察，度量的尺度是不同的。除非波前沿物质处于完全静止平衡的状态，否则 C_{m} 与 C_{s} 两者的值会有差异。

除了考察物质单元在欧拉坐标和拉格朗日坐标中各物理量随时间的变化规律，在波的研究体系中，人们还发展了一种时间导数 $\left(\dfrac{\mathrm{d}\varphi}{\mathrm{d}t}\right)_w$，来跟踪波阵面位置的物理量随时间的变化，$\left(\dfrac{\mathrm{d}\varphi}{\mathrm{d}t}\right)_w$ 称为随波导数，和式 (7.10) 中空间坐标的随体导数相似。空间坐标的随波导数表述为

$$\left(\frac{\mathrm{d}\varphi}{\mathrm{d}t}\right)_w = \left(\frac{\partial\varphi}{\partial t}\right)_x + C_{\mathrm{s}}\left(\frac{\partial\varphi}{\partial x}\right)_t \tag{7.14a}$$

物质坐标的随波导数表述为

$$\left(\frac{\mathrm{d}\varphi}{\mathrm{d}t}\right)_w = \left(\frac{\partial\varphi}{\partial t}\right)_X + C_{\mathrm{m}}\left(\frac{\partial\varphi}{\partial X}\right)_t \tag{7.14b}$$

式 (7.14) 给出了不同坐标系下波阵面处同一物理量 φ 随时间的变化规律。现在来考察当 $\varphi = x(X, t)$ 为空间位置时的结果。此时，式 (7.14b) 中各部分定义为

$$\left(\frac{\mathrm{d}\varphi}{\mathrm{d}t}\right)_w = C_{\mathrm{s}}, \quad \left(\frac{\partial\varphi}{\partial t}\right)_X = v \tag{7.15a}$$

考虑到 $\left(\dfrac{\partial x}{\partial X}\right)_t$ 在变形介质中表征的是变形梯度，对一维问题即伸长比例

$$\left(\frac{\partial x}{\partial X}\right)_t = 1 + \varepsilon \tag{7.15b}$$

式中，ε 为一维杆结构的均匀工程应变。将式 (7.15) 代入式 (7.14b) 中，有

$$C_s = v + C_m \left(1 + \varepsilon\right) \tag{7.16}$$

考察式 (7.16)，对于所关注的介质，如其没有初始速度，$v = 0$，也没有变形，$\varepsilon = 0$，那么空间波速 C_s 和物质波速 C_m 两者没有差异。此时，两种坐标的值完全重叠。有了以上的知识储备，现在可以来分析波在杆结构中传播的问题，它可以简化为一个标准的一维问题。尽管简单，但这一问题具有非常重要的实际意义。

7.3.1 霍普金森杆

托马斯·杨（Thomas Young）是分析弹性冲击效应的先驱，在 1807 年提出了弹性波的概念，指出杆受轴向冲击力以及梁受横向冲击力时可从能量进行分析而得出能量 (波) 传播的定量结果。1872 年，J. Hopkinson 利用了波在一维杆中的传播来研究弹性波的速度及冲击载荷下材料的动态响应问题，我们姑且称他为老霍普金森。老霍普金森设计了弹性波研究方面的一个著名实验，该实验采用一根细长铁丝，将其上端固定，铁丝下端接一托盘，一空心质量块套在该铁丝上，由上向下运动，当其运动到铁丝的下端，被托盘接住，形成对铁丝的冲击拉伸。通过变化落体的质量和速度，老霍普金森系统研究了铁丝究竟在加载端（下端）还是在反射端（上端）断裂。他发现冲击拉断的主要控制因素是落体的高度，即取决于撞击速度，而不是落体的质量。这项研究涉及波在杆中传播、界面透射、界面反射的规律。

1905 年，小霍普金森（B. Hopkinson）继续他父亲的研究工作，给出了波在铁丝中传播的分析表达式。以此为基础，小霍普金森于 1914 年完成了压杆的实验设计，该设计可以用来测定和研究炸药爆炸或子弹射击杆端时的压力–时间关系。为纪念这两位科学家，他们所设计的装置被命名为霍普金森杆。今天这一实验装置仍然是我们研究材料动态性能的主要手段。

霍普金森杆中一维波动问题可以通过研究物质坐标中均匀等界面杆的纵向运动来理解。以变形前 (初始时刻) 杆中各单元在空间的位置为坐标，杆方向即为 X 轴。考虑严格的一维问题，杆中各单元物理场如位移 u、速度 $v = \partial u/\partial t$、工程应变 $\varepsilon = \partial u/\partial X$、单轴工程应力 σ 等都仅是空间坐标 X 和时间的函数。

按照之前弹性力学问题的基本方程，先来看运动学方程 (7.15b)，其对时间的导数为

$$\frac{\partial v}{\partial X} = \frac{\partial \varepsilon}{\partial t} \tag{7.17}$$

根据平衡方程，一维情况下有

$$\frac{\partial \sigma}{\partial X} = \rho \frac{\partial^2 u}{\partial t^2} = \rho \frac{\partial v}{\partial t} \tag{7.18}$$

关于本构关系（物理方程），实际材料的本构关系与其变形率相关，如塑性本构关系里的 Johnson-Cook 模型[3]，其应力是应变、应变率、温度的函数

$$\sigma = \left(a + b\varepsilon^m\right)\left(1 + d\ln\frac{\dot{\varepsilon}}{\dot{\varepsilon}_0}\right)\left(1 - T\right)^m \tag{7.19}$$

式中，a、b 为具有应力量纲的材料参数；d 为系数；m 为指数；$\dot{\varepsilon}_0$ 为参考应变率。

在这里先考虑一类简单情况，即应力为应变的单值函数，$\sigma = \sigma(\varepsilon)$，且对应变是连续可导的，其导数为正。不妨定义

$$C^2 = \frac{1}{\rho} \frac{\mathrm{d}\sigma}{\mathrm{d}\varepsilon} \tag{7.20}$$

对此式 (7.18) 和式 (7.20)，可以得到

$$\frac{\partial v}{\partial t} = C^2 \frac{\partial \varepsilon}{\partial X} \tag{7.21a}$$

进一步将 v 与 u 以及 ε 与 u 代入式 (7.21a)，得到一个以位移 u 为变量的二阶偏微分方程，即波动方程

$$\frac{\partial^2 u}{\partial t^2} = C^2 \frac{\partial^2 u}{\partial X^2} \tag{7.21b}$$

在这个波动方程中，式 (7.20) 给出的关系即为波阵面传播的物质波速。对于线弹性响应，有 $E = \mathrm{d}\sigma/\mathrm{d}\varepsilon$，其中 E 为杆件在沿杆方向载荷下的杨氏模量，因此波阵面的速度为 $C = \sqrt{E/\rho}$。当材料响应为非线性时，其物质波速将非常复杂。

7.3.2 质量弹簧模型

一维情况下的波动方程也可以通过胡克定律来理解。将前面讨论的杆理想化为一串弹簧和质点的串联，其中弹簧是理想无质量的。

如图 7.2 所示，$u_i(x)$ 表示在 x 位置处的质点偏离其初始平衡位置处的位移。对于中间的质量单元，其运动方程为

$$k(u_{i+1} - u_i) - k(u_i - u_{i-1}) = m\frac{\partial^2 u_i}{\partial t^2} \tag{7.22}$$

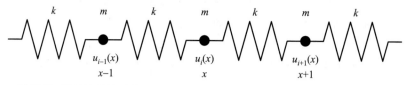

图 7.2 一维弹簧–质量块结构示意图

如果该杆分割成 N 段等长的单元，则有系统的总长 $L = Nl$，总质量 $M = Nm$，总刚度 $K = k/N$，那么运动方程亦可写为

$$\frac{\partial^2 u(x,t)}{\partial t^2} = \frac{KL^2}{M}\frac{u(x+l,t) - 2u(x,t) + u(x-l,t)}{l^2} \tag{7.23}$$

取 $N \to \infty$，有 $l \to 0$，则式 (7.23) 的右边是标准的对长度坐标的二阶偏微分，即

$$\frac{\partial^2}{\partial t^2}u(x,t) = \frac{KL^2}{M}\frac{\partial^2 u(x,t)}{\partial x^2} \tag{7.24a}$$

对于均匀截面杆，其总体刚度与杨氏模量、横截面面积及杆的长度有以下关系：$K = EA/L$，因此运动方程可以写为

$$\frac{\partial^2}{\partial t^2} u(x,t) = \frac{EAL}{M} \frac{\partial^2 u(x,t)}{\partial x^2} \tag{7.24b}$$

考虑到 AL 代表杆的体积，其密度 $\rho = M/(AL)$，因此上式又可以写为

$$\frac{\partial^2}{\partial t^2} u(x,t) = \frac{E}{\rho} \frac{\partial^2 u(x,t)}{\partial x^2} \tag{7.24c}$$

此式即为式 (7.21) 所得到的结果。

7.3.3　一维波动方程的解

对于式 (7.21b) 给出的波阵面传播的物质波速，我们可以通过分离变量法来求解。通过假定，$u(x,t)$ 可以描述为

$$u = X(x) \cdot T(t) \tag{7.25a}$$

代入式 (7.21b)，得到

$$\frac{1}{T} \cdot \frac{\mathrm{d}^2 T}{\mathrm{d}t^2} = \frac{C^2}{X} \frac{\mathrm{d}^2 X}{\mathrm{d}x^2} = -\omega^2 \tag{7.25b}$$

从而可以得到如下的常微分方程：

$$\begin{cases} \dfrac{\mathrm{d}^2 T}{\mathrm{d}t^2} + \omega^2 T = 0 \\ \dfrac{\mathrm{d}^2 X}{\mathrm{d}x^2} + \dfrac{\omega^2}{C^2} P = 0 \end{cases} \tag{7.25c}$$

以上两个方程的通解为

$$\begin{cases} T = A_1 \mathrm{e}^{\mathrm{i}\omega t} + A_2 \mathrm{e}^{-\mathrm{i}\omega t} \\ X = B_1 \mathrm{e}^{\mathrm{i}\omega x/C} + B_2 \mathrm{e}^{-\mathrm{i}\omega x/C} \end{cases} \tag{7.26a}$$

代入关于 $u(x,t)$ 的表达式 (7.25a)，得到其通解为

$$u = a_1 \mathrm{e}^{\mathrm{i}\omega(t-x/C)} + a_2 \mathrm{e}^{\mathrm{i}\omega(t+x/C)} + a_3 \mathrm{e}^{-\mathrm{i}\omega(t-x/C)} + a_4 \mathrm{e}^{-\mathrm{i}\omega(t+x/C)} \tag{7.26b}$$

目前 ω 是可以任取的常数，对应于角频率。从 $T(t)$ 函数可以看到，ω 与波动行为的频率、周期之间的相互关系为

$$\omega = 2\pi f = \frac{2\pi}{T}$$

将一个周期的波在空间的长度记为 λ，那么 2π 长度内周期性波动的数目 $k = 2\pi/\lambda$，为波数。我们不难得到波长 λ、波数 k 与波速 C、周期 T 以及频率 ω 之间的如下关系：

$$\lambda = CT = \frac{C}{f} = \frac{2\pi C}{\omega}, \quad |k| = \frac{2\pi}{\lambda} = \frac{\omega}{C} \tag{7.27}$$

这里我们将波数 k 取模是为了和三维情形下的波数描述一致，后者的波数是一个矢量，称为波数矢量。此时用 $\boldsymbol{k}$ 来表示，$\boldsymbol{k} = (k_1, k_2, k_3)$，它的每个分量代表沿这个方向的波数，$|k| = \sqrt{k_1^2 + k_2^2 + k_3^2}$。在下一章我们将对此展开讨论。

7.4 三维波动方程

前面关于波动方程的分析可以拓展到更一般的三维问题。这方面的研究可以追溯到法国科学家泊松（Poisson）在 19 世纪初期的工作。他发现了横波和纵波，开创了弹性动力学分析。在这里，我们将采用新的数学工具来解弹性波在均匀介质中的传播问题。对弹性变形体中的代表性单元，定义拉格朗日函数 $\mathcal{L}$，由单元的弹性应变能 U_e 和动能 K_e 组成

$$\mathcal{L} = K_e - U_e \tag{7.28}$$

其中，弹性应变能 $U_e = \dfrac{1}{2}\sum_{i,j}\sigma_{ij}\varepsilon_{ij}$ 可以表示为

$$
\begin{aligned}
U_e = {} & \left(\frac{K}{2} + \frac{2G}{3}\right)\left[\left(\frac{\partial u_1}{\partial x_1}\right)^2 + \left(\frac{\partial u_2}{\partial x_2}\right)^2 + \left(\frac{\partial u_3}{\partial x_3}\right)^2\right] + \\
& \left(K - \frac{2G}{3}\right)\left(\frac{\partial u_1}{\partial x_1}\frac{\partial u_2}{\partial x_2} + \frac{\partial u_1}{\partial x_1}\frac{\partial u_3}{\partial x_3} + \frac{\partial u_2}{\partial x_2}\frac{\partial u_3}{\partial x_3}\right) + \\
& \frac{G}{2}\left[\left(\frac{\partial u_1}{\partial x_2}\right)^2 + \left(\frac{\partial u_2}{\partial x_1}\right)^2 + \left(\frac{\partial u_2}{\partial x_2}\right)^2 + \left(\frac{\partial u_2}{\partial x_3}\right)^2 + \left(\frac{\partial u_1}{\partial x_3}\right)^2 + \right. \\
& \left.\left(\frac{\partial u_3}{\partial x_1}\right)^2 + 2\frac{\partial u_1}{\partial x_2}\frac{\partial u_2}{\partial x_1} + 2\frac{\partial u_1}{\partial x_3}\frac{\partial u_3}{\partial x_1} + 2\frac{\partial u_2}{\partial x_3}\frac{\partial u_3}{\partial x_2}\right]
\end{aligned}
\tag{7.29}
$$

这一转换用到了前面所定义的应变–位移关系 $\varepsilon_{ij} = \dfrac{1}{2}\left(\dfrac{\partial u_i}{\partial x_j} + \dfrac{\partial u_j}{\partial x_i}\right)$。而动能项 K_e 可以描述为

$$K_e = \frac{1}{2}\rho\left[\left(\frac{\partial u_1}{\partial t}\right)^2 + \left(\frac{\partial u_2}{\partial t}\right)^2 + \left(\frac{\partial u_3}{\partial t}\right)^2\right] \tag{7.30}$$

我们所定义的拉格朗日函数 $\mathcal{L}$ 依赖于 u_1、u_2、u_3、$\partial u_1/\partial t$、$\partial u_2/\partial t$ 和 $\partial u_3/\partial t$。因此，运动方程可以通过 u_1、u_2 和 u_3 表达为

$$\partial_t\left[\frac{\delta\mathcal{L}}{\delta\left(\frac{\partial u_1}{\partial t}\right)}\right] = \frac{\delta\mathcal{L}}{\delta u_1}, \quad \partial_t\left[\frac{\delta\mathcal{L}}{\delta\left(\frac{\partial u_2}{\partial t}\right)}\right] = \frac{\delta\mathcal{L}}{\delta u_2}, \quad \partial_t\left[\frac{\delta\mathcal{L}}{\delta\left(\frac{\partial u_3}{\partial t}\right)}\right] = \frac{\delta\mathcal{L}}{\delta u_3} \tag{7.31}$$

将前面关于拉格朗日函数 $\mathcal{L}$ 中的各项展开，我们获得 1 方向的动力学方程

$$
\begin{aligned}
2\rho\frac{\partial^2 u_1}{\partial t^2} = {} & -\frac{\delta\mathcal{L}}{\delta u_1} = \left(K + \frac{4G}{3}\right)\frac{\partial^2 u_1}{\partial x_1^2} + \left(K - \frac{2}{3}G\right)\left(\frac{\partial^2 u_1}{\partial x_1\partial x_2} + \frac{\partial^2 u_3}{\partial x_1\partial x_3}\right) + \\
& G\left[\frac{\partial^2 u_1}{\partial x_2^2} + \frac{\partial^2 u_1}{\partial x_3^2} + \frac{\partial^2 u_2}{\partial x_1\partial x_2} + \frac{\partial^2 u_3}{\partial x_1\partial x_3}\right]
\end{aligned}
\tag{7.32a}
$$

又可以表述为

$$
\begin{aligned}
2\rho\frac{\partial^2 u_1}{\partial t^2} = {} & \left[\left(K + \frac{4G}{3}\right)\frac{\partial^2 u_1}{\partial x_1^2} + G\left(\frac{\partial^2 u_1}{\partial x_2^2} + \frac{\partial^2 u_1}{\partial x_3^2}\right)\right] + \\
& \left(K + \frac{G}{3}\right)\frac{\partial^2 u_2}{\partial x_1\partial x_2} + \left(K + \frac{G}{3}\right)\frac{\partial^2 u_3}{\partial x_1\partial x_3}
\end{aligned}
\tag{7.32b}
$$

同样地，获得 2 方向的动力学方程

$$2\rho\frac{\partial^2 u_2}{\partial t^2} = -\frac{\delta\mathcal{L}}{\delta u_2} = \left(K+\frac{G}{3}\right)\frac{\partial^2 u_1}{\partial x_1\partial x_2} + \left[\left(K+\frac{4G}{3}\right)\frac{\partial^2 u_2}{\partial x_2^2} + G\left(\frac{\partial^2 u_2}{\partial x_1^2}+\frac{\partial^2 u_2}{\partial x_3^2}\right)\right] + \left(K+\frac{G}{3}\right)\frac{\partial^2 u_3}{\partial x_2\partial x_3} \tag{7.32c}$$

和 3 方向的动力学方程

$$2\rho\frac{\partial^2 u_3}{\partial t^2} = -\frac{\delta\mathcal{L}}{\delta u_3} = \left(K+\frac{G}{3}\right)\frac{\partial^2 u_1}{\partial x_1\partial x_3} + \left(K+\frac{G}{3}\right)\frac{\partial^2 u_2}{\partial x_2\partial x_3} + \left[\left(K+\frac{4G}{3}\right)\frac{\partial^2 u_3}{\partial x_3^2} + G\left(\frac{\partial^2 u_3}{\partial x_1^2}+\frac{\partial^2 u_3}{\partial x_2^2}\right)\right] \tag{7.32d}$$

考虑位移波动函数具备平面波动方程解的一般表达式，我们考虑一下位移解

$$u_1 = A_1\exp\left(\mathrm{i}k_1 x+\mathrm{i}k_2 y+\mathrm{i}k_3 z-\mathrm{i}\omega t\right) \tag{7.33a}$$

$$u_2 = A_2\exp\left(\mathrm{i}k_1 x+\mathrm{i}k_2 y+\mathrm{i}k_3 z-\mathrm{i}\omega t\right) \tag{7.33b}$$

$$u_3 = A_3\exp\left(\mathrm{i}k_1 x+\mathrm{i}k_2 y+\mathrm{i}k_3 z-\mathrm{i}\omega t\right) \tag{7.33c}$$

这里 k_1、k_2、k_3 分别为沿 (x,y,z) 方向的波数，波矢方向 $\boldsymbol{k}=(k_1,k_2,k_3)$，$k^2=k_1^2+k_2^2+k_3^2$。将它们代入各方向上的动力学方程，并采用矩阵表达式描述，可以得到

$$\rho\omega^2\begin{bmatrix}A_1\\A_2\\A_3\end{bmatrix}$$

$$=\frac{1}{2}\begin{bmatrix}\left(K+\frac{4G}{3}\right)k_1^2+G\left(k_2^2+k_3^2\right) & \left(K+\frac{G}{3}\right)k_1 k_2 & \left(K+\frac{G}{3}\right)k_1 k_3\\ \left(K+\frac{G}{3}\right)k_1 k_2 & \left(K+\frac{4G}{3}\right)k_2^2+G\left(k_1^2+k_3^2\right) & \left(K+\frac{G}{3}\right)k_2 k_3\\ \left(K+\frac{G}{3}\right)k_1 k_3 & \left(K+\frac{G}{3}\right)k_2 k_3 & \left(K+\frac{4G}{3}\right)k_3^2+G\left(k_1^2+k_2^2\right)\end{bmatrix}$$

$$\begin{bmatrix}A_1\\A_2\\A_3\end{bmatrix} \tag{7.34}$$

于是振动方程的求解转化为求解 3×3 矩阵的特征值和特征向量问题，其 3 个特征值分别为 Gk^2、Gk^2 和 $\left(K+\frac{4G}{3}\right)k^2$。因此有

$$\omega_1=\sqrt{\frac{G}{\rho}}k,\quad \omega_2=\sqrt{\frac{G}{\rho}}k,\quad \omega_3=\sqrt{\frac{K+\frac{4}{3}G}{\rho}}k \tag{7.35}$$

与此对应的 3 个振动模态幅值分别为

$$\boldsymbol{A}_1=(-k_3,0,k_1),\quad \boldsymbol{A}_2=(-k_2,k_1,0),\quad \boldsymbol{A}_3=(k_1,k_2,k_3) \tag{7.36}$$

前面两个模态对应于横波，其振动方向垂直于波的传播方向 $\boldsymbol{k}$，即 $\boldsymbol{A}_1 \cdot \boldsymbol{k} = 0$，$\boldsymbol{A}_2 \cdot \boldsymbol{k} = 0$；而第三模态为纵波，其振动方向平行于波的传播方向 $\boldsymbol{k}$，即 $\boldsymbol{A}_3 \times \boldsymbol{k} = 0$。两种应力波所对应的速度分别为

$$V_{\mathrm{s}} = \sqrt{\frac{G}{\rho}}, \quad V_{\mathrm{p}} = \sqrt{\frac{K + (4/3)G}{\rho}} \tag{7.37}$$

这就是均匀介质中两类弹性波的传播速度。

7.5 晶体中的波

7.4 节给出了各向均匀介质中弹性波的传播。很多时候，我们需要理解各向异性介质中弹性波的传播特性，例如地震波在特定岩层中的传播，应力波在复合层板中的传播等。

7.5.1 基本理论

按照之前的定义，从最基本的各向异性晶体入手，其应力–应变关系的张量表示为 $\boldsymbol{\sigma} = \boldsymbol{C}\boldsymbol{\varepsilon}$ [见式 (4.15)]，对应的应力、应变张量表示为

$$\begin{cases} \boldsymbol{\sigma} = (\sigma_{11} \ \sigma_{22} \ \sigma_{33} \ \tau_{23} \ \tau_{13} \ \tau_{12})^{\mathrm{T}} \\ \boldsymbol{\varepsilon} = (\varepsilon_{11} \ \varepsilon_{22} \ \varepsilon_{33} \ \gamma_{23} \ \gamma_{13} \ \gamma_{12})^{\mathrm{T}} \end{cases} \tag{7.38a}$$

且 $\boldsymbol{C}$ 为 6×6 的二阶张量。对应的平衡方程 $\dfrac{\partial \sigma_{ij}}{\partial x_j} = \rho \dfrac{\partial^2 u_i}{\partial t^2}$ 可以简写为

$$\begin{cases} \rho \dfrac{\partial^2 u}{\partial t^2} = \dfrac{\partial \sigma_1}{\partial x} + \dfrac{\partial \sigma_6}{\partial y} + \dfrac{\partial \sigma_5}{\partial z} \\[2mm] \rho \dfrac{\partial^2 v}{\partial t^2} = \dfrac{\partial \sigma_6}{\partial x} + \dfrac{\partial \sigma_2}{\partial y} + \dfrac{\partial \sigma_4}{\partial z} \\[2mm] \rho \dfrac{\partial^2 w}{\partial t^2} = \dfrac{\partial \sigma_5}{\partial x} + \dfrac{\partial \sigma_4}{\partial y} + \dfrac{\partial \sigma_3}{\partial z} \end{cases} \tag{7.38b}$$

建立沿晶体胞元 3 个方向 $(\boldsymbol{a}, \boldsymbol{b}, \boldsymbol{c})$ 的全局坐标系 $(\boldsymbol{x}, \boldsymbol{y}, \boldsymbol{z})$。考虑到晶体的各向异性，现在设定晶体中任一方向 $\boldsymbol{r}$ 对应的方向余弦为 (l, m, n)，$l^2 + m^2 + n^2 = 1$。因此，沿此方向上一点 $P(x, y, z)$ 到原点的距离又可以表示为

$$r = lx + my + nz \tag{7.39}$$

波的传播方向对 P 点的位移 u、v、w 产生影响。考虑到式 (7.39)，可以将 P 点的应变以 r 及其方向来表示

$$\begin{cases} S_1 = l\dfrac{\partial u}{\partial r}, \quad S_4 = m\dfrac{\partial w}{\partial r} + n\dfrac{\partial v}{\partial r} \\[2mm] S_2 = m\dfrac{\partial v}{\partial r}, \quad S_5 = n\dfrac{\partial u}{\partial r} + l\dfrac{\partial w}{\partial r} \\[2mm] S_3 = n\dfrac{\partial w}{\partial r}, \quad S_6 = l\dfrac{\partial v}{\partial r} + m\dfrac{\partial u}{\partial r} \end{cases} \tag{7.40}$$

将式 (7.40) 代入式 (4.15) 所给出的应力–应变关系，再将得到的应力分量代入运动方程 (7.38b)，得到

$$
\begin{cases}
\rho \dfrac{\partial^2 u}{\partial t^2} = \alpha_{11} \dfrac{\partial^2 u}{\partial r^2} + \alpha_{12} \dfrac{\partial^2 v}{\partial r^2} + \alpha_{13} \dfrac{\partial^2 w}{\partial r^2} \\[2mm]
\rho \dfrac{\partial^2 v}{\partial t^2} = \alpha_{21} \dfrac{\partial^2 u}{\partial r^2} + \alpha_{22} \dfrac{\partial^2 v}{\partial r^2} + \alpha_{23} \dfrac{\partial^2 w}{\partial r^2} \\[2mm]
\rho \dfrac{\partial^2 w}{\partial t^2} = \alpha_{31} \dfrac{\partial^2 u}{\partial r^2} + \alpha_{32} \dfrac{\partial^2 v}{\partial r^2} + \alpha_{33} \dfrac{\partial^2 w}{\partial r^2}
\end{cases}
\tag{7.41}
$$

这里的稀疏矩阵 $[\alpha_{ij}]$ 称为克里斯托费尔（Christoffel）张量。它是一个对称张量，其各分量与 C_{ij} 和 (l, m, n) 的关系为

$$
\alpha_{11} = l^2 C_{11} + m^2 C_{66} + n^2 C_{55} + 2mn C_{56} + 2nl C_{15} + 2lm C_{16}
\tag{7.42a}
$$

$$
\alpha_{12} = l^2 C_{16} + m^2 C_{26} + n^2 C_{45} + mn(C_{56}+C_{25}) + nl(C_{15}+C_{56}) + lm(C_{12}+C_{66})
\tag{7.42b}
$$

$$
\alpha_{13} = l^2 C_{15} + m^2 C_{46} + n^2 C_{35} + mn(C_{45}+C_{36}) + nl(C_{13}+C_{55}) + lm(C_{14}+C_{56})
\tag{7.42c}
$$

$$
\alpha_{22} = l^2 C_{66} + m^2 C_{22} + n^2 C_{44} + 2mn C_{24} + 2nl C_{46} + 2lm C_{26}
\tag{7.42d}
$$

$$
\alpha_{23} = l^2 C_{56} + m^2 C_{24} + n^2 C_{34} + mn(C_{45}+C_{23}) + nl(C_{16}+C_{45}) + lm(C_{25}+C_{46})
\tag{7.42e}
$$

$$
\alpha_{33} = l^2 C_{55} + m^2 C_{44} + n^2 C_{33} + 2mn C_{34} + 2nl C_{35} + 2lm C_{45}
\tag{7.42f}
$$

对于沿 r 方向传播的波，其引起的位移矢量 $\boldsymbol{g}$ 的分量为 (u, v, w)。如果将该位移矢量的方向余弦定义为 (θ, ϕ, ψ)，则有

$$
u = \theta g, \quad v = \phi g, \quad w = \psi g
\tag{7.43a}
$$

式中，g 是 $\boldsymbol{g}$ 的模。由于方向余弦满足 $\theta^2 + \phi^2 + \psi^2 = 1$，有

$$
g = \theta u + \phi v + \psi w
\tag{7.43b}
$$

将式 (7.43a) 代入式 (7.41)，得到

$$
\rho \frac{\partial^2 g}{\partial t^2} = C_{\mathrm{e}} \frac{\partial^2 g}{\partial r^2}
\tag{7.44a}
$$

这里 C_{e} 代表弹性波沿 r 方向传播时的特征弹性常数，从而使得位移矢量 $\boldsymbol{g}$ 存在非零解。这些特征 C_{e} 需要满足

$$
\begin{cases}
\theta \alpha_{11} + \phi \alpha_{12} + \psi \alpha_{13} = \theta C_e \\
\theta \alpha_{12} + \phi \alpha_{22} + \psi \alpha_{23} = \phi C_e \\
\theta \alpha_{13} + \phi \alpha_{23} + \psi \alpha_{33} = \psi C_e
\end{cases}
\tag{7.44b}
$$

如果 (θ, ϕ, ψ) 非零，式 (7.42b) 中的各系数需要满足以下特征根方程：

$$
\begin{bmatrix}
\alpha_{11} - C_{\mathrm{e}} & \alpha_{12} & \alpha_{13} \\
\alpha_{12} & \alpha_{22} - C_{\mathrm{e}} & \alpha_{23} \\
\alpha_{13} & \alpha_{23} & \alpha_{33} - C_{\mathrm{e}}
\end{bmatrix} = 0
\tag{7.45}
$$

一般 C_{e} 有 3 个解，对应于 3 个不同的波，对应波速 $\sqrt{C_{\mathrm{e}}/\rho}$。

7.5.2　立方晶体中的波

对于立方晶系，晶体弹性模量为 C_{11}、C_{12}、C_{44}，此时对应的克里斯托费尔张量为

$$\Gamma_{11} = l^2 C_{11} + (m^2 + n^2)C_{44}, \quad \Gamma_{23} = mn(C_{12} + C_{44})$$
$$\Gamma_{22} = m^2 C_{11} + (l^2 + n^2)C_{44}, \quad \Gamma_{13} = nl(C_{12} + C_{44}) \tag{7.46}$$
$$\Gamma_{33} = n^2 C_{11} + (l^2 + m^2)C_{44}, \quad \Gamma_{12} = lm(C_{12} + C_{44})$$

将上式代入关于 C_e 特征根的方程 (7.45)，有

$$\begin{bmatrix} l^2C_{11}+(m^2+n^2)C_{44}-C_e & lm(C_{12}+C_{44}) & nl(C_{12}+C_{44}) \\ lm(C_{12}+C_{44}) & (l^2+n^2)C_{44}+m^2C_{11}-C_e & mn(C_{12}+C_{44}) \\ nl(C_{12}+C_{44}) & mn(C_{12}+C_{44}) & (l^2+m^2)C_{44}+n^2C_{11}-C_e \end{bmatrix}$$
$$= 0 \tag{7.47}$$

现在可以考虑比较简单的情况，即单晶体中波的传播。如果将波动方向用晶向表示，考察波动沿 [100] 方向传播时的波动方程。此时有 $l = 1$，$m = 0$，$n = 0$。将它们代入式 (7.47)，有

$$\begin{bmatrix} C_{11} - C_e & 0 & 0 \\ 0 & C_{44} - C_e & 0 \\ 0 & 0 & C_{44} - C_e \end{bmatrix} = 0 \tag{7.48}$$

因此得到 3 个特征根 C_{11}、C_{44} 和 C_{44}，它们对应的特征向量为 $(1,0,0)$、$(0,1,0)$ 和 $(0,0,1)$，对应的波速为 $\sqrt{C_{11}/\rho}$、$\sqrt{C_{44}/\rho}$ 和 $\sqrt{C_{44}/\rho}$。

有了式 (7.47) 给出的关系，就可以非常方便地求解波在晶体中沿其他方向传播时的状态。例如，考虑波沿 [110] 方向、[111] 方向传播时，来看其弹性波的速度及对应质点的速度方向。当 r 沿 [110] 方向传播时，对应的波动方向为 $(l,m,n) = \left[\frac{1}{\sqrt{2}}, \frac{1}{\sqrt{2}}, 0\right]$，将此信息代入关于 C_e 特征根的方程 (7.47)，得到其对应的 3 个特征根为

$$C_e^{(1)} = C_{11} + C_{12} + 2C_{44}, \quad C_e^{(2)} = C_{44}, \quad C_e^{(3)} = C_{11} + C_{12} \tag{7.49}$$

与之相对应的质点速度方向分别为 $\left[\frac{1}{\sqrt{2}}, \frac{1}{\sqrt{2}}, 0\right]$，$[0,0,1]$，$\left[\frac{1}{\sqrt{2}}, -\frac{1}{\sqrt{2}}, 0\right]$。考虑到前面介绍的波的传播方向和质点运动方向之间的关系，$[C_e^{(1)}/\rho]^{1/2} = \sqrt{(C_{11}+C_{12}+2C_{44})/\rho}$ 代表的是沿 [110] 方向传播的纵波波速，而 $[C_e^{(2)}/\rho]^{1/2} = \sqrt{C_{44}/\rho}$ 和 $[C_e^{(2)}/\rho]^{1/2} = \sqrt{(C_{11} + C_{12})/\rho}$ 则为横波波速。

当 r 沿 [111] 方向传播时，对应的波动方向为 $(l,m,n) = \left[\frac{1}{\sqrt{3}}, \frac{1}{\sqrt{3}}, \frac{1}{\sqrt{3}}\right]$。通过以上相同的方法，我们得到

$$C_e = \begin{cases} C_{11} + C_{12} + 4C_{44} \\ C_{11} - C_{12} + C_{44} \\ C_{11} + C_{12} + C_{44} \end{cases} \tag{7.50}$$

式中，第一个特征根对应的质点运动方向为 $\left[\dfrac{1}{\sqrt{3}},\dfrac{1}{\sqrt{3}},\dfrac{1}{\sqrt{3}}\right]$，是纵波；其后的两个特征根对应的质点运动方向在垂直于 $\left[\dfrac{1}{\sqrt{3}},\dfrac{1}{\sqrt{3}},\dfrac{1}{\sqrt{3}}\right]$ 方向的平面内，即 $x+y+z=0$，代表平面内的任意两个正交方向。

7.6 小结

从以上信息可以得到，弹性波在晶体中传播时一般具有 3 个不同速度，其中质点位移与波矢方向相同时，这类波为纵波，而当它们与波矢方向垂直时，我们称之为横波。根据具体的波矢方向，两个横波波速可能相同，也可能不同。实际弹性介质在变形与运动的过程中，可能涉及几类波的同时传播。归纳一下，弹性波的种类通常根据波在介质中的传播方向和固体内粒子的运动方向加以定义。这里所说的粒子并不一定对应于原子层次，它可以定义为固体中小的离散部分，在振动过程中粒子内部的物质运动是同步的。例如，沙堆中的单个沙粒，在将沙堆作为整体时，一颗沙粒就是一个粒子。

作为扩展的知识点，以下介绍固体中最常见的弹性波信息。

（1）纵波（longitudinal wave），又称为无旋波（irrotional wave），地震学中又称为 P–波，取其为推力波（push wave）、主波（primary wave）之意。此时，传递波动的粒子平行于波传播方向运动，主波所到之处存在体积变化，因此在无限大或者半无限大的空间中，它又被称为膨胀波。

（2）横波（transverse wave），又称为剪切波（shear wave），地震学中又称为 S–波，取其为上下晃动（shake）、次波（secondary wave）之意。此时，传递波动的粒子沿垂直于波传播方向运动。因为这一特性，S–波经过时不存在体积变化，各正应力分量为零。

（3）表面波（surface wave）。固体中的表面波可类比于水表面的波动，如果贴水表面有一个标记，我们将看到这一标记在上下运动的同时，也产生左右前后的运动，其整个轨迹为一个椭圆。这一运动性质仅限于表面粒子，随着粒子沿表面距离的增加，其运动速度呈指数衰减。这一固体中的表面波通常称为瑞利波（Rayleigh wave）。

（4）界面波（interfacial wave）。当两个半无限体之间形成界面时，在界面上可能形成界面波，它又称为斯通莱波（Stoneley wave）。

（5）层状介质中的波，如勒夫波（Love wave）。这一类波在地震中非常普遍，地震过程产生的水平位移分量通常远大于其垂直位移分量，这和瑞利波的情形并不相同。其原因在于地壳是个层状结构，每层的弹性性质差异较大，因此形成了新的波动形式。而勒夫（Love）是第一个研究这类波的力学家，因此这类波也以他的名字命名。

7.7 扩展阅读

7.7.1 弦的振动

对比一维波动，请考虑一根受张应力 τ 作用的无限长弦，其单位长度的密度为 ρ，考察当它受到横向扰动时，振动沿弦的传播。

这里同样通过牛顿运动方程来推导弦的偏微分方程，假设弦的平衡态沿 x 方向。如图 7.3 所示，取微段 $\mathrm{d}x$ 分析。在波动过程中，弦沿 y 方向产生一个位移 $y(x,t)$。注意到弦的横向位移很小，因此 $\partial y/\partial x \ll 1$，这表明弦的斜率非常小，即 θ 非常小。因此，这一段弦长的质量 $m = \rho \mathrm{d}s = \rho\sqrt{1 + \tan^2\theta}\,\mathrm{d}x \approx \rho\,\mathrm{d}x$，其所承受的力为

$$F_y = -\tau\sin\theta|_x + \tau\sin\theta|_{x+\mathrm{d}x} = \tau\left.\frac{\partial y}{\partial x}\right|_{x+\mathrm{d}x} - \tau\left.\frac{\partial y}{\partial x}\right|_x = \tau\frac{\partial^2 y}{\partial x^2}\mathrm{d}x$$

根据 $F_y = ma$，我们有

$$\frac{\partial^2 y}{\partial t^2} - \left(\frac{\tau}{\rho}\right)\frac{\partial^2 y}{\partial x^2} = 0$$

这里 $v = \sqrt{\tau/\rho}$ 代表弦的横向振动传播速度与弦张力之间的关系。对比式 (7.37) 的结果，感兴趣的读者可进一步思考弦的振动和弹性波传播的差异。

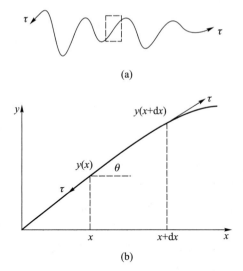

图 7.3 弦在张力作用下的振动示意图。（a）弦的振动；（b）微元的受力与运动分析

7.7.2 刘维尔定理

在推导式 (7.32) 的过程中，我们用到了刘维尔定理（Liouvilles's theorem）。在这里我们对该定理作进一步介绍。考虑在相空间广义坐标 p 和广义动量 q 处的分布函数为 $\rho(p,q)$。这一系统在空间的守恒要求

$$\frac{\partial\rho}{\partial t} + \mathrm{div}\,(\rho\boldsymbol{v}) = 0$$

如果不考虑时间因素，有

$$\mathrm{div}\,(\rho\boldsymbol{v}) = 0$$

如果系统由 N 个空间粒子组成，且各粒子的自由度为 r 时，则系统的自由度为

$$N_{\mathrm{DOE}} = N \cdot r$$

如果系统由 K 种不同性质的粒子组成，各组分粒子对应的自由度为 r_j，粒子数为 N_j，那么系统的自由度为

$$N_{\mathrm{DOE}} = \sum_{j=1}^{K} N_j r_j$$

系统在任一时刻的微观（粒子层次）描述由 N_{DOE} 个广义坐标

$$q_1 q_2, \cdots, q_{\mathrm{DOE}}$$

及其对应的广义动量坐标

$$p_1 p_2, \cdots, p_{\mathrm{DOE}}$$

确定。那么由这 $2N_{\mathrm{DOE}}$ 个变量在直角坐标系下构成的 $2N_{\mathrm{DOE}}$ 维空间一般称为相空间或者 Γ 空间，在这个空间中的一点对应于某一时刻的运动状态即为系统的运动状态，遵从哈密顿（Hamiltonian）正则方程

$$\dot{q}_i = \frac{\partial H}{\partial p_i}, \quad \dot{p}_i = -\frac{\partial H}{\partial q_i}, \quad i = 1, 2, \cdots, N_{\mathrm{DOE}}$$

这些方程决定了系统在相空间的状态。对于孤立的系统，H 不是时间的显函数。哈密顿量就是能量 E，不随时间而改变，即

$$H\,(q_1, q_2, \cdots, q_{\mathrm{DOE}}, p_1, p_2, \cdots, p_{\mathrm{DOE}}) = E$$

如果大量结构相同但初态不同的系统按照哈密顿正则方程所指定的轨道运动，那么它们在相空间各点将形成不同的出现概率，因而形成分布函数 $\rho(p,q)$。

此时在 $2N_{\mathrm{DOE}}$ 维度下，质量守恒方程要求

$$\sum_{i=1}^{2N_{\mathrm{DOE}}} \frac{\partial}{\partial x_i}\,(\rho v_i) = 0$$

坐标 x_i 的对应部分为广义坐标 q 和动量 p，对应的速度 v_i 即为 q 和 p 的时间导数。因此

$$\sum_{i=1}^{N_{\mathrm{DOE}}} \left[\frac{\partial}{\partial q_i}\,(\rho \dot{q}_i) + \frac{\partial}{\partial p_i}\,(\rho \dot{p}_i) \right] = 0$$

将上式扩展，有

$$\sum_{i=1}^{N_{\mathrm{DOE}}} \left(\dot{q}_i \frac{\partial \rho}{\partial q_i} + \dot{p}_i \frac{\partial \rho}{\partial p_i} \right) + \rho \sum_{i=1}^{N_{\mathrm{DOE}}} \left(\frac{\partial \dot{q}_i}{\partial q_i} + \frac{\partial \dot{p}_i}{\partial p_i} \right) = 0$$

按照哈密顿量所给出的运动方程的形式

$$\dot{q}_i = \frac{\partial H}{\partial p_i}, \quad \dot{p}_i = -\frac{\partial H}{\partial q_i}$$

那么

$$\frac{\partial \dot{q}_i}{\partial q_i} = \frac{\partial^2 H}{\partial p_i \partial q_i}, \quad \frac{\partial \dot{p}_i}{\partial p_i} = -\frac{\partial^2 H}{\partial q_i \partial p_i}$$

因此得到

$$\frac{\partial \dot{q}_i}{\partial q_i} + \frac{\partial \dot{p}_i}{\partial p_i} = 0$$

也就是说空间状态分布函数的全时导数为

$$\frac{\mathrm{d}\rho}{\mathrm{d}t} = \sum_{i=1}^{N_{\mathrm{DOE}}} \left(\frac{\partial \rho}{\partial q_i} \dot{q}_i + \frac{\partial \rho}{\partial p_i} \dot{p}_i \right) = 0$$

这一公式表明，空间状态的分布函数从一个代表点开始沿相轨迹运动时，在轨道上为一常数，此即刘维尔定理。我们在前面推导波动方程 (7.31) 时就用到了这一理论结果。

参考文献

[1] 爱因斯坦. 爱因斯坦文集 (第一卷) [M]. 许良英, 等, 编译. 北京: 商务印书馆, 2012: 477-512.

[2] Einstein A. Physics and reality[J]. Journal of the Franklin Institute, 1936, 221: 313-347.

[3] Johnson G R, Cook W H. A constitutive model and data for metals subjected to large strains, high strain rates and high temperature [C]//Proceedings of the 7th International Symposium on Ballistics, 1983: 541-547.

第 8 章　超弹性固体

8.1　简介

非线性力学是一门研究物体的几何非线性和物理非线性的科学，它广泛地存在于自然界。动力学问题一开始就是非线性的，例如牛顿运动定律描述的行星运动微分方程。在工程问题中也广泛存在两种非线性类型——几何的和物理的。它们可以相互关联或者没有关联。这样的体系可以衍生出多类非线性问题，如物理非线性和几何线性问题、物理线性和几何非线性问题、物理非线性和几何非线性问题。

随着对非线性行为理解的加深，我们能够控制或者利用那些微小变化产生一个显著的、在线性系统中不会看到的结果。例如对压杆失稳、非线性振动和三体问题等典型非线性问题的认识使得我们在工程设计和工业控制方面获得显著提升。工业和生产中出现的大量重大问题，如飞行跨越声障的问题、航空薄壁构件的行为、新材料的出现和应用等，都属于非线性力学问题。如果按属性来理解，非线性力学大致分为以下5类：

（1）如电场力、磁场力、万有引力等作用力非线性；

（2）法向加速度、哥氏加速度等运动学非线性；

（3）边界非线性问题，如接触问题；

（4）非线性本构关系等材料非线性；

（5）弹性大变形等几何非线性。

我们将针对一类材料非线性力学问题进行介绍。

8.2　材料与几何非线性问题

前面所介绍的材料在弹性阶段的变形属于小变形弹性问题。在这些问题中，应力和应变存在线性关系。

考虑到材料的多样性，许多材料的变形可能并不表现为我们熟知的线弹性响应，而是具有很强的非线性弹性应力–应变关系，如图 8.1 所示。这样的材料包括液晶、聚合物、胶体、膜、生命体系材料等。我们以聚合物材料为例来介绍非线性弹性本构关系。首先来看自然橡胶单轴拉伸情况下的拉伸方向应力与拉伸比例曲线（图 8.2）。很显然，该材料表现为很强的非线性弹性行为。同样，目前市场上广泛存在的聚乙烯，从其名义拉伸应力与拉伸曲线来看，也具有很强的非线性弹塑性（图 8.3）。

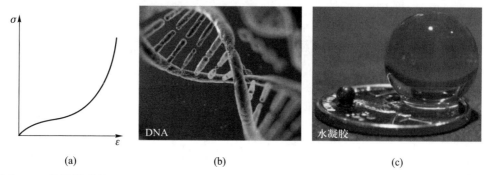

图 8.1 非线性弹性。（a）非线性弹性材料简单拉伸情况下的应力–应变关系；（b）蛋白质链；（c）胶体或类似的聚合物。其中，（b）和（c）是具备非线性弹性响应的典型实例

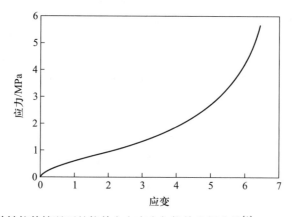

图 8.2 自然橡胶单轴拉伸情况下的拉伸方向应力与拉伸比例曲线[1]

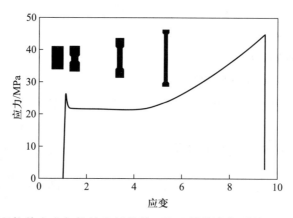

图 8.3 聚乙烯名义拉伸应力与拉伸比例曲线。聚乙烯的摩尔质量 $M = 3.6 \times 10^5$ g/mol，$\phi_c = 0.8$，拉伸率 $\mathrm{d}\lambda/\mathrm{d}t = 2.4 \times 10^{-2}$ s^{-1}

8.3 聚合物的物理本质

要了解前面提到的聚合物材料的物理本质，我们先从聚合物的内部结构入手，介绍反映结构统计意义上的状态数以及它和能量之间的关系。考虑一个足够长时间段内

的孤立系统，此时系统达到充分的统计平衡态。如果将该系统分割为一系列宏观意义上的子系统，且考虑其中之一，该子系统的相空间分布函数为 ω。特别地，我们可以考虑该子系统可能拥有的不同能量的统计分布，即 $\omega = \omega(E)$。为了得到该子系统的能量在 E 到 $E + \mathrm{d}E$ 范围内的概率 $W(E)\mathrm{d}E$，需要将概率密度函数 $\omega(E)$ 与这一能量范围内的状态数相乘。如果以 $\Gamma(E)$ 代表能量不大于 E 的所有状态的数量，那么能量在 E 到 $E + \mathrm{d}E$ 之间的状态数为 $\dfrac{\mathrm{d}\Gamma(E)}{\mathrm{d}E}\mathrm{d}E$，因此得到能量的概率分布为

$$W(E) = \frac{\mathrm{d}\Gamma(E)}{\mathrm{d}E}\omega(E) \tag{8.1a}$$

利用统计概率的归一化条件，我们有

$$\int W(E)\mathrm{d}E = 1$$

按照典型能量分布，$W(E)$ 在一个很小的区间范围内达到其最大值，$E = \overline{E}$。这一区间的大小以 ΔE 表示，则有 $W(\overline{E})\Delta E = 1$。因此有

$$\frac{\mathrm{d}\Gamma(E)}{\mathrm{d}E}\omega(E)\Delta E = 1 \tag{8.1b}$$

定义 $\Delta\Gamma(E) = \dfrac{\mathrm{d}\Gamma(E)}{\mathrm{d}E}\Delta E$，则有 $\omega(E)\Delta\Gamma = 1$。在相空间中，将 $\Delta\Gamma = \Delta p \cdot \Delta q/(2\pi\hbar)^s$ 定义为 $\Delta p \cdot \Delta q$ 相空间体积中的状态数，其中 s 为维度，$(2\pi\hbar)^s$ 为单位状态所占的体积；此时 $\Delta\Gamma$ 反映了系统中统计意义上的状态数目。我们设定

$$S \equiv \log \Delta\Gamma \tag{8.2a}$$

S 即为子系统的熵。对于总系统而言，如果其各子系统的状态数目为 $\Delta\Gamma_i(i = 1, \cdots, n)$，这里 n 为子系统的数目，那么有

$$\Delta\Gamma = \prod_{i=1,\cdots,n} \Delta\Gamma_i \tag{8.2b}$$

通过式 (8.2a)，可以将总系统的熵表示为

$$S = \sum_i S_i, \quad S_i \equiv \log\Delta\Gamma_i \tag{8.2c}$$

也就是说，熵是一个可叠加量：复合系统中的熵等于其各子系统中熵之和。

当系统处于热力学平衡态时，熵对能量的偏导数在系统中的各部分量是相同的。而系统中熵对能量的偏导数即为绝对温度的倒数，即 $\dfrac{\mathrm{d}S}{\mathrm{d}E} = \dfrac{1}{T}$。与熵相似，温度被看做一个单纯的统计量，只有在宏观系统中才具有实际意义。

从式 (8.2c) 可以看到，熵是一个无量纲量，因此温度具有能量的量纲，可以通过能量单位来刻画。实际过程中为方便起见，定义温度单位为开尔文（K），即开氏温度，它和能量单位尔格（erg）之间存在一定关系。后者是能量与机械功的单位，源自希腊语 ergon，有 1 erg = 10^{-7} J，常见于老版教科书中，1 erg = 1 dyn $\cdot$ cm = 1 g $\cdot$ cm^2/s^2，这里的达因也源自希腊语 dynamis，1 dyn = 10^{-5} N。一个单位的开氏温度和尔格之间的转换系数为玻尔兹曼常量（Boltzmann constant），即 $k = 1.38 \times 10^{-16}$ erg/K。

8.3.1 构形熵与自由能

回到我们所考虑的聚合物材料，它们通常由众多的聚合物链组成，对于每一根聚合物链，它具备图 8.4 所示的非线性弹性应力–应变关系。需要指出的是，聚合物链的自由能在热平衡状态下并非一个定值，这和我们了解的其他固体材料存在显著差异。这一点可类比于气体的动能可能随着分子之间的碰撞而随时间产生涨落。因此，聚合物链的亥姆霍兹自由能 F（Helmholtz free energy）受应变能 W 和熵控制，即

$$F = W - TS \tag{8.3a}$$

而对于构形熵的变化，受人造橡胶的启发，存在两类主要模型，即自由链模型和蠕虫链模型。而这些模型所采用的描述聚合物链在变形过程中熵变化的方程为玻尔兹曼方程

$$S = k \ln p \tag{8.3b}$$

该方程将聚合物链在变形过程中熵的变化和构形概率密度 p 关联起来，其中 k 为我们熟知的玻尔兹曼常量，$k = 1.38 \times 10^{-23}$ J/K。如果进一步假定聚合物链的变形完全由构形熵决定，则有

$$F \approx -kT \ln p \tag{8.3c}$$

式 (8.3) 及熵的定义表明：构形的数目是能量的度量，而数目的多寡反映的是某一能量下各构形作为事件发生的概率，与玻尔兹曼方程相关联，式 (8.3b) 为被温度归一化后的能量比例系数。我们将利用熵的变化这一关系来讨论几种不同的聚合物链模型。

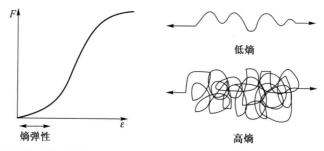

图 8.4 聚合物链的自由能随应变的变化。注意，在不同的变形阶段，构形熵也存在显著差异

8.3.2 自由链模型

我们先来看一种最简单的链结构，它由 N 节端点铰接的键组成，每一节的长度为 l，相邻两节之间，除了铰接点外，不存在相互约束和影响，如图 8.5 所示。这样一来，整个链的构形看起来是完全随机的。它的伸直长度 L（contour length）为 Nl，端点到端点的长度定义为 r。对于一维的情况，每一节只能向左或者向右折叠，有两种可能，那么整的构形为 $\Pi = 2^N$。如果 $N = 2k$，端点到端点的长度 r 可能为 $-2kl, -2(k-1)l, \cdots, 2(k-1)l, 2kl$；如果 $N = 2k+1$，对应的长度 r 可能为 $-(2k+1)l, -(2k-1)l, \cdots, (2k-1)l, (2k+1)l$。如果每一个对应长度的构形数目为

$n(r/L)$，那么对应的概率密度 $p(r/L) = n(r/L)/\Pi$ 服从二项分布，它是和各个可能长度对应的离散点。当 $r = \pm L$ 时，只有一种构形对应于这一长度，这个时候链为最有序的构形；而当 $-L < r < L$ 时，存在多种构形。依据直觉，如果 $N = 2k$，出现 $r = 0$ 的构形数目可能最大，对应于最无序的状态。考虑到 $S = k \ln p$，越多的构形意味着熵更大。

图 8.5 一维聚合物链的构形熵。这里每一节只能向左或者向右折叠，构形随着外载变化

表 8.1 中列举了具备 N 节的一维聚合物链的构形和各长度概率。

表 8.1 具备 N 节的一维聚合物链的构形、伸直长度 L、点到点长度以及各类构形的分布概率

N	L	Π	r/l 点到点长度范围	$n(r/L)$
1	l	2^1	$[-1, 1]$	$[1, 1]$
2	$2l$	2^2	$[-2, 0, 2]$	$[1, 2, 1]$
3	$3l$	2^3	$[-3, -1, 1, 3]$	$[1, 3, 3, 1]$
4	$4l$	2^4	$[-4, -2, 0, 2, 4]$	$[1, 4, 6, 4, 1]$
5	$5l$	2^5	$[-5, -3, -1, 1, 3, 5]$	$[1, 5, 10, 10, 5, 1]$
6	$6l$	2^6	$[-6, -4, -2, 0, 2, 4, 6]$	$[1, 6, 15, 20, 15, 6, 1]$
$N = 2k$	Nl	2^N	$[-2k, -2(k-1), \cdots, 2(k-1), 2k]$	
$N = 2k+1$			$[-2k-1, -2k+1, \cdots, 2k-1, 2k+1]$	

除了铰接点外，如果一条由 N 段构成的聚合物链中的任意相邻两节之间不存在相互约束和影响，我们可以很方便地计算端点之间的平均距离 R。如果将第 i 段用向量 l_i 表示，那么端点之间的平均距离 R 可以定义为

$$\langle R^2 \rangle = \langle \boldsymbol{R} \cdot \boldsymbol{R} \rangle = \left\langle \sum_{i=1}^{N} \boldsymbol{l}_i \cdot \sum_{j=1}^{N} \boldsymbol{l}_j \right\rangle = \sum_{i=1}^{N} \sum_{j=1}^{N} \langle \boldsymbol{l}_i \cdot \boldsymbol{l}_j \rangle \tag{8.4}$$

式 (8.4) 可以进一步简化为

$$\langle R^2 \rangle = \sum_{i=1}^{N} \langle \boldsymbol{l}_i \cdot \boldsymbol{l}_j \rangle + \sum_{i=1}^{N} \sum_{j \neq l}^{N} \langle \boldsymbol{l}_i \cdot \boldsymbol{l}_j \rangle = Nl^2 \tag{8.5}$$

最后等式部分用到 $\boldsymbol{l}_i$ 和 $\boldsymbol{l}_j$ 之间的独立性，当 $j \neq i$ 时，$\langle \boldsymbol{l}_i \cdot \boldsymbol{l}_j \rangle = 0$。因此从式 (8.5) 可以看到，自由状态下端点到端点的距离为 $\sqrt{\langle R^2 \rangle} = \sqrt{N} l$，这一距离和 $\sqrt{N}$ 成比例关系。如果各段都处于伸长的状态，该聚合物链的伸直长度 $L = Nl$。对比这两个长度，考虑到 N 一般非常大，所以这类聚合物链通常都具有很大的拉伸量。

当 $N \to \infty$ 时，对这一极大伸直长度的一维聚合物链，其端点之间的距离分布密度为经典的高斯分布，这一结论可以通过中心极限定理来得到。按照中心极限定理的表述，如果 $a_i(i = 1, 2, \cdots, N)$ 是相互间统计独立的一组变量，那么这组变量之和 $\zeta = \sum\limits_{i=1}^{N} a_i$ 服从高斯分布

$$p(\zeta) = \frac{1}{\sqrt{2\pi N\sigma^2}} e^{-\frac{(X - N\bar{a})^2}{2N\sigma^2}}$$

式中，$\bar{a}$ 是变量 a 的均值，即 $\bar{a} = \langle a \rangle = 0$；$\sigma^2$ 是变量 a 的方差，$\sigma^2 = \langle (a - \bar{a})^2 \rangle$。在一维体系中，$a$ 就是该段沿 x 轴的坐标，因此有 $\sigma^2 = \langle a^2 \rangle = l^2$。于是

$$p_{1d} = \frac{1}{\sqrt{2\pi Nl^2}} e^{-\frac{Nr^2}{2L^2}} \tag{8.6}$$

将以上端点之间的距离分布密度推广到三维空间，用 a_i 来表示 l_i 中各坐标分量 a_{ix}、a_{iy}、a_{iz}。与以上的情况类似，a_{ix}、a_{iy} 和 a_{iz} 的均值都为零，它们的方差 $\langle a_{ix} \rangle^2 = \langle a_{iy} \rangle^2 = \langle a_{iz} \rangle^2 = l^2/3$。因此，得到对应的高斯分布

$$p_{3d} = \left(\frac{3}{2\pi Nl^2} \right)^{3/2} e^{-\frac{3Nr^2}{2L^2}} \tag{8.7}$$

这个用统计方法计算高分子链的构象并获得高分子链末端距的概率密度函数的工作由 Kuhn 首先提出。

如果将得到的概率分布函数代入玻尔兹曼方程和自由能表达式中，有

$$F_{\text{FJC}} \approx F_{\text{FJC}}^0 + kT \frac{3Nr^2}{2L^2} = F_{\text{FJC}}^0 + \frac{3kTr^2}{2Nl^2} \tag{8.8}$$

式中，F_{FJC}^0 为无扰动状态下的参考能量。不难因此得到力与端点间距的关系

$$f = \frac{\partial F_{\text{FJC}}}{\partial r} = \frac{3NkT}{L^2} r \tag{8.9}$$

一般而言，当拉伸一条聚合物链时，其可能的构形变少，熵降低；而给聚合物链升温时，它将变得更卷曲，熵增加。这一点和我们所观察到的密闭容器里的气体分子产生压强的现象类似：气体分子按照一定概率撞击壁面而产生压强。这一撞击概率随着体积的变化而变化，它本质上对应于熵的变化。伴随这一熵变化过程，我们有对应的能量输入或者输出。同样，当通过拉伸改变聚合物链的构形时，伴随的熵减需要能量的输入。

简单的高斯链接模型预测了力和位移的线性关系，这和实际的情况存在较大的差异，例如图 8.2 和图 8.3 所示应力-应变关系存在高度非线性。高斯分子链具备以下特征：每一节为一个统计单元；每个长度的统计单元是刚性棒；统计单元之间自由结合（无角度限制）；分子链不占有体积。1943 年 Treloar 把高斯统计理论应用到高分子网链中，用以描述橡胶材料的宏观行为。高斯统计模型基于末端距远小于分子链的全部伸展长度的假设，因此它不能用来描述分子链的伸展过程，这也是该模型的局限所在，它只能用来近似预测小变形时的情况。

下面要介绍的朗之万链模型将能体现实际聚合物链在拉伸时的非线性响应。

8.3.3 朗之万链模型

在之前的推导中，我们假定聚合物链在受力状态下其端点到端点之间的距离仍然遵从高斯分布。实际情况中，作用力的存在将显著改变链中的能量分配，从而改变该距离的分布形式。1942 年，Kuhn 和 Grim 用非高斯统计理论来研究分子链的伸长极限，用朗之万统计理论来说明分子链伸长率的影响。下面我们从玻尔兹曼能量分配方程来推导对应的分布方式。对于图 8.6 所示的聚合物链，总的构形为

$$Z = \int \mathrm{d}l_1 \int \mathrm{d}l_2 \cdots \int \mathrm{d}l_N \mathrm{e}^{-\frac{E(\{l_1, l_2, \cdots, l_N\})}{kT}} \tag{8.10}$$

如果假设能量项可以依据各段来分解

$$E\left(\{l_1, l_2, \cdots, l_N\}\right) = -fr = -f\boldsymbol{R} \cdot \boldsymbol{r} = -f\sum_{i=1}^{N} l_i \cdot \boldsymbol{r} = -fl\sum_{i=1}^{N} \cos\theta_i \tag{8.11}$$

考虑到每一节都是独立的，我们有 $Z = Z_1^N$，且

$$Z_1 = \int_0^{2\pi} \mathrm{d}\omega \int_0^{\pi} \sin\theta_1 \mathrm{e}^{-\frac{fl\cos\theta_1}{kT}} \mathrm{d}\theta_1 = 4\pi \frac{kT}{fl} \sinh\frac{fl}{kT} \tag{8.12}$$

依据玻尔兹曼方程，对应的自由能表达式为

$$F_{\mathrm{LFJC}} \approx F_{\mathrm{LFJC}}^0 + kT\ln Z = F_{\mathrm{LFJC}}^0 + NkT\left[\ln\left(\sinh\frac{fl}{kT}\right) - \ln\frac{fl}{kT}\right] \tag{8.13}$$

和前面类似，当力固定时，对应的平均位移为

$$\langle r \rangle = \frac{\partial F_{\mathrm{LFJC}}}{\partial f} \tag{8.14}$$

从而得到以下的力和位移之间的关系

$$\frac{\langle r \rangle}{Nl} = \frac{\langle r \rangle}{L} = \coth\left(\frac{fl}{kT}\right) - \frac{kT}{fl} \tag{8.15}$$

通常将以上方程所描述的力和位移之间的关系称为朗之万链模型（Langevin chain model）。对应的函数为

$$\mathcal{L}(x) = \coth(x) - \frac{1}{x} \tag{8.16}$$

称为朗之万函数。对于较小的 x，朗之万函数可由泰勒级数表达为

$$\mathcal{L}(x) = \frac{1}{3}x - \frac{1}{45}x^3 + \frac{2}{945}x^5 - \frac{12}{4725}x^7 + \cdots \tag{8.17}$$

从式 (8.17) 可以看到，当 $fl \ll kT$ 时，我们得到的表达式和前面自由链模型（freely jointed chain model）所描述的简单情形一致

$$f = \frac{\partial F_{\mathrm{FJC}}}{\partial r} = \frac{3NkT}{L^2}\langle r \rangle \tag{8.18}$$

反过来，当 $fl \gg kT$ 时，有

$$f = \frac{kT}{l}\frac{1}{1 - \langle r \rangle / L} \tag{8.19}$$

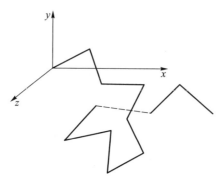

图 8.6 三维聚合物链的构形熵。这里，每一节链长度为 l，相邻链之间的夹角 θ 随机分布

同时注意到，链在拉伸状态下长度接近伸直长度时所对应的载荷是发散的，接近于无穷大；这源自我们对每一节的刚性棒假设。如果将式 (8.17) 所描述的位移和力的关系转变为力和位移的关系，这就需要定义该函数的反函数，即朗之万反函数 $\mathcal{L}^{-1}(x)$：

$$\mathcal{L}^{-1}(x) = 3x + \frac{9}{5}x^3 + \frac{297}{175}x^5 + \frac{1539}{875}x^7 + \cdots \tag{8.20}$$

法国数学家帕德提供了另外一种朗之万反函数的近似方法

$$\mathcal{L}^{-1}(x) = 3x\frac{35 - 12x^2}{35 - 33x^2} + \mathrm{O}(x^7) \tag{8.21}$$

从式 (8.17) 可以看到，如果朗之万反函数中的输入变量为 $\langle r \rangle/L$，那么我们得到的值为 $fl/(kT)$，从而得到对应的力和位移之间的关系。利用朗之万反函数，也可以将自由能表达式用位移来表示

$$F_{\mathrm{LFJC}} = F_{\mathrm{LFJC}}^0 + NkT\left\{\ln\left[\sinh\left(\mathcal{L}^{-1}\left(\frac{\langle r \rangle}{L}\right)\right)\right] - \ln\left[\mathcal{L}^{-1}\left(\frac{\langle r \rangle}{L}\right)\right]\right\} \tag{8.22}$$

8.3.4 蠕虫链模型

前面讨论的链模型基于其相邻键之间可自由向各方向折叠，相邻的段之间是独立的；而通常的物质链结构都具备一定的刚度，有点类似于通常的梁结构。当然，它的弯曲刚度随着长度的变化而迅速减小，足够长的时候才接近前面的自由链假设。为了描述这种更接近真实情况的聚合物链，描述具备一定刚性的高分子链，Porod 和 Dratky 提出了蠕虫链模型（worm like chain model）。蠕虫链模型并不将整个长链分为相互独立的链段，而是将这一长链看成线状的连续弹性介质，并在此基础上发展出力与位移之间的关系。目前这一关系被广泛应用于描述双螺旋 DNA、非结构化 RNA、非结构化蛋白质、三螺旋胶原蛋白等结构。

如图 8.7 所示，对于这样连续的具有一定柔度的棒，其持续长度 l_{P} 量化了两点间向量的相关程度

$$\langle \boldsymbol{t}_0 \cdot \boldsymbol{t}_s \rangle = \exp\left(-\frac{s}{l_{\mathrm{P}}}\right) \tag{8.23}$$

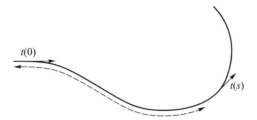

图 8.7 蠕虫链模型。聚合物链被描述为连续的具有一定柔度的棒，可以通过棒的刚度或者持续长度（persistence length）来描述

需要看到，l_P 是一个基本的力学性质，量化了长聚合物的刚度。依据式 (8.23) 的定义，我们可以获得点到点距离的均方

$$\langle R^2 \rangle = \langle \boldsymbol{R} \cdot \boldsymbol{R} \rangle = \left\langle \int_0^L \boldsymbol{t}(s)\mathrm{d}s \cdot \int_0^L \boldsymbol{t}(s')\mathrm{d}s' \right\rangle = \int_0^L \mathrm{d}s \int_0^L \langle \boldsymbol{t}(s) \cdot \boldsymbol{t}(s') \rangle \mathrm{d}s' \quad (8.24)$$

$$\langle R^2 \rangle = \int_0^L \mathrm{d}s \int_0^L \exp\left(-\frac{|s-s'|}{l_P}\right)\mathrm{d}s' = 2l_P \left\{ L + l_P \left[\exp\left(-\frac{L}{l_P}\right) - 1 \right] \right\} \quad (8.25)$$

当 $L \gg l_P$ 时，$\langle R^2 \rangle \approx 2l_P L$，对照式 (8.5)，我们发现当持续长度远小于伸直长度时，蠕虫链模型和自由链模型得到的端点间距离是一样的。按照定义，l_P 介于键长和伸直长度之间，当 $l_P = l$ 时，对应于键键不相关的自由链模型；当 $l_P = L$ 时，对应于聚合物链为弹性梁的情况。

蠕虫链模型得到的自由能表达式可以近似为

$$F_{\mathrm{WLC}} = F_{\mathrm{WLC}}^0 + \frac{kTL}{4l_P} \left[2\left(\frac{r}{L}\right)^2 + \frac{1}{1 - r/L} - \frac{r}{L} \right] \quad (8.26)$$

从而可以获得蠕虫链模型受拉情况下的力–位移关系

$$f_{\mathrm{WLC}} = \frac{kT}{4l_P} \left[4\frac{r}{L} + \frac{1}{\left(1 - r/L\right)^2} - 1 \right] \quad (8.27)$$

对比于自由链模型中的力–位移关系，我们在这里增加了一个结构参数 l_P。图 8.8 比较了实验测量的双螺旋链的力–拉伸比例曲线与不同高分子链模型的拟合结果，蠕虫链模型能更好地描述实验结果。

持续长度为 Kuhn 长度的一半，可以理解为相关长度（即经过持续长度之后，起点和终点的方向失去相关性)，对于一条柔性链来说，起点和终点肯定是不相关的，所以轮廓长度大于相关长度（实际上自由链到第三节后就和前面的没有任何关联了，所以等于两节刚性单元的长度）。对于刚性链，起点和终点方向差不多，也就是说还是相关的，所以轮廓长度肯定小于持续长度。持续长度实际是表征长链结构刚度的力学量，可以通过弯曲刚度 K_B 来推导。在已知杨氏模量 E 以及截面惯性矩的情况下，$K = EI$。如果截面为圆，且半径为 R，那么惯性矩 $I = \pi R^4/4$。

$$l_P = \frac{K_B}{kT} \quad (8.28)$$

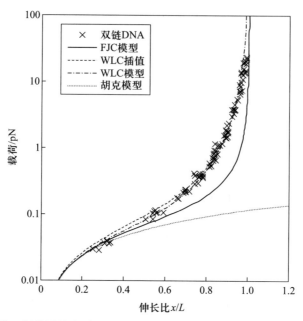

图 8.8 实验测量的双螺旋链的力-拉伸比例曲线与不同高分子链模型的对比[2]。不难看出，对比自由链模型中的高斯链模型和胡克模型，蠕虫链模型能更好地描述实验结果

例如，一根没有煮的意大利实心面条的持续长度为 10^{18} m 这一量级（如果考虑杨氏模量为 5 GPa，面的半径为 1 mm），而双螺旋蛋白质链的持续长度大约为 500 nm。这样大的持续长度并非说它是刚性的，而是相对于室温下的热扰动而言，热扰动能量 $k_B T$ 可以引起这一长度的实心面条产生显著变形，使得其两端的方向失去关联。

8.4 超弹性材料的变形

考虑一个处于热力学平衡状态的代表性单元初始状态，该单元为一个边长分别为 L_1、L_2、L_3 的长方体。当该单元的 3 对正交平面上分别承受 P_1、P_2、P_3 外载时，长方体边长分别变为 l_1、l_2、l_3（图 8.9）。该组外力所作的功 δF 等于系统的自由能

$$\delta F = P_1 \delta l_1 + P_2 \delta l_2 + P_3 \delta l_3 \tag{8.29}$$

定义代表性单元沿 3 个正交方向的伸长比例分别为

$$\lambda_1 = \frac{l_1}{L_1}, \quad \lambda_2 = \frac{l_2}{L_2}, \quad \lambda_3 = \frac{l_3}{L_3} \tag{8.30}$$

且每一个面上的名义正应力为

$$S_1 = \frac{P_1}{L_2 L_3}, \quad S_2 = \frac{P_2}{L_3 L_1}, \quad S_3 = \frac{P_3}{L_1 L_2} \tag{8.31}$$

每一个面上的真应力（又叫柯西应力）为

$$\sigma_1 = \frac{P_1}{l_2 l_3}, \quad \sigma_2 = \frac{P_2}{l_1 l_3}, \quad \sigma_3 = \frac{P_3}{l_1 l_2} \tag{8.32}$$

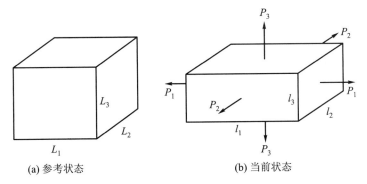

图 8.9 代表性单元变形前（a）后（b）的状态示意图

按照 4.2.4 节中的介绍，我们考虑这类材料恒体积下的等温变形，因此可以定义单位名义体积上的亥姆霍兹（Helmholtz）自由能为

$$w = \frac{F}{L_1 L_2 L_3} \tag{8.33}$$

那么有

$$\delta w = \frac{\delta F}{L_1 L_2 L_3} = \frac{P_1 \delta l_1 + P_2 \delta l_2 + P_3 \delta l_3}{L_1 L_2 L_3} = S_1 \delta \lambda_1 + S_2 \delta \lambda_2 + S_3 \delta \lambda_3 \tag{8.34}$$

考虑到名义应力和伸长比例之间功共轭，可以将 w 表示为

$$w = w\left(\lambda_1, \lambda_2, \lambda_3\right) \tag{8.35}$$

同样

$$\delta w = \frac{\partial w\left(\lambda_1, \lambda_2, \lambda_3\right)}{\partial \lambda_1} \delta \lambda_1 + \frac{\partial w\left(\lambda_1, \lambda_2, \lambda_3\right)}{\partial \lambda_2} \delta \lambda_2 + \frac{\partial w\left(\lambda_1, \lambda_2, \lambda_3\right)}{\partial \lambda_3} \delta \lambda_3 \tag{8.36}$$

其中

$$S_1 = \frac{\partial w}{\partial \lambda_1}, \quad S_2 = \frac{\partial w}{\partial \lambda_2}, \quad S_3 = \frac{\partial w}{\partial \lambda_3} \tag{8.37}$$

按照真应力的定义，可得到

$$\sigma_1 = \frac{\partial w}{\lambda_2 \lambda_3 \partial \lambda_1}, \quad \sigma_2 = \frac{\partial w}{\lambda_1 \lambda_3 \partial \lambda_2}, \quad \sigma_3 = \frac{\partial w}{\lambda_1 \lambda_2 \partial \lambda_3} \tag{8.38}$$

因此有

$$\delta w = \sigma_1 \lambda_2 \lambda_3 \delta \lambda_1 + \sigma_2 \lambda_1 \lambda_3 \delta \lambda_2 + \sigma_3 \lambda_1 \lambda_2 \delta \lambda_3 \tag{8.39}$$

考虑到这类材料的剪切模量远小于其压缩模量，我们将其视为不可压缩，由不可压缩条件可以导出如下几何关系：

$$L_1 L_2 L_3 = l_1 l_2 l_3 \Rightarrow \lambda_1 \lambda_2 \lambda_3 = 1 \tag{8.40}$$

这样一来，3 个方向上的变形 λ_1、λ_2、λ_3 是无法独立的。取 λ_1 和 λ_2 为独立变量，那么有

$$\lambda_3 = \left(\lambda_1 \lambda_2\right)^{-1} \tag{8.41}$$

相应地，可以将亥姆霍兹自由能的微分形式重新表述为

$$\delta\lambda_3 = \lambda_1^{-2}\lambda_2^{-1}\delta\lambda_1 + \lambda_2^{-2}\lambda_1^{-1}\delta\lambda_2 \tag{8.42a}$$

$$\delta w = \sigma_1\lambda_2\lambda_3\delta\lambda_1 + \sigma_2\lambda_1\lambda_3\delta\lambda_2 + \sigma_3\lambda_1\lambda_2\delta\lambda_3 \tag{8.42b}$$

$$\delta w = \left(\frac{\sigma_1 - \sigma_3}{\lambda_1}\right)\delta\lambda_1 + \left(\frac{\sigma_2 - \sigma_3}{\lambda_2}\right)\delta\lambda_2 \tag{8.42c}$$

从而可以获得应力的表达式

$$\sigma_1 - \sigma_3 = \lambda_1\frac{\partial w}{\partial\lambda_1}, \quad \sigma_2 - \sigma_3 = \lambda_2\frac{\partial w}{\partial\lambda_2} \tag{8.43}$$

不同的非线性模型在于构建 w 和伸长比例之间的关系。

8.5 典型超弹性模型

前面分析了三轴拉伸情况下的应变能密度函数以及对应的应力–应变关系，现在来看更一般的超弹性材料变形。这主要是针对那些无法用线弹性模型来准确描述的材料，它们具备非线性弹性、各向同性、且一般不考虑应变率效应。一些橡胶材料、生物材料等近似具备这一理想超弹性材料所描述的特性。同时需要注意的是，这些模型一般针对材料在变形过程中的耗散可以忽略的情形。如果 E 是依据某一参考构形下的变形梯度张量定义的变形张量，则自由能函数 ψ 是 E 的函数，即 $\psi = \psi(E)$。如何确定这一自由能函数涉及力学本构关系中常采用的唯象模型，这一理论最早是由 Mooney 在 1940 年提出[3]。用唯象理论得到的自由能函数一般都可以用变形张量 E，更多的时候采用其主不变量或伸长张量的主值来表示，然后通过实验来确定应变能函数中的材料常数。这一方面比较有代表性的贡献者如 Valanis 和 Landel，Ogden 等。此外，Truesdell、NollColeman、Eringen 以及 Rivlin[4-5] 等理性力学家经过严格的数学演绎，进一步完善了这类本构关系的公理化体系，并给出了为保证超弹性材料的理想化物理性能所必须满足的一些本构不等式。

这里重点介绍自由能函数 ψ 依赖于 E 的不变量的情形。目前通过采用 E 的第一 (Λ_1)、第二 (Λ_2) 主不变量，甚至第三主不变量 (Λ_3)，已逐步发展出能描述不同超弹性材料在复杂变形情况下的本构方程。在主拉伸空间，Λ_1、Λ_2 和 Λ_3 分别为

$$\begin{cases} \Lambda_1 = \lambda_1^2 + \lambda_2^2 + \lambda_3^2 \\ \Lambda_2 = \lambda_1^2\lambda_2^2 + \lambda_2^2\lambda_3^2 + \lambda_1^2\lambda_3^2 \\ \Lambda_3 = \lambda_1^2\lambda_2^2\lambda_3^2 \end{cases} \tag{8.44}$$

一般将自由能函数定义为三者的多项式，而且必须满足在未变形状态下 $\psi = 0$（即 $\Lambda_1 = \Lambda_2 = 3$ 时，$\psi = 0$）。最一般的应变能表达式是由 Rivlin 在 1948—1951 年期间提出的，他假定自由能函数的一般的多项式形式为

$$\psi = \sum_{m,n} C_{mn}(\Lambda_1 - 3)^m(\Lambda_2 - 3)^n \tag{8.45}$$

式中，m、n 必须为整数且 $C_{00} = 0$。

8.5.1 Neo–Hookean 模型

从连续介质力学的唯象理论观点出发，我们可以在已知材料应力–应变关系曲线的前提下，通过拟合方法来确定式 (8.45) 中给出的应变能函数。Mooney 在 1940 年通过大量的实验证实了某些类型橡胶的力学性能可用弹性势函数来描述，而且证实了橡胶几乎是不可压的，从而提出了我们将要介绍的不可压应变能函数模型。后来 Rivlin 对这一方法作了进一步改进，通过实验来确定应变能函数中的材料常数，这就是今天我们所熟知的各类超弹性模型。

先考察一类简单的超弹性模型，在这一模型中，$m = 1, n = 0$，此时自由能函数用到 Λ_1，即

$$\psi = C_1(\Lambda_1 - 3) \tag{8.46}$$

式中，$C_1 = NKT/2$，且 N 为分子链的段数，或者是单位体积中分子链的数量，它等价于高斯统计模型。对应的应力方程可以写为

$$\sigma(\boldsymbol{E}) = -P\boldsymbol{I} + 2\rho C_1 \boldsymbol{E} \tag{8.47}$$

因为这一变形类似于胡克型材料，同时基于分子链的高斯统计模型，Rivlin 把遵循式 (8.46) 的材料称为 Neo–Hookean 材料，因此式 (8.46) 代表的本构模型称为 Neo–Hookean 模型。在主拉伸空间，Neo–Hookean 模型中自由能函数的表达式为

$$\psi = C_1 (\Lambda_1 - 3) = C_1 \left(\lambda_1^2 + \lambda_2^2 + \lambda_3^2 - 3 \right) \tag{8.48}$$

式 (8.48) 给出的 Neo–Hookean 模型也可以通过前面介绍的 Kuhn 理论导出。我们考虑橡胶材料由多条聚合物链组成，而每一条具有 N 段的聚合物链的自由能由表达式 (8.8) 给出。对于某一含 c_0 条聚合物链的单位体积，其自由能表达式为

$$\psi_0 = c_0 \int \mathrm{d}r \int_1^\infty \mathrm{d}N f(r, N) \frac{3kTr^2}{2Nl^2} \tag{8.49}$$

式中，$f(r, N)$ 表示具有 N 段且端点到端点之间距离为 r 的聚合物链的概率密度函数。可以进一步假设变形过程中并不改变具有 N 段的聚合物的数量，因此 $f(r, N)$ 又可以进一步简化为

$$f(r, N) = \left(\frac{3}{2\pi Nl^2} \right)^{3/2} \mathrm{e}^{-\frac{3Nr^2}{2L^2}} f_0(N) \tag{8.50a}$$

式中，前面一部分来自式 (8.7)；$f_0(N)$ 表示 N 段的聚合物的分布，即

$$\int_1^\infty f_0(N) \, \mathrm{d}N = 1 \tag{8.50b}$$

现在考虑该单位体积的均匀变形，对应的变形矩阵为 $\boldsymbol{E}$，也即材料坐标点 $\boldsymbol{r}$ 变形后对应于 $\boldsymbol{r}'$，且有 $\boldsymbol{r}' = \boldsymbol{E} \cdot \boldsymbol{r}$ 和 $r = |\boldsymbol{r}|$。如果这一变形同时也代表了各不同长度聚合物链端点到端点之间的变形，那么它们变形后的自由能表达式为

$$\psi(\boldsymbol{E}) = c_0 \int \mathrm{d}r \int_1^\infty \mathrm{d}N f(r, N) \frac{3}{2Nl^2} \left[(\boldsymbol{E} \cdot \boldsymbol{r})^2 - r^2 \right] \tag{8.51a}$$

式 (8.51a) 中右侧关于 dr 的积分部分可以表示为

$$\int dr f(r, N) (\boldsymbol{E} \cdot \boldsymbol{r})^2 = E_{ki} E_{kj} \int r_i r_j f(r, N) dr = (E_{ij})^2 \frac{N l^2}{3} f_0(N) \tag{8.51b}$$

这样我们就可以得到该单位体积自由能的最终表达式

$$\psi(\boldsymbol{E}) = \frac{1}{2} c_0 kT [(E_{ij})^2 - 3] = \frac{1}{2} c_0 kT (\lambda_1^2 + \lambda_2^2 + \lambda_3^2 - 3) \tag{8.51c}$$

这与式 (8.48) 是一致的。需要提醒的是，Neo–Hookean 模型一般只适用于近似预测应变在 40% 以内的单轴拉伸以及剪切变形不超过 80% 左右的纯剪力学行为，能合理地描述自然橡胶材料在中度应变下的力学行为。在大应变时，Neo–Hookean 模型不如其他模型精确，但也具备如下优点：一方面它可以由统计热力学方法得到，且只含一个材料常数；另一方面该模型的可移植性比较好，我们利用某一种变形方式下的应力–应变曲线来拟合所得的材料常数能比较好地预测其他变形模式下的力学响应。

8.5.2 Mooney–Rivlin 模型

在更复杂的 Mooney–Rivlin（英国人 Ronald. S. Rivlin）模型中，自由能函数用到了 $\varLambda_1$ 和 $\varLambda_2$，此时的自由能表达式取 $m = 1, n = 1$，即

$$\psi = C_1 (\varLambda_1 - 3) + C_2 (\varLambda_2 - 3) \tag{8.52}$$

对应的应力方程可以写为

$$\sigma(\boldsymbol{E}) = -P\boldsymbol{I} + 2\rho C_1 \boldsymbol{E} - 2\rho C_2 \boldsymbol{E}^{-1} \tag{8.53}$$

式 (8.52) 给出的自由能函数与 Mooney 在 1940 年提出的模型一样，因此被称为 Mooney–Rivlin 模型。在主拉伸空间，自由能函数为

$$\psi = C_1 (\lambda_1^2 + \lambda_2^2 + \lambda_3^2 - 3) + C_2 (\lambda_1^2 \lambda_2^2 + \lambda_2^2 \lambda_3^2 + \lambda_1^2 \lambda_3^2 - 3) \tag{8.54}$$

Mooney–Rivlin 模型能弥补在单轴拉伸试验中高斯统计模型 (Neo–Hookean) 与试验数据的一些偏差，因此被广泛应用于类似橡胶变形的固体材料。需要注意的是，式 (8.49) 给出的弹性常数 C_1 和 C_2 是恒定的，它们不能较精确地描述很多橡胶的力学行为，而且移植性不是很好，即当我们将通过某一变形方式拟合得到的弹性常数应用到其他变形模式时，其效果不是很好，对于多轴变形问题尤其严重。基于这一原因，式 (8.45) 所涵括的更多的高阶项模型也得到了一定的应用。

8.5.3 Ogden不可压缩模型

另一类通过主拉伸而发展的超弹性材料本构模型——Ogden 不可压缩模型为

$$\psi(\lambda_1, \lambda_2, \lambda_3) = \sum_{i=1}^n \frac{\mu_i}{a_i} (\lambda_1^{a_i} + \lambda_2^{a_i} + \lambda_3^{a_i} - 3) \tag{8.55}$$

通常 $a_1 = 1.3$，$\mu_1 = 6300$ kPa；$a_2 = 5.0$，$\mu_2 = 1.2$ kPa；$a_3 = -2.0$，$\mu_3 = -10$ kPa。该模型比较精确地描述了橡胶弹性。

8.6　小结

大变形弹性理论推动了弹性力学理论的发展，这一重要的领域是经典弹性力学从未开发的处女地。例如，橡胶之类的高分子材料的广泛应用使得建立弹性大变形理论成为必需。与弹性问题不同，超弹性理论中的有限变形问题最终归结为非线性微分方程的（初）边值问题，如图 8.10 和表 8.2 所示的应力状态，其控制方程非常复杂，要得到这样问题的精确解是非常困难的。

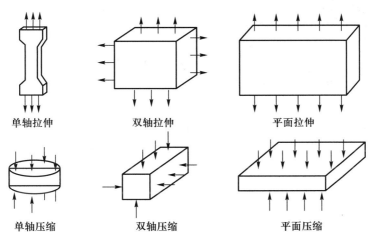

图 8.10　超弹性材料的典型应力状态及测试方法

表 8.2　主要试验的应力表达式

种类	拉伸比	应变不变量	柯西主应力表达式
单轴拉伸	$\lambda_3 = \lambda_2 = \lambda_1^{-1/2}$	$I_1 = \lambda_1^2 + 2\lambda_1^{-1}$ $I_2 = 2\lambda_1 + \lambda_1^{-2}$	$\sigma_{11} = 2\left(\lambda_1^2 - \lambda_1^{-1}\right)\left(\dfrac{\partial W}{\partial I_1} + \lambda_1^{-1}\dfrac{\partial W}{\partial I_2}\right)$
等双轴拉伸	$\lambda_3 = \lambda_1^{-2} = \lambda_2^{-2}$	$I_1 = 2\lambda_1^2 + \lambda_1^{-4}$ $I_2 = \lambda_1^4 + 2\lambda_1^{-2}$	$\sigma_{11} = 2\left(\lambda_1^2 - \lambda_1^{-4}\right)\left(\dfrac{\partial W}{\partial I_1} + \lambda_1^2\dfrac{\partial W}{\partial I_2}\right)$
纯剪切	$\lambda_3 = \lambda_1^{-1}, \lambda_2 = 1$	$I_1 = \lambda_1^2 + \lambda_1^{-2} + 1$ $I_2 = \lambda_1^2 + \lambda_1^{-2} + 1$	$\sigma_{11} = 2(\lambda_1^2 - \lambda_1^{-2})\left(\dfrac{\partial W}{\partial I_1} + \dfrac{\partial W}{\partial I_2}\right)$

这方面最早的代表性工作请参见 Rivlin 的工作，对于各向同性的不可压超弹性材料，Rivlin、Green 和 Shield、Ericksen 等根据不可压条件求得了一系列轴对称和球对称问题的普适解，如圆筒受内压、圆柱体的扭转、长方体的弯曲、气球的膨胀等。Rivlin 还致力于超弹性材料的各向同性弹性的张量表示理论，提出了著名的 Rivlin-Ericksen 定理。对于不可压超弹性材料，Ericksen 提出除了均匀变形外，还存在 5 种非均匀的普适变形。对于可压缩超弹性材料，Ericksen 在 1955 年证明了对于各向同性的可压缩弹性物质，普适变形只有均匀变形一种情况。针对目前超弹性材料或准超弹性材料的广泛使用，大家更多的是采用合理的计算手段来分析其变形和受力情况。

参考文献

[1] Treloar L R G. The elasticity of a network of long chain molecules[J]. Rubber Chemistry and Technology, 1943, 16: 746-751.

[2] Marko J F, Siggia E D. Stretching DNA[J]. Macromolecules, 1995, 28: 8759-8770.

[3] Mooney M. A theory of large elastic deformation[J]. Journal of Applied Physics, 1940. 11(9): 582-592.

[4] Rivlin R S. Large elastic deformation of isotropic materials: I. Fundamental concepts[J]. Philosophical Transactions of the Royal Society A, 1948, 240(822): 459-490.

[5] Rivlin R S. Large elastic deformation of isotropic materials: II. Some uniqueness theorems for pure, homogeneous deformation[J]. Philosophical Transactions of the Royal Society A, 1948, 240(822): 491-508.

第 9 章　大变形本构关系

9.1　简介

我们前面讨论的是材料经历小变形的情况：材料的初始构形和变形后的构形基本没有差异；这个时候，如果假定作用在当前构形（变形后的构形）下的力仍然作用于初始构形上，所得到的结果不会引起很大误差。当结构的变形使体系的受力发生了显著的变化，以致不能采用前面线性体系的应变–位移关系时，我们称其为几何非线性问题，这个时候通常不存在力和位移之间的线性关系，类似的问题包括结构的大变形、大挠度等情形。这样的理论一般称为大变形、大应变理论。

通常结构的位移由两部分构成：刚体位移与变形位移，如图 9.1 所示。刚体位移包含刚体平移与刚体转动，其不改变结构的形状和大小，但大变形情况下，刚体转动导致的大角度变化必须加以考虑。同时，我们在前面的推导过程中，通过泰勒（Taylor）级数展开省略的位移偏导的二次以上的项也可能在大变形中对整体应变产生大的贡献而不可忽略，因此需要重新定义应变。对于几何上大变形而材料本身变形不是很大的情况，我们一般从变形梯度场来定义应变。

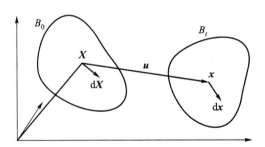

图 9.1　不同构形下物体的变形及对应的位移场示意图

9.2　变形梯度张量

考虑所给定的位移场，我们看初始状态下的物质点 $\boldsymbol{X}$，经过变形后，物质点坐标变为 $\boldsymbol{x}$，那么该点的位移矢量为

$$\boldsymbol{u} = \boldsymbol{x} - \boldsymbol{X} \tag{9.1}$$

它是初始位置和时间的函数

$$\boldsymbol{u}\left(\boldsymbol{X}, t\right) = \boldsymbol{x}\left(\boldsymbol{X}, t\right) - \boldsymbol{X} \tag{9.2}$$

为了考察物质点 $\boldsymbol{X}$ 附近的变形，我们看以点 $\boldsymbol{X}$ 为起点的线单元 $\mathrm{d}\boldsymbol{X}$，它经过变形成为 $\mathrm{d}\boldsymbol{x}$。我们可以通过变形梯度张量来建立物质点 $\boldsymbol{X}$ 附近的线单元由 $\mathrm{d}\boldsymbol{X}$ 成为 $\mathrm{d}\boldsymbol{x}$ 的线性关系，两者之间通过变形梯度张量关联

$$\mathrm{d}\boldsymbol{x} = \boldsymbol{F} \cdot \mathrm{d}\boldsymbol{X} = \mathrm{d}\boldsymbol{X} \cdot \boldsymbol{F}^{\mathrm{T}} \tag{9.3}$$

即

$$\boldsymbol{F} = \left(\frac{\partial \boldsymbol{x}}{\partial \boldsymbol{X}}\right)^{\mathrm{T}} = (\nabla \boldsymbol{x})^{\mathrm{T}} \tag{9.4}$$

这里 ∇ 表示微分算子。将式 (9.4) 展开，有

$$[F_{ij}] = \left[\frac{\partial x_i}{\partial X_j}\right] = \begin{bmatrix} \dfrac{\partial x_1}{\partial X_1} & \dfrac{\partial x_1}{\partial X_2} & \dfrac{\partial x_1}{\partial X_3} \\[2mm] \dfrac{\partial x_2}{\partial X_1} & \dfrac{\partial x_2}{\partial X_2} & \dfrac{\partial x_2}{\partial X_3} \\[2mm] \dfrac{\partial x_3}{\partial X_1} & \dfrac{\partial x_3}{\partial X_2} & \dfrac{\partial x_3}{\partial X_3} \end{bmatrix} = \boldsymbol{\varepsilon} + \boldsymbol{w} \tag{9.5}$$

分解后的变形梯度张量含对称部分 $\boldsymbol{\varepsilon}$ 和反对称部分 $\boldsymbol{w}$，$\boldsymbol{\varepsilon}$ 定义为

$$\boldsymbol{\varepsilon} = \begin{bmatrix} \dfrac{\partial x_1}{\partial X_1} & \dfrac{1}{2}\left(\dfrac{\partial x_1}{\partial X_2} + \dfrac{\partial x_2}{\partial X_1}\right) & \dfrac{1}{2}\left(\dfrac{\partial x_1}{\partial X_3} + \dfrac{\partial x_3}{\partial X_1}\right) \\[3mm] \dfrac{1}{2}\left(\dfrac{\partial x_1}{\partial X_2} + \dfrac{\partial x_2}{\partial X_1}\right) & \dfrac{\partial x_2}{\partial X_2} & \dfrac{1}{2}\left(\dfrac{\partial x_2}{\partial X_3} + \dfrac{\partial x_3}{\partial X_2}\right) \\[3mm] \dfrac{1}{2}\left(\dfrac{\partial x_1}{\partial X_3} + \dfrac{\partial x_3}{\partial X_1}\right) & \dfrac{1}{2}\left(\dfrac{\partial x_2}{\partial X_3} + \dfrac{\partial x_3}{\partial X_3}\right) & \dfrac{\partial x_3}{\partial X_3} \end{bmatrix} \tag{9.6}$$

反对称部分 $\boldsymbol{w}$ 的定义为

$$\boldsymbol{w} = \begin{bmatrix} 0 & \dfrac{1}{2}\left(\dfrac{\partial x_1}{\partial X_2} - \dfrac{\partial x_2}{\partial X_1}\right) & \dfrac{1}{2}\left(\dfrac{\partial x_1}{\partial X_3} - \dfrac{\partial x_3}{\partial X_1}\right) \\[3mm] -\dfrac{1}{2}\left(\dfrac{\partial x_1}{\partial X_2} - \dfrac{\partial x_2}{\partial X_1}\right) & 0 & \dfrac{1}{2}\left(\dfrac{\partial x_2}{\partial X_3} - \dfrac{\partial x_3}{\partial X_2}\right) \\[3mm] -\dfrac{1}{2}\left(\dfrac{\partial x_1}{\partial X_3} - \dfrac{\partial x_3}{\partial X_1}\right) & -\dfrac{1}{2}\left(\dfrac{\partial x_2}{\partial X_3} - \dfrac{\partial x_3}{\partial X_2}\right) & 0 \end{bmatrix} \tag{9.7}$$

通过变形梯度张量，可以构建应变张量和转动张量。我们可以通过下面的变形例子来看如何建立一点的变形梯度张量。

考察图 9.2 左侧的原始单元中的一点 $\boldsymbol{X}$，该单元变形后的结构如右侧图所示，对应的物质点 $\boldsymbol{X}$ 变为 $\boldsymbol{x}$。依据单元的最终状态，不难获得变形前后各物质点的对应关系，即

$$\boldsymbol{x}(\boldsymbol{X}) = X_1(1 + \gamma_1 X_2)\boldsymbol{e}_1 + X_2(1 + \gamma_2 X_1)\boldsymbol{e}_2 + X_3\boldsymbol{e}_3 \tag{9.8}$$

按照变形梯度张量的定义，有

$$\boldsymbol{F} = \begin{bmatrix} 1 + \gamma_1 X_2 & \gamma_1 X_1 & 0 \\ \gamma_2 X_2 & 1 + \gamma_2 X_1 & 0 \\ 0 & 0 & 1 \end{bmatrix} \tag{9.9}$$

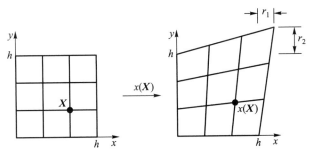

图 9.2 变形体中一点 $\boldsymbol{X}$ 在变形后与变形梯度张量关系的示意图

这个二阶张量定义了图 9.2 所示变形单元其各物质点变形前后的线性映射关系。下面讨论如何通过变形梯度张量定义建立客观应变，从而将大变形中的刚体运动部分有效排除在衡量材料应力–应变关系的本构方程之外。只有当变形发生时，材料内部物质点之间才可能存在相对位移；如果材料中物质点存在位移但没有相对位移，那么这一位移是由刚体运动产生的。

9.3　格林应变张量

前面得到的变形梯度张量可以分解为两个二阶张量的积[1]，即一个正交正则张量和一个正定对称张量的积

$$\boldsymbol{F} = \boldsymbol{R}\boldsymbol{U} = \boldsymbol{V}\boldsymbol{R} \tag{9.10}$$

式中，$\boldsymbol{R}$ 为正定对称张量，$\boldsymbol{R}^{-1} = \boldsymbol{R}^{\mathrm{T}}$，且 $\det(\boldsymbol{R}) = 1$，它为变形中代表刚体转动的部分。一般依据分解式中的相对位置，将 $\boldsymbol{U}$ 称为右拉伸张量，$\boldsymbol{V}$ 称为左拉伸张量。

如果考察微元的长度，变形前为 $(\mathrm{d}L)^2 = \mathrm{d}\boldsymbol{X} \cdot \mathrm{d}\boldsymbol{X}$，变形后 $(\mathrm{d}l)^2 = \mathrm{d}\boldsymbol{x} \cdot \mathrm{d}\boldsymbol{x}$。我们知道应变张量能反映微元长度的变化，用分量可以表示为

$$(\mathrm{d}l)^2 - (\mathrm{d}L)^2 = \mathrm{d}x_k\mathrm{d}x_k - \mathrm{d}X_j\mathrm{d}X_j = \mathrm{d}X_iF_{ki}\mathrm{d}X_jF_{kj} - \mathrm{d}X_j\mathrm{d}X_j \tag{9.11}$$

也就是

$$(\mathrm{d}l)^2 - (\mathrm{d}L)^2 = (F_{ki}F_{kj} - \delta_{ij})\mathrm{d}X_i\mathrm{d}X_j \tag{9.12}$$

因此，可以定义 $\dfrac{1}{2}(F_{ki}F_{kj} - \delta_{ij})$ 为应变张量。这就是我们常称的格林（Green）应变张量，也叫做拉格朗日–格林（Lagrangian-Green）应变张量，即

$$\boldsymbol{E} = \frac{1}{2}\left(\boldsymbol{F}^{\mathrm{T}}\boldsymbol{F} - \boldsymbol{I}\right) = \frac{1}{2}\left(\boldsymbol{C} - \boldsymbol{I}\right) \tag{9.13}$$

式中，$\boldsymbol{C}$ 为柯西（Cauchy）变形张量

$$\boldsymbol{C} = \boldsymbol{F}^{\mathrm{T}}\boldsymbol{F} = (\boldsymbol{R}\boldsymbol{U})^{\mathrm{T}}\boldsymbol{R}\boldsymbol{U} = \boldsymbol{U}^2$$

柯西变形张量是正定对称的，它具有 3 个实的特征根。这些特征根的平方根表征了材料的主拉伸量。根据式 (9.1) 和式 (9.4)，式 (9.15) 中的格林应变张量的分量表示

为

$$E_{ij} = \frac{1}{2}\left(\frac{\partial u_i}{\partial X_j} + \frac{\partial u_j}{\partial X_i} + \frac{\partial u_k}{\partial X_i}\frac{\partial u_k}{\partial X_j}\right) \tag{9.14}$$

各分量的具体表达式如下:

$$E_{11} = \frac{\partial u_1}{\partial X_1} + \frac{1}{2}\left[\left(\frac{\partial u_1}{\partial X_1}\right)^2 + \left(\frac{\partial u_2}{\partial X_1}\right)^2 + \left(\frac{\partial u_3}{\partial X_1}\right)^2\right] \tag{9.15a}$$

$$E_{22} = \frac{\partial u_2}{\partial X_2} + \frac{1}{2}\left[\left(\frac{\partial u_1}{\partial X_2}\right)^2 + \left(\frac{\partial u_2}{\partial X_2}\right)^2 + \left(\frac{\partial u_3}{\partial X_2}\right)^2\right] \tag{9.15b}$$

$$E_{33} = \frac{\partial u_3}{\partial X_3} + \frac{1}{2}\left[\left(\frac{\partial u_1}{\partial X_3}\right)^2 + \left(\frac{\partial u_2}{\partial X_3}\right)^2 + \left(\frac{\partial u_3}{\partial X_3}\right)^2\right] \tag{9.15c}$$

$$E_{12} = \frac{1}{2}\left(\frac{\partial u_1}{\partial X_2} + \frac{\partial u_2}{\partial X_1} + \frac{\partial u_1}{\partial X_1}\frac{\partial u_1}{\partial X_2} + \frac{\partial u_2}{\partial X_1}\frac{\partial u_2}{\partial X_2} + \frac{\partial u_3}{\partial X_1}\frac{\partial u_3}{\partial X_2}\right) \tag{9.15d}$$

$$E_{13} = \frac{1}{2}\left(\frac{\partial u_1}{\partial X_3} + \frac{\partial u_3}{\partial X_1} + \frac{\partial u_1}{\partial X_1}\frac{\partial u_1}{\partial X_3} + \frac{\partial u_2}{\partial X_1}\frac{\partial u_2}{\partial X_3} + \frac{\partial u_3}{\partial X_1}\frac{\partial u_3}{\partial X_3}\right) \tag{9.15e}$$

$$E_{23} = \frac{1}{2}\left(\frac{\partial u_2}{\partial X_3} + \frac{\partial u_3}{\partial X_2} + \frac{\partial u_1}{\partial X_2}\frac{\partial u_1}{\partial X_3} + \frac{\partial u_2}{\partial X_2}\frac{\partial u_2}{\partial X_3} + \frac{\partial u_3}{\partial X_2}\frac{\partial u_3}{\partial X_3}\right) \tag{9.15f}$$

如果小变形条件满足,式 (9.17) 中的位移偏导数的高阶项可以忽略,格林应变张量与前面得到的小变形下的应变相比没有差异。

9.4 大变形下的应力应变

与小变形相比,大变形问题一般指几何非线性问题。之前讨论的小变形都假定物体发生的位移远小于物体自身的大小且产生的应变远小于 1,这种情况下的平衡是以物体的初始位置和形状作为分析对象获得的,且在加载和变形过程中的应变可以用位移一次项的线性应变进行度量。反之,如该问题不满足小变形假设,平衡条件需要如实建立在变形后的位置和形状上,以考虑变形对平衡的影响,同时应变也应包括位移的二次项,由此得到的平衡方程与几何关系具有非线性特征,为几何非线性问题。大变形时,需要考虑应力-应变由于构形转换带来的显著差异,此时单位体积一般选择初始构形的体积或者当前构形的体积。大变形下的本构关系在于建立适当应变和共轭应力的关系,它们既能客观反映变形前后物体的位置与形状变化带来的影响,其所定义的应力和应变张量的点积代表某一状态下单位体积的应变能。由于几何构形和材料变形均可以导致大变形,因此大变形问题又可分为大变形小应变和大变形大应变两类,前者对应于几何上的非线性,而后者既包含几何非线性,也包含材料非线性。我们在这里介绍几类大变形情况下的常见应变定义及对应的共轭应力。

9.4.1 大变形情况下的常见应变定义

大变形下的应变主要利用变形梯度张量及由式 (9.12) 给出的分解形式，目前常用的几类大变形应变定义如下：

（1）变形梯度张量 $\boldsymbol{F}$；

（2）拉格朗日–格林应变张量（Lagrangian–Green strain）$\boldsymbol{E}$，其定义为 $\boldsymbol{E} = \frac{1}{2}(\boldsymbol{F}^{\mathrm{T}}\boldsymbol{F} - \boldsymbol{I})$；

（3）右柯西–格林变形张量 $\boldsymbol{C}_{\mathrm{r}}$（right Cauchy-Green deformation tensor），对应的定义为 $\boldsymbol{C}_{\mathrm{r}} = \boldsymbol{F}^T\boldsymbol{F}$，因 $\boldsymbol{F}$ 在变形张量 $\boldsymbol{C}_{\mathrm{r}}$ 表达式的右侧而命名；

（4）左柯西–格林变形张量 $\boldsymbol{C}_{\mathrm{l}}$（left Cauchy-Green deformation tensor），对应的定义为 $\boldsymbol{C}_{\mathrm{l}} = \boldsymbol{F}\boldsymbol{F}^{\mathrm{T}}$，因 $\boldsymbol{F}$ 在变形张量 $\boldsymbol{C}_{\mathrm{l}}$ 表达式的左侧而命名。

比较普遍应用的本构模型是依据以上几类变形张量发展出来的。

针对上面给出的大变形下的几类主要应变定义，我们将在下面给出相应的应变能密度函数及由此定义的共轭应力。

9.4.2 第一皮奥拉–基尔霍夫应力

假定 ψ 为应变能密度函数，$\boldsymbol{F}$ 为变形梯度张量，如果 ψ 直接由变形梯度张量描述，那么我们得到第一皮奥拉–基尔霍夫应力的表达式。对可压缩超弹性材料，第一皮奥拉–基尔霍夫应力张量 $\boldsymbol{P}$（the 1st Piola-Kirchhoff stress tensor）与 $\psi(\boldsymbol{F})$ 的关系为

$$\boldsymbol{P} = \frac{\partial\psi}{\partial\boldsymbol{F}}, \quad P_{ik} = \frac{\partial\psi}{\partial F_{ik}} \tag{9.16}$$

和后面将要介绍的柯西应力不同，第一皮奥拉–基尔霍夫应力是将当前构形下的作用力作用到原始参考构形下的面积的结果。

如果是拉格朗日–格林应变张量 $\boldsymbol{E}$，$\boldsymbol{E} = \frac{1}{2}(\boldsymbol{F}^{\mathrm{T}}\boldsymbol{F} - \boldsymbol{I})$，则

$$\boldsymbol{P} = \boldsymbol{F} \cdot \frac{\partial\psi}{\partial\boldsymbol{E}}, \quad P_{ik} = F_{il}\frac{\partial\psi}{\partial E_{lk}} \tag{9.17}$$

如果是右柯西–格林应变张量 $\boldsymbol{C}_{\mathrm{r}}$，$\boldsymbol{C}_{\mathrm{r}} = \boldsymbol{F}^{\mathrm{T}}\boldsymbol{F}$，则

$$\boldsymbol{P} = 2\boldsymbol{F} \cdot \frac{\partial\psi}{\partial\boldsymbol{C}_{\mathrm{r}}}, \quad P_{ik} = 2F_{iL}\frac{\partial\psi}{\partial C_{\mathrm{r},LK}} \tag{9.18}$$

9.4.3 第二皮奥拉–基尔霍夫应力

类似于第一皮奥拉–基尔霍夫应力，如果将原始参考构形下的作用力作用到原始参考构形面积上，则得到第二皮奥拉–基尔霍夫应力张量的表达式，它和拉格朗日–格林应变张量形成共轭关系：对于应变能函数 $\psi(\boldsymbol{E})$，有

$$\boldsymbol{S} = \frac{\partial\psi}{\partial\boldsymbol{E}}, \quad S_{ik} = \frac{\partial\psi}{\partial E_{ik}} \tag{9.19}$$

依据变形梯度张量 $\boldsymbol{F}$ 和拉格朗日–格林应变张量的关系，我们可以得到

$$\boldsymbol{S} = \boldsymbol{F}^{-1} \cdot \frac{\partial \psi}{\partial \boldsymbol{F}}, \quad S_{ik} = F_{ij}^{-1} \frac{\partial \psi}{\partial F_{jk}} \tag{9.20}$$

如果是右柯西–格林应变张量 $\boldsymbol{C}_{\mathrm{r}}$，$\boldsymbol{C}_{\mathrm{r}} = \boldsymbol{F}^{\mathrm{T}} \boldsymbol{F}$，则

$$\boldsymbol{S} = 2 \frac{\partial \psi}{\partial \boldsymbol{C}_{\mathrm{r}}}, \quad S_{ik} = 2 \frac{\partial \psi}{\partial C_{\mathrm{r},ik}} \tag{9.21}$$

9.4.4 柯西应力

如果考虑当前参考构形面积上所施加的当前构形下的作用力，则得到柯西应力 $\boldsymbol{\sigma}$ 的定义，它和以变形梯度张量为函数的能量密度 ψ 之间的关系为

$$\boldsymbol{\sigma} = \frac{1}{J} \frac{\partial \psi}{\partial \boldsymbol{F}} \cdot \boldsymbol{F}^{\mathrm{T}}, \quad J = \det \boldsymbol{F}, \quad \sigma_{ij} = \frac{1}{J} \frac{\partial \psi}{\partial F_{ik}} F_{jk} \tag{9.22}$$

由于作用力和构形都是当前状态，柯西应力给出的是材料当前时刻下的真实应力状态，因此又称为真应力。

考虑到变形梯度张量和拉格朗日–格林应变张量 $\boldsymbol{E}$ 之间的关系，有

$$\boldsymbol{\sigma} = \frac{1}{J} \boldsymbol{F} \cdot \frac{\partial \psi}{\partial \boldsymbol{E}} \cdot \boldsymbol{F}^{\mathrm{T}}, \quad \sigma_{ij} = \frac{1}{J} F_{ik} \frac{\partial \psi}{\partial E_{kl}} F_{jl} \tag{9.23}$$

如果是右柯西–格林应变张量 $\boldsymbol{C}_{\mathrm{r}}$，则

$$\boldsymbol{\sigma} = \frac{2}{J} \boldsymbol{F} \cdot \frac{\partial \psi}{\partial \boldsymbol{C}_{\mathrm{r}}} \cdot \boldsymbol{F}^{\mathrm{T}}, \quad \sigma_{ij} = \frac{2}{J} F_{ik} \frac{\partial \psi}{\partial C_{\mathrm{r},kl}} F_{jl} \tag{9.24}$$

如果是左柯西–格林应变张量 $\boldsymbol{C}_{\mathrm{l}}$，则

$$\boldsymbol{\sigma} = \frac{2}{J} \boldsymbol{B} \cdot \frac{\partial \psi}{\partial \boldsymbol{C}_{\mathrm{l}}}, \quad \sigma_{ij} = \frac{2}{J} B_{ik} \frac{\partial \psi}{\partial C_{\mathrm{l},kj}} \tag{9.25}$$

对比式 (9.16) 所给出的第一皮奥拉–基尔霍夫应力和式 (9.22) 所给出的真应力表达式，我们可以看到两种应力定义之间满足

$$\boldsymbol{P} = J\boldsymbol{\sigma} \left(\boldsymbol{F}^{\mathrm{T}} \right)^{-1} = (\det \boldsymbol{F}) \, \boldsymbol{\sigma} \left(\boldsymbol{F}^{\mathrm{T}} \right)^{-1} \tag{9.26a}$$

对比式 (9.19) 和式 (9.23) 分别给出第二皮奥拉–基尔霍夫应力和真应力表达式，可以看到两种应力之间的转换关系为

$$\boldsymbol{S} = J\boldsymbol{F}^{-1} \boldsymbol{\sigma} \left(\boldsymbol{F}^{\mathrm{T}} \right)^{-1} \tag{9.26b}$$

很多时候在计算中需要用到第一或第二皮奥拉–基尔霍夫应力，但最终的分析结构又需要用真应力，那么将式 (9.26) 作相应的转换就可以得到。

9.5　圣维南–基尔霍夫模型

应变能函数的描述有诸多模型，其中最简单的超弹性材料模型是圣维南–基尔霍夫模型（Saint Venant-Kirchhoff model），该模型采用拉格朗日–格林应变张量 $\boldsymbol{E} = \dfrac{1}{2}(\boldsymbol{F}^{\mathrm{T}}\boldsymbol{F} - \boldsymbol{I})$ 来定义自由能函数

$$\psi = \frac{\lambda}{2}\left[\mathrm{tr}\boldsymbol{E}\right]^2 + \mu\mathrm{tr}\boldsymbol{E}^2 \tag{9.27}$$

所对应的应力张量为

$$\boldsymbol{S} = \lambda\mathrm{tr}(\boldsymbol{E})\boldsymbol{I} + 2\mu\boldsymbol{E} \tag{9.28}$$

式中，$\boldsymbol{S}$ 就是熟知的第二皮奥拉–基尔霍夫应力张量；λ 和 μ 为各向同性材料所对应的拉梅系数。

变形后体积变化满足 $J = \det\boldsymbol{F} > 0$。一些材料变形后 $J \approx 1$，没有明显的体积变化，我们将其定义为不可压缩材料。不可压缩材料的三轴静水应力无法从以上公式获得，需要采用更精细的应力本构模型。通常，增加限制条件 $J - 1 = 0$。为了保证这一条件得到满足，在应变能密度函数中，增加与压力耦合的体积变形能密度项

$$\psi(\boldsymbol{E}) = -p(J - 1) + \psi(\boldsymbol{E}) \tag{9.29}$$

式中，静水压 p 作为拉格朗日乘子（Lagrangian multiplier）来保证不可压缩条件的实现。这里 $\psi(\boldsymbol{E})$ 可以取不同的表述形式，对应的应力可以通过前面给出的应力–应变关系导出。

如图 9.3 所示，我们在这里引入了一个中间状态，对应于初始构形到塑性变形，相应的变形梯度张量为 $\boldsymbol{F}^{\mathrm{p}}$。这一过程中如果材料内部有一个依据晶格而定义的坐标

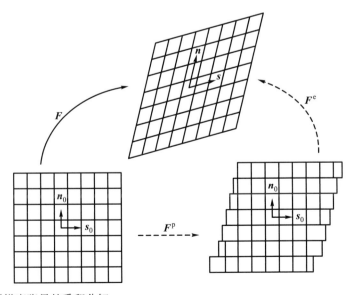

图 9.3　变形梯度张量的乘积分解

系 (s_0, n_0)，那么这一变形阶段不产生偏转；在中间坐标系上再施加变形梯度张量的弹性部分 F^e，这一阶段将在晶体内产生应力，且初始的晶格参考系发生相应的变化 (s, n)，$s = F^e s_0$ 且 $n_0 = (F^{eT})^{-1} n_0$。

9.6   弹塑性大变形

前面讨论的大变形下应变均为弹性的情形。当总应变中包含塑性应变部分时，需要将不同应变的定义作对应的调整。下面从塑性应变不改变材料体积这一假设出发，来看变形梯度张量 F 的分解及各类应变的新定义。

按照 Mandel 的建议，采用变形梯度张量的乘积分解，其弹性部分 F^e 和塑性部分 F^p 满足

$$F = F^e F^p, \quad \det F^e > 0, \quad \det F^p = 1 \tag{9.30}$$

塑性应变不改变材料体积的条件要求 $\det F^p = 1$。它源自位错主导的塑性变形机制，即位错的滑移并不改变材料体积这一情形。因此，这一假定适用于大部分金属材料的弹塑性变形。

图 9.3 描述了变形梯度张量的乘积分解所对应的变形阶段，这里的中间构形就是基于 Mandel 假设[2]。如果假定塑性变形由位错运动提供，设定材料内部初始晶格中位错的滑移面法向为 n_0，滑移方向为 s_0，那么变形梯度张量的塑性部分 F^p 不会产生晶格偏转。晶格的偏转发生在中间构形到最终变形状态时，偏转后新的滑移面法向和滑移方向由梯度张量的弹性部分 F^e 决定，如果两者变形后分别为 (s, n)，那么有 $s = F^e s_0$ 且 $n_0 = (F^{eT})^{-1} n_0$。

塑性变形部分产生耗散，但和当前应力状态无直接关联，那么在 9.4.1 节中的应变可以用其中的弹性部分替代，因此此时的变形能密度是 F^e 的函数，$\psi = \psi(F^e)$。以拉格朗日–格林应变张量为例，$\psi = \psi(E^e)$，这里弹性应变张量 E^e 与变形梯度张量的弹性部分 F^e 之间的关系为

$$E^e = \frac{1}{2}(F^{eT} F^e - I) \tag{9.31}$$

由式 (9.19) 给出的功共轭关系，可以得到第二皮奥拉–基尔霍夫应力张量的表达式

$$S = \frac{\partial \psi}{\partial E^e} \tag{9.32}$$

考虑到式 (9.26b) 中第二皮奥拉–基尔霍夫应力和真应力的关系，有

$$S = J F^{e^{-1}} \sigma \left(F^{eT}\right)^{-1} \tag{9.33}$$

通过采用式 (9.27) 中各向同性材料中的本构模型或者更一般的各向异性材料的本构模型，我们有 $S = C E^e$，这里 C 为式 (4.17) 中定义的四阶弹性常数矩阵。因此一旦变形梯度张量中的弹性部分 F^e 已知，我们就可以求出对应于变形梯度 F 所在单元的应力状态。而要实现这一目标，必须知道每一变形阶段中变形梯度的塑性部分 F^p。关于 F^p 的演化方程可依据材料塑性流动和强度演化规律来决定。有兴趣的读者可以

参考关于晶体材料的弹塑性本构模型方面的文献，如 Asaro 和 Needleman 在 1985 年发表的文章[3]，以及 Kalidindi 等在 1992 年的文章[4]。

9.7 非线性变形的有限元展示

前面介绍了结构大变形的相关理论，当结构发生大的变形时，其复杂的非线性控制方程通常难以通过理论推导的方式获得解析解。因此，对于大变形结构分析，需要选择相应的数值计算方法或者成熟的数值求解软件进行数值求解。事实上，当结构发生大的变形时，小变形假设下的一些理论解的结论将会导致较大的偏差。这里，我们以均布载荷作用下的悬臂梁结构的弯曲问题和带孔方板的孔边应力集中问题为例，借助有限元软件 ABAQUS 分析其大变形过程，以直观地展示结构大变形对结构变形及应力解的影响[5]。

9.7.1 悬臂梁的弯曲问题

梁结构轴线方向上的尺寸远大于另外两个方向上的尺寸，因此容易产生大的转动。这是一类典型的大转角引起的几何非线性问题。以均布载荷作用下的悬臂梁结构为例，如图 9.4 所示，梁长 $L = 100$ mm，方形横截面的尺寸为 $w = h = 1$ mm。材料的弹性模量和泊松比分比别为 $E = 2.1 \times 10^5$ MPa，$\nu = 0.3$。结构上表面存在均布的压应力 q。基于小变形假设下的梁理论，悬臂梁结构在均布载荷下的挠度 $\delta = \dfrac{ql^4}{8EI_x}$。其中，方形横截面的惯性矩 $I_x = \dfrac{1}{12}wh^3$，悬臂梁结构的挠度 δ 与均布压力 q 满足线性关系。采用有限元软件中的 8 节点三维实体单元（C3D8I）建立了该结构的三维有限元模型，并模拟其大变形过程中结构的挠度与均布压力之间的对应关系，如图 9.5 所示，其中 $q_0 = 0.15$ MPa。可见，随着均布载荷的增大，结构大的转动会导致结构的挠度远小于小变形情况下的理论解。

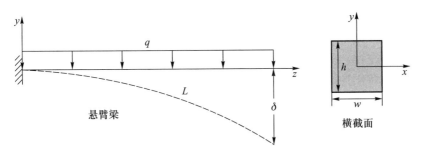

图 9.4 均布载荷作用下的悬臂梁结构

9.7.2 带孔方板的孔边应力集中问题

在小变形假设下，6.5.1 节给出了一无限大的带圆孔方板在单轴拉伸载荷作用下其孔边存在着 3 倍的应力集中。现在，我们借助 ABAQUS 来模拟其足够大的结构变形

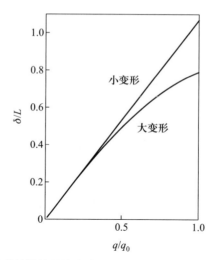

图 9.5 均布载荷作用下悬臂梁结构的挠度分析

对孔边应力集中系数的影响。

图 9.6 所示为一带孔的方形薄板结构，薄板的边长 $L = H = 100$ mm，厚度 $t = 1$ mm，其中心位置处的圆孔半径 $R = 5$ mm，薄板的左右两边承受 x 方向上的拉伸载荷 q。考虑到该结构的对称性，我们选择其 1/4 结构，并选择 4 节点减缩积分的平面应力单元（CPS4R），建立平面应力的有限元计算模型。与 9.7.1 节的悬臂梁结构变形过程中的大转角不同，该结构的大变形是由于大的应变导致的，因此我们选择 8.5.1 节介绍的 Neo-Hookean 超弹性本构模型，其中材料的剪切模量 $G = 2.0 \times 10^5$ MPa，体积模量 $K = 2.0 \times 10^5$ MPa。图 9.7a 所示为结构在 x 方向上的应力云图，孔隙 o 位置处存在明显的应力集中，其应力集中系数 k（如图 9.7b 所示）不再满足小变形情况下 3 倍的关系，而是与结构的变形量（或载荷量）相关，且随着变形（或载荷）的增大而逐渐减小。

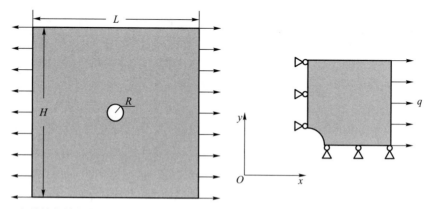

图 9.6 在单轴拉伸载荷作用下一带圆孔的方形薄板的平面模型及其 1/4 计算模型

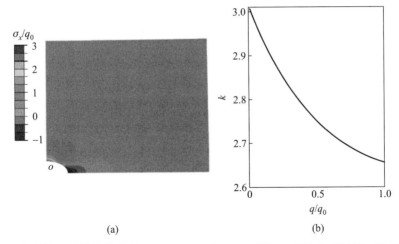

图 9.7　（a）结构在单轴拉伸载荷 $q_0 = 8.0 \times 10^4$ MPa 时的 σ_x 应力分布云图；（b）孔边 o 位置处的应力集中系数 k 随载荷的变化曲线（见书后彩图）

9.8　小结

在本章中，为了克服大的刚体转动和以小应变理论泰勒展开中所忽略的应变高阶项带来的影响，我们引入了大变形的概念。通过定义大变形的应变以及与应变对应的应力，我们介绍了建立两者之间联系的不同本构关系。考虑到橡胶材料和柔性材料日益广泛的应用，大变形的本构理论和对应的计算方法将在工程实践中发挥更为重要的作用[6-8]。

参考文献

[1]　Truesdell C, Noll W. The Non-linear Field Theories of Mechanics[M]. 3rd ed. Springer, 2004.

[2]　Mandel J. Thermodynamics and plasticity[C]//Delgado Domingos J J, Nina M N R, Whitelaw J H, ed. Proceedings of the International Symposium on Foundations of Continuum Thermodynamics. London: Memillan Publications, 1974: 283-311.

[3]　Asaro R J, Needleman A. Texture development and strain hardening in rate dependent polycrystals[J]. Acta Metallurgica, 1985, 33:923-953.

[4]　Kalidindi S R, Bronkhorst C A, Anand L. Crystallographic texture evolution in bulk deformation processing of FCC metals[J]. Journal of the Mechanics and Physics of Solids, 1992, 40: 537-569.

[5]　ABAQUS Theoretical Manual[Z]. USA: Hibbitt Karlsson & Sorensen Inc., 1997.

[6]　Ogden R W. Non-linear Elastic Deformations[M]. New York: Dover Publications, 1984.

[7]　Belytschko T, Liu W K, Moran B. Nonlinear Finite Elements for Continua and Structures[M]. John Wiley & Sons Ltd., 2000.

[8] Gurtin, M E, Fried E, Anand L. The Mechanics and Thermodynamics of Continua[M]. Cambridge: Cambridge University Press, 2010: 1-718.

第 10 章　位错与塑性变形

10.1　简介

我们目前关注的变形集中在弹性阶段，如果参考原子间的作用势来描述，线弹性反映的是势阱附近的微扰引起的力学变化。在这一阶段一直到应力的最大值之前，原子近邻都不发生改变，一旦超过某一临界应力，原子间将不可避免地产生相对滑动并交换位置，这一过程将产生不可恢复的变形。研究材料超过弹性极限后所产生的，且卸载后无法恢复的那一部分变形的机理及其与宏观力学行为之间的关联的学科即为塑性力学。而导致材料的塑性变形的机制一直是材料力学行为研究领域的热点。下面我们从现象描述到微观机理来说明塑性变形。

金属材料在简单拉伸或压缩状态下，在最开始的线弹性变形之后，应力的变化不再随着应变的增加而线性变化，先是出现非线性行为，之后开始屈服，此时应变所对应的应力值一般称为屈服强度。此时，若进一步增加应变，应力值不一定增加，材料进入塑性变形主导阶段。依据不同的材料，后续应变增加可能伴随着一定程度的流动应力硬化效应，称为应变硬化。之后材料将达到其极限拉伸强度（ultimate tensile strength），需要注意的是这一定义是指工程应力–应变曲线上的最高强度。在此强度之后，也许材料的真应力还会进一步增加，但工程应力逐渐降低，直至最终断裂。图10.1 给出了 304 不锈钢在不同温度下的拉伸曲线，可以看到该材料在不同的温度下显著的应变硬化行为差异，这与其内部的塑性变形机制是密切相关的。我们将在这一章

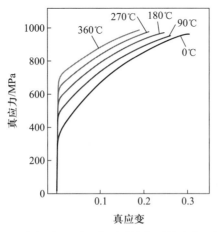

图 10.1　典型金属材料 304 不锈钢在不同温度下受拉伸时的应力–应变曲线[1]

介绍金属晶体材料塑性变形的最重要机制、位错及其运动。位错是晶体材料中普遍存在的线缺陷，可以说它是晶体塑性变形的主要载体，也因此决定了材料的强度和变形能力，也即材料的韧性。

10.2　理想晶体的强度

在理解位错对材料强度和韧性的影响之前，我们先看如果没有位错的情况下材料的可能强度。如图 10.2 所示，对于不存在位错的完美晶体，当受到剪切力时，晶体的两层原子会发生相对滑动，假设在滑动过程中，剪切力随原子位移的变化关系大致为正弦函数，即 $\tau = \tau_i \sin 2\pi \left(\dfrac{x}{b}\right)$，其中 τ_i 是发生塑性变形的临界剪切力，称为理想剪切强度。在小变形线弹性范围内，上式可写成 $\tau = \tau_i \sin 2\pi \left(\dfrac{x}{b}\right) = 2\pi \tau_i \dfrac{x}{b}$；又通过胡克定律，可以得到 $\tau = G\gamma = G\dfrac{x}{a}$。对比这两个关系式，Frenkel 估算出理想剪切强度 $\tau_i \approx \dfrac{Gd_s}{2\pi d_{(hkl)}}$，这里 $d_{(hkl)}$ 代表两个滑移面之间的间距 a，而 d_s 表示滑移方向的一个周期晶格 b。一般我们简化这一估计值，取理想剪切强度的近似值为 $\tau_i \approx G/2\pi$，这一强度一般称为 Frenkel 理想强度[2]，以区别于在断裂力学中 Griffith 按照能量原理给出的 Griffith 理想强度[3]。

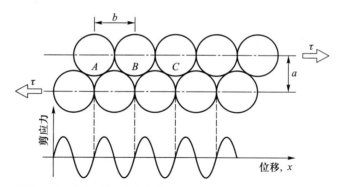

图 10.2　晶体材料的理想剪切强度、剪切变形

然而，在实际晶体中，实验测得的屈服强度都远远小于上述的理想强度，甚至相差 $3 \sim 4$ 个数量级。这是因为：① 真实金属（晶体材料）含有大量的线缺陷位错，位错滑移相对容易；② 位错运动是晶体材料塑性变形的主要载体；③ 位错的存在以及在外力驱动下的运动使得 $\tau_{\exp}/\tau_i \ll 1$。这一位错理论由 Taylor、Orowan 和 Polanyi 几乎同时于 1934 年提出[4-6]。位错理论认为，晶体实际滑移过程并不是滑移面两边的所有原子同时做整体刚性滑动，而是通过在晶体中的位错来进行的，位错在较低的应力作用下就能开始移动，使滑移区逐渐扩大，直至整个滑移面都发生相对位移。图 10.3 给出了位错运动的基本形式。

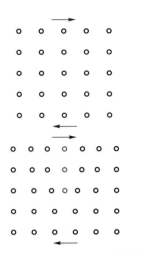 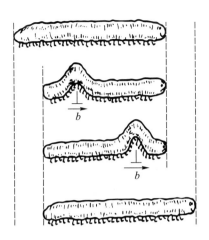

图 10.3 位错示意图。左上方图表明完美晶格的相对错动所需的剪切力对应于材料的理想强度。左下方图表明如果存在一个额外原子层，则可以大幅降低该原子层运动的临界阻力。这一过程可类比于爬虫的蠕动

10.3 位错结构与强度

由表 10.1 可以看到，典型金属材料的理想剪切强度 τ_i 远高于实际测得的剪切强度 τ_c（单晶金属）。这一显著差异正是由于位错的存在而导致的。需要注意的是，最新的纳米尺度实验表明，当材料足够小，内部不存在缺陷时，其实验测量所得强度接近理论预测的理想强度[7-9]。

表 10.1 典型金属材料的理想剪切强度 τ_i 与实际剪切强度 τ_c 之间的差异

材料	G/GPa	τ_i/MPa	τ_c/MPa	τ_c/τ_i
铝	27	4297	1	2.3×10^{-4}
铁	82	13 051	40	3×10^{-3}
金	19	740	5	4×10^{-3}
铜	31	1200	10	1×10^{-2}
钨	150	16 500	640	4×10^{-2}
金刚石	505	12 100	2500	0.21
NaCl	23.7	2800	1	4×10^{-4}

从几何结构来看，位错有两种基本类型，即刃型位错和螺型位错。以简单立方晶体为例，其原子结构示意图如图 10.4 所示。

刃位错原子结构中有一个多余的半原子面，从而造成位错核心区的畸变。刃位错的位错线与其伯氏矢量垂直，滑移面为位错线与伯氏矢量构成的平面，滑移方向平行于伯氏矢量。

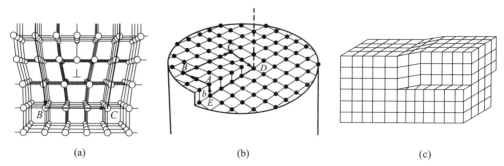

(a)　　　　　　　　　　(b)　　　　　　　　　　(c)

图 10.4　位错导致的晶体畸变示意图。（a）刃型位错；（b）柱坐标系下看螺型位错；（c）直角坐标系下看螺型位错[10]

螺位错原子结构中，位错核心附近的上下层原子有一半相对错动了一个晶格距离，在错动区与非错动区之间形成一个畸变的过渡区，这里的原子排列呈螺旋线状，故称为螺位错。螺位错的位错线与其伯氏矢量平行，滑移方向垂直于伯氏矢量。由于位错线与伯氏矢量平行，理论上其滑移面为包含位错线的任意平面。在实际晶体中，滑移面通常是原子密排面。

从上面的几何条件可以看到，位错是已滑移区和未滑移区的边界，所以位错线不能中止在某一晶体内部，而只能中止于晶体的表面或晶体界面上。在一个晶体内部，位错线一定是封闭的，或者自身封闭成一个位错圈，或者构成三维位错网。此时，封闭在晶体材料内部的位错线更为普遍，且是混合位错，其伯氏矢量与位错线呈一定角度，这种混合位错的伯氏矢量可以分解为垂直位错线的刃型分量和平行位错线的螺型分量，故可看成由刃位错和螺位错混合而成。通常晶体中都存在大量的位错，而这些位错的量就用位错密度来表示，如图 10.5 所示。考虑到位错线的几何特性，我们将位错密度定义为单位体积晶体中所含的位错线的总长度。一个等价且实验上方便测量的位错密度定义方式是计算穿过单位截面积的位错线（位错线的头）数目，因此其单位也是面积的倒数，沿用惯例，我们一般取其单位为 m^{-2}。一般而言，材料中如果位错

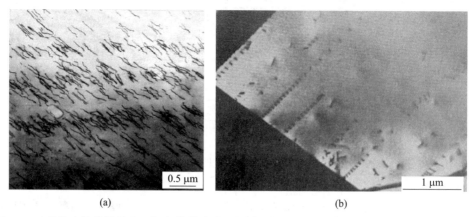

(a)　　　　　　　　　　　　　　(b)

图 10.5　晶体中的位错分布。（a）位错为线性缺陷，其密度一般定义为单位体积晶体中所含的位错线的总长度；（b）位错在晶界的塞积效应，这是导致晶界强化的典型模式

密度非常高 (大于 $10^{14}/\mathrm{m}^2$) 或者基本没有位错时，其强度高。而中等程度的位错密度 ($10^7 \sim 10^9/\mathrm{m}^2$) 通常对应于较低的材料强度。

10.4 位错的弹性应力场

位错是晶体中的一类线缺陷。位错核心附近的原子发生畸变产生位移和应变，从而导致应力场的生成。为简化计算，我们先考虑各向同性弹性连续介质模型。模型假设晶体是完全弹性的各向同性的连续介质，因此位移场、应变场、应力场视为连续函数。

10.4.1 各向同性弹性场

对于位错线沿 z 方向，且伯氏矢量沿 x 方向的刃位错，根据假设，可以通过弹性力学求解得到这类位错产生的应力场

$$\sigma_{xx} = -D\frac{y\left(3x^2 + y^2\right)}{\left(x^2 + y^2\right)^2} \tag{10.1a}$$

$$\sigma_{yy} = D\frac{y\left(x^2 - y^2\right)}{\left(x^2 + y^2\right)^2} \tag{10.1b}$$

$$\sigma_{zz} = \nu\left(\sigma_{xx} + \sigma_{yy}\right) \tag{10.1c}$$

$$\sigma_{xy} = D\frac{x\left(x^2 - y^2\right)}{\left(x^2 + y^2\right)^2} \tag{10.1d}$$

$$\sigma_{xz} = \sigma_{yz} = 0 \tag{10.1e}$$

式中，$D = \dfrac{Gb}{2\pi\left(1-\nu\right)}$，$G$ 为剪切模量；ν 为泊松比；b 为位错的伯氏矢量大小。主要应力的应力云图如图 10.6 所示。

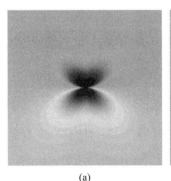  

(a)   (b)   (c)

图 10.6 在 $x-y$ 平面的刃位错（位错线沿 z 方向）应力云图（区域大小为 $20\,\mathrm{nm} \times 20\,\mathrm{nm}$）（见书后彩图）。（a）$\sigma_{xx}$；(b) σ_{yy}；(c) σ_{xy}

同样，对于位错线沿 z 方向，且伯氏矢量沿 z 方向的螺位错，相应的应力场为

$$\sigma_{yz} = \frac{Gb}{2\pi}\frac{x}{x^2 + y^2} \tag{10.2a}$$

$$\sigma_{xz} = -\frac{Gb}{2\pi}\frac{y}{x^2+y^2} \tag{10.2b}$$

$$\sigma_{xx} = \sigma_{yy} = \sigma_{zz} = \sigma_{xy} = 0 \tag{10.2c}$$

其主要的应力云图如图 10.7 所示。

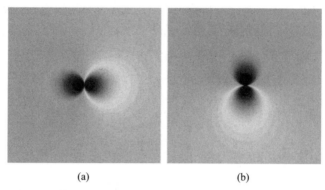

(a)   (b)

图 10.7 在 $x-y$ 平面的螺位错（位错线沿 z 方向）应力云图（区域大小为 $20\,\mathrm{nm}\times20\,\mathrm{nm}$）（见书后彩图）。（a）$\sigma_{yz}$；（b）$\sigma_{xz}$

10.4.2 面心立方晶体中的位错

以上以简单立方晶体为例，介绍了位错的结构性质和弹性性质。实际晶体并不全是简单晶体，还有面心立方、体心立方、密排六方等晶体结构，这些晶体中的位错除了有上述的一般性质外，还具有一些特殊性质。

以面心立方晶体为例，由于原子结构限制及能量最小化原理，面心立方晶体中的位错通常为 $\langle110\rangle$ 方向上的单位位错，其滑移面为 $\{111\}$ 面，其刃位错滑移方向为 $\langle110\rangle$，螺位错滑移方向为 $\langle112\rangle$。

通常的面心立方单晶实际上是各向异性的，位错引起的应力场也具有各向异性。面心立方晶体有 3 个不独立的弹性常数 c_{11}、c_{12}、c_{44}，若以晶体的晶格方向建立坐标系，其本构关系可写成

$$\boldsymbol{\sigma} = \boldsymbol{C} \cdot \boldsymbol{\varepsilon} \tag{10.3}$$

即

$$\begin{bmatrix} \sigma_{11} \\ \sigma_{22} \\ \sigma_{33} \\ \sigma_{23} \\ \sigma_{13} \\ \sigma_{12} \end{bmatrix} = \begin{bmatrix} c_{11} & c_{12} & c_{12} & 0 & 0 & 0 \\ c_{12} & c_{11} & c_{12} & 0 & 0 & 0 \\ c_{12} & c_{12} & c_{11} & 0 & 0 & 0 \\ 0 & 0 & 0 & c_{44} & 0 & 0 \\ 0 & 0 & 0 & 0 & c_{44} & 0 \\ 0 & 0 & 0 & 0 & 0 & c_{44} \end{bmatrix} \begin{bmatrix} \varepsilon_{11} \\ \varepsilon_{22} \\ \varepsilon_{33} \\ 2\varepsilon_{23} \\ 2\varepsilon_{13} \\ 2\varepsilon_{12} \end{bmatrix} \tag{10.4}$$

由于位错伯氏矢量具有方向性，为方便计算，我们将坐标轴旋转，使位错线平行

于新坐标轴的某一坐标轴。经过转轴变换，新坐标系下的本构关系为

$$\boldsymbol{\sigma}' = \boldsymbol{Q} \cdot \boldsymbol{\sigma} = \boldsymbol{Q} \cdot \boldsymbol{C} \cdot \boldsymbol{\varepsilon} = \boldsymbol{Q} \cdot \boldsymbol{C} \cdot (\boldsymbol{Q}^{\mathrm{T}} \cdot \boldsymbol{Q}) \cdot \boldsymbol{\varepsilon} = (\boldsymbol{Q} \cdot \boldsymbol{C} \cdot \boldsymbol{Q}^{\mathrm{T}}) \cdot \boldsymbol{Q} \cdot \boldsymbol{\varepsilon}$$
$$= (\boldsymbol{Q} \cdot \boldsymbol{C} \cdot \boldsymbol{Q}^{\mathrm{T}}) \cdot \boldsymbol{\varepsilon}' = \boldsymbol{C}' \cdot \boldsymbol{\varepsilon}' \tag{10.5}$$

式中，$\boldsymbol{Q}$ 为旋转时的转置矩阵，有

$$\boldsymbol{Q} = \begin{bmatrix} l_1^2 & m_1^2 & n_1^2 & 2m_1n_1 & 2n_1l_1 & 2l_1m_1 \\ l_2^2 & m_2^2 & n_2^2 & 2m_2n_2 & 2n_2l_2 & 2l_2m_2 \\ l_3^2 & m_3^2 & n_3^2 & 2m_3n_3 & 2n_3l_3 & 2l_3m_3 \\ l_2l_3 & m_2m_3 & n_2n_3 & m_3n_2 + m_2n_3 & l_3n_2 + l_2n_3 & m_3l_2 + m_2l_3 \\ l_1l_3 & m_1m_3 & n_1n_3 & m_3n_1 + m_2n_1 & l_3n_1 + l_2n_1 & m_3l_1 + m_1l_3 \\ l_2l_1 & m_2m_1 & n_2n_3 & m_3n_2 + m_2n_3 & l_3n_2 + l_2n_3 & m_3l_2 + m_2l_3 \end{bmatrix} \tag{10.6}$$

l_i、m_i、$n_i (i = 1, 2, 3)$ 表示新坐标下 3 个轴与对应老坐标轴的方向余弦。最终得到新坐标轴下的本构关系。

为了推导位错引起的应力场，同样地我们假设晶体是完全弹性的连续介质，参考 Eshelby 等的推导[11] 以及 Hirth 和 Lothe 的归纳[12]，最终可以求得面心立方晶体中位错引起的应力场。由于推导过程繁杂，此处只写出结果。以螺位错为例，应力场为

$$\sigma_{xz} = -\frac{b}{2\pi} \left(c'_{55} c'_{66} - c'_{56} \right)^{1/2} \frac{c'_{56} x - c'_{66} y}{c'_{55} x^2 - 2c'_{56} xy + c'_{66} y^2} \tag{10.7a}$$

$$\sigma_{yz} = -\frac{b}{2\pi} \left(c'_{55} c'_{66} - c'_{56} \right)^{1/2} \frac{c'_{55} x - c'_{56} y}{c'_{55} x^2 - 2c'_{56} xy + c'_{66} y^2} \tag{10.7b}$$

其余分量为零。其中，c'_{55}、c'_{56}、c'_{56} 为新坐标系中的弹性常数，新坐标轴 z 轴平行于位错线，y 轴垂直于位错滑移面，x 轴平行于位错滑移方向。

考虑单晶铜中的 $\boldsymbol{b} = \dfrac{a}{2} \left[1\bar{1}0 \right]$ 的单位位错，铜的弹性常数为 $c_{11} = 16.84 \times 10^{10}$ N/m^2，$c_{12} = 12.14 \times 10^{10}$ N/m^2，$c_{44} = 7.54 \times 10^{10}$ N/m^2。建立新坐标系 $x = \left[11\bar{2} \right]$，$y = [111]$，$z = [1\bar{1}0]$，其应力云图如图 10.8。

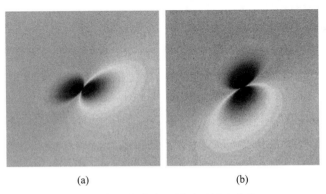

(a)   (b)

图 10.8 考虑各向异性的螺位错所产生的应力云图（区域大小为 20 nm × 20 nm）（见书后彩图）。（a）σ_{yz}；（b）σ_{xz}[13-14]

10.4.3 扩展位错

上述讨论的位错都是单位位错，它们的伯氏矢量等于晶体的晶格大小，称为全位错，实际上还存在伯氏矢量不等于晶格大小的不全位错。在面心立方晶体中，全位错通常都会分解为两个不全位错（分位错）和中间的堆垛层错，我们把分解而成的位错组态称为扩展位错（图 10.9）。

以单位位错 $b = \dfrac{a}{2}[1\bar{1}0]$ 为例，其分解反应为 $\dfrac{a}{2}[1\bar{1}0] = \dfrac{a}{6}[1\bar{2}1] + \dfrac{a}{6}[2\bar{1}\,\bar{1}]$＋层错。扩展位错的宽度可由下述公式计算：

$$d = \frac{G\boldsymbol{b}_1 \cdot \boldsymbol{b}_2}{2\pi\gamma} \tag{10.8}$$

式中，γ 为层错能；$\boldsymbol{b}_1$、$\boldsymbol{b}_2$ 为分解后的两个分位错的伯氏矢量。

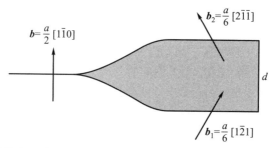

图 10.9 面心立方晶体中的单位刃位错分解为扩展位错示意图

通过分子动力学，我们模拟晶体铜中的刃型扩展位错，如图 10.10 所示。

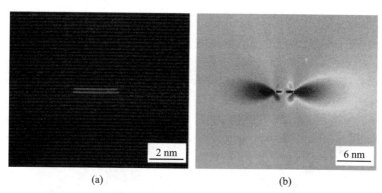

(a)　　　　　　　　　　　(b)

图 10.10 金属铜中的扩展位错（见书后彩图）。（a）原子结构图，位错线垂直于纸面，红色原子为位错，蓝色原子为层错；（b）单位刃位错分解为扩展位错后产生的应力场 σ_{xy}

10.5　位错运动

在外加剪切力作用下，位错会发生滑移，正是位错的滑移导致晶体的塑性。

10.5.1 施密特原理

单晶体的塑性主要通过晶体滑移进行（此外还有孪生、扭转等），由于滑移系具有一定的取向，当外加应力在某一滑移系中的分剪应力达到临界值时，滑移才能发生。分剪应力由以下公式给出：

$$\tau_{\mathrm{rss}} = \boldsymbol{m} \cdot (\sigma \cdot \boldsymbol{n}) \tag{10.9}$$

式中，$\boldsymbol{n}$ 为滑移面的法向；σ 为外加的应力状态；$\boldsymbol{m}$ 为滑移方向。晶体滑移条件即为 $\tau_{\mathrm{rss}} \geqslant \tau_{\mathrm{C}}$，$\tau_{\mathrm{C}}$ 为临界分剪应力。这说明只有这部分的分剪应力对晶体滑移起作用。

如前所述，晶体的滑移并非整体滑移，而是借助位错的滑移。对于位错的滑移，刃位错运动时，位错线移动方向与晶体原子滑移方向相同，而螺位错运动时，位错线滑移方向与晶体原子滑移方向垂直。因此，用上述施密特（Schmid）公式计算位错运动的分剪应力时，$\boldsymbol{m}$ 表示位错的伯氏矢量方向。位错运动的临界阻力主要来自原子势垒，Peierls 和 Nabarro 首先估算了这一阻力

$$\tau_{\mathrm{C}} = \tau_{\mathrm{P-N}} = \frac{2G}{1-\nu} \exp\left[-\frac{2\pi d}{(1-\nu)\,b}\right] \tag{10.10}$$

式中，d 为滑移面的面间距；b 为滑移方向上的原子间距。

10.5.2 位错运动速度

在低应力水平下，位错速度外加应力的依赖关系由如下经验公式描述：

$$v = v_0 \left(\frac{\tau}{\tau_0}\right)^m \exp\left(-\frac{Q}{k_{\mathrm{B}}T}\right) \tag{10.11}$$

式中，τ_0 为参考分剪应力；v_0 为对应 τ_0 下的速度；Q 为激活能；k_{B} 为玻尔兹曼常量；T 为温度；m 为位错的速度–应力指数，是材料参数。

式 (10.11) 在低应力水平下与实验数据符合得较好，然而在高应力水平下，特别是超声速位错领域，还有待完善。

随着外加应力的增加，位错速度随之增大，但存在极限，位错速度不可能无限增大。位错运动速度极限值的争议由来已久，有理论认为[11-12]，超声速位错会导致无穷大能量，因此不存在超声速位错，也有人认为存在超声速位错[11,15-16]。近年来，实验条件的提升和分子动力学的发展，超声速位错被广泛研究。Gumbsch 和 Gao 于 1999 年通过分子动力学模拟，首次得到了稳定存在的超声速刃位错[17]，Nosenko 等于 2007 年在实验室观测到超声速刃位错[18]。

通过分子动力学研究可知，刃位错速度存在两个速度极限：一个亚音速极限和一个超声速极限（图 10.11a）。图 10.11b 的应力云图显示，超声速稳定存在并产生马赫锥。

2017 年，Wei 和 Peng 提出声子辅助位错滑移理论，从理论上推导出完整的位错速度与应力的依赖关系，说明了两个速度极限是纵向声子与横向声子分别作用的结果[14]。

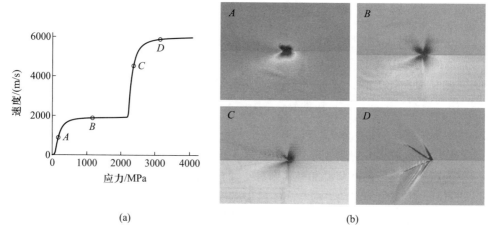

图 10.11 铜晶体中孪晶界面上刃位错的运动（见书后彩图）。（a）速度–应力依赖关系；（b）对应点的应力云图 σ_{xx}

10.5.3 位错运动与强度

与弹性变形不同，作为塑性变形的主要载体，位错的运动通常具有以下特性[19-21]。

（1）位错的运动不产生体积上的变化，所以通常情况下塑性变形的体积不变。

（2）由特性（1）可知，塑性变形阶段的体积应变满足 $\varepsilon_{xx} + \varepsilon_{yy} + \varepsilon_{zz} = 0$，因此有 $\varepsilon_{xx} + 2\varepsilon_{yy} = 0$。按照泊松比的定义，$\varepsilon_{yy} = -\nu_{\mathrm{p}}\varepsilon_{xx}$，不难得到 $\nu_{\mathrm{p}} \approx 0.5$。

（3）位错运动对压力不敏感。

（4）驱动位错线的晶格阻力决定了材料塑性变形的起始应力点，从而决定了材料的强度。

（5）材料内部的位错既可以产生，也可以消失，同时相互之间还能产生相互作用。位错的密度和位错之间的相互作用影响材料强度。

（6）位错之间的相互作用及其产生/消失与材料的硬化密切相关。

（7）如同设置路障可对车流减速一样，我们也可以在材料内部设置不同的结构以阻挡位错的运动，从而提升材料强度及硬化行为。

在金属当中熟知的霍尔–佩奇（Hall–Petch）效应就是通过减小晶粒尺寸（增加晶体界面以阻挡位错运动）来提高材料强度的[22-23]。

$$\sigma_y = \sigma_0 + \frac{\kappa}{\sqrt{d}} \tag{10.12}$$

式中，σ_y 为屈服强度；σ_0 为晶格对位错阻挡产生的客观强度（当 $d \to \infty$ 时）；κ 是强化系数；d 是晶粒尺寸。其中，σ_y 是平均晶粒尺寸为 d 的多晶体的屈服强度；σ_0 一般认为是位错运动的晶格阻力（Peierls 晶格阻力，当 $d \to \infty$ 时）；κ 是材料强化参数，单位为 MPa·m$^{1/2}$。霍尔–佩奇效应是由实验数据归纳出的多晶材料的强度与晶粒之间的关系，相应的理论解释主要包括 Petch 和 Cottrell 的基于位错塞积的模型——位错塞积产生的应力集中能在相邻晶粒内激发位错[24]，以及 Li 的晶界位错发

射模型 [25]。

晶体中单向拉伸应力在滑移面和滑移方向上的有效分解可由施密特因子来表征。我们先来看图 10.12a 中单晶圆柱承受拉力 P 后，分解到滑移面 $\boldsymbol{n}$ 且沿滑移方向 $\boldsymbol{m}$ 的剪应力 τ_{rss}（resolved shear stress），其表达式为

$$\tau_{\mathrm{rss}} = \frac{P\cos\lambda}{A/\cos\theta} \tag{10.13}$$

由于单向拉伸应力 $\sigma = P/A$，我们得到

$$\tau_{\mathrm{rss}} = \sigma\cos\lambda\cos\theta \tag{10.14}$$

定义施密特因子 M 和两个角度之间的关系为

$$M = \cos\lambda\cos\theta \tag{10.15}$$

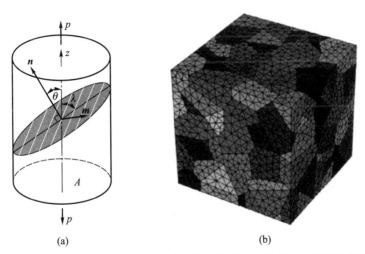

(a)   (b)

图 10.12 施密特因子。（a）晶体中单向拉伸应力在滑移面和滑移方向上的有效分解可由施密特因子来表征；（b）多晶材料中的施密特因子是不同方向单晶体的横截面积平均的结果

它是宏观拉伸应力分解到微观晶粒层次的某一方向时的有效系数。如果微观上晶体中位错运动需要克服的临界滑移剪应力为 τ_{c}，考虑到位错运动对应于塑性屈服，那么晶体拉伸时对应的屈服强度 σ_y 就可以表达为

$$\sigma_y = \frac{\tau_{\mathrm{c}}}{\cos\lambda\cos\theta} = \frac{\tau_{\mathrm{c}}}{M} \tag{10.16}$$

如果我们需要考虑的是如图 10.12b 中多晶体集合组成的材料，那么在第 i 个横截面积为 A_i 的晶粒上，假定每个截面上承受的沿拉伸方向的应变相同，当每个晶粒进入塑性变形时，作用在这个晶粒上的拉伸应力 $\sigma_{yi} = \dfrac{\tau_{\mathrm{c}}}{\cos\lambda_i\cos\theta_i}$。总的宏观拉伸应力为

$$\bar{\sigma}_y = \frac{1}{A}\sum A_i\sigma_{yi} = \frac{1}{A}\sum \frac{\tau_{\mathrm{c}}A_i}{\cos\lambda_i\cos\theta_i} = \tau_{\mathrm{c}}\sum \frac{A_i}{A}\frac{1}{M_i} \tag{10.17}$$

155

式中，M_i 为第 i 个晶粒对应的施密特因子，同时定义

$$\bar{\sigma}_y = \frac{\tau_c}{\bar{M}} \tag{10.18}$$

这里 $\bar{M}$ 为多晶体的等效施密特因子，有

$$\bar{M} = \left(\sum \frac{A_i}{A} \frac{1}{M_i} \right)^{-1} \tag{10.19}$$

对晶体材料而言，λ、θ 与晶体的结构和晶体在空间的位置有关。不难看出，λ 的最小值为 $\frac{\pi}{2} - \theta$，这样一来，M 的最大值为 0.5。同样地，$\bar{M}$ 也不可能大于 0.5。

对于面心立方晶体，泰勒（Taylor）通过将所有晶粒随机分布得到平均施密特因子，即 $\frac{1}{\bar{M}_{\text{FCC}}} = 3.06$，因此导出 $\sigma_y = \frac{\tau_c}{\bar{M}_{\text{FCC}}} = 3.06\tau_c$，即宏观多晶材料的拉伸/压缩屈服应力约为位错在晶粒中承受的临界剪应力的 3.06 倍。对于体心立方晶体 $\frac{1}{\bar{M}_{\text{BCC}}} = 2.75$，因此 $\sigma_y = \frac{\tau_c}{\bar{M}_{\text{BCC}}} = 2.75\tau_c$。Taylor、Bishop 和 Hill 做了大量的先驱性工作，获得宏观力学行为与微观位错滑移机制之间的关联。基于这一理论是由 Taylor、Bishop 和 Hill 等提出的，因此称其为 Taylor–Bishop–Hill 理论。

需要注意的是，Taylor–Bishop–Hill 理论忽略了几方面的因素：① 晶粒尺寸对强度的影响（影响 τ_c）；② 应变硬化的影响（影响 τ_c）；③ 弹性各向异性的影响（影响 M）；④ 塑性滑移在不同滑移系上的差别（影响 τ_c）。图 10.13 显示了六方晶体镁中不同的滑移面。在这些不同的滑移面上，位错沿给定方向滑移所需要克服的临界剪应力具有非常大的差异。尽管如此，通过施密特因子来联系微观层次的位错滑移所需应力和宏观屈服强度的简明理论反映了主要的力学行为，是塑性力学中使用最广泛的理论之一。

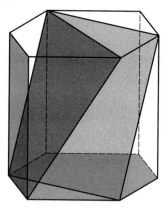

图 10.13 同一晶体中不同滑移面–滑移方向上的位错可能具有显著差异。图中不同颜色代表六方晶体镁中不同的滑移面。在这些滑移面上的位错滑移所需要克服的临界剪应力不同

通常，材料的塑性变形受温度影响显著，尤其是晶体材料。这不仅体现在不同温度下可能主导的变形机制不同，即使同一变形机制，其变形模式也可能存在差异，如图 10.14 所示。下面将着重介绍位错主导的滑移机制，暂不考虑温度的因素。

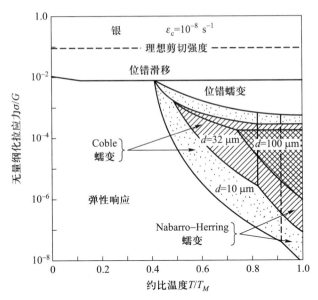

图 10.14 不同温度及拉伸应力下的塑性变形机制。温度的升高将促进低应力下的塑性变形机制，如晶界扩散、体扩散及位错蠕变[26]

10.6 晶体滑移理论

在多晶中，尽管每个晶粒的取向不同，其产生塑性形变的滑移系统和方向存在差异，但它们的整体变形结果必须满足兼容性条件。塑性变形启动时材料内部并不产生晶粒之间的相对运动。为了获得宏观力学行为与微观位错滑移机制之间的关联，泰勒考虑了如下假定：① 多晶中每一个晶粒都产生与宏观塑性变形相同的塑性应变，即 $d\varepsilon_g = d\bar{\varepsilon}$，后者为宏观塑性应变，前者为一个晶粒内的塑性应变；② 这一应变由每一单晶的 5 个独立滑移系统贡献。这样一来，对于面心立方晶体，我们有 12 个滑移系统，那么可能的组合有 $C_{12}^5 = 798$ 种。在这些滑移系中，具有 5 个独立滑移系统的组合有 384 种，这可以通过下面的关系式来确定。

前面提到塑性变形时体积基本不发生变化，那么对于塑性变形产生的 6 个应变分量 $\{\varepsilon_{11}, \varepsilon_{22}, \varepsilon_{33}, \varepsilon_{23}, \varepsilon_{13}, \varepsilon_{12}\}$，有 $\varepsilon_{11} + \varepsilon_{22} + \varepsilon_{33} = 0$ 这一限制条件，因此真正独立的应变分量只有 5 个。按照 von Mises 的观察，一个滑移系统实际只能产生一个独立的应变张量分量，因此需要 5 个独立的滑移系统来产生 5 个独立的塑性应变张量。

为了检验由 5 个滑移系统构成的某个组合是否独立，我们可以将每一个滑移系统产生的应变分量写出来，即由滑移系统 1 产生的应变为

$$(\varepsilon_{11})_1, (\varepsilon_{22})_1, (\varepsilon_{33})_1, (\varepsilon_{23})_1, (\varepsilon_{13})_1, (\varepsilon_{12})_1$$

同样地，系统 2 产生的应变为

$$(\varepsilon_{11})_2, (\varepsilon_{22})_2, (\varepsilon_{33})_2, (\varepsilon_{23})_2, (\varepsilon_{13})_2, (\varepsilon_{12})_2$$

依此可以写出 5 个滑移系统在同一坐标轴下所产生的应变分量 $(\varepsilon_{ij})_n, n = 1, 2, 3, 4, 5$。既然 $\varepsilon_{11} + \varepsilon_{22} + \varepsilon_{33} = 0$，那么可以构建出以下的 5 阶矩阵

$$\boldsymbol{\varepsilon}_5 = \begin{bmatrix} (-\varepsilon_{22} - \varepsilon_{33})_1 & (-\varepsilon_{11} - \varepsilon_{33})_1 & (\varepsilon_{23})_1 & (\varepsilon_{13})_1 & (\varepsilon_{12})_1 \\ (-\varepsilon_{22} - \varepsilon_{33})_2 & (-\varepsilon_{11} - \varepsilon_{33})_2 & (\varepsilon_{23})_2 & (\varepsilon_{13})_2 & (\varepsilon_{12})_2 \\ \vdots & \vdots & \vdots & \vdots & \vdots \\ (-\varepsilon_{22} - \varepsilon_{33})_5 & (-\varepsilon_{11} - \varepsilon_{33})_5 & (\varepsilon_{23})_5 & (\varepsilon_{13})_5 & (\varepsilon_{12})_5 \end{bmatrix} \tag{10.20}$$

如果这一矩阵的值 $\det(\boldsymbol{\varepsilon}_5) \neq 0$，那么它们是独立的。

5 个独立滑移系有多种可能的组合，面心立方晶体中，仅 $\{110\}\langle 111\rangle$ 滑移系就有 384 种，另外还含有更多的其他滑移系统。如何物理上确定哪些滑移系统可以激活就需要特别的准则。泰勒因此确定了一个准则：一个含 5 个独立滑移系的组合的激活条件是，在所有可能的滑移系中，这一组合在形成给定的变形时产生的滑移量最小。如图 10.15 所示，在所有可能实现该塑性应变的滑移组合中，需要最小滑移量的组合就是实际的变形路径，图中的两种不同路径中，$\mathrm{d}\gamma_i$ 所需要的总滑移量小。

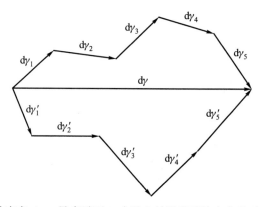

图 10.15 对任意塑性应变 $\mathrm{d}\gamma$，最多需要 5 个独立的滑移系来产生对应的应变

如图 10.15 所示，按照泰勒假设

$$\mathrm{d}\gamma = \sum_{i=1}^{5} M_i \mathrm{d}\gamma_i = \sum_{i=1}^{5} M_i' \mathrm{d}\gamma_i' \tag{10.21}$$

式中，M_i、M_i' 分别对应于滑移系 $\mathrm{d}\gamma_i$、$\mathrm{d}\gamma_i'$ 的施密特因子。可以很明显地看到，由 $\mathrm{d}\gamma_1, \cdots, \mathrm{d}\gamma_5$ 组成的系统所需要的总体滑移量最少，是实际的变形路径。而如果需要激活这 5 个滑移系，那么所施加的拉伸应力

$$\sigma \geqslant \frac{\tau_c}{M_i} \tag{10.22}$$

式中，τ_c 为位错在该类晶体中滑移的临界剪切应力。这样一来，不难得到

$$\sigma \mathrm{d}\gamma = \sigma \sum_{i=1}^{5} M_i \mathrm{d}\gamma_i \geqslant \sum_{i=1}^{5} \tau_c \mathrm{d}\gamma_i = \tau_c \sum_{i=1}^{5} \mathrm{d}\gamma_i \tag{10.23}$$

由于从图 10.15 已知有

$$\sum_{i=1}^{5} \mathrm{d}\gamma_i' \geqslant \sum_{i=1}^{5} \mathrm{d}\gamma_i \tag{10.24}$$

我们得到

$$\tau_{\mathrm{c}} \sum_{i=1}^{5} \mathrm{d}\gamma_i \leqslant \tau_{\mathrm{c}} \sum_{i=1}^{5} \mathrm{d}\gamma_i' \tag{10.25}$$

如果忽略弹性变形,那么 $\tau_{\mathrm{c}} \sum_{i=1}^{5} \mathrm{d}\gamma_i$ 即为变形过程中塑性变形所需要的功。因此,泰勒准则又等价于该激活的滑移系组合最小化变形所需的能量。

10.7 小结

金属材料的强度和韧性调控,从其微观机制来看,主要围绕如何改变位错密度、位错的产生与湮灭、位错运动特性以及位错与其他微结构的相互作用等。因此,了解位错的力与运动关系对深入理解金属材料的力学行为,从而发展相应的强度理论和本构模型具有重要的意义。在这一章,我们深入分析了位错的结构、其运动特性、微观层面的位错运动与宏观强度及其塑性变形之间的关系,以及位错滑移的兼容性条件。这些知识为后续介绍金属材料强度理论提供了所需的物理基础,同时也为深入研究金属材料的增强、增韧机制提供了基本信息,这一研究仍然属于结构金属材料方面的国际前沿课题。

参考文献

[1] Ma Z W, Liu J B, Wang G, et al. Strength gradient enhances fatigue resistance of steels[J]. Scientific Reports, 2016, 6: 22156.

[2] Frenkel, J. The theory of the elastic limit and the solidity of crystal bodies[J]. Zeitschrift Fur Physik, 1926, 37(7/8): 572-609.

[3] Griffith A A. The phenomena of rupture and flow in solids[J]. Philosophical Transactions of the Royal Society A, 1920, 221: 163-198.

[4] Taylor G I. The mechanism of plastic deformation of crystals: Part I. Theoretical [J]. Proceedings of the Royal Society A, 1934, 145: 362.

[5] Orowan E. Plasticity of crystals[J]. Z. Physics, 1934, 89: 605-659.

[6] Polanyi M. Über eine art gitterstörung, die einen kristall plastisch machen könnte[J]. Z. Physics, 1934, 89: 660-664.

[7] Han W Z, Huang L, Ogata S. From "smaller is stronger" to "size-independent strength plateau": Towards measuring the ideal strength of iron[J]. Advanced Materials, 2015, 27: 3385-90.

[8] Banerjee A, Bernoulli D, Zhang H T, et al. Ultralarge elastic deformation of nanoscale diamond[J]. Science, 2018, 360: 300-302.

[9]   Nie A, Bu Y Q, Li P H, et al. Approaching diamond's theoretical elasticity and strength limits[J]. Nature Communications, 2019: 5533.

[10]   Argon A S. Strengthening Mechanisms in Crystal Plasticity[M]. Oxford: Oxford University Press, 2007.

[11]   Eshelby J D, Read, W T, Shockley W. Anisotropic elasticity with applications to dislocation theory [J]. Acta Metallurgica, 1953, 1: 251-259.

[12]   Hirth J P, Lothe J. Theory of Dislocations[M]. 2nd ed. New York: Wiley, 1982.

[13]   Peng S Y, Wei Y J, Jin Z H, et al. Supersonic screw dislocations gliding at the shear wave speed[J]. Physics Review Letters, 2019, 122: 045501-1-5.

[14]   Wei Y J, Peng S Y. The stress-velocity relationship of twinning partial dislocations and the phonon-based physical interpretation[J]. Science China Physics Mechanics & Astronomy, 2017, 60(11): 114611.

[15]   Weertman J, Weertman J R. Moving Dislocations[M]// Nabarro F R N ed. Dislocations in Solids. Oxford: North Holland Publishing Co., 1980.

[16]   Rosakis P. Supersonic dislocation kinetics from an augmented Peierls model[J]. Physical Review Letters, 2001, 86(1): 95-98.

[17]   Gumbsch P, Gao H, Dislocations faster than the speed of sound[J]. Science, 1999, 283: 965-968.

[18]   Nosenko V, Zhdanov S, Morfill G. Supersonic dislocations observed in a plasma crystal[J]. Physical Review Letters, 2007, 99: 025002.

[19]   魏宇杰. 纳米金属材料的界面力学行为研究 [J]. 金属学报, 2014, 50: 183-190.

[20]   Meyers C. Mechanical Behavior of Materials[M]. London: Cambridge University Press, 2006.

[21]   Meyer M A. Dynamic Behavior of Materials[M]. Hoboken: John Wiley & Sons Inc, 1994: 323-381.

[22]   Hall E O. The deformation and ageing of mild steel: III. Discussion of results[J]. Proceedings of the Physical Society, 1951, 64B: 747.

[23]   Petch N J. The cleavage strength of polycrystals[J]. Journal of the Iron and Steel Institute, 1953, 174: 25-28.

[24]   Cottrell A H. Theory of brittle fracture in steel and similar metals[J]. Trans. AIME, 1958, 212: 192-203.

[25]   Li X Y, Wei Y J, Lu L, et al. Dislocation nucleation governed softening and maximum strength in nano-twinned metals. Nature, 2010, 464, 877-880.

[26]   Frost H, Ashby M F. Deformation-Mechanism Maps: The Plasticity and Creep of Metals and Ceramics[M]. Oxford: Pergamon Press, 1982.

第 11 章 固 体 强 度

11.1 简介

考察图 10.1 中 304 不锈钢的拉伸加卸载曲线以及图 11.1 典型钢材的应力–应变曲线，都可以看到材料经历一个弹性变形，如果在弹性阶段卸载的话，所有的变形可完全恢复。随着应变的进一步增加，应力变化急剧放缓，此时材料一般进入弹塑性变形共存阶段，这一阶段的卸载将残留部分塑性变形。一般而言，对单向拉伸曲线，我们取应力–应变曲线上卸载时残留 0.2% 塑性变形时的那点的应力为屈服强度 σ_y，因此又称为 0.2% 强度，一般用 $\sigma_{0.2\%}$ 来表示。这一应力值表征了材料的弹性变形能力极限，是一个重要的材料参数。如果材料承受单向拉伸应力，一旦我们知道材料的屈服强度 σ_y，那么就比较容易判断材料何时进入屈服状态。然而，通常情况下材料受多应力分量的影响，这些应力分量如何导致材料屈服是我们下面需要讨论的问题。

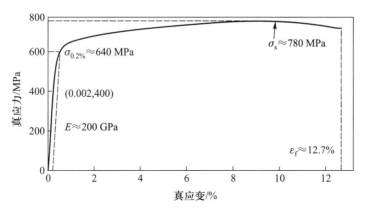

图 11.1 材料的屈服与强度。典型钢材的工程应力–应变曲线。我们可以依此得到材料的杨氏模量、屈服强度、最高强度、失效强度以及失效应变

11.2 塑性屈服

这里仅讨论宏观意义上的各向同性材料。对三维应力状态，定义 f 为应力状态的标量函数，材料进入塑形阶段时，力学上要求

$$f(\boldsymbol{\sigma}) \leqslant \sigma_y \tag{11.1}$$

该式表明三维应力状态 $\boldsymbol{\sigma}$ 决定的应力标量不能超过材料的屈服强度。这在单向应力状态时非常方便判断，以图 11.1 中材料的屈服强度为例。三维情况下，f 通常是一个应力不变量的函数，一般有

$$f(\boldsymbol{\sigma}) = f(\sigma_1, \sigma_2, \sigma_3) \tag{11.2}$$

式中，σ_1、σ_2、σ_3 为 3 个依次递减的主应力。很多时候 3 个主应力在式 (11.2) 中以应力不变量 [式 (3.25)] 的某种形式出现。其中，静水压力与第一主应力的关系为

$$P = -\frac{1}{3}I_1 = -\frac{1}{3}(\sigma_1 + \sigma_2 + \sigma_3) \tag{11.3}$$

当材料中对应于屈服强度的塑性变形受静水压力影响时，它们的屈服强度准则式 (11.1) 中 $f(\sigma_1, \sigma_2, \sigma_3)$ 将包含 P 的影响。另外式 (11.1) 中常用的应力组合与第二不变量 I_2 相关。按照 3.7 节对偏应力张量的定义，有

$$J_2 = \frac{3}{2}s_{ij}s_{ij}, \quad s_{ij} = \sigma_{ij} - P\delta_{ij} \tag{11.4a}$$

它的分量表示为

$$\sqrt{J_2} = \sqrt{\frac{1}{2}\left[(\sigma_{11} - \sigma_{22})^2 + (\sigma_{22} - \sigma_{33})^2 + (\sigma_{33} - \sigma_{11})^2\right] + 3(\sigma_{12}^2 + \sigma_{23}^2 + \sigma_{13}^2)} \tag{11.4b}$$

在主应力空间，式 (11.4b) 可以简化为

$$\sqrt{J_2} = \sqrt{\frac{1}{2}\left[(\sigma_1 - \sigma_2)^2 + (\sigma_2 - \sigma_3)^2 + (\sigma_3 - \sigma_1)^2\right]} \tag{11.4c}$$

对照式 (3.25c)，有

$$J_2 = I_1^2 - 3I_2 \tag{11.5}$$

在式 (11.4a) 的定义中，我们增加了一个系数 3/2。这一系数使得单轴拉伸情况下 $\sqrt{J_2} = \sigma$。这可以通过单轴拉伸时的应力状态来校验。此时，$\sigma_{11} = \sigma \neq 0$，其他为零。有

$$\sqrt{J_2} = \left[\frac{1}{2}\left(\sigma^2 + \sigma^2\right)\right]^{1/2} = \sigma$$

这表明 $\sqrt{J_2}$ 在单向拉伸应力状态时，它描述的应力状态和实际的应力状态是一一对应的。如果取 $f(\sigma) = \sqrt{J_2}$，那么式 (11.1) 就对应于

$$\sqrt{J_2} \leqslant \sigma_y \tag{11.6}$$

这一考虑了三维应力状态的强度准则就是我们通常所说的 von Mises 准则。一般的本构关系中，$\det \boldsymbol{\sigma}$ 不予考虑。如果对照式 (3.26) 和式 (11.4c)，不难发现

$$\tau_{\text{oct}} = \sqrt{\frac{2}{3}J_2} \tag{11.7}$$

现在来仔细考察式 (11.6) 所代表的物理含义。考虑将式 (7.27) 中的弹性应变能 U_e 分解为与体积变化有关的部分 U_e^V 和剪切变形有关的部分 U_e^S，$U_e = U_e^V + U_e^S$。通

过应力表达式，各部分可以分别用弹性常数和应力分量表示为

$$U_e^V = \frac{1+\nu}{6E}\left[(\sigma_{11}-\sigma_{22})^2+(\sigma_{22}-\sigma_{33})^2+(\sigma_{33}-\sigma_{11})^2+6\left(\sigma_{12}^2+\sigma_{23}^2+\sigma_{13}^2\right)\right]$$
$$= \frac{J_2}{36G} \tag{11.8a}$$

$$U_e^S = \frac{1-2\nu}{6E}(\sigma_{11}+\sigma_{22}+\sigma_{33})^2 = \frac{p^2}{2K} = \frac{1}{18K}I_1^2 \tag{11.8b}$$

从式 (11.8a) 中可以看到，J_2 和剪切变形贡献的能量 U_e^V 直接相关，而 I_1 和体积变形的能量项相关[1]。所以，一般单独以 J_2 导出的强度准则又称为畸变能准则。下面就不同的材料行为来看 $f(\sigma)$ 的选择，以确定对应的强度准则。

11.3 最大拉应力准则

正如前面所强调的，材料的强度由其变形机制决定。如果材料一直到破坏前都没有塑性变形，那么它的强度就由材料的理想解理强度决定，类似于前面章节中分析的理想剪切强度，前者的强度对应于两个原子面或者界面的分离，而后者对应于两个原子面或者界面的相对滑移。一般而言，对于脆性晶体，解理强度约为杨氏模量的一部分，$\sigma_i = \frac{E}{3} \sim \frac{E}{10}$。实际材料中由于缺陷或者弱界面的存在，其拉伸强度可能远小于这一估计值。

最大拉应力准则假定材料的强度由最大拉伸主应力确定。一旦最大拉伸主应力达到某一临界值，材料就发生断裂，而这一临界值也就是材料的强度。对应的强度准则为

$$f(\sigma) = \sigma_1 \leqslant \sigma_y \tag{11.9}$$

这就是针对脆性材料常用的最大拉应力准则。这一准则和最大拉伸线应变准则类似，认为材料的破坏只取决于一个主应力 (主应变)，而与其他的两个主应力 (主应变) 无关。同时，当材料处于单向或者多向压缩状态时，这两个准则无法采用。

脆性材料的最大主应力既可以通过单向拉伸试验来验证，也可以采用拉伸扭转结合的双轴应力状态来验证，后者的验证效果一般更直观。图 11.2 为通过轴向和扭转变

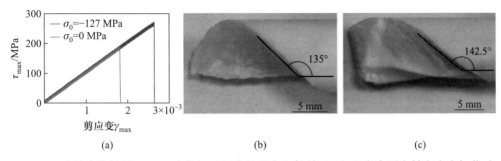

图 11.2 脆性陶瓷材料 Al_2O_3 在拉扭过程中的强度和断裂面。（a）考察固定轴向应力加载时，逐渐增加扭转应变后材料的剪应变和剪应力曲线；（b）轴向应力为零时，圆柱陶瓷试验的断裂面与轴向的夹角；（c）轴向应力为 –127 MPa 时，圆柱陶瓷试验的断裂面与轴向的夹角[2]

形相结合的方式来展示脆性陶瓷材料 Al_2O_3 在拉扭过程中的强度和断裂面。固定轴向应力加载时，从逐渐增加扭转应变后材料的剪应变和剪应力曲线来看，材料变形为弹性（图 11.2a）。当轴向应力为零时，圆柱陶瓷试验的断裂面与轴向的夹角表明材料在受最大拉应力方向失效（图 11.2b）。同样，当轴向应力为 –127 MPa 时，圆柱陶瓷试验的断裂面与轴向的夹角表明材料在受最大拉应力方向失效（图 11.2c）。

11.4　最大剪应力准则

如果材料具有一定的塑性变形能力，且这种变形形式主要为剪切或者滑移，那么它对应的剪切强度可以通过材料内部的最大剪应力来表示：

$$f(\boldsymbol{\sigma}) = \text{Max}\left(\frac{|\sigma_1 - \sigma_2|}{2}, \frac{|\sigma_2 - \sigma_3|}{2}, \frac{|\sigma_3 - \sigma_1|}{2}\right) \leqslant \tau_y \tag{11.10}$$

以上的强度准则为 Tresca 屈服准则，最早于 1864 年由法国人 Tresca 提出。Tresca 假设最大剪应力达到某极限值 τ_y 时，材料发生屈服，换言之当变形体内某处的最大切应力达到某一定值时，材料发生屈服。Tresca 是埃菲尔铁塔所镌刻人名的第三个，其他还有 Coulomb、Fourier、Laplace、Ampere、Navier、Legendre、Cauchy。Tresca 屈服准则是与静水压力无关的准则，同时也忽略了中间应力的影响。在主应力坐标系沿 (111) 法向的平面上屈服条件为一个正六边形（图 11.3），在主应力空间内，屈服曲面为一个正六面柱体。Tresca 屈服准则不足之处是，不包含中间主应力，没有反映中间主应力对材料屈服的影响。

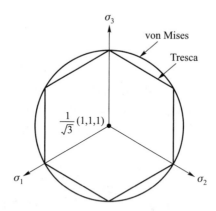

图 11.3　Tresca 强度准则在主应力空间平面上给出的屈服条件为一个正六边形，而 von Mises 准则在主应力空间平面上给出的屈服条件为一个圆

11.5　畸变能准则

在位错运动主导的韧性金属材料中，von Mises 发展了依据剪切变形能量来判断屈服的强度准则，也就是式 (11.6) 中给出的 $\sqrt{J_2} \leqslant \sigma_y$ 这一准则。与 Tresca 强度准则

相比，von Mises 准则同样不考虑第一不变量即静水压力 P 对强度的影响，因此对脆性材料如岩石、金属玻璃、聚合物等并不适用。

这一准则广泛应用于位错运动主导的韧性金属材料中，此时由于塑性变形的主导机制位错运动对压力不敏感，因此压力对金属材料的塑性变形及强度没有显著影响。但对泥土、岩石等材料或空隙材料而言，压力显著影响其强度和塑性变形路径，我们必须采用更精细的考虑压力因素的屈服准则。

Taylor 于 1931 年左右采用金属薄壁圆管的拉伸扭转组合试验[3]，考察了铜、铝等几种典型金属的畸变能屈服特性（von Mises yielding），试样在测试前经过一定的退火处理，使得试样中晶粒尺寸与取向达到一定的均匀性，从而消除了各向异性的影响，图 11.4 是试样尺寸和试验装置示意图。

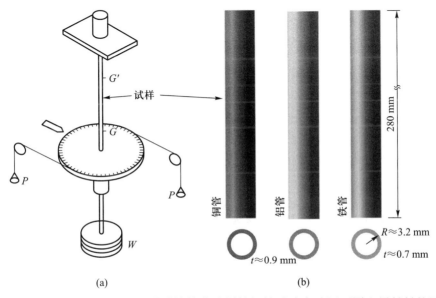

图 11.4 Taylor 和 Quinney 通过设计的薄壁圆筒扭转试验来验证不同金属材料的屈服准则。（a）试样尺寸；（b）加载装置

假设圆管壁上任一点所受的轴向应力和剪切应力分别为 σ_0 和 τ，其应力状态张量可写为 $\boldsymbol{T} = \begin{bmatrix} \sigma_0 & 0 & \tau \\ 0 & 0 & 0 \\ \tau & 0 & 0 \end{bmatrix}$。von Mises 屈服准则可表达为

$$\sqrt{J_2} = \sigma_{\mathrm{e}} = \sqrt{\frac{3}{2} s_{ij} s_{ij}}$$
$$= \sqrt{\frac{1}{2}\left[(\sigma_{11} - \sigma_{22})^2 + (\sigma_{22} - \sigma_{33})^2 + (\sigma_{33} - \sigma_{11})^2\right] + 3(\sigma_{23}^2 + \sigma_{31}^2 + \sigma_{12}^2)}$$

$$(11.11)$$

式中，s_{ij} 表示 σ_{ij} 的偏应力。把拉扭组合应力张量 $\boldsymbol{T}$ 代入式 (11.11) 得

$$\sigma_0^2 + 3\tau^2 = J_2 = k^2 \tag{11.12}$$

式中，$k = \sigma_{ts}$ 对应于材料单轴拉伸时的屈服强度。由此可见，拉扭组合情况下其轴向、剪切组合屈服应力分量在 von Mises 屈服条件下应分布在一个椭圆上。图 11.5 是 Taylor 所测的铜、铝、钢的组合屈服应力的分布情况。Taylor 对比了 von Mises 屈服和 Tresca 屈服条件，并验证了金属材料塑性流动符合 von Mises 屈服准则的结论。试验过程中 Taylor 等同时也测量了试样的应变数据，并且对比分析了主应力方向与主应变方向的一致性。

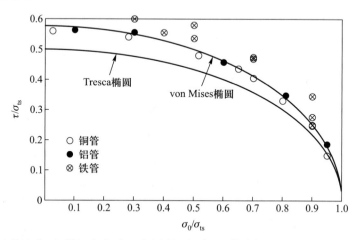

图 11.5 轴向拉应力–扭转切应力平面对比屈服准则理论曲线与试验数据

11.6 Mohr–Coulomb 准则

Mohr-Coulomb 准则广泛应用于岩石类脆性材料，和生活中的诸多重大工程密切相关。关于岩石力学的研究涉及采矿工程的诸多方面，如露天开采边坡设计及稳定性、井下开采巷道围岩稳定性、地面建筑物沉降、山城建筑物滑坡；水利水电开发中的坝基与坝肩稳定性；交通领域的隧洞设计与施工及加固、高速水流冲刷的岩石力学问题、线路边坡稳定性、高应力地区岩爆、隧道设计与施工；能源开采过程中的岩石应力与岩石渗透性、钻探技术与钻井稳定性、水压致裂；地质灾害如地震、地下工程健康、海洋工程结构可靠性等。目前岩石研究的方向受工程需求和科学前沿双重驱动的引导，主要向两方面发展：一方面是深层空间的利用和深层能源的开采，使得我们需要迫切理解深层岩体材料的稳定性和破坏规律；另一方面，关于固体变形与破坏的前沿已经从宏观的本构关系逐步发展到对细微观尺度结构与其宏观力学行为之间的关联方面的研究。

这里考虑的岩石可看作连续的、均质的，甚至是各向同性的介质。目前岩石中存在的如矿物解理、微裂隙、粒间空隙、晶格缺陷、晶格边界等内部缺陷不在考虑之列。实际上，岩石结构按照其典型微结构的团聚方式，分为：

（1）结晶联结。岩石中矿物颗粒通过结晶互相嵌合在一起，如岩浆岩以及大部分变质岩及部分沉积岩的结构联结，这一结合方式形成的岩石一般强度较高。

（2）胶结联结。矿物颗粒之间通过胶结物（硅质、铁质、钙质）联结在一起，典型的例子如沉积碎屑岩和黏土岩等。这类岩石的失效主要为沿胶结面失效,所以强度取决于胶结物及详细胶结类型。

在 20 世纪中期,研究人员已经发现岩石在不同受限环境下的显著韧脆性差异[4-6]。例如,Paterson 在 1958 年针对 Wombeyan 大理石的系列围压试验,很好地展示了该类材料随着围压增加变形能力逐步增强的现象,如图 11.6 所示。

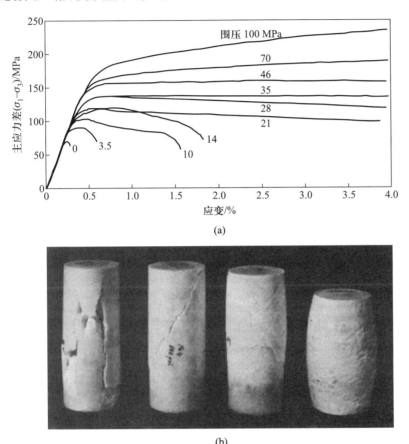

(a)

(b)

图 11.6 围压作用下 Wombeyan 大理石的力学行为变化。(a)Wombeyan 大理石在不同围压作用下的应力-应变关系;(b)试样在不同围压作用下的最终变形模式[4]

按照目前岩石试验的不同形式,国际上通用的标准强度包括以下几类。

(1)单轴压缩强度:岩石在单轴压缩载荷作用下达到破坏前所能承受的最大压应力 σ_f^c 与最大轴向压力 P_{max} 之间的关系为 $\sigma_f^c = \dfrac{P_{max}}{A}$,这里 A 为横截面面积。

(2)三轴压缩强度:与平常的工程材料不同,地层中的岩石绝大多数都处在三轴压缩的应力状态下。因此,岩石的三轴应力状态下的力学行为和强度特性反映了其真实服役环境下的性质,具有重要意义。

为了考虑 3 个主应力分量的影响,三轴试验中按照加载模式和控制方法分为两类:第一类是按照需要从 3 个方向独立控制压缩载荷,此时要求试样为长方体。这一同步加载必须准确控制加压部件和试件之间的变形协调,同时去除摩擦,以确保应力均匀性。第二类是目前比较广泛采用的，通过使用圆柱体试样以及液压形式来保证圆柱径向压力的均匀性。这一过程不存在施压部件和试样之间的摩擦，但对于渗透率较高的岩石，其变形过程可能存在液体渗透和应力载荷两方面因素的影响，所以必须同步做好防渗漏措施。三轴试验对同一岩石不同试验条件下的强度测量结果是所有本构模型参数校核所必需的，对于理解深处岩石的力学性能具有重要意义。

考虑到三轴试验一般不容易实现，工程中也有一些相对简易的测试方法，可以快速获得岩石材料的强度信息。这些方法的不足之处在于，所得结果存在较大的分散性，需要通过大量的数据点采集获得统计意义上的可靠信息。

（3）点载荷强度：这一方法类似于前面介绍的压痕试验，由 Broch 和 Franklin 建议。该测试可替代单轴压缩试验，获得对应的强度。

（4）抗拉强度：岩石在单轴拉伸载荷作用下达到破坏时所能承受的最大拉应力。按照之前的定义，拉伸强度与 σ_t 最大拉伸载荷 P_t 之间的关系为 $\sigma_t = P_t/A$，这里 A 表示均匀拉伸段的横截面积。实际的试验过程要麻烦很多，主要原因在于脆性材料的拉伸载荷需要特殊的夹具设计，以确保材料本身不会被夹具夹坏，同时还要提供足够的拉伸载荷以拉断试样。

为了克服岩石在拉伸测试中的困难，通常通过施加压缩载荷来获得拉伸应力，从而可以获得测量岩石拉伸强度的替代方法。这一方法主要利用了岩石材料的拉伸强度与压缩强度的巨大差异：一般岩石的拉伸强度不到压缩强度的 1/10。典型的通过压缩来获得拉伸强度的试验方案有以下两种。

（a）巴西圆盘劈裂试验：压缩一个试样时，其内部的应力状态通常比较复杂，其最大主应力既可以是压缩的也可能是拉伸状态，且可能在同一点具备压拉的应力分量。从图 11.7 可以看出，沿着圆盘与载荷方向平行的径向，处于压缩状态的 σ_{yy} 比大部分处于拉伸的 σ_{xx} 的值要高。由于拉伸强度低，试样一般是拉伸破坏，且岩石抗拉强度可以确定为 $\sigma_t = \dfrac{P}{\pi dt}$，这里，$P$ 为试件劈裂时最大压力值，N；d 为岩石圆盘试件的

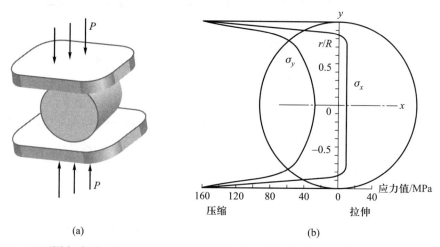

(a)　　　　　　　　　　　　(b)

图 11.7　巴西圆盘劈裂试验获得岩石抗拉伸强度。（a）试验加载过程示意图；（b）平面应力状态下圆盘截面上的应力分布示意图

直径，m；t 为岩石圆盘试件的厚度，m。

巴西圆盘劈裂试验从试样准备到测试过程都便于操作，是最常见的获得拉伸强度的试验方案。类似地，在试样中心挖孔或者刻穿透裂纹的方法均源于此。

（b）弯曲试验：与巴西圆盘劈裂试验类似，我们还可以利用梁在弯曲过程中上下侧的不同应力状态来测试岩石材料的拉伸强度。在三点弯曲试验中，由于最大的力矩在一个平面上，这一试验过程所获得的强度与包含这一平面的岩石局部材料性能密切相关，因此和拉伸试验相比，这里得到的材料强度一般要更高一些，而且分散度可能更大。可能的改进方案是采用四点弯试验，这样在施加载荷的两点之间其弯矩相同，最大应力也相同，获得的脆性材料强度更合理。

（5）剪切强度：与其他材料类似，岩石的剪切强度为单位面积上材料达到破坏前所能承受的最大剪切荷载。我们也可以通过一系列的试验来获得这一力学性质。按照所施加的边界条件，可以将这些试验方法归为两类：① 排除了正应力的影响非限制性剪切试验，包括单面剪切试验、双面剪切试验、冲击剪切试验、扭转剪切试验；② 含一定正应力影响的限制性剪切试验，包括直剪仪压剪试验（单面剪）、立方体试样单面剪试验、试件端部受压双面剪试验、角膜压剪试验。直剪仪压剪试验是典型的、标准的、限制性剪切试验，精度高。

关于岩石破坏的准则最早可追溯到库仑（Coulomb）于 1773 年提出的材料剪切破坏准则，假定岩石的强度等于岩石本身抗剪切摩擦的黏结力和剪切面上法向力产生的摩擦力。之后经过莫尔（Mohr）完善，当材料发生剪切或者滑移等塑性变形时，需要克服的最大剪切应力不仅与材料的剪切强度相关，而且与作用在该剪切或滑移面上的正应力相关。莫尔认识到材料本身的抗剪切能力是应力的函数，指出"在极限状态下，滑移平面上的剪应力 τ_c 达到一个由正应力 σ 与材料性质 $\alpha, \beta, \cdots$ 决定的最大值"，即

$$\tau_c = f(\sigma, \alpha, \beta, \cdots)$$

在一系列控制试验中，通过不断调整滑移平面上的正应力 σ，可获得对应的剪应力 τ_c，这样构建出来的 $\tau_c - \sigma$ 曲线就称为莫尔包线。

假设这一准则中仅考虑线性摩擦效应的情形，数学上可以表示为

$$f(\sigma) = \tau_n + \sigma_n \tan \phi \leqslant c \tag{11.13}$$

式中，τ_n 和 σ_n 分别为作用在滑移面上的剪应力和正应力，后者取拉应力为正，压应力为负；ϕ 为内摩擦角，其范围区间为 $0 \leqslant \phi \leqslant \pi/2$；$c$ 一般称为内聚力，对应于纯剪切变形时的剪切强度 τ_y。不难看到，当 $\phi = 0$ 时，Mohr–Coulomb 准则退化为式 (11.10) 所给出的最大剪切应力准则。图 11.8 显示了 Mohr–Coulomb 准则中剪切强度与正应力之间的关系。

在三轴应力状态下，如果考虑主应力空间 σ_1 和 σ_3 所构成的平面，参考图 3.9，我们得到以 σ_1 为水平方向的二维坐标系下，与 σ_1 方向成 θ 角的平面上剪切应力和正

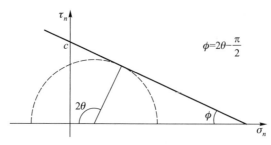

图 11.8 通过莫尔圆描述的 Mohr–Coulomb 强度准则中剪切强度与正应力之间的关系

应力，分别为

$$\begin{cases} \tau_n = \dfrac{1}{2}\left(\sigma_1 - \sigma_3\right)\sin 2\theta \\[2mm] \sigma_n = \dfrac{1}{2}\left(\sigma_1 + \sigma_3\right) - \dfrac{1}{2}\left(\sigma_1 - \sigma_3\right)\cos 2\theta \end{cases} \tag{11.14}$$

如果不考虑内摩擦效应，与 σ_1 方向成 45° 的平面上剪应力最大，这也是 3.5.2 节中验证了的结果。由于 Mohr–Coulomb 准则考虑了正应力的影响，此时最大剪应力面的剪切方向与产生塑性滑移的方向并不一致。参考式 (11.13) 和式 (11.14)，塑性滑移的平面法向和 σ_1 方向之间的夹 θ 满足

$$\frac{1}{2}\left(\sigma_1 - \sigma_3\right)\sin 2\theta = c - \left[\frac{1}{2}\left(\sigma_1 + \sigma_3\right) - \frac{1}{2}\left(\sigma_1 - \sigma_3\right)\cos 2\theta\right]\tan \phi \tag{11.15a}$$

式 (11.15a) 可以重新表述为

$$\frac{1}{2}\left(\sigma_1 - \sigma_3\right)\sin\left(2\theta - \phi\right) = c\cos\phi - \frac{1}{2}\left(\sigma_1 + \sigma_3\right)\sin\phi \tag{11.15b}$$

如果 $\sigma_1 - \sigma_3$ 为正，最大化 $\sin\left(2\theta - \phi\right)$ 的平面将是塑性剪切最早发生的平面，此时的塑性剪切的方向由 $2\theta - \phi = \pi/2$ 可以得到

$$\theta = \frac{\pi}{4} + \frac{\phi}{2} \tag{11.16}$$

此时实际的滑移面并不是最大剪应力平面。实验上，可以利用材料在单轴变形时拉伸强度和压缩强度之间的差异来预测内摩擦角；或者反过来，在已知内摩擦角的情况下得到拉伸强度和压缩强度之间的差异。

先来看单轴拉伸时的情况，如果材料的单轴拉伸强度为 σ_t，那么此时的主应力为 $(\sigma_t, 0, 0)$。将这一结果代入式 (11.14)，此时与拉伸方向成 θ 角的平面上，其剪应力和正应力分别为

$$\begin{cases} \tau_n = \dfrac{1}{2}\left(\sigma_t - 0\right)\sin 2\theta \\[2mm] \sigma_n = \dfrac{1}{2}\left(\sigma_t + 0\right) - \dfrac{1}{2}\left(\sigma_t - 0\right)\cos 2\theta \end{cases} \tag{11.17}$$

把式 (11.17) 代入 Mohr–Coulomb 屈服准则即式 (11.13) 中得到

$$\frac{1}{2}\sigma_t \sin 2\theta = c - \frac{1}{2}\sigma_t\left(1 - \cos 2\theta\right)\tan\phi \tag{11.18a}$$

可以将式 (11.18a) 简化为

$$\frac{1}{2}\sigma_t \sin(2\theta - \phi) = c\cos\phi - \frac{1}{2}\sigma_t \sin\phi \tag{11.18b}$$

塑性剪切发生在满足 $2\theta - \phi = \pi/2$ 的平面上，此时 σ_t 达到临界值 σ_t^m，因此我们得到

$$\frac{1}{2}\sigma_t^m = c\cos\phi - \frac{1}{2}\sigma_t^m \sin\phi \tag{11.18c}$$

单轴压缩时，主应力为 $(0, 0, -\sigma_c)$，同样考虑第一、第三主应力组成的平面，且第一主应力沿水平轴。在与第一主应力成 θ 角的平面上（注意此时该平面与压缩方向的夹角为 $\frac{\pi}{2} - \theta$），对应的剪应力和正应力为

$$\begin{cases} \tau_n = \frac{1}{2}\left[0 - (-\sigma_c)\right]\sin 2\theta \\ \sigma_n = \frac{1}{2}\left[0 + (-\sigma_c)\right] - \frac{1}{2}\left[0 - (-\sigma_c)\right]\cos 2\theta \end{cases} \tag{11.19}$$

将式 (11.19) 代入式 (11.13)，有

$$\frac{1}{2}\sigma_c \sin 2\theta = c + \frac{1}{2}\sigma_c \left(\cos 2\theta + 1\right)\tan\phi \tag{11.20a}$$

简化式 (11.20a) 得到

$$\frac{1}{2}\sigma_c \sin(2\theta - \phi) = c\cos\phi + \frac{1}{2}\sigma_c \sin\phi \tag{11.20b}$$

产生塑性剪切时，我们有 $2\theta - \phi = \pi/2$，此时 σ_c 到达临界值 σ_c^m，压缩轴与剪切面之间的夹角为

$$\frac{\pi}{2} - \theta = \frac{\pi}{4} - \frac{\phi}{2} \tag{11.21a}$$

且可以得到

$$\frac{1}{2}\sigma_c^m = c\cos\phi + \frac{1}{2}\sigma_c^m \sin\phi \tag{11.21b}$$

结合式 (11.18c) 和式 (11.21b)，有

$$\phi = \arcsin\frac{\sigma_c^m - \sigma_t^m}{\sigma_c^m + \sigma_t^m} \tag{11.22}$$

一般通过拉伸和压缩试验之间的强度差异，或者式 (11.17) 与式 (11.21a) 预测的滑移角度之间的关系，我们可以得到 Mohr–Coulomb 屈服准则中的内摩擦角度。一般将这个角度 ϕ 定义为一个恒定值，实际的变形中，不同的滑移极值以及载荷环境都可能引起 ϕ 的变化。下面介绍一类符合 Mohr–Coulomb 强度准则材料——金属玻璃的试验验证。

金属玻璃也叫做非晶金属，最早由 Caltech 的 Duwez 教授于 1960 年在 *Nature* 上报道，是通过把特定组分的熔融合金通过快速凝固来得到一种新型合金材料。金属玻璃有金属元素的组分，由类似玻璃的非晶结构构成，具有优异的力学（如 Vit–1 金属

非晶，断裂强度约为 2 GPa，弹性极限约为 2%，断裂韧性约为 55 MPa·m$^{-1/2}$）、物理和化学性质，至今已有较为广泛的研究。

金属玻璃由于其长程无序结构，无法通过位错萌生等方式产生塑性变形，其塑性屈服不是常规的金属多晶材料的 von Mises 准则，而是压力敏感的 Mohr–Coulomb 准则。相关的研究验证工作采用实心圆棒，如图 11.9 所示。通过轴向和扭转组合，在线弹性假设下，试样表面所承受的应力最大，可以依此来分析金属玻璃的屈服失效特征。

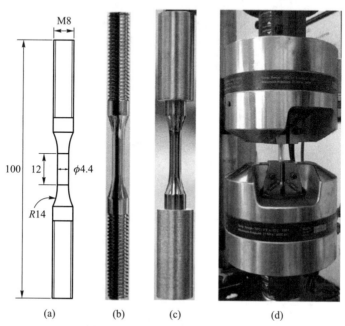

图 11.9 金属玻璃符合压力敏感的 Mohr–Coulomb 屈服准则的试验验证。通过轴向和扭转组合，在线弹性假设下，试样表面所承受的应力最大，可以依此来分析金属玻璃的屈服失效特征。（a）试样尺寸；（b）最终测试试样；（c）加载情况；（d）试验设置与试验过程

考虑如图 11.9 所示的试样在轴向和扭转组合的应力状态，此时应力张量为

$$\boldsymbol{T} = \begin{bmatrix} \sigma_0 & 0 & \tau \\ 0 & 0 & 0 \\ \tau & 0 & 0 \end{bmatrix} \tag{11.23}$$

对应的主应力张量为

$$\boldsymbol{\sigma} = \begin{bmatrix} \sigma_1 & 0 & 0 \\ 0 & 0 & 0 \\ 0 & 0 & \sigma_3 \end{bmatrix}, \quad \sigma_1 > 0, \sigma_3 < 0 \tag{11.24}$$

依据 von Mises 屈服准则在主应力空间的表达式，对应拉扭组合时的屈服面为

$$\sigma_1^2 - \sigma_1\sigma_3 + \sigma_3^2 = k^2 \tag{11.25}$$

一主应力组成的屈服面在以两个平面为轴的坐标系下为一个椭圆。类似分析可得，Drucker–Prager 屈服准则在平面主应力空间是一个偏椭圆，而 Mohr–Coulomb 屈服准则在平面主应力空间是一个偏六边形。图 11.10 是主应力空间屈服准则理论曲线与试验数据的分布情况。为对照起见，我们同时也给出了针对同一组数据采用的 von Mises 准则和下面即将介绍的 Drucker–Prager 准则理论拟合结果。由此可见 Vit–1 金属玻璃在整个测试区间符合 Mohr–Coulomb 屈服准则；但 Mohr–Coulomb 屈服准则在特定的边界条件下与 von Mises 屈服准则和 Drucker–Prager 屈服准则相交，这可能是此前文献报道的其他不同屈服准则适用性的原因之一。通常这些报道中都只用到了几个点，难以客观反映金属玻璃的失效特性。另外一个可能的原因在于，不同的金属玻璃其塑性变形能力和变形机制也存在差异。图 11.11 显示了金属玻璃螺旋断口随不同轴向和扭转组合载荷的断裂形貌。通过变形断口螺旋角度，我们可以获得断裂面上的剪

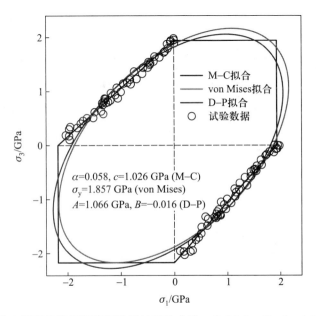

图 11.10 主应力空间下几类屈服准则给出的理论曲线，含 Mohr–Coulomb(M–C)、Drucker–Prager(D–P) 以及 von Mises 准则与试验数据的对照。可以看到，金属玻璃轴向和扭转组合变形下的试验数据与 M–C 屈服准则吻合得最好

切应力和正应力，并以此确认该金属玻璃符合 Mohr–Coulomb 屈服准则及对应的强度参数。目前关于这一方面的研究还需要深入[7]。

11.7 Drucker–Prager 准则

前面介绍的基于应变能机制的 von Mises 屈服准则和考虑材料的强度和压力相关效应的 Mohr–Coulomb 准则在变形机制上体现了材料变形的复杂性。也可以将两种机制结合到同一个准则中，从而可以更全面地预测材料变形行为。这正是 Drucker–Prager 准则的核心所在，它又称为光滑版的 Mohr–Coulomb 屈服准则。Drucker–

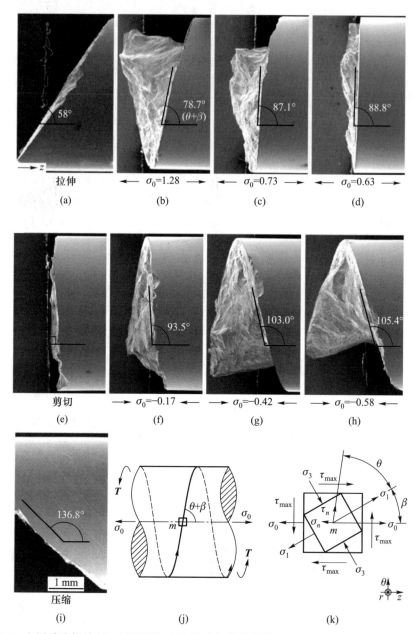

图 11.11 金属玻璃螺旋断口随不同轴向和扭转组合载荷的变形。（a）～（i）不同应力状态下的断裂形貌；（j）螺旋断裂角度示意图；（k）通过变形断口螺旋角度，可以获得断裂面上的剪应力和正应力，并以此确认该金属玻璃符合 Mohr–Coulomb 屈服准则，并获得对应的强度准则参数

Prager 准则同时用到了第一和第二应力不变量及其组合 [参考式 (11.5)]，具体形式如下：

$$f(\sigma) = \sqrt{J_2} - A - BI_1 \leqslant 0 \tag{11.26}$$

式中，$f(\sigma)$ 表征产生塑性流动时应力所需要满足的关系；A 和 B 为材料常数。更多的时候，大家考虑材料进入塑性流动或屈服状态时，直接将式 (11.26) 描述为

$$\sqrt{J_2} = A + BI_1 \tag{11.27}$$

在主应力空间，按照式 (11.4c)，有

$$\sqrt{\frac{1}{2}\left[(\sigma_1 - \sigma_2)^2 + (\sigma_2 - \sigma_3)^2 + (\sigma_3 - \sigma_1)^2\right]} = A + B\left(\sigma_1 + \sigma_2 + \sigma_3\right) \tag{11.28}$$

参照前面针对 Mohr-Coulomb 屈服准则采取的分析方法，我们来看 Drucker-Prager 准则中各参数与单轴变形强度之间的关系。单轴拉伸时，屈服强度 σ_t^m 为最大主应力，即 $(\sigma_t^m, 0, 0)$，代入式 (11.28) 得到

$$\sigma_t^m = A + B\sigma_t^m \tag{11.29a}$$

单轴压缩时，屈服强度 σ_c^m 为最小的主应力，3 个主应力分别为 $(0, 0, -\sigma_c^m)$，将该主应力状态代入式 (11.28)，有

$$\sigma_c^m = A - B\sigma_c^m \tag{11.29b}$$

通过式 (11.29a) 和式 (11.29b)，我们可以解得

$$A = \frac{2\sigma_t^m \sigma_c^m}{\sigma_t^m + \sigma_c^m}, \quad B = \frac{\sigma_t^m - \sigma_c^m}{\sigma_t^m + \sigma_c^m} \tag{11.30}$$

可以看到，材料在拉伸和压缩时屈服强度的不对称性主要由材料参数 B 控制，两者之间的比值 β 为

$$\beta = \frac{\sigma_c}{\sigma_t} = \frac{1 - B}{1 + B} \tag{11.31}$$

当 $B = 0$ 时，$\beta = 1$，此时对应的拉伸和压缩强度相同。与前面确定 Mohr-Coulomb 屈服准则中的材料参数类似，我们可以通过拉伸和压缩试验之间的强度差异获得 Drucker–Prager 准则中式 (11.26) 所需要的材料参数。

11.8 聚合物的变形与屈服

与金属材料对应的是日益广泛使用的聚合物材料，这类非晶态固体便于成型且价格便宜，在工程中得到大量使用，因此这类材料的力学行为也引起了广泛的研究兴趣。这类材料受玻璃化转化温度的影响，表现出较强的韧脆转变效应。图 11.12 展示了聚甲基丙烯酸甲酯（polymethyl methacrylate，PMMA）材料在不同温度下，受单轴拉伸时的应力–应变曲线。

同时，一般在冷拉伸试样中，聚合物材料的颈缩现象与金属材料中的颈缩有明显的差别。从图 11.13 可以看到，最高应力点之后，一般伴随着颈缩区域的出现，这一颈缩区的形成伴随着应变软化。由于聚合物内部含有长且卷曲的分子链，分子链的逐

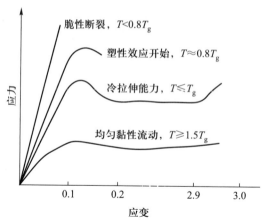

图 11.12 PMMA 材料在不同温度下，受单轴拉伸时的应力–应变曲线。可以看到 PMMA 受玻璃化转化温度的影响，表现出较强的韧脆转变效应

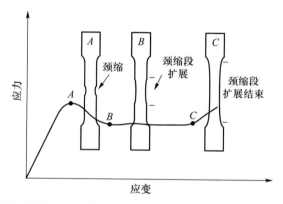

图 11.13 聚合物材料在拉伸过程中的颈缩形成与扩展

渐伸长对应于颈缩区的持续扩展，此时颈缩前沿以稳定速率向试样两端移动，形成一个应力平台区，随着颈缩前沿抵近试样均匀段的端点，驱动颈缩的应力逐步提高，而已颈缩区由于不能承受过高的应力而导致断裂。

颈缩的形成是聚合物材料在接近玻璃化温度 ($\sim 0.8 T_g$) 时变形局部化的一种模式。在较低的温度下，聚合物玻璃有两类局部塑性变形模式：剪切带变形和银化。这两类模式的出现与变形时的温度环境和应力状态紧密相关。

在玻璃态的聚合物中，压缩的屈服应力一般比拉伸时的屈服应力大，这表明诱导局部化变形的体积受体胀应力的作用而增加（如拉伸应力导致原子体积增大而压缩应力则使其减小）。这与金属材料中产生塑性变形的临界剪应力在拉伸和压缩状态时是一样的。不一致的是，在玻璃态聚合物中，我们通过下式考虑其剪切屈服时的体胀效应：

$$\bar{\sigma} + \alpha_p P \geqslant \tau_y \tag{11.32}$$

式中，$P = \dfrac{1}{3} \sum \sigma_{kk}$；$\alpha_P$ 是一个材料常数；$\bar{\sigma}$ 是等效的 von Mises 应力。事实上，这一屈服准则等价于 Drucker–Prager 准则。

银化现象是与剪切带相竞争的一种局部化机制，就像剪切带是与均匀流动竞争的塑性变形机制一样，银化从光学上看越来越类似于裂纹，这可以从 PMMA 的拉伸试样中看得非常清晰。

银化的形成通常导致拉伸韧性的降低，有时又称为银化脆性。一般而言，银化受拉伸状态下的正应力控制，如图 11.14 所示。在复杂应力状态下，银化的方向通常平行于最大主应力 σ_1，其对应的最大主应变为 ε_1，那么银化屈服的准则可以写为

$$\varepsilon_1 = A(T) + \frac{B(T)}{P} \leqslant \varepsilon_{\max} \tag{11.33}$$

式中，P 为静水压应力；$\varepsilon_{\max}$ 为银化区材料的最大拉伸应变。对于双轴应力状态，考虑 $\sigma_1 > \sigma_2 > 0$。在图 11.15 中我们给出了 PMMA 银化时的屈服面，因为 $\sigma_3 = 0$，$\varepsilon_1 = \frac{1}{E}(\sigma_1 - \nu\sigma_2)$，所以

$$\sigma_1 - \nu\sigma_2 = E\left[A(T) - \frac{B(T)}{P}\right] \tag{11.34}$$

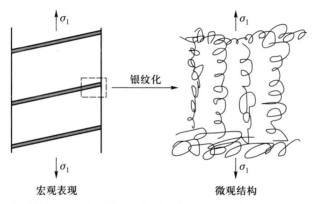

图 11.14 银化现象及其微观变形机制。注意到银化的方向通常平行于最大主应力 σ_1，是由于局部聚合物链沿拉伸方向的伸长导致局域化变形

需要注意的是，这里 ν 和 E 在聚合物中都是与温度相关的材料常数。不难看出，温度在这里起到非常重要的作用，尤其是当环境温度接近玻璃化温度时。

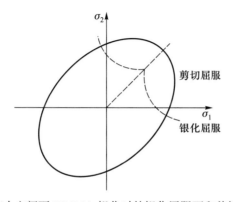

图 11.15 平面变形主应力空间下 PMMA 银化时的银化屈服面和剪切屈服面的对照

11.9　强度的分散性

前面关于材料的强度理论和屈服准则针对具体确定的材料性能。实际的工程材料由于受工艺控制和不同尺度非均匀性的影响，相同材料但不同试样得到的强度一般具有某种分布。早在 16 世纪，达·芬奇曾在他的笔记中记载了测试绳索拉伸强度的一种实验，由于绳索中的缺陷分布，他认识到强度对长度可能的依赖关系。之后 Weibull 在分析单根纤维的强度时，发现每根纤维的强度取决于存在缺陷的概率，从而取决于纤维的长度。纤维强度与长度的关系符合 Weibull 统计分布[8]。

图 11.16 显示了数百根长度为 50 mm 的石墨纤维的强度分布统计结果。可以看到单根纤维的强度呈现以下分布结果：

$$f(\sigma) = L\alpha\beta \left(\frac{\sigma}{\sigma_e}\right)^{\beta-1} \exp\left[-L\left(\frac{\sigma}{\sigma_e}\right)^{\beta}\right] \tag{11.35}$$

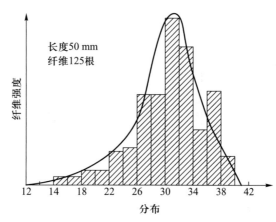

图 11.16　图中为石墨纤维的强度分布统计结果。每根纤维的强度取决于存在缺陷的概率，从而取决于纤维的长度

式中，$f(\sigma)$ 为纤维强度的概率密度函数；L 为纤维长度；α 为 Weibull 分布的位置；β 表明强度的分散性[8-9]。对一般材料而言，其强度分布的概率密度函数可以表示为

$$f(\sigma, \sigma_e, m) = \begin{cases} \dfrac{m}{\sigma_e}\left(\dfrac{\sigma}{\sigma_e}\right)^{m-1} \exp\left[-\left(\dfrac{\sigma}{\sigma_e}\right)^{m}\right], & \sigma \geqslant 0 \\ 0, & \sigma < 0 \end{cases} \tag{11.36}$$

其对应的分布函数为

$$p(\sigma, \sigma_e, m) = \begin{cases} 1 - e^{-\left(\frac{\sigma}{\sigma_e}\right)^{m}} & \sigma \geqslant 0 \\ 0 & \sigma < 0 \end{cases} \tag{11.37}$$

这一分布对应的强度均值 $\overline{\sigma}$ 和强度标准差 σ_{STD} 分别为

$$\overline{\sigma} = \Gamma\left(1 + \frac{1}{m}\right)\sigma_e, \quad \sigma_{STD} = \sqrt{\Gamma\left(1 + \frac{2}{m}\right) - \Gamma^2\left(1 + \frac{1}{m}\right)} \cdot \sigma_e \tag{11.38}$$

有时候，强度是从 σ_0 开始的一个 Weibull 分布，此时

$$f(\sigma, \sigma_{\mathrm{e}}, m) = \begin{cases} \dfrac{m}{\sigma_{\mathrm{e}}} \left(\dfrac{\sigma - \sigma_0}{\sigma_{\mathrm{e}}}\right)^{m-1} \exp\left[-\left(\dfrac{\sigma - \sigma_0}{\sigma_{\mathrm{e}}}\right)^{m}\right] & \sigma \geqslant \sigma_0 \\ 0 & \sigma < \sigma_0 \end{cases} \tag{11.39}$$

从图 11.17 可以看到，$\mathrm{Zr_{48}Cu_{45}Al_7}$ 金属玻璃的拉伸强度存在一定的分布，且其拉伸塑性也体现出一定的变化。

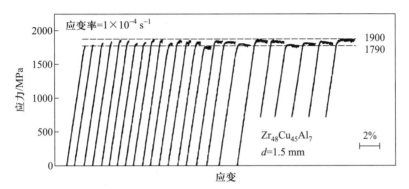

图 11.17 金属玻璃的拉伸强度分布，在这里可以看 $\mathrm{Zr_{48}Cu_{45}Al_7}$ 金属玻璃不仅在一定的强度范围内存在变化，其拉伸塑性也体现出一定的分布特性[10]

材料的强度理论与材料的强度分布结合，对于我们研究、预测大型工程结构的可靠性从而设计经济性和高可靠性相结合的工程系统具有重要的意义[11]。

11.10   弹塑性模型

目前我们详细讨论了材料的屈服强度及其对应的准则模型，屈服点后材料还将具有一定的变形能力，尤其是金属材料的塑性变形能力通常远大于其弹性变形。如何描述材料屈服点后的弹塑性变形是下面需要介绍的重点，即关于材料屈服后的应力–应变关系所对应的弹塑性模型。

11.10.1   全量型模型

图 11.18 中描绘了几类简单的弹塑性模型。最简单也是讨论比较多的一种模型就是理想弹塑性模型。在这一模型中，材料在 σ_y 之前的变形为弹性，之后流动应力固定不变，增加的应变全部为塑性应变。数学上，这一应力–应变关系可以描述为：如果将应力作为控制条件，我们有

$$\begin{cases} \varepsilon = \dfrac{\sigma}{E}, & \text{当 } |\sigma| \leqslant \sigma_y \text{ 时} \\ \varepsilon = \dfrac{\sigma}{E} + \varepsilon_{\mathrm{p}}\mathrm{sign}(\sigma), & \text{当 } |\sigma| > \sigma_y \text{ 时} \end{cases} \tag{11.40}$$

反过来以应变作为控制条件时

$$\begin{cases} \sigma = E\varepsilon, & \text{当 } |\varepsilon| \leqslant \varepsilon_e \text{ 时} \\ \sigma = \sigma_y \text{sign}(\varepsilon), & \text{当 } |\varepsilon| > \varepsilon_e \text{ 时} \end{cases} \tag{11.41}$$

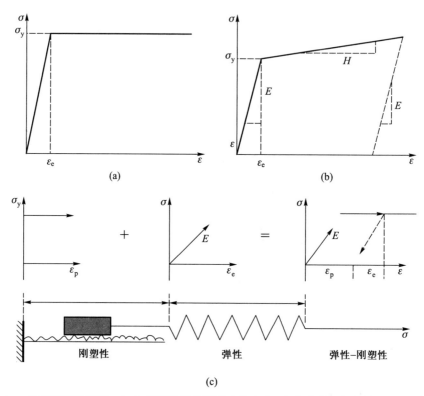

图 11.18 简单弹塑性模型。（a）理想弹塑性模型中的应力–应变曲线；（b）线性强化下的弹塑性模型应力–应变曲线；（c）简单滑块–弹簧模型描绘理想弹塑性模型中的应力–应变行为

将理想弹塑性模型稍微往前推进，考虑具有一定的应变硬化效应，那么对应的简单模型为线性强化模型，此时在单轴变形过程中，如果用应变作为控制条件描述应力–应变关系时，我们有

$$\begin{cases} \sigma = E\varepsilon, & \text{当 } |\varepsilon| \leqslant \varepsilon_e \text{ 时} \\ \sigma = [\sigma_y + H(|\varepsilon| - \varepsilon_e)] \text{sign}(\varepsilon), & \text{当 } |\varepsilon| > \varepsilon_e \text{ 时} \end{cases} \tag{11.42}$$

式中，H 为材料的硬化系数。

另外，在教材中常见的硬化模型为幂次强化，此时的应力–应变关系式及硬化系数分别为

$$\sigma = c\varepsilon^n, \quad \frac{\mathrm{d}\sigma}{\mathrm{d}\varepsilon} = n\frac{\sigma}{\varepsilon} \tag{11.43}$$

从应力–应变曲线来看，该类材料无明显屈服。考虑屈服的幂次强化可以采用以下公式：

$$\sigma = \sigma_y(1 + m\varepsilon^n) \tag{11.44}$$

或者

$$\sigma = \sigma_{\text{y}} \left(1 - m\varepsilon \right)^n \tag{11.45}$$

图 11.19 为两类幂次强化模型所给出的应力–应变曲线，可以看到它们各自在屈服点描述上的差异。

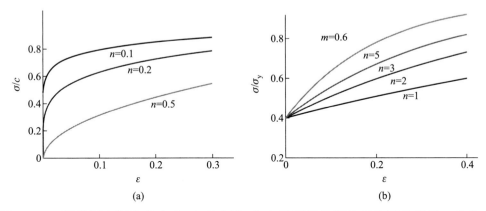

图 11.19 两类幂次强化的应力–应变曲线。（a）无明显屈服的幂次硬化模型，对应式 (11.43)；（b）考虑屈服的强化模型，对应式 (11.44)

11.10.2 增量型模型

图 11.20 为典型各向同性材料在单轴拉伸/压缩作用下应力–应变行为的示意图，针对这样一般的弹塑性变形，我们发展增量型的弹塑性本构模型来描述其应力–应变响应。

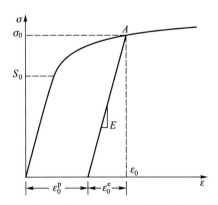

图 11.20 典型材料弹塑性应力–应变曲线中弹性应变和塑性应变的分解示意图

如图 11.20 所示，在应力–应变响应中，按照弹性应变和塑性应变的定义，将 A 点的总应变分解为两部分，即

$$\varepsilon_0 = \varepsilon_0^{\text{e}} + \varepsilon_0^{\text{p}} \tag{11.46}$$

式中，ε_0^{e} 代表卸载后弹性恢复的那部分；而 ε_0^{p} 代表不可恢复的塑性应变。因此有

$$\sigma_0 = E\varepsilon_0^{\text{e}} = E(\varepsilon_0 - \varepsilon_0^{\text{p}}) \tag{11.47a}$$

如果将应力、应变表示为增量形式，则有

$$\Delta\sigma_0 = E\Delta\varepsilon_0^{\mathrm{e}} = E(\Delta\varepsilon_0 - \Delta\varepsilon_0^{\mathrm{p}}) \tag{11.47b}$$

如果该增量产生的时间为 Δt，则有

$$\frac{\Delta\sigma_0}{\Delta t} = E\left(\frac{\Delta\varepsilon_0}{\Delta t} - \frac{\Delta\varepsilon_0^{\mathrm{p}}}{\Delta t}\right)$$

$$\dot{\sigma_0} = E(\dot{\varepsilon_0} - \dot{\varepsilon_0^{\mathrm{p}}}) \tag{11.47c}$$

流动应变的演化在每一点必须遵循材料的屈服准则，如果 A 点对应的流动应力为 S_0，我们定义对应的屈服条件为

$$f(\sigma, S_0) = |\sigma| - S_0 \tag{11.48a}$$

按照塑性变形条件，在 A 点的应力 σ 不可能超过其流动应力 S_0，那么有

$$f(\sigma, S_0) = |\sigma| - S_0 \leqslant 0 \tag{11.48b}$$

与流动应力对应，塑性应变的演化与式 (11.40) 相关，通常

$$\dot{\varepsilon}^{\mathrm{p}} = \dot{\bar{\varepsilon}}^{\mathrm{p}} \cdot \mathrm{sign}(\sigma) \tag{11.49}$$

式中，$\dot{\bar{\varepsilon}}^{\mathrm{p}}$ 是塑性应变率的大小；$\mathrm{sign}(\sigma)$ 则与塑性流动的方向有关，同时也和式 (11.48) 相关，即后面将讨论的一致性条件。在此之前，我们先看流动应力的演化，考虑增量形式，屈服强度随塑性应变增量 $\Delta\bar{\varepsilon}^{\mathrm{p}}$ 而增加，对应的增加量 ΔS 近似为

$$\Delta S = h\Delta\bar{\varepsilon}^{\mathrm{p}} \tag{11.50}$$

式中，h 是线性化后的当前变形状态下的硬化模量，一般而言，它是 ε^{p} 的函数。当 $h > 0$ 时，局部处于应变硬化阶段；$h = 0$ 时，则对应于刚塑性变形（应变的增量全部为塑性应变增量）；当 $h < 0$ 时，则对应于应变软化阶段。

一点的应力产生的塑性应变增量及对应增量产生的硬化（流动应力的改变）必须是协调一致的：在不同的状态，都要满足 $f = |\sigma| - S_0 = 0$ 这一条件。这样一来，即要求

$$\Delta f = |\Delta\sigma| - \Delta S = \mathrm{sign}(\sigma) \cdot \Delta\sigma - h\Delta\bar{\varepsilon}^{\mathrm{p}} \tag{11.51a}$$

将式 (11.47a) 代入式 (11.51a)，有

$$\Delta f = \mathrm{sign}(\sigma)\left[E(\Delta\varepsilon - \Delta\bar{\varepsilon}^{\mathrm{p}}) \cdot \mathrm{sign}(\sigma)\right] - h\Delta\bar{\varepsilon}^{\mathrm{p}} \tag{11.51b}$$

整理式 (11.51b) 得到

$$\Delta f = \mathrm{sign}(\sigma) \cdot E\Delta\varepsilon - (E+h)\Delta\bar{\varepsilon}^{\mathrm{p}} = 0 \tag{11.51c}$$

一般按照材料的变形可假定 $E + h > 0$（即材料的软化模量其值不可能大于杨氏模量），那么可以依据上式获得塑性应变增量值，即

$$\Delta\bar{\varepsilon}^{\mathrm{p}} = \frac{\mathrm{sign}(\sigma)}{E+h}E\Delta\varepsilon \tag{11.52}$$

不难看出，如果给定材料的加载率 $\dot{\varepsilon}$、材料的硬化模量 h 与 $\bar{\varepsilon}^{\mathrm{p}}$ 的关系以及 S_0，我们就可以按照这些公式完整地导出其应力–应变关系。

注意到式 (11.49) 的成立的条件

$$\Delta \bar{\varepsilon}^{\mathrm{p}} = \begin{cases} 0, & f < 0 \\ 0, & f = 0 \text{ 且 } \mathrm{sign}\,(\sigma) \cdot \Delta\sigma < 0 \\ \dfrac{\mathrm{sign}\,(\sigma)}{E + h} E\Delta\varepsilon, & f = 0 \text{ 且 } \mathrm{sign}\,(\sigma) \cdot \Delta\sigma > 0 \end{cases} \tag{11.53}$$

因此式 (11.52) 也必须满足这一条件，否则 $\Delta\bar{\varepsilon}^{\mathrm{p}} = 0$。

11.11　小结

固体强度理论是固体力学研究的核心问题，是力学领域工作者对工程科学的重大贡献之一。正是因为强度理论的发展，才使得我们得以放心地使用各类工程结构。由于物质和结构的多样性、服役环境的复杂性、不同物理场作用下的耦合性，固体材料可能表现出不同的屈服模式，对不同的应力分量依赖性也不一样。这里，我们对不同材料在不同应用场景下通过实验验证、理论分析和数值模拟所获得的几类屈服准则作了全面介绍，同时重点介绍了它们各自的应用对象与适用范围。需要提醒的是，随着工程系统的日渐复杂，材料的屈服强度很可能随服役时间而逐渐变化，有的甚至涉及不同屈服模式的转变，例如韧性金属材料随服役时间演化为脆性介质；同时，由于新材料不断涌现，我们甚至可以在纳米层次乃至原子层次控制材料的微观结构，这些结构的变化将给传统意义上的强度理论带来挑战和新的机遇。这些因素都要求我们在材料设计中保持谦虚和谨慎。

参考文献

[1] Wei Y J. An extended strain energy density failure criterion by differentiating volumetric and distortional deformation[J]. International Journal of Solids and Structures, 2012, 49: 1117-1126.

[2] Lei X Q, Wei Y J, Wei B C, et al. Spiral fracture in metallic glasses and its correlation with failure criterion [J]. Acta Materialia, 2015, 99: 206-212.

[3] Taylor G I, Quinney H. The plastic distortion of metals[J]. Philosophical Transactions of the Royal Society of London, 1932, A230: 323-362.

[4] Paterson M S. Experimental deformation and faulting in Wombeyan marble[J]. Geological Society of America Bulletin, 1958, 69: 465-476.

[5] Baud P, Schubnel A, Wong T C. Dilatancy, compaction, and failure mode in Solnhofen limestone[J]. Journal of Geophysical Research, 2000, 105: 19289-19303.

[6] Wei Y J, Anand L. On brittle-to-ductile transition and dilatancy in rocks: A micromechanical modeling[J]. International Journal of Solids and Structures, 2008, 45(10): 2785-2798.

[7] 雷现奇, 魏宇杰. 金属非晶的强度和变形特性 [J]. 固体力学学报, 2016, 4: 312-339.

[8] Weibull W. A statistical distribution function of wide applicability[J]. Journal of Applied Mechanics, 1951, 18: 293-297.

[9] Weibull W. A survey of statistical effects in the field of material failure[J]. Applied Mechanics Review, 1952, 5(11): 449-451.

[10] Yao J H, Wang J Q, Lu L, et al. High tensile strength reliability in a bulk metallic glass[J]. Apply Physics Letters, 2008, 92(4): 041905-041905-3.

[11] Coleman B D. On the strength of classical fibres and fibre bundles[J]. Journal of the Mechanics and Physics of Solids, 1958, 7(1): 60-70.

第 12 章 滑移线理论

12.1 简介

塑性问题的求解比弹性问题复杂得多，因此在理论分析中，大家一般采用如第 11 章中介绍的几种简化弹塑性模型来求解弹塑性变形场。即便如此，几何上我们还需要借助塑性变形所表现出来的微观形貌特征来求解一些问题。20 世纪 20 年代至 40 年代，人们就观察到金属塑性变形过程中光滑试样表面出现"滑移带"现象。追踪这些"滑移带"代表的"线"，结合力学分析，可逐步形成一种图形绘制的平面塑性流动场。"滑移线"与数值计算相结合的追踪求解方法逐步演化为求解塑性变形力学问题的理论方法。这里的"滑移线"是一个抽象了的力学概念，是指塑性变形区内，最大剪应力$\tau_{\max}$ 等于材料屈服切应力 τ_y 的轨迹线。滑移线法就是针对具体的变形工序或变形过程建立滑移线场，然后利用滑移线某些特性来求解塑性成型问题的方法。滑移线方法已被广泛用于求解构件的塑性设计和金属的塑性成型（如锻造、冲压、挤压、拉拔及轧制等）。

12.2 滑移线性质

由塑性力学可知，如果只要确定极限载荷，就无须从弹塑性状态逐步求解，而可以采用刚塑性模型，所得出的极限状态和极限载荷同弹塑性结果是一致的。在弹性可压缩性可忽略的前提下，对于平面应变问题，垂直作用于变形平面的主应力可由下式给出：

$$\sigma_3 = \nu(\sigma_1 + \sigma_2) = \frac{1}{2}(\sigma_1 + \sigma_2) \tag{12.1}$$

式中，σ_1 和 σ_2 为作用于变形平面内的两个主应力。此时控制塑性流动的 Tresca 准则和 von Mises 准则都简化为

$$|\sigma_1 - \sigma_2| = 2\tau_y \tag{12.2}$$

式 (12.2) 中对于 Tresca 准则有 $\tau_y = \sigma_y/2$，对于 von Mises 准则有 $\tau_y = \sigma_y/\sqrt{3}$，为书写便利，我们定义 $k = \tau_y$。因此，塑性区的应力状态包括由 $\bar{\sigma}$ 表示的可变静水压力

$$\bar{\sigma} = \frac{1}{2}(\sigma_1 + \sigma_2) \tag{12.3}$$

并伴有变形平面上的不变纯剪应力 τ_y。

按照前面介绍的"滑移带"与"滑移线"之间的关联，可以看到力学上塑性变形体内各点最大剪应力的连续轨迹即为滑移线。此时，线上任一点的切线与该点的最大切应力方向之一重合。从平面上看，最大切应力的轨迹形成两个互为正交的曲线族（一般称 α 族与 β 族）。它们的原始实验根据来自前面提到的金属在塑性变形时，其初始光滑的表面由于塑性变形而观察到的滑移线（图 12.1）。

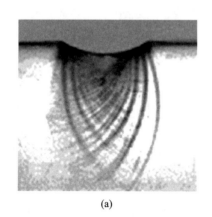

(a)

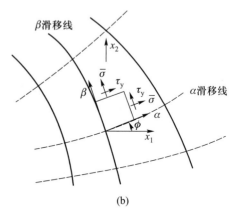

(b)

图 12.1 滑移线场示意图。（a）金属玻璃 $Zr_{41}Ti_{14}Cu_{12.5}Ni_{10}Be_{22.5}$ (Vit–1) 在平面应变的压头试验中由于剪切变形形成的滑移场[1]；（b）以交错滑移线为边界的代表单元的应力状态

$$\sigma_{\alpha\alpha} = \sigma_{\beta\beta} = \overline{\sigma}, \quad \sigma_{\alpha\beta} = \tau_y \tag{12.4}$$

按照 Hencky 于 1923 年给出的滑移线场理论，针对图 12.1b 所给出的代表性单元，单元沿不同滑移线方向的基本应力方程为

$$\begin{cases} \overline{\sigma} - 2\tau_y\phi = \text{常数}, \text{ 沿}\alpha\text{滑移线} \\ \overline{\sigma} + 2\tau_y\phi = \text{常数}, \text{ 沿}\beta\text{滑移线} \end{cases} \tag{12.5}$$

式中，τ_y 是屈服应力；ϕ 是几何参量。同一条滑移线上，其静水压力 $\overline{\sigma}$ 与滑移线的特征角度 ϕ 始终满足 Hencky 关系；在已知的滑移线场内，只要知道一点的静水压力，即可求出场内任意一点的静水压力，从而计算出各点的应力分量，并进一步求解获得塑性滑移下的应力场。综合上面的讨论，我们得到滑移线的两个关键性质。

性质 1 在同一条滑移线上，由点 A 到点 B，静水压力的变化与滑移线切线的转角成正比；直线滑移线上各点的静水压力相等。

性质 2 同族的两条滑移线与另一族滑移线相交，其相交处两切线间的夹角是常数。这一性质从之前三维应力状态中给出的最大剪应力的两个方向 [式 (3.38)] 中可以看出，它们构成一个局部正交坐标，因此切线之间的夹角为 $\pi/2$。

现在来证明式 (12.5)。考虑到沿滑移线剪应力等于剪切强度，在如图 12.2 所示的莫尔圆中，这种应力状况用半径 τ_y 不变的莫尔圆表示，其圆心由所研究点上的 $\overline{\sigma}$ 值来定位。

根据图 12.2 给出的莫尔圆，考虑以 α 滑移线和 β 滑移线构建局部坐标，该 α–β 坐标系下某点的应力分量（$\sigma_{\alpha\alpha}, \sigma_{\beta\beta}, \tau_{\alpha\beta}$）与 x–y 坐标系下的应力分量（$\sigma_{xx}, \sigma_{yy}, \tau_{xy}$）

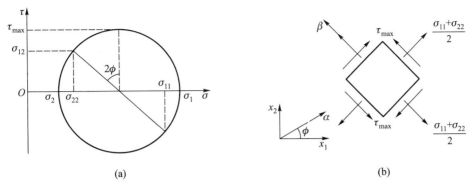

图 12.2 (a) 滑移线上任意点应力所对应的莫尔圆，这里需要注意图 12.1 中沿 β 滑移线所在面上的剪应力为正，α 滑移线所对应值为负；(b) 以两相交滑移线为边的代表性单元各面上的应力示意图

之间的关系为

$$
\begin{cases}
\sigma_{xx} = \overline{\sigma} - \tau_{\mathrm{y}}\sin(2\phi) \\
\sigma_{yy} = \overline{\sigma} + \tau_{\mathrm{y}}\sin(2\phi) \\
\tau_{xy} = \tau_{\mathrm{y}}\cos(2\phi)
\end{cases}
\tag{12.6}
$$

将式 (12.6) 代入无体力的平面弹性力学平衡方程，可得

$$
\begin{cases}
\dfrac{\partial\overline{\sigma}}{\partial x} - 2\tau_{\mathrm{y}}\cos(2\phi)\dfrac{\partial\phi}{\partial x} - 2\tau_{\mathrm{y}}\sin(2\phi)\dfrac{\partial\phi}{\partial y} = 0 \\
\dfrac{\partial\overline{\sigma}}{\partial y} + 2\tau_{\mathrm{y}}\cos(2\phi)\dfrac{\partial\phi}{\partial y} - 2\tau_{\mathrm{y}}\sin(2\phi)\dfrac{\partial\phi}{\partial x} = 0
\end{cases}
\tag{12.7}
$$

如图 12.2 所示，正交曲线坐标系 (α,β) 与正交直线坐标系 (x,y) 成一夹角 ϕ，其中 ϕ 为坐标的函数，它们之间有如下转换关系：

$$
\begin{cases}
\dfrac{\partial}{\partial\alpha} = \cos\phi\dfrac{\partial}{\partial x} + \sin\phi\dfrac{\partial}{\partial y} \\
\dfrac{\partial}{\partial\beta} = -\sin\phi\dfrac{\partial}{\partial x} + \cos\phi\dfrac{\partial}{\partial y}
\end{cases}
\tag{12.8}
$$

其逆关系为

$$
\begin{cases}
\dfrac{\partial}{\partial x} = \cos\phi\dfrac{\partial}{\partial\alpha} - \sin\phi\dfrac{\partial}{\partial\beta} \\
\dfrac{\partial}{\partial y} = \sin\phi\dfrac{\partial}{\partial\alpha} + \cos\phi\dfrac{\partial}{\partial\beta}
\end{cases}
\tag{12.9}
$$

利用式 (12.8) 可得

$$
\frac{\partial\overline{\sigma}}{\partial\alpha} = \cos\phi\frac{\partial\overline{\sigma}}{\partial x} + \sin\phi\frac{\partial\overline{\sigma}}{\partial y}
$$

利用式 (12.7)

$$
\frac{\partial\overline{\sigma}}{\partial\alpha} = 2\tau_{\mathrm{y}}\cos\phi\left[\cos(2\phi)\frac{\partial\phi}{\partial x} + \sin(2\phi)\frac{\partial\phi}{\partial y}\right] + 2\tau_{\mathrm{y}}\sin\phi\left[\sin(2\phi)\frac{\partial\phi}{\partial x} - \cos(2\phi)\frac{\partial\phi}{\partial y}\right]
$$

将式 (12.9) 代入，简化后得到

$$\frac{\partial \overline{\sigma}}{\partial \beta} = -2\tau_y \sin\phi \left(\cos 2\phi \frac{\partial \phi}{\partial \alpha} + \sin 2\phi \frac{\partial \phi}{\partial \beta}\right) + 2\tau_y \cos\phi \left(\sin 2\phi \frac{\partial \phi}{\partial \alpha} + \cos 2\phi \frac{\partial \phi}{\partial \beta}\right) \quad (12.10)$$

同样利用式 (12.8)，有

$$\frac{\partial \overline{\sigma}}{\partial \beta} = -\sin\phi \frac{\partial \overline{\sigma}}{\partial x} + \cos\phi \frac{\partial \overline{\sigma}}{\partial y}$$

将式 (12.7) 代入上式，有

$$\frac{\partial \overline{\sigma}}{\partial \beta} = 2\tau_y \sin\phi \left(\cos\phi \frac{\partial \phi}{\partial \alpha} - \sin\phi \frac{\partial \phi}{\partial \beta}\right) - 2\tau_y \cos\phi \left(\sin\phi \frac{\partial \phi}{\partial \alpha} + \cos\phi \frac{\partial \phi}{\partial \beta}\right)$$

将式 (12.9) 代入，简化上式得

$$\frac{\partial \overline{\sigma}}{\partial \beta} = -2\tau_y \frac{\partial \phi}{\partial \beta} \quad (12.11)$$

综合式（12.10）和式（12.11）的结果，有

$$\begin{cases} \dfrac{\partial}{\partial \alpha}\left(\overline{\sigma} - 2\tau_y \phi\right) = 0 \\ \dfrac{\partial}{\partial \beta}\left(\overline{\sigma} + 2\tau_y \phi\right) = 0 \end{cases} \quad (12.12)$$

积分后即得式 (12.5) 所给出的结论。这样可以通过从类似自由表面这种已知应力点的地方开始，利用 Hencky 公式 (12.5) 沿滑移线的方向推导出应力分布，从而得到需要求解区域的应力场 σ。下面通过滑移线方法来求解几个经典问题，以阐明如何利用式 (12.5)。

12.3 典型问题的滑移线求解[2]

12.3.1 刚塑性半平面压头的滑移线求解

考虑如图 12.3 所示的刚塑性半平面在使用刚性物体加载下的力学问题，希望通过滑移线方法分析获得使该半平面产生塑性滑移的临界载荷 P 与临界滑移应力以及刚性物体几何因素之间的关系。这里可以假定刚性物体沿垂直纸面方向无限长，且其横截面为长方形，宽度为 $2a$。

分析：如图 12.3 中自由面上的 A 点，根据其边界条件有 $\sigma_{22,A} = \sigma_{21,A} = 0$，将其分别代入方程 (12.6) 的第二、第三式，有

$$\sigma_{22,A} = \overline{\sigma}_A + \tau_y \sin(2\phi_A) = 0$$
$$\sigma_{21,A} = \tau_y \cos(2\phi_A) = 0 \quad (12.13)$$

可得

$$\phi_A = \frac{\pi}{4}, \quad \overline{\sigma}_A = -\tau_y \quad (12.14)$$

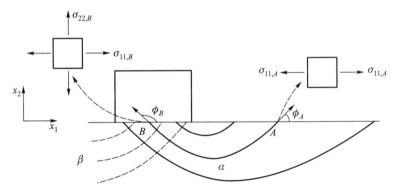

图 12.3 刚塑性半平面在刚性压头作用下的滑移线即不同位置受力示意图

现在考虑加载面内与 A 点处在同一条 α 滑移线的 B 点，根据其边界条件有 $\sigma_{21,B} = 0$，同理代入方程 (12.6) 的第三式，可得

$$\phi_B = -\pi/4 \tag{12.15}$$

根据方程 (12.5) 的第一式，有

$$\overline{\sigma}_B - 2\tau_{\mathrm{y}}\phi_B = \overline{\sigma}_A - 2\tau_{\mathrm{y}}\phi_A \tag{12.16}$$

可得 B 点的静水压力

$$\overline{\sigma}_B = -\tau_{\mathrm{y}}(1 + \pi) \tag{12.17}$$

将式 (12.16)、式 (12.18) 代入方程 (12.6) 的第二式，可得

$$\sigma_{22,B} = -\tau_{\mathrm{y}}(2 + \pi) \tag{12.18}$$

对于加载面内任意一点都可作相同的处理，则可得临界载荷 P 为

$$P = -\sigma_{22,B} \cdot 2a = \tau_{\mathrm{y}}(2 + \pi) \cdot 2a = \frac{\sigma_{\mathrm{y}}}{\sqrt{3}}(2 + \pi) \cdot 2a \tag{12.19}$$

如果考虑单位宽度的刚性压头，定义压头的平均应力为 $P/2a$，则有

$$\frac{P}{2a} = \frac{\sigma_{\mathrm{y}}}{\sqrt{3}}(2 + \pi) \cong 3\sigma_{\mathrm{y}} \tag{12.20}$$

此时 $P/2a$ 一般对应于硬度 H。从式 (12.20) 中可以看到，依据滑移线方法得到的平面压缩问题与通常采用的硬度和强度之间的转换关系是一致的。

12.3.2 中心切口试件受拉伸

如图 12.4 所示，中心切口试件，宽为 $2b$ 的拉伸试件上开有宽为 $2a$ 的无限狭窄的中心切口，其滑移场由切口两端出发，各有一个均匀的应力场，取 x 方向与切口方向一致，则在试件侧边界上有

$$\sigma_n = \sigma_{11} = 0, \quad \tau_n = \tau_{12} = 0 \tag{12.21}$$

根据对称性，只研究右上 1/4 模型内的应力场，有

$$\phi = \frac{\pi}{4}, \quad \overline{\sigma} = \tau_{\mathrm{y}}, \quad \sigma_{22} = 2\tau_{\mathrm{y}} \tag{12.22}$$

拉伸极限载荷为

$$P = \sigma_{22}(2b - 2a)t = 4\tau_{\mathrm{y}}t(b - a) \tag{12.23}$$

式中，t 为厚度。

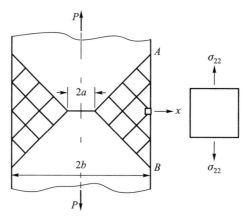

图 12.4　中心含裂纹的切口试件极限载荷分析：中心切口处滑移场示意图及表面单元应力状态

12.3.3　对称缺口试件受拉伸

　　如图 12.5 所示的双边切口板条，厚度为 t，材料为理想刚塑性体，试求解极限载荷 P，将 P 用 a、α、τ_{y} 表示。

　　分析：材料为刚塑性体，缺口附近都处于塑性状态，且板条左右对称，受上下向拉伸，因此缺口连线上的应力状态可认为都一样。只需依据一条过中心 B 点的滑移线，通过滑移线边界条件和 Hencky 方程求解 B 点处的应力状态即可。

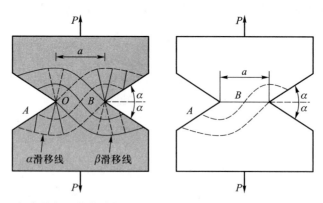

图 12.5　双边切口板条的极限载荷分析

　　如图 12.5 滑移线场中过 A、B 两点的滑移线，OA 是直线自由边界，附近是均匀

应力区，滑移线为两簇直线，与边界夹角为 π/4。在 A 点处，有

$$\phi_A = \alpha - \frac{\pi}{4}$$

$$\sigma_A = \overline{\sigma}_A - \tau_y = 0 \quad \text{即} \quad \overline{\sigma}_A = \tau_y \tag{12.24}$$

A、B 在同一条 α 线上，所以在 B 点处应该满足

$$\overline{\sigma}_A - 2\tau_y\phi_A = \overline{\sigma}_B - 2\tau_y\phi_B \tag{12.25}$$

将 $\phi_B = \pi/4$ 代入，求得

$$\overline{\sigma}_B = \tau_y + 2\tau_y\left(\frac{\pi}{2} - \alpha\right)$$

$$\sigma_{22,B} = \overline{\sigma}_B + \tau_y\sin 2\phi_B = \tau_y(\pi - 2\alpha + 2) \tag{12.26}$$

则极限载荷为

$$P = at\sigma_{22,B} = \tau_y at(\pi - 2\alpha + 2) \tag{12.27}$$

12.3.4　平底模挤压

图 12.6 表示用平底模正挤压板料，挤压前胚料厚度为 H，挤出后板料厚度为 h，挤压比为 $H/h = 2$。板料宽度为 B，且 $B \gg H$，即可视为平面应变。设挤压凹模内壁光滑，其滑移线场如图 12.6 所示。试用滑移线法求解挤压力 P。

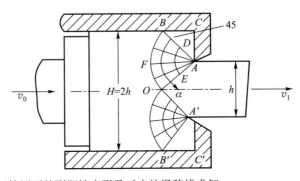

图 12.6　平底模正挤压下的刚塑性变形及对应的滑移线求解

　　分析：三角形 ABC 和三角形 $A'B'C'$ 是不产生塑性变形的刚性区，是均匀分布的应力场；AA' 是已变形了的只做刚体运动的区域，故 AA' 可以认为是自由表面。圆弧 BO 和 $B'O$ 外侧是未变形的刚性区。根据对称性，只需分析上半部分。工作时，挤压力全部作用于刚性区的边界 AB 和 $A'B'$ 上。

　　O 点的平均应力和倾角可由边界条件和屈服准则求得

$$\sigma_{xO} = 0, \quad \sigma_{yO} = -2\tau_y, \quad \overline{\sigma}_O = -\tau_y, \quad \phi_O = \frac{3\pi}{4} \tag{12.28}$$

沿 α 线在 B 点的倾角 $\phi_B = \pi/4$，根据 Hencky 应力方程得

$$\bar{\sigma}_O - \bar{\sigma}_B = 2\tau_y(\phi_O - \phi_B)$$

$$\bar{\sigma}_B = -\tau_y - 2\tau_y\left(\frac{3\pi}{4} - \frac{\pi}{4}\right) = -\tau_y(1+\pi) \tag{12.29}$$

对于滑移线 OFB 上一点，设其方向角为 $\phi\left(\frac{\pi}{4} \leqslant \phi \leqslant \frac{3\pi}{4}\right)$，其平均应力为

$$\bar{\sigma} = \bar{\sigma}_B + 2\tau_y(\phi - \phi_B)$$
$$= -\tau_y(1+\pi) + 2\tau_y\left(\phi - \frac{\pi}{4}\right)$$
$$= \tau_y\left(2\phi - \frac{3\pi}{2} - 1\right) \tag{12.30}$$

因此，沿 x 方向的应力分量为

$$\sigma_x = \bar{\sigma} - \tau_y\sin 2\phi = \tau_y\left(2\phi - \frac{3\pi}{2} - 1\right) - \tau_y\sin 2\phi \tag{12.31}$$

因变形体关于中线上下对称，因此总的挤压力是上半变形体所受挤压力的两倍，即所需挤压力为

$$P = 2\int_{\frac{\pi}{4}}^{\frac{3\pi}{4}} \sigma_x\left(\frac{h}{\sqrt{2}}\right)L\sin\phi\mathrm{d}\phi = -(1+\pi/2)HL\tau_y \tag{12.32}$$

12.4 小结

本章我们介绍了人们在金属塑性变形过程中观察到的"滑移带"现象，并通过追踪这些"滑移带"代表的"线"来分析平面塑性。按照 Hencky 给出的滑移线场理论，这样的滑移线满足两个关键性质：① 在同一条滑移线上，由点 A 到点 B，静水压力的变化与滑移线的切线的转角成正比，且直线滑移线上各点的静水压力相等；② 同族的两条滑移线与另一族滑移线相交，其相交处两切线间的夹角是常数。在塑性滑移下，我们同时介绍了依据这些性质来求解应力场的方法。需要强调的是，这里考虑的是塑性应变非常大的情况，因此可将弹性变形忽略不计。同时，要求材料的应变硬化程度不太大，这样就可以理想化地将其看作理想刚塑性体，在纯剪切为不变应力 τ_y 或单向拉伸或压缩为 σ_y 时发生塑性流动。关于这一平面塑性变形理论的发展和更多的应用，感兴趣的读者可进一步参看 Hill 的著作[3]。

参考文献

[1] Su C, Anand L. Plane strain indentation of a Zr-based metallic glass: Experiments and numerical simulation [J]. Acta Materialia, 2006, 54(1): 179-189.

[2] Bower A F. Applied Mechanics of Solids [M]. New York: CRC Press, 2009.

[3] Hill R. The Mathematical Theory of Plasticity [M]. Oxford: clarendon Press, 1950.

第 13 章 安 定 理 论

13.1 简介

　　安定理论主要针对物体或结构承受随时间变化的载荷作用，该载荷主要为交变周期载荷，且在初始阶段引起塑性变形。安定理论研究在这一前提下，后续过程中物体或结构中能否产生新的塑性变形。如果后续服役过程中物体或结构中不再出现新的塑性变形，则称它们所处的状态为安定状态；反之称为非安定状态。非安定状态通常导致由塑性循环引起的结构内部应力增加而形成的破坏或者塑性应变积累导致的损伤积累破坏。因此，有效地利用材料和结构的安定状态，避免非安定状态可能引起的材料失效，将更大程度地提高材料的潜力[1-4]。实现材料安定状态的前提是有效构建材料和结构内部的残余应力场，使得材料在后续的加载过程中叠加产生一个比弹性加载或者初始阶段塑性加载更均匀的应力场，从而实现结构内部不同位置材料的"等应力分担状态"。

　　德国的 H. 布莱希在 1932 年提出了有关弹塑性桁架的静力安定定理。E. 梅兰于 1938 年又对一般弹塑性体的静力安定定理作了证明，其结论可表述为：如果结构内部能实现一种与时间无关的、自相平衡的残余应力分布，则外载应力场与残余弹性场共同形成一个材料屈服极限之内的应力状态，那么结构是安定的。荷兰人 W. T. 科伊特于 1956 年将静力安定拓展到动安定：在给定的变值载荷的作用下，如果所有的容许塑性应变率循环都满足外力功率不大于物体内部塑性耗散功率的条件，则物体内是安定的。如果将安定定理中的变值加载改为比例加载，安定理论就成为塑性极限分析的理论（见结构塑性极限分析），它是塑性极限分析定理更一般的概括，常被用于变值载荷和温度场作用下的典型结构分析。我们在这里通过受内压的厚壁长圆筒的弹塑性变形，来阐释安定理论和残余应力这两个关键概念。

13.2 厚壁圆筒的弹塑性变形

　　此时的应力状态使得每个子午面（通过旋转体轴线的平面）始终保持为平面，且每个子午面之间的夹角保持不变，如图 13.1 所示，那么针对这一情况，其应力张量

$$\boldsymbol{\sigma} = \begin{bmatrix} \sigma_{rr} & \tau_{r\theta} & \tau_{rz} \\ \tau_{\theta r} & \sigma_{\theta\theta} & \tau_{\theta z} \\ \tau_{zr} & \tau_{z\theta} & \sigma_{zz} \end{bmatrix}$$

可在考虑以下两个条件时获得简化：

（1）在"θ"面上没有剪应力，因此 $\tau_{\theta r} = \tau_{\theta z} = 0$；

（2）各个应力分量不依赖于 θ，即 $\dfrac{\partial \sigma_{ij}}{\partial \theta} = 0$。

此时的应力状态为

$$\boldsymbol{\sigma} = \begin{bmatrix} \sigma_{rr} & 0 & \tau_{rz} \\ 0 & \sigma_{\theta\theta} & 0 \\ \tau_{zr} & 0 & \sigma_{zz} \end{bmatrix}$$

相应地，此时的应力平衡方程也简化为

$$\begin{cases} \dfrac{\partial \sigma_{rr}}{\partial r} + \dfrac{\partial \tau_{zr}}{\partial z} + \dfrac{\sigma_{rr} - \sigma_{\theta\theta}}{r} = 0 \\[3mm] \dfrac{\partial \tau_{rz}}{\partial r} + \dfrac{\partial \sigma_{zz}}{\partial z} + \dfrac{\tau_{rz}}{r} = 0 \end{cases} \tag{13.1}$$

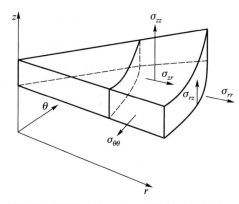

图 13.1 轴对称问题柱坐标系下微元的应力状态。圆柱轴向定义为 z 轴；圆柱径向为 r 轴，圆周方向为 θ 轴

由于子午面上的物质点变形前后仍在同一子午面上，θ 方向没有位移分量，$U_\theta = 0$，而且其他的位移分量与 θ 无关。由此可以得到，$\gamma_{r\theta} = \gamma_{\theta z} = 0$，对应的应变–位移关系可简化为

$$\begin{cases} \varepsilon_{rr} = \dfrac{\partial U_r}{\partial r} \\[3mm] \varepsilon_{zz} = \dfrac{\partial U_z}{\partial z} \\[3mm] \varepsilon_{\theta\theta} = \dfrac{U_r}{r} \\[3mm] \gamma_{zr} = \left(\dfrac{\partial U_z}{\partial r} + \dfrac{\partial U_r}{\partial z} \right) \end{cases} \tag{13.2}$$

13.2.1 受内压时的弹性变形

在这一部分中，我们介绍如何通过前面学到的弹性力学理论和塑性屈服理论来分析求解典型力学问题，其中涉及两个关键力学概念：① 塑性变形物体在弹性卸载后，由于弹塑性变形的非均匀性，可能产生残余应力。② 安定理论，即若物体或结构在具

有一定范围的变值载荷作用下，初始阶段产生一定塑性变形并出现一个残余应力分布，这一弹塑性变形可显著提升下一次塑性变形所需的临界条件。此后，不管载荷在临界范围内如何变化，物体或结构中不再出现新的塑性变形，我们称结构所处的状态为安定状态；反之称为非安定状态。

考虑一个受内压的厚壁圆筒，如图 13.2 所示。

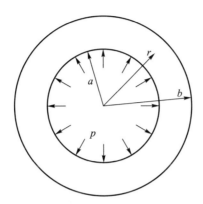

图 13.2 受内压的厚壁圆筒的柱坐标示意图。圆筒轴向定义为 z 轴；圆筒内径为 a，外径为 b，受内压 p。为简单考虑，外壁所受压力为零

先来看柱坐标变形分析所需的基本方程组。无论圆筒经历弹性变形还是弹塑性变形，它都需要满足平衡微分方程

$$\begin{cases} \dfrac{\partial \sigma_{rr}}{\partial r} + \dfrac{1}{r}\dfrac{\partial \sigma_{r\theta}}{\partial \theta} + \dfrac{\partial \sigma_{rz}}{\partial z} + \dfrac{\sigma_{rr} - \sigma_{\theta\theta}}{r} = 0 \\[2mm] \dfrac{\partial \sigma_{r\theta}}{\partial r} + \dfrac{1}{r}\dfrac{\partial \sigma_{\theta\theta}}{\partial \theta} + \dfrac{\partial \sigma_{\theta z}}{\partial z} + \dfrac{2\sigma_{r\theta}}{r} = 0 \\[2mm] \dfrac{\partial \sigma_{rz}}{\partial r} + \dfrac{1}{r}\dfrac{\partial \sigma_{\theta z}}{\partial \theta} + \dfrac{\partial \sigma_{zz}}{\partial z} + \dfrac{\sigma_{rz}}{r} = 0 \end{cases} \tag{13.3}$$

在弹性变形的情况下，几何方程可以描述为

$$\begin{cases} \varepsilon_{rr} = \dfrac{\partial u_r}{\partial r} \\[2mm] \varepsilon_{\theta\theta} = \dfrac{u_r}{r} + \dfrac{1}{r}\dfrac{\partial u_\theta}{\partial \theta} \\[2mm] \varepsilon_{zz} = \dfrac{\partial u_z}{\partial z} \\[2mm] \gamma_{r\theta} = \dfrac{1}{r}\dfrac{\partial u_r}{\partial \theta} + \dfrac{\partial u_\theta}{\partial r} - \dfrac{u_\theta}{r} \\[2mm] \gamma_{rz} = \dfrac{\partial u_r}{\partial z} + \dfrac{\partial u_z}{\partial r} \\[2mm] \gamma_{\theta z} = \dfrac{1}{r}\dfrac{\partial u_z}{\partial \theta} + \dfrac{\partial u_\theta}{\partial z} \end{cases} \tag{13.4}$$

针对这一平面轴对称问题，我们考虑应力函数方法求解。考虑到轴对称问题下应

力函数与 θ 无关，此时双调和方程可以写为

$$\left(\frac{\partial^2}{\partial r^2} + \frac{1}{r}\frac{\partial}{\partial r}\right)\left(\frac{\partial^2}{\partial r^2} + \frac{1}{r}\frac{\partial}{\partial r}\right)\phi = 0 \tag{13.5a}$$

$$\frac{\mathrm{d}^4\phi}{\mathrm{d}r^4} + \frac{2}{r}\frac{\mathrm{d}^3\phi}{\mathrm{d}r^3} - \frac{1}{r^2}\frac{\mathrm{d}^2\phi}{\mathrm{d}r^2} + \frac{1}{r^3}\frac{\mathrm{d}\phi}{\mathrm{d}r} = 0 \tag{13.5b}$$

相应的应力分量可以通过应力函数 ϕ 获得

$$\sigma_{rr} = \frac{1}{r}\frac{\partial\phi}{\partial r}, \quad \sigma_{\theta\theta} = \frac{\partial^2\phi}{\partial r^2}, \quad \sigma_{r\theta} = 0 \tag{13.5c}$$

上述应力函数 ϕ 的通解为

$$\phi = A\ln r + Br^2\ln r + Cr^2 + D \tag{13.5d}$$

对应地，我们有

$$\sigma_{rr} = \frac{A}{r^2} + B(1 + 2\ln r) + 2C \tag{13.6a}$$

$$\sigma_{\theta\theta} = -\frac{A}{r^2} + B(3 + 2\ln r) + 2C \tag{13.6b}$$

对于平面应变情形，可以通过物理方程获得应变表达式，即

$$\varepsilon_{rr} = \frac{1+\nu}{E}\left\{\frac{A}{r^2} + B[1 - 4\nu + 2(1 - 2\nu)\ln r] + 2C(1 - 2\nu)\right\} \tag{13.7a}$$

$$\varepsilon_{\theta\theta} = \frac{1+\nu}{E}\left\{-\frac{A}{r^2} + B[3 - 4\nu + 2(1 - 2\nu)\ln r] + 2C(1 - 2\nu)\right\} \tag{13.7b}$$

因此，径向的位移分量可以通过 ε_{rr} 导出

$$u_r = \int \varepsilon_{rr}\mathrm{d}r = \frac{1+\nu}{E}\left\{-\frac{A}{r} + Br[-1 + 2(1 - 2\nu)\ln r] + 2C(1 - 2\nu)r\right\} + F \tag{13.8}$$

从几何方程来看，同样可以通过 $\varepsilon_{\theta\theta}$ 推导径向位移

$$u_r = r\varepsilon_{\theta\theta} = \frac{1+\nu}{E}\left\{-\frac{A}{r} + Br[1 + 2(1 - 2\nu)\ln r] + 2C(1 - 2\nu)r\right\} \tag{13.9}$$

为保证解的唯一性，对照式 (13.8) 和式 (13.9)，不同应变所获得的径向位移 u_r 必须一致，因此有 $B = 0$，$F = 0$。这样，在应力表达式中还需要确定 A、C 这两个系数。对于受内压厚壁圆筒（图 13.2），其应力边界条件为

$$\begin{cases} \sigma_{rr}(a) = -p \\ \sigma_{rr}(b) = 0 \end{cases}$$

从而可以解得

$$\sigma_{rr} = -p\frac{b^2/r^2 - 1}{b^2/a^2 - 1} \tag{13.10a}$$

$$\sigma_{\theta\theta} = p\frac{b^2/r^2 + 1}{b^2/a^2 - 1} \tag{13.10b}$$

$$\sigma_{zz} = \nu(\sigma_{rr} + \sigma_{\theta\theta}) \tag{13.10c}$$

13.2.2 轴向平衡

对于上面所考虑的厚壁圆筒（内径外径分别为 a 和 b，受内压 p）假定其严格遵守了平面应变条件，即 $\varepsilon_{zz} = 0$。现在适当放宽这一限制，考虑更普通的情形，仍然假定变形符合平面应变问题条件，即应力、应变与 z 无关，但轴向存在一个为常数的应变，与此对应的轴对称问题的弹性解为

$$\sigma_{rr} = -p\frac{b^2/r^2 - 1}{b^2/a^2 - 1}, \quad \sigma_{\theta\theta} = p\frac{b^2/r^2 + 1}{b^2/a^2 - 1} \tag{13.11a}$$

$$\sigma_{zz} = \nu(\sigma_{rr} + \sigma_{\theta\theta}) + E\varepsilon_{zz} = p\frac{2\nu}{b^2/a^2 - 1} + E\varepsilon_{zz} \tag{13.11b}$$

由于没有剪应力，这 3 个应力分量也是主应力。于是，厚壁圆筒所承受的轴向力可以通过对应力 σ_{zz} 的积分得到

$$P = \int_0^{2\pi}\int_a^b \sigma_{zz}r\mathrm{d}r\mathrm{d}\theta = \int_0^{2\pi}\int_a^b [\nu(\sigma_{rr} + \sigma_{\theta\theta}) + E\varepsilon_{zz}]\,r\mathrm{d}r\mathrm{d}\theta \tag{13.12a}$$

考虑到应变 ε_{zz} 在轴向的各个截面上为常数，不难得到

$$P = E\varepsilon_{zz}\pi(b^2 - a^2) + 2\nu\pi pa^2 \tag{13.12b}$$

我们现在需要讨论不同的端部条件，以对应于不同的工程问题。

13.2.3 端部条件

既然已经假设应变 ε_{zz} 为常数，那么对应的应力 σ_{zz} 也为常数。此时，对应的应力边界条件又存在 3 种可能的情况：

（1）开口端：轴向力为零，因此应力 σ_{zz} 为常数且等于零，即 $\sigma_{zz} = 0$。此时相当于平面应力问题。

（2）闭合端：轴向力 [截面应力 σ_{zz} 乘以截面面积 $\pi(b^2 - a^2)$] 与内压力（内压 p 乘以作用的端部截面面积 πa^2）必须相互平衡，所以 $\sigma_{zz} = p/(b^2/a^2 - 1) = \frac{1}{2}(\sigma_{rr} + \sigma_{\theta\theta})$。这种应变状态称为广义平面应变，此时 ε_{zz} 为常数但不等于零。

（3）平面应变：端部条件严格满足平面应变条件，$\varepsilon_{zz} = 0$，则有

$$\sigma_{zz} = \frac{2\nu p}{b^2/a^2 - 1} = \nu(\sigma_{rr} + \sigma_{\theta\theta})$$

综合这 3 类端部条件得到的轴向应力可以统一描述为

$$\varepsilon_{zz} = \frac{p}{E}\frac{\alpha}{b^2/a^2 - 1}$$

式中

$$\alpha = \begin{cases} 1 - 2\nu, & \text{闭合端} \\ 0, & \text{平面应变} \\ -2\nu, & \text{开口端} \end{cases}$$

结合前面所得的圆柱周向和径向的应力解，我们即可获得受内压的厚壁长圆筒的弹性变形完整解。

13.2.4　内压下的弹塑性变形

如果逐渐增加内压，不难想象，圆筒在某一临界压力值开始塑性变形。这里对材料作如下假设：① 各向同性；② 理想弹塑性；③ 服从 Tresca 屈服准则。

1. 首次屈服

由弹性解可以看出，$\sigma_{\theta\theta} > \sigma_{zz} > 0 > \sigma_{rr}$，所以 Tresca 屈服准则可写成

$$|\sigma_{rr} - \sigma_{\theta\theta}| = \sigma_{\theta\theta} - \sigma_{rr} = 2p\frac{b^2/r^2}{b^2/a^2 - 1} \equiv 2\tau_y \tag{13.13}$$

在内表面 $r = a$ 处，表达式达到最大值，所以塑性屈服首先发生在内表面。由式 (13.13) 可以推出，塑性变形开始发生时

$$p_{\text{flow}} = \tau_y \left(1 - \frac{a^2}{b^2}\right) \tag{13.14}$$

此结果对各端部条件都适用。

2. 受限塑性流动

当内压增大至超过 p_{flow}，塑性区从内向外扩展；假设塑性区扩展到 $r = c$。由于材料理想塑性，在环面 $a < r < c$ 内，材料始终满足屈服条件 $\sigma_{\theta\theta} - \sigma_{rr} = 2\tau_y$。现在考虑塑性区的平衡条件。由于对称性，平衡条件简化为

$$\frac{\mathrm{d}\sigma_{rr}}{\mathrm{d}r} + \frac{1}{r}\left(\sigma_{rr} - \sigma_{\theta\theta}\right) = 0 \tag{13.15a}$$

由此得出

$$\frac{\mathrm{d}\sigma_{rr}}{\mathrm{d}r} - \frac{2\tau_y}{r} = 0 \rightarrow \sigma_{rr} = 2\tau_y \ln r + C_1 \tag{13.15b}$$

积分常数 C_1 可通过 $r = a$ 处的边界条件求出，所以

$$\sigma_{rr} = 2\tau_y \ln \frac{r}{a} - p, \quad a \leqslant r \leqslant c \tag{13.15c}$$

弹性区的应力可通过弹性解给出，只需将 a 换成 c，内压 p 换成塑性解在 $r = c$ 处的应力值，此即 $p - 2\tau_y \ln(c/a)$。

为确定弹性区与塑性区边界的准确位置，边界处 $r = c$ 的弹性应力应满足屈服条件。由于弹性区的应力满足

$$\sigma_{\theta\theta} - \sigma_{rr} = 2\left(p - 2\tau_y \ln \frac{c}{a}\right)\frac{b^2/r^2}{b^2/c^2 - 1}, \quad c \leqslant r \leqslant b \tag{13.16}$$

由屈服条件 $(\sigma_{\theta\theta} - \sigma_{rr})_{r=c} = 2\tau_y$ 可得

$$p = 2\tau_y \ln \frac{c}{a} + \tau_y \left(1 - \frac{c^2}{b^2}\right) \tag{13.17a}$$

由式 (13.17a) 可以知道内压大小 p 与塑性区大小 c 之间的关系，图 13.3 为 $b/a = 2$ 时，随内压 p 的增加进入塑性区的半径大小的变化图。

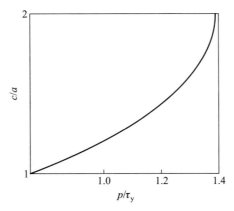

图 13.3 内压与塑性区大小的关系

当 $c = b$ 时，整个厚壁圆筒都进入塑性，此时的内压也达到了圆壁筒的坍塌压力，也就是筒能承受的最大内压，即

$$p_U = 2\tau_y \ln \frac{b}{a} \tag{13.17b}$$

这个问题展示了典型弹塑性问题的几个特点。首先发生的是受限塑性流动。此时的塑性区被弹性区包裹，所以塑性应变与弹性应变在同一量级。只有当内压达到破坏压力时才会发生结构的破坏。

3. 应力场

由 $p = 2\tau_y \ln \frac{c}{a} + \tau_y \left(1 - \frac{c^2}{b^2}\right)$，弹性区的应力可以写成

$$\begin{cases} \sigma_{rr} = -\tau_y \dfrac{c^2}{b^2} \left(\dfrac{b^2}{r^2} - 1\right) \\[2mm] \sigma_{\theta\theta} = \tau_y \dfrac{c^2}{b^2} \left(\dfrac{b^2}{r^2} + 1\right) \quad , \quad c \leqslant r \leqslant b \\[2mm] \sigma_{zz} = 2\tau_y \nu \dfrac{c^2}{b^2} + E\varepsilon_{zz} \end{cases} \tag{13.18a}$$

对于塑性区，径向和周向应力可从 $\sigma_{rr} = 2\tau_y \ln r/a - p$ 和 $\sigma_{\theta\theta} - \sigma_{rr} = 2\tau_y$ 求得。Tresca 流动准则要求 $\varepsilon_{zz}^{\mathrm{p}} = 0$，所以 ε_{zz} 是纯弹性的，弹性关系式 $\sigma_{zz} = \nu(\sigma_{rr} + \sigma_{\theta\theta}) + E\varepsilon_{zz}$ 在塑性区依然成立，因此有

$$\begin{cases} \sigma_{rr} = -\tau_y \left(1 - \dfrac{c^2}{b^2} + 2\ln \dfrac{c}{r}\right) \\[2mm] \sigma_{\theta\theta} = \tau_y \left(1 + \dfrac{c^2}{b^2} - 2\ln \dfrac{c}{r}\right) \quad , \quad a \leqslant r \leqslant c \\[2mm] \sigma_{zz} = 2\nu\tau_y \left(\dfrac{c^2}{b^2} - 2\ln \dfrac{c}{r}\right) + E\varepsilon_{zz} \end{cases} \tag{13.18b}$$

为求得轴向应变，首先利用平衡方程

$$(\sigma_{rr} + \sigma_{\theta\theta})\, r = r(\sigma_{\theta\theta} - \sigma_{rr}) + 2r\sigma_{rr} = r^2 \frac{\mathrm{d}\sigma_{rr}}{\mathrm{d}r} + 2r\sigma_{rr} = \frac{\mathrm{d}}{\mathrm{d}r}\left(r^2\sigma_{rr}\right) \tag{13.19a}$$

然后，考虑轴向力

$$P = E\varepsilon_{zz}\pi\left(b^2 - a^2\right) + 2\pi\nu pa^2 \tag{13.19b}$$

轴向力跟弹性解结果一致。换句话说，尽管塑性区应力 σ_{zz} 通常不是常数，轴向力与塑性区大小无关。所以，轴向应变的弹性解结果依然成立，即

$$E\varepsilon_{zz} = \frac{\alpha\tau_y}{b^2/a^2 - 1}\left(1 - \frac{c^2}{b^2} + 2\ln\frac{c}{a}\right) \tag{13.19c}$$

对于封闭端和平面应变情形，$\sigma_{zz} \geqslant 0$。对于开口端情形，轴向应力一部分为正，一部分为负，总轴向力为零。值得注意的是，此时不再是平面应力条件。

4. 位移场

在弹性区，应力通过物理方程给出

$$\varepsilon_{rr} = \frac{1+\nu}{E}\left[(1-\nu)\sigma_{rr} - \nu\sigma_{\theta\theta}\right] - \nu\varepsilon_{zz}$$

$$\varepsilon_{\theta\theta} = \frac{1+\nu}{E}\left[(1-\nu)\sigma_{\theta\theta} - \nu\sigma_{rr}\right] - \nu\varepsilon_{zz}$$

由应变的定义 $\varepsilon_{rr} = \mathrm{d}u_r/\mathrm{d}r$, $\varepsilon_{\theta\theta} = u_r/r$, 可以推导出

$$u_r = \tau_y\frac{1+\nu}{E}\frac{c^2}{b^2}\left[(1-2\nu)\,r + \frac{b^2}{r}\right] - \nu r\varepsilon_{zz}, \quad c \leqslant r \leqslant b \tag{13.20a}$$

又由于

$$\begin{aligned}
\varepsilon_{rr} + \varepsilon_{\theta\theta} = \varepsilon_{rr}^e + \varepsilon_{\theta\theta}^e &= \frac{1}{E}\left[(1-\nu)\left(\sigma_{rr} + \sigma_{\theta\theta}\right) - 2\upsilon\sigma_{zz}\right] \\
&= \frac{1}{E}\left[(1-\nu)\left(\sigma_{rr} + \sigma_{\theta\theta}\right) - 2\nu\left(E\varepsilon_{zz} + \nu\right)\left(\sigma_{rr} + \sigma_{\theta\theta}\right)\right] \\
&= \frac{(1+\nu)\left(1-2\nu\right)}{E}\left(\sigma_{rr} + \sigma_{\theta\theta}\right) - 2\nu\varepsilon_{zz}
\end{aligned}$$

即

$$\frac{\mathrm{d}}{\mathrm{d}r}\left(ru_r\right) = \frac{(1+\nu)\left(1-2\nu\right)}{E}\frac{\mathrm{d}}{\mathrm{d}r}\left(r^2\sigma_{rr}\right) - 2\nu r\varepsilon_{zz} \tag{13.20b}$$

积分可得

$$u_r = \frac{(1+\nu)\left(1-2\nu\right)}{E}r\sigma_{rr} - \nu r\varepsilon_{zz} + \frac{C}{r} \tag{13.20c}$$

此结果在弹性区和塑性区都成立。积分常数通过边界条件确定，在 $r = b$ 处，$\sigma_{rr} = 0$，此时 u_r 等于式 (13.20a) 中的弹性位移，所以 $C = 2k\left(1 - \nu^2\right)c^2/E$，从而

$$u_r = \frac{(1+\nu)\left(1-2\nu\right)}{E}r\sigma_{rr} + 2k\frac{\left(1-\nu^2\right)c^2}{Er} - \nu r\varepsilon_{zz}, \quad a \leqslant r \leqslant c \tag{13.20d}$$

13.3　弹性卸载

如果厚壁圆筒所加的内部载荷超过 p_{flow} 但不超过 p_U，记作 p_0，然后完全卸载。卸载后的厚壁圆筒仍然会有一个应力场，这个应力场称为残余应力。如果卸载是完全弹性的，残余应力可以通过在弹塑性解上叠加一个弹性解得到。

注意到 $p_{\text{flow}} = \tau_{\text{y}}\left(1 - a^2/b^2\right)$，可以推出

$$\begin{cases} \sigma_{rr} = -\tau_{\text{y}}\left(\dfrac{c^2}{a^2} - \dfrac{p_0}{p_{\text{flow}}}\right)\left(\dfrac{a^2}{r^2} - \dfrac{a^2}{b^2}\right) \\[2mm] \sigma_{\theta\theta} = \tau_{\text{y}}\left(\dfrac{c^2}{a^2} - \dfrac{p_0}{p_{\text{flow}}}\right)\left(\dfrac{a^2}{r^2} + \dfrac{a^2}{b^2}\right) \quad , \quad c \leqslant r \leqslant b \\[2mm] \sigma_{zz} = 2\tau_{\text{y}}\nu\left(\dfrac{c^2}{a^2} - \dfrac{p_0}{p_{\text{flow}}}\right)\dfrac{a^2}{b^2} \end{cases} \tag{13.21a}$$

$$\begin{cases} \sigma_{rr} = -\tau_{\text{y}}\left[\dfrac{p_0}{p_{\text{flow}}}\left(1 - \dfrac{a^2}{r^2}\right) - 2\ln\dfrac{r}{a}\right] \\[2mm] \sigma_{\theta\theta} = -\tau_{\text{y}}\left[\dfrac{p_0}{p_{\text{flow}}}\left(1 + \dfrac{a^2}{r^2}\right) - 2 - 2\ln\dfrac{r}{a}\right] , \quad a \leqslant r \leqslant c \\[2mm] \sigma_{zz} = -2\tau_{\text{y}}\nu\left(\dfrac{p_0}{p_{\text{flow}}} - 1 - 2\ln\dfrac{r}{a}\right)\dfrac{a^2}{b^2} \end{cases} \tag{13.21b}$$

同样考虑一个简单的例子，$a = 1$，$b = 2$，$c = 1.5$，此时

$$\frac{p_{\text{flow}}}{2\tau_{\text{y}}} = 0.375, \quad \frac{p_0}{2\tau_{\text{y}}} = 0.624$$

那么可以给出残余应力沿径向的变化，如图 13.4 所示。

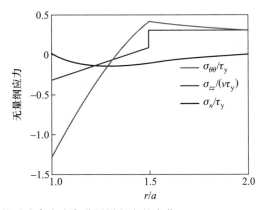

图 13.4 厚壁圆筒卸载后残余应力各分量沿径向的变化

注意到轴向应变（纯弹性）完全卸载，所以轴向应力与端部条件无关。有一种可能性：当初始 p_0 足够大时，卸载会导致压缩屈服。在 $r = a$ 处，$|\sigma_{rr} - \sigma_{\theta\theta}|$ 的值达到最大，等于 $2\tau_{\text{y}}(p_0/p_{\text{flow}} - 1)$。不考虑包辛格（Bauschinger）效应，当 $p_0 \geqslant 2p_{\text{flow}}$ 时会发生压缩屈服。当厚壁圆筒的壁厚比 b/a 满足一定条件时，结构发生压缩屈服前就已经发生破坏，$p_0 = p_U < 2p_{\text{flow}}$，此时

$$\ln\frac{b}{a} < 2\left(1 - \frac{a^2}{b^2}\right) \tag{13.22}$$

完全弹性卸载所要求的最大壁厚比为 $b/a \approx 2.22$，对于更大的壁厚比，卸载后内壁会产生新的塑性区。

13.3.1 安定行为

当厚壁圆筒开始加载，载荷达到 $p = p_{\text{flow}}$ 时，产生塑性变形。如果加载到 p_0，满足 $p_{\text{flow}} < p_0 < 2p_{\text{flow}}$，卸载将会是完全弹性的。若重新加载弹性将会增加到 p_0。这样就可以通过预加载来强化厚壁圆筒，理论上可以把屈服所需的内压强化到 2 倍。这个可能的最大的屈服载荷称为安定载荷，$p_s = \min(2p_{\text{flow}}, p_u)$，任何后续的加载/卸载循环是纯弹性的时候就会发生安定效应。圆筒的加强是由于内壁残余的环向压应力，类似于桶的加强箍（法国术语"自环（self-hoop）"的意思）。

13.3.2 解的有效性

我们还需要检查主应力顺序的假设 $\sigma_{\theta\theta} > \sigma_{zz} > \sigma_{rr}$ 是否在整个变形过程中始终成立。容易确定不等式 $\sigma_{zz} \geqslant \sigma_{rr}$ 是始终成立的，对于不等式 $\sigma_{\theta\theta} > \sigma_{zz}$，考虑 $\sigma_{\theta\theta} - \sigma_{zz} \geqslant 0$。当 $r = a$ 时，不等式左边达到最小值，最小值为

$$k\left[(1 - 2\nu)\left(1 + \frac{c^2}{b^2} - 2\ln\frac{c}{a}\right) + 2\nu - \frac{\alpha}{b^2/a^2 - 1}\left(1 - \frac{c^2}{b^2} + 2\ln\frac{c}{a}\right)\right] \tag{13.23}$$

对于任意的 c（$c < b$），这个值必须为正，$c = b$ 时此值最小，所以有

$$2(1 - 2\nu)\left(1 - \ln\frac{b}{a}\right) + 2\nu - \frac{\alpha}{b^2/a^2 - 1}\left(2\ln\frac{b}{a}\right) \geqslant 0 \tag{13.24}$$

由此看出，假设只是在 b/a 取特定值时才成立。$\nu = 0.3$ 的情况下，假设成立需满足的条件为：① 封闭端，$b/a < 5.43$；② 平面应变，$b/a < 5.75$；③ 开口端，$b/a < 6.19$；④ 对于更高的壁厚比，径向应力等于环向应力。在这种情况下，大内压情形下的解需要用到大变形理论。

13.4 圆柱的弹塑性扭转

现在来考察圆柱棒受扭转时的情况。这样的材料结构在工程中大量可见。其受力状态或是扭转，或是拉伸与压缩，或是弯曲，有时也可能是两种或多种的组合。为方便起见，先来分析圆柱受扭转的情况。如果固定圆柱的底部，同时在顶部施加一个沿 z 轴方向扭矩 T，由此使得该圆柱顶端产生一个旋转角 θ。不难想象，如果圆柱越长，它抵抗扭转的能力越低。为合理起见，定义该圆柱单位长度的扭转角为 α，$\alpha = \mathrm{d}\theta/\mathrm{d}z$，如图 13.5 所示。如果圆柱的长度为 L，有 $\alpha = \theta/L$。对于这样一长度为 L 的圆柱结构，我们可以很快获得沿 3 个坐标方向的位移 U_r、U_θ、U_z。考虑在 $z = 0$ 处（底部）固定，有

$$U_r = U_\theta = U_z = 0 \tag{13.25a}$$

扭转载荷施加在 $z = L$ 处（顶部），因此有

$$U_r = 0, \quad U_\theta = \alpha L r, \quad U_z \simeq 0 \tag{13.25b}$$

在任意高度 $z, U_\theta = \alpha r z$。按照前面给出的柱坐标下的应变-位移关系，我们获得唯一的非零应变分量 $\varepsilon_{\theta z}$，即

$$\varepsilon_{\theta z} = \varepsilon_{z\theta} = \frac{1}{2}\alpha r \tag{13.26}$$

可以看到，该应变随半径位置的不同而变化，属于非均匀应变场。

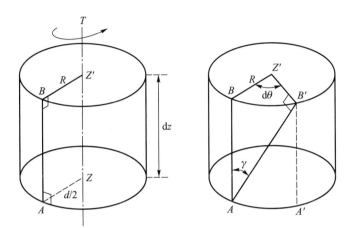

图 13.5 圆柱受扭转的微元变形示意图。高度为 dz 的微元在顶部沿 z 轴方向扭矩 T 作用下，圆周 B 变形后到达 B'，对应的转角为 θ，沿弧长方向的位移为 $Rd\theta$

13.4.1 弹性扭转

先来看圆柱各处为弹性变形的情况，给定圆柱的剪切模量为 G，此时其对应的非零应力分量 $\sigma_{\theta z}$ 可以很方便地给出

$$\sigma_{\theta z} = \sigma_{z\theta} = G\alpha r \tag{13.27}$$

可以看到该应变和应力分量沿径向呈梯度分布，在圆柱的表面，其应力-应变达到最大，具体的应力分布参考图 13.6b。

现在来分析要产生对应的变形其外部施加的扭矩与应力之间应满足的关系。按照图 13.5 给出的加载情况

$$T = \int_s r\sigma_{\theta z}\mathrm{d}A = G\alpha \int_0^R r^2\mathrm{d}A = \alpha G J \tag{13.28}$$

式中，J 是圆柱扭转问题中经常用到的极惯性矩；GJ 则为这类圆柱形轴的扭转刚度。对于实心的圆柱，有

$$J = \int_s r^2\mathrm{d}A = \int_0^R r^2 \int_0^{2\pi} r\mathrm{d}\theta\mathrm{d}r = \frac{\pi R^4}{2} \tag{13.29}$$

注意区分极惯性矩和弯曲变形（如圆柱梁的弯曲或压杆弹性稳定性分析）中的弯矩之间的差异。

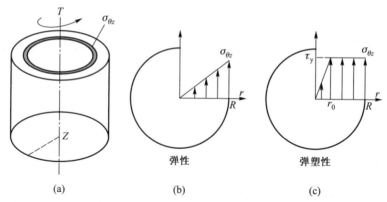

图 **13.6** （a）圆柱承受一沿 z 轴方向扭矩 T 时，其对应的剪应力在法向为 z 的横截面上；（b）弹性变形时沿轴向的剪切力分布为半径的线性函数；（c）当扭矩 T 足够大时，圆柱表面开始产生塑性变形，弹性和塑性的分界线随 T 的增加沿径向逐渐往轴心推进

如果材料参数和扭矩给定，可以得到单位长度圆柱的扭矩角

$$\alpha = \frac{T}{GJ} \tag{13.30a}$$

而沿径向的剪切力分布也可以得到

$$\sigma_{\theta z} = \sigma_{z\theta} = \frac{Tr}{J} \tag{13.30b}$$

对于空心的圆柱 (如广泛应用的空心车轴)，如果边界条件不变，从上式可以看到，仅 J 依赖于该几何上的性质。假定空心圆柱的内径为 a，外径为 b，那么我们有 $J = \pi(b^4 - a^4)/2$。考虑更特殊的情况，空心圆柱壁厚 $t = b - a$，我们可以将 J 展开

$$J = \frac{\pi(b^4 - a^4)}{2} = \frac{\pi}{2}\frac{[(a+t)^4 - a^4]}{2} \tag{13.31a}$$

当考虑 $t \ll a, b$ 时，我们仅需保留展开后多项式的第一项，因此得到

$$\frac{J}{2\pi R^3 t} = 1 + 0\left(\frac{t}{a}\right)$$

也即

$$J \simeq 2\pi a^3 \cdot t \tag{13.31b}$$

由此可以求得薄壁圆筒内部的应力。当然，如果此时 T 比较大，该扭矩可能使得薄壁圆筒弹性失稳（可以考虑扭转一个易拉罐或聚合物的矿泉水瓶子试试），此时对应的应力状态将发生较大改变。对这一问题感兴趣的读者可以自行查找文献，深入学习。

13.4.2 弹塑性扭转

当所施加的扭矩 T 足够大时，圆柱表面开始产生塑性变形，弹性和塑性的分界线随 T 增大沿径向逐渐往轴心推进，具体的应力分布可参考图 13.6c。如果假定屈服准

则为 von Mises 准则，我们有 $3\sigma_{\theta z}^2 = J_2 \leqslant 3\tau_y^2$，即 $\sigma_{\theta z} \leqslant \tau_y$。一旦出现屈服，我们无法再通过应力公式 (13.27) 来得到屈服时 r_0 的位置。如果 $r_0 = R$，则可以通过下式确定保持圆柱扭转弹性变形的最大扭矩 $T_{\max}^{\mathrm{e}}$

$$\frac{T_{\max}^{\mathrm{e}} R}{J} = \tau_y \quad T_{\max}^{\mathrm{e}} = \frac{\tau_y J}{R} \tag{13.32}$$

如果实际的扭矩 $T \geqslant T_{\max}^{\mathrm{e}}$，我们来看此时如何通过扭矩 T 获得塑性变形的前沿位置 r_0。此时扭矩的公式仍然成立，即

$$T = \int_s r\sigma_{\theta z}\mathrm{d}A = G\alpha \int_0^{r_0} r^2\mathrm{d}A + 2\pi\tau_y \int_{r_0}^R r^2\mathrm{d}r \tag{13.33a}$$

简化上式，我们得到

$$T = \alpha G J_{r_0} + 2\pi\tau_y \frac{R^3 - r_0^3}{3}, \quad J_{r_0} = \frac{\pi r_0^4}{2} \tag{13.33b}$$

因此，我们需要通过求解式 (13.33b) 来获得对应的 r_0。需要注意的是，沿径向位置 $r_0 \leqslant r \leqslant R$ 的区间，其总的应变仍然由式 (13.26) 描述，但包含弹性应变 $\varepsilon_{\theta z}^{(\mathrm{e})}$ 和塑性应变 $\varepsilon_{\theta z}^{(\mathrm{p})}$ 两部分

$$\varepsilon_{\theta z} = \varepsilon_{\theta z}^{(\mathrm{e})} + \varepsilon_{\theta z}^{(\mathrm{p})}, \quad r_0 \leqslant r \leqslant R \tag{13.34a}$$

其中的弹性应变部分通过

$$2G\varepsilon_{\theta z}^{(\mathrm{e})} = \sigma_{\theta z} = \tau_y \tag{13.34b}$$

来确定，也即

$$\varepsilon_{\theta z}^{(\mathrm{e})} = \frac{\tau_y}{2G} \quad r_0 \leqslant r \leqslant R \tag{13.34c}$$

如果现在假定已知弹塑性交界的位置 r_0，此时所对应的实际扭矩 T 由式 (13.33b) 给出。如果将所加的扭矩卸载且考虑卸载过程中为弹性变形，那么可以假定卸载产生的弹性扭转角度为 α_{u}，系统内残余的扭转角度为

$$\alpha_{\mathrm{res}} = \alpha - \alpha_{\mathrm{u}} \tag{13.35a}$$

考虑到卸载后 $T = 0$，因此 α_{u} 对应的弹性扭转所需的扭矩为 T，通过式 (13.30b)，我们有

$$\alpha_{\mathrm{u}} = \frac{T}{GJ} \tag{13.35b}$$

在区间 $0 \leqslant r \leqslant r_0$，之前的应变均为弹性应变，$\varepsilon_{\theta z} = \varepsilon_{\theta z}^{(\mathrm{e})} = \frac{1}{2}\alpha r$，弹性卸载过程对应的应变为

$$\varepsilon_{\theta z}^{(\mathrm{u})} = \frac{1}{2}\alpha_{\mathrm{u}} r = \frac{Tr}{2GJ} \tag{13.36}$$

那么卸载后的残余弹性应变为

$$\varepsilon_{\theta z}^{(\mathrm{res})} = \varepsilon_{\theta z} - \varepsilon_{\theta z}^{(\mathrm{u})} = \frac{1}{2}\alpha r - \frac{Tr}{2GJ} = \frac{r}{2}\left(\alpha - \frac{T}{2G}\right), \quad 0 \leqslant r \leqslant r_0 \tag{13.37}$$

在区间 $r_0 \leqslant r \leqslant R$，之前的应变均为弹性应变，$\varepsilon_{\theta z} = \varepsilon_{\theta z}^{(\mathrm{e})} = \frac{1}{2}\alpha r$，弹性卸载过程对应

的应变同样由式 (13.36) 描述，但其内部的残余应变由之前的弹性部分和卸载部分之差决定，即

$$\varepsilon_{\theta z}^{(\text{res})} = \varepsilon_{\theta z}^{(\text{e})} - \varepsilon_{\theta z}^{(\text{u})} \tag{13.38}$$

这里的 $\varepsilon_{\theta z}^{(\text{e})}$ 由式 (12.34c) 给出，我们因此得到对应的残余应变

$$\varepsilon_{\theta z}^{(\text{res})} = \frac{\tau_{\text{y}}}{2G} - \frac{Tr}{2GJ}, \quad r_0 \leqslant r \leqslant R \tag{13.39a}$$

利用式 (13.32)，又可以将上式另外表述为

$$\varepsilon_{\theta z}^{(\text{res})} = \frac{T_{\text{max}}^{\text{e}} R}{2GJ} - \frac{Tr}{2GJ} = -\frac{(Tr - T_{\text{max}}^{\text{e}} R)}{2GJ}, \quad r_0 \leqslant r \leqslant R \tag{13.39b}$$

由于此时 $T > T_{\text{max}}^{\text{e}}$，因此其中一部分半径范围内的区域必将处于反向剪切状态，以平衡总体的扭矩为零的边界条件。也即此时沿径向的剪应力必定不为零。在具体的几何参数和材料参数给定后，如果已知加载历史，我们就可以由此确定弹塑性扭转及卸载过程中产生的残余应力分布。和前面的安定理论类似，如果再次施加扭矩时，在圆柱内产生塑性变形的最大扭矩值将不是 $T_{\text{max}}^{\text{e}}$，而是上一次卸载时在圆柱内产生弹塑性变形所对应的扭矩 T，也即初次的弹塑性扭矩能够增强材料后续抗塑性扭转的能力。

13.5 小结

本章我们介绍了物体或结构承受随时间变化的载荷作用，且该载荷在初始阶段引起塑性变形的情况下，物体或结构后续变形能否产生塑性流动的行为。当后续服役过程中不再出现新的塑性变形，则称它们所处的状态为安定状态。同时，通过应用实例表明：实现材料安定状态的前提是有效构建材料和结构内部的残余应力场，使得后续变形能产生结构内部不同位置材料处"等应力分担状态"。由于安定状态能有效抑制循环变形导致的塑性累积，提升同一材料或结构的服役时间，因此它具有很好的工程应用价值[1-2]。

参考文献

[1] 陈钢, 刘应华. 结构塑性极限与安定分析理论及工程方法 [M]. 北京：科学出版社, 2006.

[2] 冯西桥. 结构的安定理论及其应用 [D]. 北京：清华大学, 1991.

[3] 王仁, 熊祝华, 黄文彬. 塑性力学基础 [M]. 北京：科学出版社, 1982.

[4] Martin J B. Plasticity, Fundamentals and General Results [M]. Cambridge: The MIT Press, 1975.

第 14 章 黏 弹 塑 性

14.1 简介

固体材料的黏性变形行为是参考流体的纯黏性行为而来的。我们知道,管道或槽道中运动的黏性流体在固定壁面的法向形成一个速度梯度,壁面产生的黏性阻力与黏性流动在壁面处与沿法向的速度梯度成正比。但黏性流体并没有固体的特性。这一性质还需要从这类材料的微观结构和制备工艺过程说起。黏弹塑性行为显著存在于聚合物中,这些材料在加工过程中通常经历由液态变固态的冷却和硬化阶段。由于聚合物的主要组成为大分子团簇的交联并填充整个三维空间,团簇大小、分子链结构的长度、交联数量等决定这些材料宏观上的固体特性和微观上分子间的可流动特性,因此它的形变和流动既带有固体弹性响应,同时分子间微小尺度的流动性又赋予这类材料黏性响应。这些具有类似结构的材料具备弹性、强度、稳定性等固体的内禀性质,同时也有和液体类似的特性,如随时间、温度、载荷大小和变形率而变化的流动特性。这类黏性性质既可以发生在弹性变形阶段,展现黏弹性行为,也可以是塑性变形的一部分,表现为黏弹塑性行为,其具体响应和材料的结构与变形环境相关。

14.2 黏弹性

当材料对应力的响应兼具弹性固体和黏性流体的双重特性时,我们称之为黏弹性行为,相应的本构关系为黏弹性本构关系。图 14.1 给出了一类黏弹性材料的应力-应变响应。黏弹性力学是连续介质力学的重要分支。物理学家如麦克斯韦、玻尔兹曼、

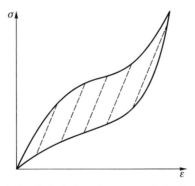

图 14.1 典型黏弹性材料的应力-应变响应示意图。这里加卸载过程中的迟滞回线所包含的面积代表一个加卸载过程的能量耗散

开尔文等很早就开展了关于玻璃、金属以及橡胶等的蠕变和可回复性形变的研究。在20 世纪，随着合成聚合物材料的广泛使用，关于这类材料的黏弹性，尤其是黏弹性物质的力学行为、本构关系及其破坏规律，以及黏弹性体在外力和其他因素作用下的变形和应力分布也获得了系统深入的研究[1-2]。

14.2.1　黏弹性的起源

我们这里介绍几类相应的黏弹性模型。这些模型一般称为线性黏弹性材料的本构关系，可通过采用服从胡克定律的弹性元件和服从牛顿黏性定律的黏性元件的不同组合来直观描述。这里面的弹性元件一般用弹簧表示，其力学参数为刚度，而黏性元件则用阻尼器来表示，其力学参数为黏度系数 η。它是表征黏弹性行为的关键物理量，英文为"viscosity coefficient"。黏性系数的倒数一般称为流度（fluidity）。流体力学中的雷诺数 Re 就刻画了流体中表示惯性力和黏性力影响的量级比：$Re = \rho V L / \eta$，其中 ρ、V、L 分别为流体的密度、流速、流体速度剖面的特征尺寸。例如当流体流过圆形管道时，管道的当量直径即为 L，图 14.2 给出了黏性流动及黏度系数与固壁面产生的剪切力之间的关联。这一关联也体现了黏弹性的微观流动性本质。在图 14.3 中，我们描述了黏性流动对一端受限制的聚合物链产生的黏性剪切力，这一响应为黏弹性过程。同样地，即使对于塑性的主要载体，位错的变形也可以导致黏弹性响应，图 14.4 给出了位错线在应力作用下受到其他粒子的阻挡而形成弓形突出。这一塑性变形机制在卸载后可以完全恢复，在变形过程中产生塑性耗散。

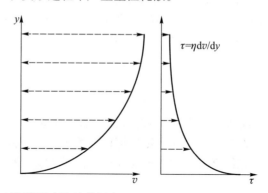

图 14.2　黏性流动及对固壁面产生的剪切力

和弹性材料相比，黏弹性材料具有以下几个方面的独特性质。

（1）在加卸载响应过程中，黏弹性材料的应力–应变曲线通常具有迟滞现象环。对一个给定时间历程、从零开始的应力加卸载环路，材料对应的应力–应变曲线形成一个迟滞回线（hysteresis loop），迟滞回线所包含的面积代表一个加卸载过程的能量耗散。迟滞回线的大小和形状与加卸载的快慢有关。

（2）当施加一个阶梯应变时，黏弹性材料中的应力随着时间逐渐变小，存在应力松弛（stress relaxation）现象。

（3）当施加一个阶梯应力时，黏弹性材料中的应变随着时间逐渐变大，存在蠕变（creep）现象。

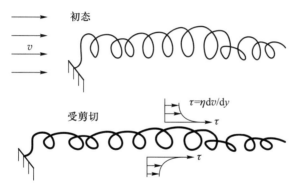

图 14.3 黏性流动及对一端受限制的聚合物链产生的黏性剪切力。该剪切力导致聚合物链的伸长，在随后的卸载过程中，这一部分变形将可恢复，形成黏弹性效应

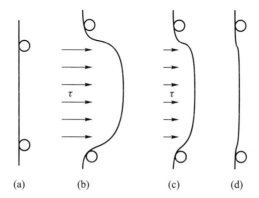

图 14.4 位错运动的黏弹性效应。位错线在应力作用下受到其他粒子的阻挡而产生弓形突出，而这样的变形在卸载后可恢复。这一过程提供伪塑性变形，同时由于变形率的不同而产生耗散。图（a）～（d）刻画了位错运动产生黏弹性变形的过程

（4）材料的力学性质存在应变率敏感效应，这些物理量包括杨氏模量、剪切模量、泊松比等，一般是载荷与时间的函数。

14.2.2　黏弹性的物理模型

尽管在图 14.1～ 图 14.4 中我们介绍了不同材料中的不同变形机制都可能产生黏弹性效应，但考虑到黏弹性材料所共有的独特性质，其物理过程可以用比较普适的模型来加以理解和分析，这些物理模型一般由具有耗散功能的黏性单元和弹簧组合形成。其中的黏性单元对变形的抵抗主要表现为产生与速度呈线性关系的黏滞力，俗称黏壶。图 14.5 给出了几类典型的黏性单元和弹簧构成的模型。

下面我们具体分析图 14.5 中由黏性单元和弹簧构成的力学模型。考虑到弹簧的响应由 $F = ku$ 控制，这里 k 为弹簧的刚度；而黏性单元的响应由 $F = \eta\dot{u}$ 决定，其中 F 为系统承担载荷，u 为弹簧偏离平衡位置的位移，$\dot{u}$ 为黏性单元的变形速度，η 为黏滞系数。针对图 14.5 中的结构，不难推导出这 3 类模型对应的力、位移与速度之间的微分方程。

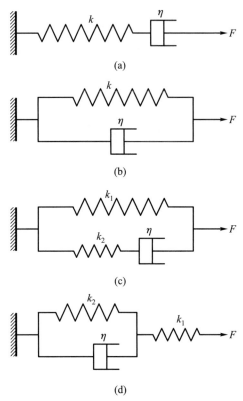

图 14.5 几类典型黏性单元和弹簧构成的力学模型。（a）Maxwell 模型，黏壶和弹簧的串行结构；（b）Kelvin–Voigt 模型，黏壶和弹簧的并行结构；（c）标准线性固体模型 A，Maxwell 模型和弹簧的并行组合结构；(d) 标准线性固体模型 B，Kelvin–Voigt 模型和弹簧的串行组合结构

对于图 14.5a，两个单元承受的载荷相同。对于施加的变形速度，来自两部分的贡献：一部分来自弹簧，这由弹簧所承担的载荷增加率与弹性刚度的比值获得；另一部分由黏壶贡献，通过黏壶上的载荷与黏度系数的比值得到，由此导得关于载荷与变形的偏微分方程

$$\dot{u} = \frac{\dot{F}}{k} + \frac{F}{\eta}, \quad u(0) = \frac{F(0)}{k} \tag{14.1}$$

当黏壶和弹簧处于图 14.5b 所示的并行结构时，两个单元承受的变形量相同，因此总的载荷为两者的叠加，可以非常方便地描述为

$$F = ku + \eta\dot{u}, \quad u(0) = 0 \tag{14.2}$$

更复杂的结构可以通过图 14.5a 和 b 中的基本规律获得，我们在后续还将对图 14.5c 和 d 所示的两个标准模型作进一步讨论。

如果以 C 表示以上结构在 F 作用下的伸长量，当所施加载荷如图 14.6 所示时，

可以通过式 (14.1) 的偏微分方程推导出 C 的表达式

$$C\left(t\right) = \left(\frac{1}{k} + \frac{1}{\eta}t\right) H(t) \tag{14.3a}$$

对应于式 (14.2) 的表达式为

$$C\left(t\right) = \frac{1}{k}\left(1 - \mathrm{e}^{-\frac{k}{\eta}t}\right) H(t) \tag{14.3b}$$

式中，$H(t)$ 为分段函数，其定义为

$$H(t) = \begin{cases} 1, & t > 0 \\ \dfrac{1}{2}, & t = 0 \\ 0, & t < 0 \end{cases}$$

如图 14.6 所示，可以看出由于黏性单元变形的时间依赖性，整体结构的变形量随时间变化，这一变化过程一般称为蠕变。需要指出的是，这里黏性元件中产生的变形并不是可恢复的，只有当外载移除后，依赖系统中弹簧的回复力驱动阻尼器才能回归原位，形成黏弹性系统。这样一来，图 14.5 中的几类典型黏性单元和弹簧构成的力学模型中，只有第二个和第三个才是真正的黏弹性单元。

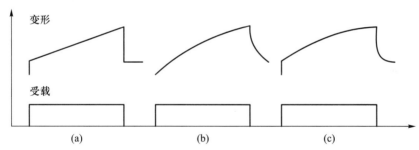

图 14.6 不同典型黏弹性模型在力作用下的变形响应行为。这里（a）～（c）分别对应于图 14.5 中（a）～（c）的弹簧与黏壶组合结构

14.2.3　松弛模量

对于类似图 14.5a 中所示的结构，如果通过位移（应变）控制的方式加载，由于黏壶随时间而不断产生塑性变形，实际的载荷随着时间变化可能逐渐衰减，这就是松弛效应。松弛效应通常用松弛模量来考察：在线性黏弹性物体的应力松弛中，与单位应变相对应的应力 (时间函数) 称作松弛模量 $G(t)$（relaxation modulus）。由于施加在材料上的外载作用时间是一个变量，因此松弛弹性模量 $G(t)$ 是时间的函数。测定应力松弛曲线是测定松弛模量的实验基础。

图 14.7 给出了恒定应变 ε_0 下某一黏性单元中的应力随时间的变化，由此可以获得该材料单元的松弛模量。针对式 (14.1)，如果假定每一个单元具有单位横截面积和

单位长度，那么对应的变形方程为 $\dot{\varepsilon} = \dfrac{\dot{\sigma}}{E} + \dfrac{\sigma}{\eta}$。可以解得对应的应力随时间的表达式

$$\sigma(t) = \varepsilon_0 G(t) = E\varepsilon_0 \exp\left(-\frac{t}{\eta/E}\right) \tag{14.4}$$

式中，η/E 表示该 Maxwell 单元的特征时间 τ，定义为 $\tau = \eta/E$。按照松弛模量的定义，可以看到 $G(t) = E\exp\left(-\dfrac{t}{\tau}\right)$。一个单元表示的黏弹性材料具有一个特征松弛时间；对于多特征时间的复杂松弛现象，通常需要多个 Maxwell 单元来表征，这样的系统在后续部分将进一步讨论。

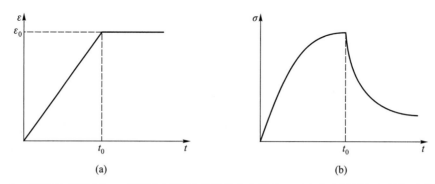

图 14.7 恒定应变下（从 t_0 开始）下黏性单元的应力松弛。可由此来推导相应的松弛模量

14.2.4 动态模量

与黏弹性材料相关的关键分析方法为动态力学响应。在动荷载作用下，黏弹性材料内部产生的应力、应变响应均为时间的函数，这样一来，不同于一般弹性介质，黏弹性材料的弹性模量在外载作用过程中也和动载荷特征相关，一般称其为材料动态模量。此时，按照传统定义得到的模量为应力和应变的振幅之比

$$G(t) = \frac{\sigma(t)}{\varepsilon(t)} \tag{14.5}$$

纯弹性材料中，应力的变化是与应变的变化同步的；而在纯黏性响应中，应力的变化与应变率的变化成正比。考虑黏性单元受到一个应变载荷，由函数 $\varepsilon(t) = \varepsilon_0\sin(\omega t)$ 给定，那么其应变率为 $\dot{\varepsilon}(t) = \varepsilon_0\omega\cos(\omega t) = \varepsilon_0\omega\sin(\omega t + \pi/2)$；前者落后于后者 $\pi/2$ 相位差，所以应变落后于应力一个 $\pi/2$ 的相位差，如图 14.8 所示。一般黏性材料的力学响应在纯弹性和纯黏性之间，即 $\dot{\varepsilon}(t) = \dot{\varepsilon}_0\sin(\omega t + \phi)$，其中相位差 ϕ 在 $0 \sim \pi/2$ 之间，$\dot{\varepsilon}_0 = \varepsilon_0\omega$。

考虑黏弹性材料单轴拉伸情形下受随时间变化的应变率载荷 $\dot{\varepsilon}(t)$ 下的响应：在 $t_0 \sim t_1$ 时间段所施加的应变为 $\dot{\varepsilon}(t_0)\delta t_0$，其中 $\delta t_0 = t_1 - t_0$，那么到了当前时刻 t，对应于这一应变所产生的应力，可以利用式 (14.5) 给出，$\delta\sigma(t)_{t_1-t_0} = G(t-t_0)\dot{\varepsilon}(t_0)\delta t_0$；同样地，考虑 $t_1 \sim t_2$ 时间段所施加的应变 $\dot{\varepsilon}(t_1)\delta t_1$，其中 $\delta t_1 =$

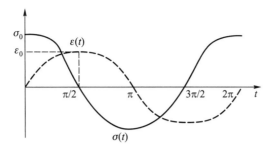

图 14.8 动荷载作用下，黏性材料内部产生的应力、应变响应随时间变化。这里应变落后于应力的相位差为 $\pi/2$

$t_2 - t_1$，这一应变对当前时刻 t 贡献的应力 $\delta\sigma(t)_{t_2-t_1} = G(t - t_1)\dot\varepsilon(t_1)\delta t_1$。依此类推，$t_n \sim t$ 时间段所施加的应变为 $\dot\varepsilon(t_n)\delta t_n$，其中 $\delta t_n = t - t_n$，这一应变对当前时刻 t 产生的应力 $\delta\sigma(t)_{t-t_n} = G(t - t_n)\dot\varepsilon(t_n)\delta t_n$。因此，一个黏弹性单元产生的应力可由其弛豫模量及各时间段的应变量累加而获得

$$\sigma(t) = \delta\sigma(t)_{t_1-t_0} + \delta\sigma(t)_{t_2-t_1} + \ldots + \delta\sigma(t)_{t-t_n}$$

取 t_0 为当期时刻 t 之前的所有加载历程，上式的积分形式为

$$\sigma(t) = \int_{-\infty}^{t} G\left(t - t'\right)\dot\varepsilon(t')\mathrm{d}t' \tag{14.6}$$

如取 $\dot\varepsilon(t) = \dot\varepsilon_0\cos(\omega t)$，对式 (14.6) 进行如下变量替换：$s = t - t'$，有

$$\sigma(t) = \varepsilon_0\int_0^{\infty}\omega G(s)\cos(\omega t - \omega s)\mathrm{d}s \tag{14.7}$$

这里 $G(s)$ 为松弛模量。考虑到 $\cos(\theta\pm\psi) = \cos\theta\cos\psi\mp\sin\theta\sin\psi$，有

$$\frac{\sigma(t)}{\varepsilon_0} = \left[\omega\int_0^{\infty}G(s)\sin(\omega s)\,\mathrm{d}s\right]\sin(\omega t) + \left[\omega\int_0^{\infty}G(s)\cos(\omega s)\,\mathrm{d}s\right]\cos(\omega t) \tag{14.8}$$

式 (14.8) 中右侧第一项为储能模量 G'，定义为

$$G' = \omega\int_0^{\infty}G(s)\sin(\omega s)\,\mathrm{d}s \tag{14.9a}$$

式 (14.8) 中右侧第二项为损耗模量 G''，定义为

$$G'' = \omega\int_0^{\infty}G(s)\cos(\omega s)\,\mathrm{d}s \tag{14.9b}$$

如果将应变随时间变化记为 $\varepsilon(t) = \varepsilon_0\sin\omega t$，则有 $\sigma(t) = \sigma_0\sin(\omega t + \phi)$。同理，将 $\sigma(t) = \sigma_0\sin(\omega t + \phi)$ 展开，得到

$$\sigma(t) = \sigma_0\cos\phi\sin\omega t + \sigma_0\sin\phi\sin\left(\omega t + \frac{\pi}{2}\right) \tag{14.10}$$

式 (14.10) 中的应力包含两部分：第一部分与应变相位相同，是纯弹性响应；第二部分与应变相差 $\pi/2$，是与应变率的相位相同的黏性响应，幅值为 $\sigma_0 \sin \phi$。可将上式表述为

$$\frac{\sigma(t)}{\varepsilon_0} = \frac{\sigma_0}{\varepsilon_0} \cos(\phi) \sin(\omega t) + \frac{\sigma_0}{\varepsilon_0} \sin(\phi) \sin\left(\omega t + \frac{\pi}{2}\right) \tag{14.11}$$

这里，同相位的应力响应比的比值称为实模量，表示弹性变形，和应变相差 $\pi/2$ 的是与黏性响应对应的损耗模量。对比式 (14.11) 中右侧的两项和式 (14.9a)、式 (14.9b)，我们有

$$G' = \frac{\sigma_0}{\varepsilon_0} \cos \phi, \quad G'' = \frac{\sigma_0}{\varepsilon_0} \sin \phi \tag{14.12}$$

一般用复数模量 $G^* = G' + iG''$ 来表示黏性材料的动态模量。以上关系式来源于 $\varepsilon(t) = \varepsilon_0 \exp(i\omega t)$ 的循环载荷下我们得到的应力响应 $\sigma(t) = \sigma_0 \exp[i(\omega t+\phi)]$；对照一般的应力–应变关系，我们同样可以定义复数形式的弹性模量 G^*，且有 $G^* = \sigma(t)/\varepsilon(t)$，它的展开形式为 $G^* = G' + iG''$。对于相位差 ϕ，一般定义其为力学损耗角度，而 $\tan \phi = G''/G'$ 为耗能因子。动态模量的大小为复数模量的模 $|G^*| = \sqrt{G'^2 + G''^2}$。在图 14.1 中，我们展示了一个拉伸–回缩过程中所损耗的能量 ΔW。针对 $\varepsilon(t) = \varepsilon_0 \exp(i\omega t)$ 的循环载荷，如果应力应变之间的相位差为 ϕ，可以得到，$\Delta W = \pi \sigma_0 \varepsilon_0 \sin \phi$。目前，耗能因子已广泛应用于材料的变形机理，相变以及玻璃化转变的研究中，如图 14.9 和图 14.10 所示。

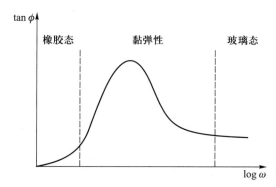

图 14.9 耗能因子与载荷频率之间的关系。低频情况下，材料表现为橡胶态，随着频率增加，材料表现为黏弹性，进一步提高频率，材料响应为玻璃态

针对前面黏性单元受到的一个周期性应变或者应力载荷，我们可以得到它一个振动周期内单位体积材料的能量损耗 ΔW。同时，我们也可以得到该单位体积在一个周期中的最大弹性储能 W，表示为 $W = \max(\sigma\varepsilon) = \frac{1}{2}\omega\sigma_0\varepsilon_0 \cos \phi$。该材料的比阻尼容量 ψ 定义为 $\psi = \Delta W/2\pi W$，它实际上就是我们讨论的耗能因子 $\tan \phi$。同时，我们将耗能因子的倒数称为品质因子 Q，$Q = 2\pi W/\Delta W$，也即 $Q^{-1} = \psi = \tan \phi$。

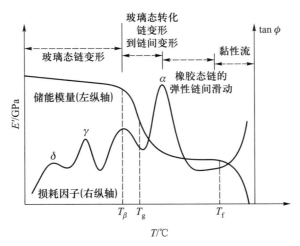

图 14.10 典型非晶态聚合物的动态热机械分析 (DMA) 温度谱。这里，T_β 为韧脆转变温度；T_g 为最高使用温度，又称为玻璃化转变温度；T_f 为流动加工温度下限

14.3 标准线性固体

从图 14.5 可以看到，Maxwell 串联模型和 Kelvin–Voigt 并联模型均有它们各自的局限性，它们中的哪一个都不适于描述既有蠕变又有应力松弛的高聚物黏弹性。为此，人们在 Kelvin–Voigt 并联模型上串联一个弹簧以表示瞬时的弹性响应，也就是在 Maxwell 串联模型的黏壶旁并联一个弹簧以使它的应力不能松弛为零，形成了如图 14.5c 和 14.5d 所示的标准三元模型。下面我们推导标准模型在不同外载作用下的变形响应。

考虑 Kelvin–Voigt 模型和弹簧的串行组合，如图 14.5d 所示，在载荷 F（应力 σ）作用时，如果将 Kelvin–Voigt 并联模型（K–V 单元）看作一个独立的力学单元，则在弹簧 k_1 上受到的应力与其中 K–V 单元上受到的应力相等，而总的应变则为两者应变之和，即

$$\sigma_{k_1} = \sigma_{KV} = \sigma \quad \varepsilon_{k_1} + \varepsilon_{KV} = \varepsilon \tag{14.13a}$$

应变方程的率形式为

$$\frac{d\varepsilon_{k_1}}{dt} + \frac{d\varepsilon_{KV}}{dt} = \frac{d\varepsilon}{dt} \tag{14.13b}$$

结合两者的本构关系

$$\sigma_{k_1} = E_1\varepsilon_{k_1}, \quad \sigma_{KV} = E_2\varepsilon_{KV} + \eta\frac{d\varepsilon_{KV}}{dt} \tag{14.13c}$$

注意到这里我们直接将 k_1 和 k_2 对应写为 E_1、E_2。结合式 (14.13c)，可以将式 (14.13b) 重新表述为

$$\frac{d\varepsilon}{dt} = \frac{1}{E_1}\frac{d\sigma}{dt} + \frac{\sigma}{\eta} - \frac{E_2}{\eta}\varepsilon_{KV} = \frac{1}{E_1}\frac{d\sigma}{dt} + \frac{\sigma}{\eta} - \frac{E_2}{\eta}(\varepsilon - \varepsilon_{k_1}) \tag{14.14a}$$

或改写为

$$\frac{\mathrm{d}\varepsilon}{\mathrm{d}t} + \frac{E_2\varepsilon}{\eta} = \frac{E_1 + E_2}{\eta} \cdot \frac{1}{E_1}\sigma + \frac{1}{E_1}\frac{\mathrm{d}\sigma}{\mathrm{d}t} \tag{14.14b}$$

这就是图 14.5d 所示的标准模型的运动方程。有了这个方程，我们可以考察不同边界条件下的力学响应，如蠕变和应力松弛现象等。先来看系统在常外载作用下的蠕变行为，此时 $\sigma(t) = \sigma_0$，且 $\mathrm{d}\sigma/\mathrm{d}t = 0$，将这些条件代入式 (14.14b) 中，可以获得以时间为变量的应变函数

$$\varepsilon(t) = \frac{\sigma_0}{E_1} + \frac{\sigma_0}{E_2}\left(1 - \mathrm{e}^{-\frac{t}{\tau_2}}\right), \quad \tau_2 = \frac{\eta}{E_2} \tag{14.15}$$

式中，τ_2 为特征响应推迟时间。有时候需要用到蠕变柔量的概念，定义为 $S(t) = \varepsilon(t)/\sigma_0$，依据式 (14.15)，它随时间的变化为

$$S(t) = \frac{1}{E_1} + \frac{1}{E_2}\left(1 - \mathrm{e}^{-\frac{t}{\tau_2}}\right) \tag{14.16}$$

与常应力作用下的蠕变对应，我们来看常应变作用下的应力松弛，此条件对应于 $\varepsilon(t) = \varepsilon_0$ 且 $\mathrm{d}\varepsilon/\mathrm{d}t = 0$，此时式 (14.14b) 可以简化为

$$\frac{\mathrm{d}\sigma}{\mathrm{d}t} + \frac{E_1 + E_2}{\eta}\sigma = \frac{E_1 E_2}{\eta}\varepsilon_0 \tag{14.17}$$

该微分方程的解为

$$\sigma(t) = \varepsilon_0 \frac{E_1 E_2}{E_1 + E_2}\left(1 + \frac{E_1}{E_2}\mathrm{e}^{-\frac{t}{\bar{\tau}}}\right), \quad \bar{\tau} = \frac{\eta}{E_1 + E_2} \tag{14.18}$$

按照之前对松弛模量的定义，对应系统的松弛模量 $G(t)$ 的表达式如下：

$$G(t) = \frac{\sigma(t)}{\varepsilon_0} = \frac{E_1 E_2}{E_1 + E_2}\left(1 + \frac{E_1}{E_2}\mathrm{e}^{-\frac{t}{\bar{\tau}}}\right) \tag{14.19}$$

我们来考察 $1/S(t)$ 和 $G(t)$ 在不同时间尺度的响应，不难发现：当 $t \to 0$ 时，$1/S(t)$ 和 $G(t)$ 均趋于 E_1，此时黏壶不产生变形；而当 $t \to \infty$ 时，两者均趋于 $\dfrac{E_1 E_2}{E_1 + E_2}$。一般将 $t \to 0$ 时标准单元的等效模量称为短时模量，而在时间足够长时所对应的等效模量叫做长时模量。

14.4 广义黏弹性模型

前面提到实际黏弹性材料的力学响应通常具有多个松弛时间，应该是如图 14.5 那样的许多不同参数的弹簧和黏壶的组合，叫做广义麦氏模型。这样所取的模型具有多个松弛时间和推迟时间所形成的一个不连续的谱，通常称为离散松弛时间谱和离散推迟时间谱。例如考虑一组 N 个并行连接的 Maxwell 单元组成的模型，当施加一固定应变时

$$\varepsilon_1 = \varepsilon_2 = \varepsilon_3 = \cdots = \varepsilon_N = \varepsilon_0 \tag{14.20a}$$

系统总的应力响应为

$$\sigma_1 + \sigma_2 + \sigma_3 + \cdots + \sigma_N = \sum \sigma_i = \sigma(t) \tag{14.20b}$$

采用式 (14.4) 的结果, 系统中的应力函数为

$$\sigma(t) = \varepsilon_0 G(t) = \varepsilon_0 \sum_{i=1}^{N} w_i E_i \exp\left(-\frac{t}{\tau_i}\right) \tag{14.20c}$$

式中, $\tau_i = \eta_i/E_i$, 为第 i 个 Maxwell 单元的松弛时间; $G(t)$ 为总的松弛模量; w_i 为第 i 个 Maxwell 单元对整体的贡献, $\sum\limits_{i=1}^{M} w_i = 1$。模型的黏度和松弛模量之间的关系为

$$\eta = \int_0^{\infty} G(t)\,\mathrm{d}t = \sum_{i=1}^{N} w_i E_i \tau_i \tag{14.21a}$$

一般如果假定 $E_i = G_0$, 此时对应有

$$\eta = G_0 \overline{\tau}, \quad \overline{\tau} = \sum_{i=1}^{N} w_i \tau_i \tag{14.21b}$$

这里的 $\overline{\tau}$ 是系统各单元的平均松弛时间, $\overline{\tau} = \eta/G_0$。大多数材料的松弛模量可以用经验方式 KWW 方程描述, 即

$$G(t) = G_0 \exp\left[-\left(\frac{t}{\tau}\right)^{\beta}\right], \quad 0 \leqslant \beta \leqslant 1 \tag{14.21c}$$

现在来看这个广义麦氏模型对动态加载的响应情况, 此时给定应变 $\varepsilon(t) = \varepsilon \mathrm{e}^{\mathrm{i}\omega t}$, 将这一应变代入 $\dot{\varepsilon} = \dfrac{\dot{\sigma}}{E} + \dfrac{\sigma}{\eta}$ 中, 那么对应第 i 个单元的应力有

$$\sigma_i = \frac{E_i \varepsilon}{1 + \omega^2 \tau_i^2}\left(\omega^2 \tau_i^2 + \mathrm{i}\omega \tau_i\right) \tag{14.22}$$

对应的 "宏观" 应力为

$$\sigma = \sum_i \sigma_i = \varepsilon\left[\sum_i E_i \frac{\omega^2 \tau_i^2}{1 + \omega^2 \tau_i^2} + \mathrm{i}\sum_i E_i \frac{\omega \tau_i}{1 + \omega^2 \tau_i^2}\right] \tag{14.23}$$

此时的松弛模量 G^* 具有复数形式,

$$G^* = \frac{\sigma}{\varepsilon} = \sum_i E_i \frac{\omega^2 \tau_i^2}{1 + \omega^2 \tau_i^2} + \mathrm{i}\left(\sum_i E_i \frac{\omega \tau_i}{1 + \omega^2 \tau_i^2}\right) \tag{14.24}$$

其中的实部和虚部分别为

$$G'(\omega) = \sum_i E_i \frac{\omega^2 \tau_i^2}{1 + \omega^2 \tau_i^2} \tag{14.25a}$$

$$G''(\omega) = \sum_i E_i \frac{\omega \tau_i}{1 + \omega^2 \tau_i^2} \tag{14.25b}$$

它们分别表示系统的储能模量和损耗模量。此时系统中的动态黏度定义为

$$\eta_d = \frac{G''(\omega)}{\omega} = \sum \frac{G_i \tau_i}{1 + \omega^2 \tau_i^2} = \sum \frac{\eta_i}{1 + \omega^2 \tau_i^2} \tag{14.26}$$

如果这个模型的第 i 个单元满足 $\omega\tau_i \gg 1$ 的条件，那么这个单元的储能模量 $G_i'(\omega)$ 就很接近 E_i，而 $G_i''(\omega)$ 及 η_d 就变得很小。在 $\omega\tau_i \to \infty$ 的情况下，$G_i'(\omega)$ 就等于 E_i，$G_i''(\omega)$ 和 η_d 等于零。这个单元实际上退化为一个弹簧。反之，在 $\omega\tau_i \ll 1$ 的情况下，η_d 接近 η_i，而 $G_i'(\omega)$ 则接近零。对 $\omega\tau \to 0$ 的极限情况，这个单元退化为一个黏壶。

同样，也可将一组 N 个 K–V 模型（图 14.5）并行连接而成广义 K–V 模型。此时，显然各单元应变的加和等于总的应变，而各单元应力则均相等，即 $\varepsilon = \varepsilon_1 + \varepsilon_2 + \varepsilon_3 + \cdots + \varepsilon_N = \sum \varepsilon_i (i = 1, 2, 3, \cdots, N)$，且 $\sigma = \sigma_1 = \sigma_2 = \cdots = \sigma_N$。我们可以通过同样的推导过程获得广义 K–V 模型的储能模量和损耗模量表达式。

14.5 黏塑性

与前面所讨论的黏弹性问题不同，黏塑性 (viscoplasticity) 理论描述固体中与时间 (率) 相关的非弹性变形行为。和率无关的塑性变形相比，黏塑性材料在恒定的外载作用下将产生缓慢且永久变形的行为，这一行为称为蠕变；这类材料受到恒定的变形时，其内部应力将出现松弛。图 14.11 显示了一个由滑块组成的黏塑性单元，这里滑块受一个临界阻力的控制，这个临界阻力可以是应变率相关的。

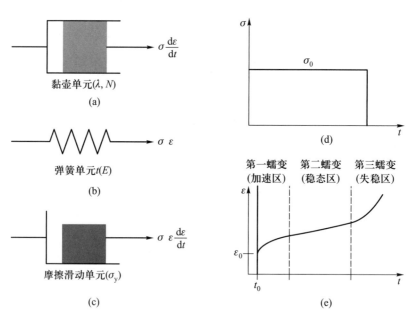

图 14.11 弹性与黏塑性响应。（a）～（c）黏性、弹性以及塑性单元的变形标准；（d）常应力载荷加载历史；（e）黏塑性变形导致的蠕变行为，一般在晶态材料中分为 3 个阶段

14.5.1 蠕变

在较高的温度下，尽管材料所承受的载荷仍低于其室温下的屈服强度，材料仍会发生缓慢的永久性变形。这是黏塑性行为的典型表现。蠕变行为对温度和应力有很大的依赖性。从变形机制上看，不同的微结构引起不同的弛豫，具有不同的特征时间和驱动环境 (应力、温度等)；而且随着弛豫过程的演化，即便是单一微观弛豫机制也会由于蠕变导致的内部结构变化而使蠕变行为改变。图 14.11e 给出了在恒定应力作用下黏塑性变形导致的典型蠕变行为，包含初始的快速弛豫并逐步转入稳态弛豫的过程，之后经历一个长时间的基本恒定应变率弛豫过程后，转入第三阶段的加速弛豫过程。在最后一个过程中，结构的寿命一般都非常短。以具体的材料为例，聚合物的蠕变过程一般涉及链内局部结构的转动、局部侧链结构的松弛、链内的运动、链–链之间的交联松弛、链与基体材料之间的相对滑移、链 -链之间的相对滑移等。由于这些微观事件的驱动条件和特征响应时间、事件尺度存在很大的差异，因此展现出丰富的随温度和应力变化的黏塑性行为。

对于晶体材料，由于其使用的广泛性，其蠕变机制包括位错与空位扩散等，可以归类于以下 5 种情况：

（1）体扩散导致的蠕变，称为 Nabarro–Herring 蠕变[3]；

（2）位错攀移运动提供蠕变变形；

（3）位错攀移诱导位错滑移的蠕变机制，这里攀移是一个诱导过程，主导的应变由位错滑移提供；

（4）晶界扩散导致的蠕变，称为 Coble 蠕变；

（5）热激活导致的位错滑移，如交滑移机制。

一般而言，当应力为 σ 温度为 T 时，由以上的 5 类机制在平均晶粒为 d 的多晶材料中引起的蠕变率 $\dot{\varepsilon}$ 可以通过以下现象方程描述：

$$\dot{\varepsilon} = \frac{\mathrm{d}\varepsilon}{\mathrm{d}t} = v_0 \left(\frac{\sigma - \sigma_{\mathrm{th}}}{\sigma_0} \right)^m \left(\frac{b}{d} \right)^c \mathrm{e}^{-\frac{Q}{kT}}, \quad \sigma \geqslant \sigma_{\mathrm{th}} \tag{14.27}$$

式中，v_0 代表该蠕变机制对应的微观事件特征跃迁概率；σ_{th} 对应于触发该微观事件的临界应力，只有当应力值不小于这一临界值时，对应机制导致的蠕变才发生；Q 为该微观事件的激活能；σ_0 为一参考应力状态；b 为微观事件的特征尺寸，对于扩散机制，一般为空位大小，对于位错运动，则对应于其伯格斯矢量；m 和 c 为常指数。如图 14.12 所示，我们可以看到位错攀移诱导的位错滑移蠕变机制可能需要一个较高的临界应力 σ_{th} 与微观事件的激活能，而由界面扩散的蠕变机制则相对而言容易得多。

按照材料不同的变形机制，通常可以构建出这些变形事件激活的温度、应力、应变率的环境。这样的变形机制机理图对于不同环境下材料的选择和使用具有重要意义。目前针对大部分的金属材料，我们已经构建了其变形机制相图，尤其是蠕变机制相图[4]。在典型多晶金属材料的变形相图 14.13 中，描述了不同应力下主导的蠕变机制与应力及温度的关系，不难看到温度和应变率是影响不同蠕变机制开启的重要因素。

由于蠕变和温度相关，对于各种不同材料，这个温度又是相对于它们的熔点温度 T_{m} 而言的。低温时蠕变效应并不明显，但当温度达到 $0.3T_{\mathrm{m}}$ 时，一般材料都将出现

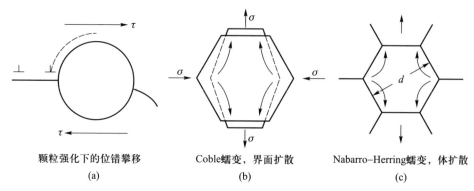

颗粒强化下的位错攀移 Coble 蠕变，界面扩散 Nabarro–Herring 蠕变，体扩散
(a) (b) (c)

图 14.12 典型的蠕变机制示意图。（a）位错攀移诱导位错滑移的蠕变机制；（b）界面扩散引起的蠕变，通常称为 Coble 蠕变；（c）由体扩散引起的 Nabarro–Herring 蠕变机制

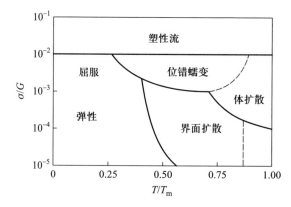

图 14.13 典型多晶金属材料的变形相图，显示了约比温度时主要蠕变机制及其与驱动力的关系

显著的蠕变。我们通常了解的材料，如钢琴的弦，是高抗蠕变材料；而类似于铅、铝等材料，则是易蠕变的。在实际的工程应用中，与第 1 章中讨论的可以通过调整微结构来优化材料的变形能力和强度类似，我们可以通过蠕变的机制来设计相应的微结构，以调控对应于该机制的蠕变行为。图 14.14 阐释了如何通过增强粒子来控制位错运动，此时蠕变率由位错越过钉扎的动态过程所控制。

14.5.2　Nabarro–Herring 蠕变

在这里，对照式 (14.27)，分析几类典型蠕变机制引起的黏塑性形变。图 14.12 给出了由体扩散导致的 Nabarro–Herring 蠕变机制的示意图。依据 Nabarro–Herring 的推导，在单轴拉伸情况下，恒定的载荷 σ 产生的蠕变率为

$$\dot{\varepsilon} = a \frac{D}{d^2} \frac{\sigma \Omega}{kT} \tag{14.28a}$$

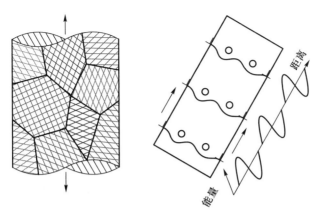

图 14.14 多晶材料中，由增强粒子控制的位错运动，其变形率由位错越过钉扎的动态过程所控制

式中，a 为系数；D 为体扩散系数，单位为 m^2/s；Ω 为原子体积。依据上式，可以得到

$$\eta = \frac{\sigma}{\dot{\varepsilon}} = \frac{1}{a}\frac{d^2}{D}\frac{kT}{\Omega} \tag{14.28b}$$

即黏性系数和扩散系数与温度的关系。这样的关系可类比于球形物体在流体中运动所受到的阻力。我们熟知的斯托克斯–爱因斯坦方程（Stokes–Einstein equation）描述的是球形颗粒在低雷诺数流体中的扩散系数 η 与黏度系数 D 之间的关系

$$\eta = \frac{1}{6\pi}\frac{r^2}{D}\frac{kT}{V} \tag{14.29}$$

式中，D 为颗粒在流体中的扩散系数；r 为颗粒半径；V 为颗粒体积。虽然结构上存在较大差异，从物理本质来看，空位在晶体中体扩散的黏性行为和颗粒在流体中的黏性行为是相似的，因此出现式 (14.28b) 和式 (14.29) 的等价性。

14.5.3 Coble 蠕变

如果考虑由图 14.12 表示的晶体界面间扩散主导的蠕变机制，依据 Coble 理论，我们有

$$\dot{\varepsilon} = \beta\frac{\delta_{gb}D_{gb}}{d^3}\frac{\sigma\Omega}{kT} \tag{14.30}$$

式中，β 为系数；δ_{gb} 为晶界特征厚度，一般量级在一个纳米；D_{gb} 为晶界扩散系数，单位为 m^2/s。和式 (14.28a) 类似，我们发现扩散机制没有明显的临界应力，小的外载即可以导致持续的塑性变形。

同时，晶界扩散和体扩散这两者之间的主要差异在于它们对晶粒尺寸的依赖性。随着晶粒尺寸的减小，晶界扩散引起的蠕变将逐步主导[5-6]。所以到了纳米尺寸，晶界扩散将可能主导塑性变形。Gleiter 认为，纳米多晶材料的关键力学特性在于它可能的超塑性能力[7]。由于晶粒尺寸细化带来大量的晶界，这些晶界组成的连通网络可以促进材料的晶界扩散能力，使得材料在保持高强度的同时，也具备很好的延展性（塑形变形能力）。

14.5.4 自由体积蠕变

自由体积（free volume）蠕变的概念最初由 Cohen 和 Turubull 针对液体的变形和流动提出。后来 Spaepen 将其扩展到金属玻璃的高温变形过程中。这里的自由体积是指原子团簇具备额外的空隙，空隙的扩散将协助原子团簇运动，从而形成蠕变。因此这个概念的关键在于对可流动的自由体积浓度 C_f 的描述，这一浓度类似于晶体材料中空位的浓度。按照 Little 等的理论，C_f 由以下方程给出：

$$C_f = \exp\left(-\gamma \frac{V^*}{V_f}\right) \tag{14.31}$$

式中，γ 为几何参数；V^* 指触发原子团簇运动的临界体积；V_f 为平均自由体积。在变形过程中，自由体积浓度 C_f 不可能无限制地增加，因此存在一个使其收敛于热力学平衡状态的动力学演化方程

$$\dot{C}_f = -k_\gamma C_f(C_f - C_{f \cdot eq}) \tag{14.32}$$

式中，k_γ 为动力学演化的系数；$C_{f \cdot eq}$ 为给定应力温度环境下的平衡态自由体积的浓度。与此相结合，Spaepen 推导出自由体积在非晶体材料中的扩散导致的蠕变率为

$$\dot{\varepsilon} = 2C_f V v_D \exp\left(-\frac{\Delta G^m}{RT}\right) \sinh\left(\frac{1}{2\sqrt{3}} \frac{\sigma V}{kT}\right) \tag{14.33}$$

式中，v_D 为原子的迪拜频率；ΔG^m 为摩尔数量的团簇激活能；R 为气体摩尔常数。

14.6 黏弹塑性本构模型

对于黏塑性固体，目前也发展了一些相应的理论来描述流动应力与时间（率）的相关性，比较典型的是 Johnson–Cook 于 1985 年提出的高应变率下的模型。该模型的应力与应变率之间的关系为

$$\sigma = (A + B\varepsilon^m)\left(1 + C\ln\frac{\dot{\varepsilon}}{\dot{\varepsilon}_0}\right)\left(1 - \frac{T - 298}{T_m - 298}\right)^n \tag{14.34}$$

式中，ε 为等效塑性应变；$\dot{\varepsilon}_0$ 为参考塑性应变率；m 为硬化指数；A、B 为具有应力量纲的材料参数；C 为常系数；n 为常指数；这里温度 T 的单位为 K。

如果黏塑性固体同时具有一定程度的黏弹性，那么这样的材料一般具有如图 14.15 所示的两种变形结合机制。

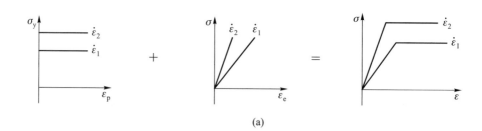

(a)

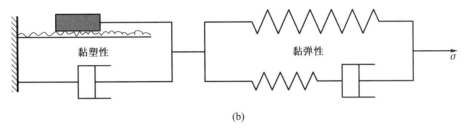

(b)

图 14.15 黏弹性–黏塑性固体的变形机制示意图。（a）表明黏塑性固体的流动应力随着应变率的增加而升高（$\dot{\varepsilon}_2 > \dot{\varepsilon}_1$），而黏弹性材料的弹性响应模量随着应变率的增加而增大，两者的结合可能形成（a）图右侧的应力–应变行为；（b）通过变形单元来刻画的黏塑性和黏弹性变形行为

14.7 小结

材料在变形过程中的线弹性行为是一种高度理想状态，由于实际材料体系中不同尺度微结构的存在，这些微结构对变形的响应所需的时间尺度也存在巨大差异。它们有的需要在大的载荷或者长时间内才能激活，而有的则可能在小载荷或者短时间内就可以激活。这样的运动既可以是弹性无耗散的，也可以是弹性有耗散的，甚至是塑性的不可恢复的变形事件。只不过由于类似的微观变形事件在某一个给定的时间尺度上数目不多，无法从应力–应变关系上比较清楚地反映出来。对于某一时间单位，一旦类似的微观事件数量足够多时，我们在应力–应变的响应上就可以看到明显的迟滞效应。而且这些微小事件出现的次数与加载快慢（时间单位）是相关的，这一结果也体现在宏观的应力–应变响应上。这种和变形率相关的材料响应，如果其变形最终完全可恢复，我们称为黏弹性行为；如果最终无法完全恢复，则称为黏弹塑性行为。

在这一章节中，我们从黏性响应的机理入手，介绍了固体的黏性变形行为起源及相应的物理模型。考虑到黏弹性或者黏弹塑性行为通常和材料的动态响应也即内耗有密切关系，这些力学模型被广泛地应用到越来越多的聚合物材料、复合材料、生物材料等材料中来；同时，黏性行为和环境参数如温度等有很大的相关性，类玻璃材料在玻璃转化温度附近的变形就是典型的黏性行为。在力学和生物的交叉领域，生物组织或者细胞等的变形和运动都与速度密切相关，呈现典型的黏性效应。感兴趣的读者可以进一步阅读相关文献，了解这一方面的前沿研究进展。

参考文献

[1] 扎齐斯基. 玻璃与非晶态材料 [M]. 北京: 科学出版社, 2001.

[2] 张义同. 热粘弹性理论 [M]. 天津: 天津大学出版社, 2002.

[3] Scherer G W. Volume relaxation far from equilibrium [J]. Journal of the American Ceramic Society, 1986, 69(5):374-381.

[4] Frost H, Ashby M F. Deformation-Mechanism Maps: The Plasticity and Creep of Metals and Ceramics [M]. Oxford: Pergamon Press, 1982.

[5]   Wei Y J, Bower A F, Gao H J. Recoverable creep deformation and transient local stress concentration due to heterogeneous grain-boundary diffusion and sliding in polycrystalline solids [J]. Journal of the Mechanics & Physics of Solids, 2007, 56: 1460-1483.

[6]   Wei Y J, Bower A F, Gao. H J. Recoverable creep deformation due to heterogeneous grain-boundary diffusion and sliding [J]. Scripta Materialia, 2007, 57(10): 933-936.

[7]   Gleiter H. Nanocrystalline materials [J]. Progress in Material Sciences, 1989, 33: 223-315.

第 15 章　变形稳定性

15.1　简介

20 世纪初，随着工业的快速发展，涌现了许多从工业实践中发现的典型非线性问题。这类问题的特性在于一种我们觉察不到的起因可能产生一个显著的结果，在某些场景表现为性质或行为的渐变过程发展为突变现象，或者微小因素的放大而造成无法预期的结果。我们在这里结合典型例子，考虑结构的弹性和塑性稳定性问题。

结构构件或机器零件在压缩荷载或其他特定载荷作用下，在某个位置保持平衡，这一平衡位置称为平衡构形。当荷载小于一定的数值时，微小外界扰动使其偏离初始平衡构形，外界扰动去除后，构件仍能恢复到初始平衡构形，则称初始平衡构形是稳定的；当荷载大于一定的数值时，外界扰动使其偏离初始平衡构形，扰动去除后，构件不能恢复到初始的平衡构形，则称初始的平衡构形是不稳定的。此即判别弹性稳定性的静力学准则。

15.2　压杆稳定性

在压缩载荷下，航空杆件或薄壁壳体的弹性屈曲为结构稳定性分析的典型代表。为简化问题，同时保留基本物理过程，我们先考虑一根杆承受沿轴向的压缩载荷，并研究其稳定性问题。不稳定的平衡构形在任意微小的外界扰动下都要转变为其他平衡构形，这种过程称为屈曲或失稳。通常，屈曲将导致构件失效，这种失效称为屈曲失效。由于这种失效具有突发性，因此其常给工程带来灾难性后果。

15.2.1　欧拉压杆问题

压杆的稳定性问题由连续介质力学鼻祖欧拉（Euler）于 1744 年提出，他研究了"欧拉压杆屈曲失稳"问题[1]。而在针对压杆失稳的弹性力学分析过程中也产生了两个重要的数学概念：一是"变分原理"，Euler 正是利用这种方法导出控制方程；二是"分岔"的概念，这是非线性分析的中心内容。欧拉得到了上述方程的解答，成为分岔问题研究的始祖。

从几何形状上看，可以按照杆的长细比即长度 l 与杆横截面的特征长度（圆截面问题取半径 r，其他截面一般取最小的维度）两者的比例来界定压杆问题的失效模式：对于 $R = l/r$ 中 R 比较小，一般不超过 $3 \sim 5$ 的短粗杆，其失效模式可能以塑性屈服为主导；对于 R 比较大时的细长杆，以弹性失稳为主要模式。

对短粗杆，我们要求 $\sigma_{\max} \leqslant \sigma_y$，此时结构或材料不产生破坏，最大应力小于材料极限。关于塑性屈服导致的失效问题，我们在前面的塑性变形机理和强度准则中作了详细的介绍，这里就不作进一步探讨了。

对长细比很大的细长杆，它在承担压缩载荷时，尽管 $\sigma \ll \sigma_y$，但也可能产生突然的横向弯曲而丧失承载能力。尤其在压缩载荷接近某一临界值时，在非常微小的扰动作用下，直线平衡状态可转变为弯曲平衡状态，扰动去除后，不能恢复到直线平衡状态，这一现象称为失稳或屈曲。图 15.1a 来自 1744 年欧拉的文章，图 15.1b 来自 1770 年欧拉的学生拉格朗日（Lagrange）的文章[2]。

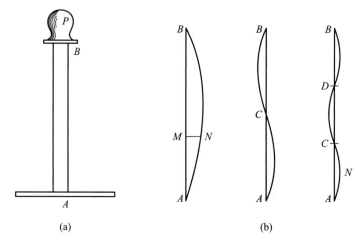

图 15.1 （a）1744 年欧拉研究压杆屈曲失稳的原图；（b）1770 年欧拉的学生拉格朗日的文章讨论了压杆屈曲失稳后的可能模态

15.2.2 临界载荷（欧拉公式）

使压杆由平衡状态向不稳定状态转折的压杆载荷称为临界载荷 P_{cr}。杆在小变形挠曲情况下的微分方程为

$$EI\frac{\mathrm{d}^2 y(x)}{\mathrm{d}x^2} = M(x) \tag{15.1}$$

如图 15.2 所示载荷的压杆，有 $M(x) = -Py$，则微分方程变形为

$$\frac{\mathrm{d}^2 y(x)}{\mathrm{d}x^2} = -\frac{P}{EI}y(x) \tag{15.2}$$

定义 $k = \sqrt{\dfrac{P}{EI}}$，方程 (15.2) 的通解可以写为

$$y(x) = a\sin kx + b\cos kx \tag{15.3}$$

根据图 15.2 所示，压杆边界条件为 $y(0) = 0, y(l) = 0$，代入式 (15.3) 得到 $b = 0$，且参数 k 需要满足

$$k = \frac{n\pi}{l}, \quad n = 0, 1, 2\cdots \tag{15.4}$$

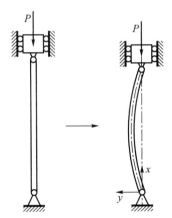

图 15.2 上端只有沿杆方向的自由度，下端铰接的压杆在载荷 P 下的响应。这里所建立的坐标系考虑了压杆可能的偏离轴向的变形，对应于失稳的第一模态。

与此对应，压杆的挠曲形式可以写为

$$y(x) = a \sin \frac{n\pi x}{l} \tag{15.5}$$

结合 k 的定义及式 (15.4) 中要求的 k 的可能取值，我们得到载荷 P 对应于挠曲不同模态的表达式

$$P = \frac{n^2 \pi^2 EI}{l^2} \tag{15.6}$$

式中，n 可取 $0, 1, 2 \cdots$ 中的任一整数，表明使压杆保持曲线形态平衡的压力对应于不同模态，在理论上是多值的。而在这些压力中，使压杆保持微弯曲的最小轴向压力才是其临界力。从式 (15.6) 可以看到，当 $n = 1$ 时，最小载荷值为

$$P_{\mathrm{cr}} = \frac{\pi^2 EI}{l^2} \tag{15.7}$$

对应于上下端均为铰接的压杆，在载荷 P_{cr} 下的屈曲模态如图 15.2b 所示。

15.2.3　边界条件对稳定性的影响

不同刚性支承条件下，由以上静力学平衡方法得到的平衡微分方程解形式上相同，但系数上有差别。对于细长杆，这些公式可以写成通用形式

$$P_{\mathrm{cr}} = \frac{\pi^2 EI}{(\mu l)^2} \tag{15.8}$$

这一表达式称为欧拉公式。其中，μl 为不同压杆屈曲后挠曲线上正弦半波的长度，称为有效长度。μ 可由屈曲后的正弦半波长度与两端铰支压杆初始屈曲时的正弦半波长度的比值确定，反映不同支承影响的系数，其取值分为以下几种情况：一端自由，一端固定，$\mu = 2.0$；两端铰支，$\mu = 1.0$；一端铰支，一端固定，$\mu = 0.7$；两端固定，$\mu = 0.5$。它们对应的屈曲模态构形可由图 15.3 得到。需要注意的是，上述分叉荷载公式只有在压杆的微弯曲状态仍然处于弹性范围时才是成立的。

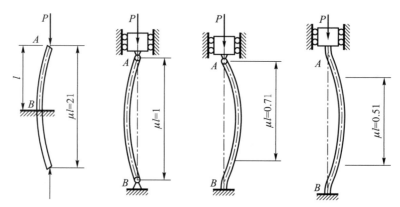

图 15.3　不同刚性支承条件下压杆屈曲的最小临界载荷与边界条件的关系，这里也给出了对应的第一屈曲模态下的压杆构形

15.2.4　热屈曲问题

超静定结构中，当温度变化引起的膨胀受到限制时，构件或零件也将承受轴向压力，因而可能发生屈曲，这种屈曲称为热屈曲。热屈曲问题在铁轨、路面等受限空间且在不同时间段温度变化较大的工程中经常出现。

如图 15.3 所示的两端铰支的压杆，温度沿杆长从 t_0 均匀升高至 t；材料的线膨胀系数为 α，压杆的膨胀量 $\Delta l = \alpha \Delta t l$。这一膨胀量因为受到两端铰支的限制，因而压杆的两端承受轴向压力 P，压力的大小为

$$P = EA\alpha\Delta t \tag{15.9}$$

而两端铰支的压杆的临界载荷取式 (15.8) 中的 $\mu = 1.0$，并令式 (15.9) 和式 (15.8) 相等，从而得到压杆保持直线平衡构形的临界温度变化

$$\Delta t = \frac{\pi^2 I}{A\alpha l^2} \tag{15.10}$$

其他支承条件下压杆热屈曲的临界温度和分叉载荷的确定方法与上述相同。

15.2.5　临界应力–柔度

现在来看压杆屈曲时临界载荷所对应的应力

$$\sigma_{\mathrm{cr}} = \frac{P_{\mathrm{cr}}}{A} = \frac{\pi^2 EI}{(\mu l)^2 A} = \frac{\pi^2 Ei^2 A}{(\mu l)^2 A} = \frac{\pi^2 E}{(\mu l/i)^2} \tag{15.11}$$

定义 $\lambda = \mu l/i$ 为柔度；$i = \sqrt{I/A}$ 为惯性半径；欧拉公式的推导是建立在材料服从胡克定律基础上的，即欧拉公式只有在临界应力不超过材料的比例极限时才适用，因此有

$$\sigma_{\mathrm{cr}} = \frac{\pi^2 E}{\lambda^2} \leqslant \sigma_{\mathrm{p}} \tag{15.12}$$

式中，σ_p 为比例极限。式 (15.12) 又等价于

$$\lambda \geqslant \pi \sqrt{\frac{E}{\sigma_p}} = \lambda_p \tag{15.13}$$

对于超过比例极限的情况，目前工程中普遍采用的是一些以实验为基础的经验公式，对不同柔度的压杆及其临界载荷作了如下的区分（图 15.4）：

（1）当 $\lambda \geqslant \lambda_p$ 时，结构可以认为是细长杆，在承压时杆首先发生弹性 屈曲($\sigma \leqslant \sigma_p$)，临界应力仍然通过欧拉公式来计算，即

$$\sigma_{cr} = \frac{\pi^2 E}{\lambda^2}, \quad \lambda \geqslant \lambda_p \tag{15.14}$$

（2）对于 $\lambda_0 \leqslant \lambda \leqslant \lambda_p$ 中的长杆，此时可能发生弹塑性屈曲 ($\sigma_p \leqslant \sigma \leqslant \sigma_y$)，我们采用直线经验公式来计算其临界应力

$$\sigma_{cr} = a - b\lambda, \quad \lambda_0 \leqslant \lambda \leqslant \lambda_p \tag{15.15}$$

与 λ_0、λ_p 对应的临界应力值分别为比例极限 σ_p 和屈服强度 σ_y。常数 a、b 均与材料有关，通过图 15.4 很容易得到。

（3）针对 $\lambda \leqslant \lambda_0$ 的粗短杆，不存在稳定性问题，是强度问题，临界应力就是屈服强度 $\sigma_{cr} = \sigma_y$。

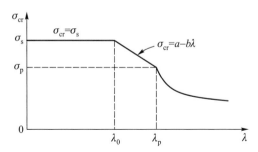

图 15.4 不同长度压杆的临界载荷与其柔度分布关系

15.3 全局与局部屈曲

随着弹性力学在各个领域的应用和发展，1950 年，芬兰力学家和工程师 K. T. Koiter 提出弹性稳定性的概念，随后有关静力稳定性、运动稳定性和动力稳定性的缺陷敏感性问题也被提出，并被充分地加以研究。实际上，很多伟大的科学家也加入这一研究领域中来，如冯·卡门和他的学生钱学森及钱伟长解决了薄壁结构大挠度和屈曲的问题。量子力学的奠基人之一沃纳·海森伯也在他的博士论文中对屈曲问题作了研究。我们在这里介绍实际的工程设计中受到广泛关注的两类典型结构的稳定性，即薄壁圆筒和薄壁圆球的稳定性问题，它们的工程应用涉及几乎所有的容器式结构，并延伸到超级结构如航空薄壁结构的稳定性和可靠性。

15.3.1　薄壁圆筒

下面来考察更复杂结构的稳定性问题，考虑一个薄壁圆筒在承受不同载荷时的稳定性，这一方面的文献可参考文献 [3]。基于之前的分析，先来看圆筒受压时的情况。如果考虑全局屈曲的情况，可以将圆筒当成一个柱子，那么可以采用式 (15.8) 中圆柱屈曲的对应结果。不同的是，空心薄壁圆筒的极惯性矩不同，即

$$I = \pi r^3 t \tag{15.16}$$

式中，r 为圆筒的平均半径。产生整体屈曲时，壁中的应力为

$$\sigma_{cr} = \frac{P_{cr}}{2\pi r t} = c\frac{\pi^2 E\pi r^3 t}{l^2 2\pi r t} = c\frac{\pi^2 Er^2}{2l^2} \tag{15.17}$$

式中，c 为常系数。与这一整体屈曲模式对应的是均匀压缩情况下长圆筒壁产生棋盘式的局部屈曲。此时，薄壁圆筒中承受的临界均匀压应力为

$$\sigma_{cr} = \frac{1}{\sqrt{3}}\frac{E}{\sqrt{1-\nu^2}}\frac{t}{r} \tag{15.18}$$

实验测试获得的失稳强度通常只有这一理论值的 40%~60%，所以一般工程实践中取 $\sigma_{cr} = 0.3Et/r$。其原因在于，屈曲是一个和局部缺陷高度相关的事件，任何薄壁圆筒中的非均匀性或者表面缺陷都可能加速这一过程。

与轴向均匀压缩对应的是径向的均匀压缩，此时薄壁圆筒同样可能产生局部屈曲。对应的临界径向均匀分布压力为

$$q_{cr} = \frac{1}{4}\frac{E}{1-\nu^2}\frac{t^3}{r^3} \tag{15.19}$$

不难看到，$r \gg t$ 时，这一临界值比起前面轴向的压缩来说要小很多。

另一种屈曲环境为长的薄壁圆筒处于扭转的情况下，此时对应的临界扭转力矩 M_{cr} 为[4]

$$M_{cr} = \alpha\frac{E}{1-\nu^2}rt^2 \tag{15.20}$$

式中，α 在纯扭转且薄壁圆筒足够长的情况下，取值约为 0.99。对于扭转和压缩同时存在的情况，可参考文献 [5]。

15.3.2　薄壁圆球

和圆筒类似，圆球状结构的稳定性也是一个工程上极端关注的问题。尤其随着海洋资源开发和探索需求的增长，能长期承受数百乃至上千大气压的载人深海探测器就成为必需的装备，表 15.1 给出了近年来各国深潜器耐压壳结构的关键参数。对海洋探测和研究的进展很大程度上取决于能否成功设计深海潜水器核心部件的耐压壳。这些耐压球壳的稳定性就成为设计和制造过程中的重点。

表 15.1　各国深潜器耐压壳结构关键参数

深潜器名称 (国别)	内径/m	壳厚/mm	材料	下潜深度/m	应力/MPa	密度/(t/m³)	安全系数
阿尔文 (美)	2.0	49	钢/钛	4500	503	1.04/0.6	1.5
鹦鹉螺 (法)	2.1	73	钛	6000	492	0.91	1.5
领事号 (俄)	2.1	77	钛	6000	469	0.86	1.5
深海 6500(日)	2.0	73.5	钛	6500	507	0.86	1.5
新阿尔文 (美)	2.1	71.3	钛	6500	484	0.80	1.5
蛟龙 (中)	2.1	77	钛	7000	548	0.86	1.5
深海挑战者 (美)	1.1	66	钢	10 908	566	2.25	1.4

对于球壳结构而言，可以根据厚度-半径比将球壳分为薄壳和厚壳两类。一般将厚度-半径比小于 0.05 情况下的壳体定义为薄壳，大于 0.05 的则为厚壳。相对于薄壳理论/模型而言，厚壳理论要复杂得多，目前对厚球壳应力尚无统一的理论解。对于薄壳模型，存在 Euler–Bernoulli 细梁理论里的平截面假定，即垂直于中面的线元在壳变形后仍然和中面垂直并且保持直线。该平截面假定导致的直接结果就是薄壳变形的应变能只由两部分组成：弯曲和中面拉伸的应变能。基于该平截面假定，铁木辛柯推导出单层球壳屈曲的临界压力为

$$p_{cr} = \frac{2Et}{R(1-\nu^2)}\left(\sqrt{\frac{1-\nu^2}{3}}\frac{t}{R} - \frac{\nu t^2}{2R^2}\right) \tag{15.21}$$

式中，p_{cr} 为施加在球壳外的使球壳发生屈曲的临界压力；E、t、R 和 ν 分别为球壳的杨氏模量、厚度、半径和泊松比。忽略式（15.21）括号中的第二项，该式变为

$$p_{cr} = \frac{2Et^2}{R^2(1-\nu^2)}\sqrt{\frac{1-\nu^2}{3}} = \frac{2Et^2}{\sqrt{3(1-\nu^2)}R^2} \tag{15.22}$$

式 (15.22) 即为 Zoelly 在 1915 年和 Schwerin 在 1922 年分别独立得到的单层球壳屈曲临界压力。以上两个临界压力公式的得出都假设了屈曲模态是对称的。式 (15.21) 和式 (15.22) 的推导过程包含如下的假设：无穷小的扰动、材料均质、球壳无几何/形状缺陷以及应力/应变满足线性关系等。在实际中，这些假设很难一一满足。式 (15.21) 和式 (15.22) 预测的值是远远高于实验测量值的。早期壳体屈曲研究的一个重要内容就是要解释经典理论和实验测量值存在巨大差距的问题。在这方面，冯·卡门、钱学森和他们加州理工的同事们发展了大挠度非线性和有限挠度扰动的壳屈曲理论。卡门和钱学森对壳研究的另一项重要贡献是系统研究了除屈曲以外的另一种失稳——突跳 [①]。突跳是指拱或壳结构在某个临界压力值（即压力随挠度开始下降时的值）时会经历一个突然的位移变化，构形翻转，结构跳跃到新的平衡态。对于薄壳而言，突跳发生的压力可能远远小于屈曲压力。

---

① 拱和壳的突跳（失稳）现在对应的英文单词是 "snap-through"，卡门和钱学森当时没有使用这个词，他们用的是 "sudden jump" 或是 "suddenly jump to those equilibrium positions"）。

冯·卡门和钱学森的壳体屈曲研究针对的是航空航天的结构，如火箭、飞机的壳体结构。20 世纪 60 年代美国海军水面作战中心以 M. A. Krenzke 为首的先进结构小组以深潜系统耐压艇体为对象，对多个球壳模型进行了实验研究[6-7]，并从壳体失稳实验得出了经验公式，通常称为泰勒水池公式。对于弹性失稳

$$p_{cr}^{e} = 0.84E\frac{t^2}{R^2} \tag{15.23a}$$

对于塑性失稳

$$p_{cr}^{pl} = 0.84\sqrt{E_s E_t}\frac{t^2}{R^2} \tag{15.23b}$$

式中，E_s 和 E_t 分别为材料的正割杨氏模量和正切杨氏模量，也就是说对于塑性情形，等效杨氏模量换为 $\sqrt{E_s E_t}$。泰勒水池公式还有拓展型的表达公式，即

$$p_{cr} = 0.84C_z\sqrt{E_s E_t}\frac{t^2}{R^2} \tag{15.24}$$

式中，C_z 为制造效应影响系数。我国潜水器规范整球壳屈曲压力计算公式为

$$p_{cr} = 0.84EC_z C_s C^2 \tag{15.25}$$

式中，C 为半径修正系数，可通过比值 t/R 查曲线确定；C_s 为材料物理非线性修正系数。泰勒水池公式实际是以式 (15.22) 为基础得出的。取泊松比 $\nu = 0.3$，并且取 70% 的上限值，式 (15.22) 变为

$$p_{cr} = 0.7 \times \frac{2Et^2}{\sqrt{3(1-\nu^2)}R^2} = 0.847\ 3E\frac{t^2}{R^2} \tag{15.26}$$

也就是说，式 (15.24)～ 式 (15.26) 中的系数 0.84 实际上取的是理论值上限。实际设计中，C_z 和 C 需要进一步从实验数据中拟合得到。一个重要的影响因素就是缺陷，缺陷的幅度越大，对应的屈曲压力就越低。

15.4 塑性失稳

如果仔细考察材料的应力–应变曲线，我们看到应力到一定值之后试样出现颈缩，这时候材料有的还处在应变硬化阶段，而有的材料则即便没有应变硬化，也不出现颈缩现象。图 15.5 描述了几类材料拉伸时的失效模式。假定在原始试样上作初始标记，如图 15.5a 所示。经过拉伸变形并进入局部化后，变形集中区域可能呈现图 15.5b~d 的不同模式。在图 15.5b 中，穿过局部化区域的位移和应变都是连续的，称为 C_1 型局部化失效，而在图 15.5c 中局部化区域位移是连续的，但应变存在间断跳跃，一般称为 C_0 型局部化失效。与前两者不同，图 15.5d 中变形导致其上下部分形成位移间断，此时位移和应变均不连续，微观上类似于晶界的滑移，宏观上类似于断层表面的相对运动。

我们在这里讨论宏观各向同性的均匀介质在弹塑性阶段的颈缩失稳和剪切失稳条件。针对材料在不同应变率下的两种反应来讨论弹塑性材料在拉伸过程中的颈缩失稳条件。

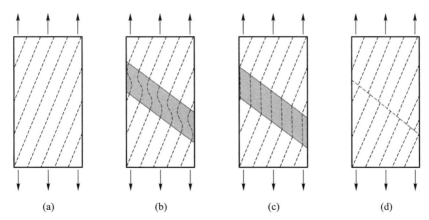

图 15.5 材料拉伸时的应力–应变关系及对应的几种失效模式。(a) 初始材料结构；（b）拉伸过程中可能形成 C_1 型局部化失效；（c）C_0 型局部化失效；(d) C_{-1} 型局部化失效

15.4.1 率无关材料的颈缩

先看材料的塑性流动应力和应变率无关时的稳定性条件。考虑塑性变形远大于弹性变形的现象，如图 15.6 所示。

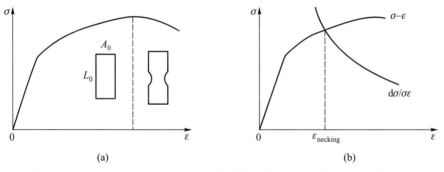

图 15.6 材料拉伸时的应力–应变关系及对应的颈缩现象。(a) 拉伸情况下试样的应力–应变关系；(b) 颈缩时流动应力与硬化率之间的关系

考虑材料体积基本不变，因此有

$$A_0 L_0 = AL \tag{15.27}$$

式中，A_0 和 L_0 分别为初始试样的横截面积和初始长度；A 和 L 则为变形后材料的横截面积和长度。考虑当前时刻试样承受的载荷为 P，且

$$P = \sigma A \tag{15.28}$$

考虑该时刻对材料应力或者面积有个微小扰动，我们看试样的稳定性

$$\delta P = \delta\sigma A + \delta A\sigma \tag{15.29}$$

如果载荷变分 δP 大于 0，则表明这一扰动下材料是稳定的，因此稳定性条件为

$$\frac{\delta\sigma}{\sigma}+\frac{\delta A}{A}>0 \tag{15.30}$$

考虑到体积不变

$$\delta AL+\delta LA=0 \tag{15.31}$$

因此有

$$\frac{\delta\sigma}{\sigma}>\frac{\delta L}{L} \tag{15.32}$$

式中，$\delta L/L$ 代表塑性应变的变化 $\delta\varepsilon$（忽略小的弹性变化部分），因此式 (15.32) 又可以描述为

$$\frac{\delta\sigma}{\delta\varepsilon}>\sigma \tag{15.33}$$

式中，$\delta\sigma/\delta\varepsilon$ 为材料的硬化模量 h，$h=\delta\sigma/\delta\varepsilon$。式 (15.33) 表明在单轴拉伸状态下，抑制颈缩发生的条件为其局部硬化模量大于该点的流动应力。这一分析最早见于法国人 Considère 的工作，因此又称为 Considère 准则。

对于幂次硬化材料，其应力应变近似为 $\sigma=K\varepsilon^n$，我们有 $\mathrm{d}\sigma=nK\varepsilon^{n-1}\mathrm{d}\varepsilon$。按照式 (15.33) 给出的结果，我们得到单轴拉伸情况下 Considère 准则给出的局部化失效发生时的应变为 $\varepsilon^*=n$。需要注意的是，Considère 准则没有考虑双轴甚至多轴应力对颈缩的影响，后面我们将结合板材的承载与加工，提供更具体的双轴应力条件下的颈缩行为分析。

15.4.2 率相关材料

前面获得的是对应变率不敏感的材料发生拉伸颈缩时的条件，下面考察塑性流动应力随应变率的变化而变化时材料避免拉伸颈缩的临界条件。除了应变硬化有助于保持均匀拉伸稳定性之外，具备应变率增强效应的材料也可以在一定程度上提升变形稳定性。

同样地，在这里忽略弹性变形的贡献，考虑应变硬化及应变率效应，因此材料内部的真应力 σ 与塑性应变 ε_p 和塑性应变率 $\dot\varepsilon_\mathrm{p}$ 相关。为简单起见，用 ε 和 $\dot\varepsilon$ 来代表 ε_p 和 $\dot\varepsilon_\mathrm{p}$，即 $\sigma=\sigma(\varepsilon,\dot\varepsilon)$。此时

$$\mathrm{d}\sigma=\frac{\partial\sigma}{\partial\varepsilon}\mathrm{d}\varepsilon+\frac{\partial\sigma}{\partial\dot\varepsilon}\mathrm{d}\dot\varepsilon=h\mathrm{d}\varepsilon+\frac{\partial\sigma}{\partial\dot\varepsilon}\mathrm{d}\dot\varepsilon \tag{15.34}$$

对材料的当前横截面积 A 和长度 L，试样承受的载荷 P 满足

$$P=\sigma A \tag{15.35}$$

式 (15.35) 的时间微分形式为

$$\dot P=\dot\sigma A+\dot A\sigma \tag{15.36}$$

让式 (15.34) 除以 $\mathrm{d}t$，则有

$$\dot\sigma=h\dot\varepsilon+\frac{\partial\sigma}{\partial\dot\varepsilon}\ddot\varepsilon \tag{15.37}$$

依据运动方程, 有

$$\dot{\varepsilon} = \frac{\dot{L}}{L} = -\frac{\dot{A}}{A}, \quad \ddot{\varepsilon} = \frac{\ddot{L}}{L} - \left(\frac{\dot{L}}{L}\right)^2 = -\frac{\ddot{A}}{A} + \left(\frac{\dot{A}}{A}\right)^2 \tag{15.38}$$

将式 (15.36) 除以式 (15.35), 有

$$\frac{\dot{P}}{P} = \frac{\dot{A}}{A} + \frac{\dot{\sigma}}{\sigma} \tag{15.39}$$

将式 (15.36)~ 式 (15.38) 代入式 (15.39), 我们得到

$$\frac{\dot{P}}{P} = -\frac{\dot{L}}{L}\left(1 - \frac{h}{\sigma} + \frac{\mathrm{d}\ln\sigma}{\mathrm{d}\ln\dot{\varepsilon}}\right) + \frac{\ddot{L}}{L}\frac{\mathrm{d}\ln\sigma}{\mathrm{d}\ln\dot{\varepsilon}} \tag{15.40}$$

式 (15.40) 中, 我们定义一个关键参数 m, 称为应变率敏感指数:

$$m = \frac{\mathrm{d}\ln\sigma}{\mathrm{d}\ln\dot{\varepsilon}} = \frac{\dot{\varepsilon}}{\sigma}\frac{\mathrm{d}\sigma}{\mathrm{d}\dot{\varepsilon}} \tag{15.41}$$

为简化起见, 也定义 $\gamma = h/\sigma$, 表示材料当前变形条件下的相对硬化率。我们先考察几类典型加载情况下载荷和变形之间的关系。

（1）先看常应变率加载的情况, 此时, $\dot{\varepsilon}$ 为常数, 对应地有 $\ddot{\varepsilon} = 0$, 此时有

$$\frac{\dot{P}}{P} = -\frac{\dot{L}}{L}\left(1 - \gamma + m\right) + \frac{\ddot{L}}{L}m = -\frac{\dot{L}}{L}\left(1 - \gamma\right) + m\left[\left(\frac{\dot{L}}{L}\right)^2 - \frac{\dot{L}}{L}\right] \tag{15.42}$$

式 (15.42) 又可以表示为

$$\left(\frac{\mathrm{d}\ln P}{\mathrm{d}\ln L}\right)_{\dot{\varepsilon}} = \gamma - 1 + m(\dot{\varepsilon} - 1) \tag{15.43}$$

（2）和常应变率类似的是实验过程中固定加载的速度, 此时 $\dot{L}$ 为常数, 对应的 $\ddot{L} = 0$, 此时有

$$\frac{\dot{P}}{P} = -\frac{\dot{L}}{L}\left(1 - \gamma + m\right) \tag{15.44}$$

式 (15.44) 又可以表示为

$$\left(\frac{\mathrm{d}\ln P}{\mathrm{d}\ln L}\right)_{\dot{\varepsilon}} = \gamma + m - 1 \tag{15.45}$$

（3）和控制应变率或者加载速度对应的是控制应力的变化。这里考虑常应力作用下的蠕变。利用式 (15.36)~ 式 (15.38), 有

$$\frac{\dot{\sigma}}{\sigma} = -\frac{\gamma\dot{L}}{L} + m\left[\left(\frac{\ddot{L}}{\dot{L}}\right) - \left(\frac{\dot{L}}{L}\right)\right] \tag{15.46}$$

既然 $\dot{\sigma} = 0$, 那么不难得到

$$\left(\frac{\mathrm{d}\ln\dot{L}}{\mathrm{d}\ln L}\right)_{\sigma} = 1 - \frac{\gamma}{m} \tag{15.47}$$

以上讨论的是不同载荷边界时具有率敏感性材料的拉伸响应。

15.4.3 稳定性判据

我们可以通过考察 $\dot{P}/P$ 的符号来确定材料在不同状态下的稳定性。采用与前面类似的方法，考虑载荷 P 在某一状态下的变分

$$\delta P = A\delta\sigma + \sigma\delta A \tag{15.48}$$

关于流动应力的变分可以表示为

$$\delta\sigma = h\delta\varepsilon + \frac{\partial\sigma}{\partial\dot{\varepsilon}}\delta\dot{\varepsilon} = h\mathrm{d}\varepsilon + \frac{\partial\sigma}{\partial\dot{\varepsilon}}\mathrm{d}\dot{\varepsilon} \tag{15.49}$$

其中

$$\delta\varepsilon = -\frac{\delta A}{A}, \quad \delta\dot{\varepsilon} = -\frac{\delta\dot{A}}{A} + \frac{\dot{A}}{A}\frac{\delta A}{A} \tag{15.50}$$

如果考虑外载不变情况下的扰动，我们得到

$$\left(\frac{\delta\ln\dot{A}}{\delta\ln A}\right)_P = -\frac{1-\gamma-m}{m} \tag{15.51}$$

变形稳定性条件要求

$$\left(\frac{\delta\dot{A}}{\delta A}\right)_P \leqslant 0 \tag{15.52}$$

考虑到拉伸过程中 $\dot{A}/A$ 一般为负（在塑性变形阶段，一般泊松比假设为 0.5，再考虑到体积守恒，一个方向拉伸，那么截面积变小），式 (15.52) 又等价于

$$\left(\frac{\delta\ln\dot{A}}{\delta\ln A}\right)_P \geqslant 0 \tag{15.53}$$

也就是

$$\gamma + m \geqslant 1 \tag{15.54}$$

对于牛顿黏滞性变形，有 $m = 1$，这类材料在拉伸过程中是稳定的。如果我们将 δA 以 $\dot{A}\mathrm{d}t$ 代替，那么对应的稳定性条件又可以另表述为

$$\frac{\frac{\mathrm{d}}{\mathrm{d}t}\left(\ln\dot{A}\right)}{\frac{\mathrm{d}}{\mathrm{d}t}\left(\ln A\right)} \geqslant 0 \tag{15.55}$$

或者更简单为 $\ddot{A} \geqslant 0$。此时有

$$\frac{\ddot{L}}{\dot{L}} - 2\left(\frac{\dot{L}}{L}\right) \leqslant 0 \text{ 或者 } \frac{\mathrm{d}\dot{L}}{\mathrm{d}L} \leqslant 2\left(\frac{\dot{L}}{L}\right) \tag{15.56}$$

式 (15.56) 给出了从几何上判断系统稳定性的条件，具体分析由 Hart 给出[8]。

15.5 剪切失稳

以上分析的是颈缩失稳情况，材料实验过程中还有一类典型失稳，即以剪切带的形式失稳。剪切带的失稳涉及材料的灾变行为，是关于材料和结构破坏领域的前沿研究。如果考虑塑性变形导致的热软化因素，剪切带的形成条件将与塑性变形的热转换效率、材料热导、材料硬化率、变形率等因素相关，有兴趣的读者可阅读这方面的专著[9-11]。

15.5.1 单轴拉伸失稳

如果忽略热的影响，材料的失稳由剪切面的塑性硬化能力控制

$$\overline{h} = \frac{1}{A} \iint_S h \mathrm{d}A \tag{15.57}$$

针对圆柱试样的有限元计算表明，$\overline{h} > 0$ 时材料是稳定的，不会形成剪切带失稳[15]。在图 15.7 中，我们给出了典型材料的剪切变形。对多晶金属材料，在高应变率下，剪切带局部可当成绝热过程考虑，此时材料的失稳由剪切面的塑性应变硬化能力和热软化过程控制，剪切带宏观形貌清晰，如图 15.7 所示。我们可以由此推导出剪

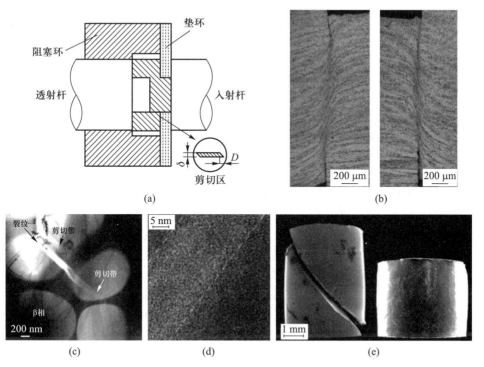

图 15.7 金属材料中的剪切带失效。（a）帽形测试试样的尺寸及具体的实验装置；（b）金属玻璃中的剪切带变形；（c）金属玻璃和枝晶复合材料中剪切带的宏观形貌[12]；（d）金属玻璃中的剪切带高分辨透射电镜照片[13]；（e）金属玻璃中的剪切带失效（左）以及大量剪切带形成的塑性变形（右）[14]

切带的特征宽度[16]，可以看到 S15C 碳钢在高应变率 $10^4 \sim 10^5$ s^{-1} 下，剪切带区域宽度在几百个微米的量级（图 15.7a~c）[17]。这一剪切带模式和材料的微结构特征密切相关，图 15.7d~e 展示了金属玻璃中的剪切带变形。可以看到，此时剪切带的宽度在 10 个纳米的量级[9-10]。

15.5.2　薄板双轴应力状态下的失稳

平板受拉伸或者轧制过程中的塑性失稳是另一个工业上非常关心的力学问题[18-19]。此时，薄板材料在平面应力状态下可以承受的塑性变形量大小决定了材料的塑性成型能力。图 15.8 给出了薄板在轴向拉伸状态下的可能失稳形式。比较普遍的是图 15.8d 中的失稳预测。针对这一问题，Hill 等首先解决了特殊载荷环境下平板发生颈缩变形的临界条件及颈缩带方向与载荷条件之间的关系。此后，Storen 和 Rice 将该问题的分析范围扩展到更一般的载荷边界。我们在这里主要介绍 Hill 和 Rice 等的工作[20-23]。

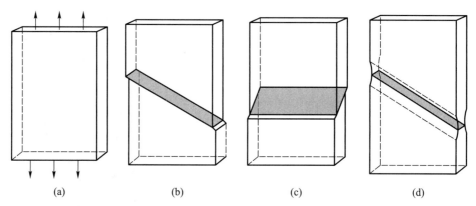

（a）　　　　　　（b）　　　　　　（c）　　　　　　（d）

图 15.8　薄板在轴向拉伸状态下的失稳（a）；（b）和（c）分别为沿厚方向与薄方向的剪切失稳；（d）局部颈缩与剪切失稳，其中局部化失效面的方向为零拉伸方向

考虑如图 15.9 所示的薄板，该板受平面应力，厚度为 H。依据载荷方向，我们建立全局坐标系 $x_1 - x_2$，同时针对颈缩方向，依此建立局部坐标系 $n - t$，其中 $\boldsymbol{n}$ 为颈缩带的法向，它与第一主应变之间的夹角为 ψ，为沿颈缩带方向。颈缩带的应力含其法向面上的正应力 σ_{nn} 与剪切力 σ_{nt}，以及沿剪切方向的正应力 σ_{tt} 与剪切力 σ_{tn}。按照几何条件，$\boldsymbol{n} = \{n_1, n_2\}$，沿两个主轴的分量 $n_1 = \cos\psi$，$n_2 = \sin\psi$。

我们考虑各向同性材料，假定材料满足 von Mises 屈服准则。材料的等效应力 $\bar{\tau}$ 和等效应变 $\bar{\gamma}$ 定义为

$$\bar{\tau} = \frac{1}{2}\sigma'_{ij}\sigma'_{ij}, \quad \sigma'_{ij} = \sigma_{ij} - \frac{1}{3}\sigma_{kk}\delta_{ij} \tag{15.58}$$

式中，δ_{ij} 为克罗内克符号，及

$$\bar{\gamma} = 2\varepsilon_{ij}\varepsilon_{ij} \tag{15.59}$$

一般材料的等效应力 $\bar{\tau}$ 和等效应变 $\bar{\gamma}$ 关系如图 15.9 所示。

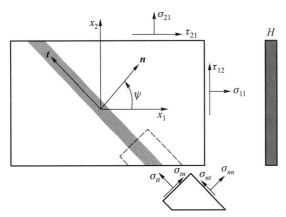

图 15.9 薄板在双轴应力状态下的局部失稳。这里薄板厚度为 H，受平面应力变形，局部化颈缩带法向为 $\boldsymbol{n}$，它与第一主应变之间的夹角为 ψ，整体坐标系为 $x_1 - x_2$

按照图 15.10 所示，材料的硬化模量 h 和切割模量 h_1 分别定义为

$$h = \frac{\mathrm{d}\overline{\tau}}{\mathrm{d}\overline{\gamma}}, \quad h_1 = \frac{\overline{\tau}}{\overline{\gamma}}, \quad R = \frac{h}{h_1}$$

两者的比值为 R。Storen 和 Rice 推导得出了产生局部化变形的临界条件，此时 h 不能小于满足以下方程的正值根：

$$\left(\frac{h}{\overline{\tau}R}\right)^2 \left[4R + 3\left(1 - R\right)\left(\frac{\sigma'_{tt}}{\overline{\tau}}\right)^2\right] -$$

$$\frac{h}{\overline{\tau}R}\left[\frac{3\sigma_{tt}^2\overline{\tau}^2 + \left(1 - R\right)\left(\overline{\tau}^2 - \sigma'_{tt}\sigma\right)\sigma_{nn}}{\overline{\tau}}\right] - \frac{\overline{\tau}^2 - \sigma'_{tt}\sigma}{\overline{\tau}^2} = 0 \tag{15.60}$$

式中，$\sigma = (\sigma_1 + \sigma_2)/2$。一般情况下，我们需要通过数值方法来求解。对于一些相对简单的边界条件，式 (15.60) 可以获得一定简化并得到相应的显式结果。下面就等比例双轴加载情形进行讨论。

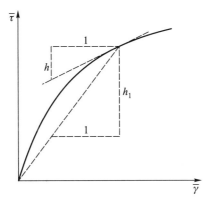

图 15.10 关于材料硬化模量和切割模量定义的示意图。这里 h_1 为材料的切割模量，h 为材料的硬化模量

考虑沿两个主轴方向的同步加载情况，而且所施加的应变始终维持一个固定比率 ρ，即

$$\rho = \frac{\varepsilon_{\min}}{\varepsilon_{\max}} = \frac{\varepsilon_2}{\varepsilon_1} = \frac{\mathrm{d}\varepsilon_2}{\mathrm{d}\varepsilon_1} \tag{15.61}$$

式中，ε_1 和 ε_2 为沿主方向的自然对数应变。考虑长方形板材的初始长宽分别为 L_0 和 W_0，变形后对应的长宽为 L 和 W，那么其应变定义为

$$\varepsilon_1 = \frac{L}{L_0}, \quad \varepsilon_2 = \frac{W}{W_0}$$

对适用于 von Mises 准则的各向同性材料，我们有

$$\alpha = \frac{\sigma_2}{\sigma_1} = \frac{1 + 2\rho}{2 + \rho} \tag{15.62}$$

针对不同的加载比率 ρ，我们可以构建一个临界应变函数 $\varepsilon_1^* = f(\rho)$。对于幂律硬化材料，有

$$h_1 = \frac{\bar{\tau}}{\bar{\gamma}} = \frac{\sigma_1}{2\varepsilon_1(2 + \rho)} \tag{15.63}$$

对应地

$$\varepsilon_1^* = f(\rho) = \frac{\sigma_1 R}{2(2 + \rho)h_{\mathrm{cr}}} \tag{15.64}$$

式中，h_{cr} 是最大应变硬化模量。需要注意的是，这里 ρ 没有限制条件。我们可以将式 (15.64) 与 Hill 给出的理论分析进行对比，后者给出的临界应变为

$$\varepsilon_1^* = \frac{R}{1 + \rho}, \quad -1 < \rho \leqslant 0 \tag{15.65}$$

依据加载比率 ρ，我们可以求得最大主应变与局域化变形带法向之间的夹角，对应的表达式为

$$\psi = \arctan\left(\sqrt{-\rho}\right), \quad -1 < \rho \leqslant 0 \tag{15.66}$$

由此我们也得到以下关系式：

$$n_1^2 = \frac{1}{1 - \rho}, \quad n_2^2 = \frac{-\rho}{1 - \rho} \tag{15.67}$$

按照 Hill 的分析，沿这一方向，局域化条带的宽度和材料的厚度相当，沿着颈缩带的方向，其长度基本不发生变化，因此此一方向的正应变分量 $\mathrm{d}\varepsilon_{nn}$ 为 0。这一情况等价于局域化颈缩时刻近似于平面应变变形模式，但受限方向不是薄板法向，而是沿局域化条带，即

$$\mathrm{d}\varepsilon_{nn} = \mathrm{d}\varepsilon_1 \sin^2\psi + \mathrm{d}\varepsilon_2 \cos^2\psi = 0$$

对应于零伸长率，这一方向上的偏正应力为零，即 $\sigma_{tt}' = 0$。

从式 (15.66) 可以看到，当 $\rho > 0$，不存在满足零伸长率的取向，此时局域化变形带法向与最大主应变方向平行，即 $\psi = 0$，$n_2 = 0$。在这一方向上具有最小的伸长率，同时 $\sigma_{tt}' = \sigma_2'$ 也最小。

下面我们针对以上两种情况给出 ε_1^* 的表达式。

对 $\sigma'_{tt} = 0$, 有

$$\varepsilon_1^* = \frac{R}{1+\rho} \left\{ \frac{1-R}{2} + \left[\left(\frac{1+R}{2} \right)^2 - \frac{\rho R}{(1+\rho)^2} \right]^{1/2} \right\}^{-1} \tag{15.68}$$

且

$$\psi = \arctan\left(\sqrt{-\rho}\right), \quad -1 \leqslant \rho \leqslant 0 \tag{15.69}$$

对 $\sigma'_{tt} = \sigma'_2$, 可以推得

$$\varepsilon_1^* = \frac{3\rho^2 + R(2+\rho)^2}{2(1+\rho)(1+\rho+\rho^2)} \tag{15.70}$$

且

$$\psi = 0, \quad -1 \leqslant \rho \leqslant 1 \tag{15.71}$$

有兴趣的读者可以针对具体材料对比 Storen 和 Rice 理论与 Hill 理论给出的分析结果, 前者的最大应变与断裂角度由式 (15.68)~ 式 (15.71) 给出, 后者由式 (15.65)~ 式 (15.67) 描述。需要注意的是, 尽管两者给出的临界应变存在差异, 但它们给出的颈缩方向是一致的。

15.6   小结

变形稳定性是一个经典的非线性力学问题。其起因通常都不可察, 但是结果却非常显著, 甚至在某些场景表现为突变现象, 对结构的可靠性造成巨大影响, 是潜在的安全隐患。我们在这里结合典型例子, 介绍了结构的压缩情况下的弹性响应, 包括压杆和球体受压时的稳定问题, 同时也分析了材料在拉伸状态下以及薄板轧制过程中的塑性稳定性问题。实际工程中还存在很多的类似问题, 需要我们在工程设计之初就加以深入分析, 采用适当的安全裕度, 以避免承载结构失稳或解决材料加工中质量控制的问题。

参考文献

[1]   Euler L. Methodus inveniendi lineas curvas maximi minimive proprietate gaudentes sive solutio problematis isoperimetrici latissimo sensu accepti [J]. Eprint Arxiv, 2013

[2]   Lagrange J L. Sur la figure des colonnes [J]. Miscellanea Taurinensia, 1770, 5: 123-166.

[3]   Young W X, Budynas R G. Roark's Formulas for Stress and Strain [M]. 7th ed. New York: McGraw-Hill, 2002.

[4]   Donnell L H. Stability of thin-walled tubes under torsion: TR-479 [R]. The US National Advisory Committee for Aeronautics, 1933.

[5]   Heck O S, Ebner H. Methods and formulas for calculating the strength of plate and shell construction as used in airplane design [R]. The US National Advisory Committee for Aeronautics, 1936.

[6] Krenzke M A, Kiernan T J. Elastic stability of near-perfect shallow spherical shells [J]. AIAA Journal, 1963, 1(12): 2855-2857.

[7] Krenzke M A. The elastic buckling strength of near-perfect deep spherical shells with ideal boundaries [R]. David Taylor Model Basin Report, 1963.

[8] Hart E W. Theory of the tensile test [J]. Acta Metallurgica, 1967, 15: 351-355.

[9] Bai Y L, Dodd B. Adiabatic Shear Localization [M]. Oxford: Pergamon Press, 1992.

[10] Dodd B, Bai Y L. Adiabatic Shear Localization: Frontiers and Advances [M]. 2nd ed. Elsevier, 2012.

[11] Wright T W. The Physics and Mathematics of Adiabatic Shear Bands [M]. Cambridge: Cambridge University Press, 2002.

[12] Pekarskaya E, Kim C P, Johnson W L. In situ transmission electron microscopy studies of shear bands in a bulk metallic glass based composite [J] Journal of Materials Research, 2001, 16(9): 2513-2518.

[13] Li J, Spaepen F, Hufnagel T C. Nanometre-scale defects in shear bands in a metallic glass[J]. Philosophical Magazine A, 2002, 82: 2623-2630.

[14] Han Z, Wu W F, Li Y, et al. An instability index of shear band for plasticity in metallic glasses [J]. Acta Materialia, 2009, 57(5): 1367-1372.

[15] Wei Y J, Li Y Q, Zhu L C, et al. Evading the strength-ductility trade-off dilemma in steel through gradient hierarchical nanotwins [J]. Nature Communication, 2014, 5: 3580.

[16] Bai Y L. Thermo-plastic instability in simple shear [J]. Journal of the Mechanics and Physics of Solids, 1982, 30: 195-207.

[17] Lee W S, Liu C Y, Chen T H. Adiabatic shearing behavior of different steels under extreme high shear loading[J]. Journal of Nuclear Materials, 2008, 374: 313-319.

[18] Swift H W. Plastic instability under plane stress [J]. Journal of the Mechanics and Physics of Solids, 1952, 1: 1-18.

[19] William F H, Robert M C. Metal Forming: Mechanics and Metallurgy [M]. 4th ed. Cambridge: Cambridge University Press, 2011.

[20] Hill R A. A theory of the yielding and plastic flow of anisotropic metals [J]. Proc. Roy. Soc. A, 1948, 193: 281-297.

[21] Hill R A. On discontinuous plastic states with special reference to localized necking in thin sheets [J]. Journal of the Mechanics and Physics of Solids,1952, 1: 19-31.

[22] Hill R A. The essential structure of constitutive laws for metal composites and poly-crystals [J]. Journal of the Mechanics and Physics of Solids, 1967, 15: 79-95.

[23] Rice J R. The localization of plastic deformation, in Theoretical and Applied Mechanics [C] //Proceedings of the 14th International Congress on "Theoretical and Applied Mechanics". Delft: North-Holland Publishing Co., 1976: 207-220.

第 16 章 弹 性 断 裂

16.1 简介

很多时候，尽管结构的设计已经满足（甚至远低于）其弹性变形量或塑性屈服的条件，但仍然发生灾变性破坏，原因如下：材料表面或内部通常不可避免地有微裂纹的存在，微小裂纹的存在能导致局部的应力集中，材料的失效由裂纹扩展的准则决定，而不是宏观上常用的塑性屈服或弹性失稳等。所以，即使所施加的名义应力远小于材料屈服时的阈值，这些微小裂纹仍可能快速扩展。美国国家标准局在 1983 年开展的一项调查表明，按照当时的经济体量，因为断裂引起的经济损失每年大约在 11.9 亿美元的水平[1]，占到国民生产总值的 4%，具体信息于同年发表在国际断裂力学期刊上[2]。

关于这类问题的分析源自过去一个世纪发展起来的断裂力学。断裂力学是固体力学的一个分支，是研究含裂纹构件强度和裂纹扩展规律的一门学科。断裂力学萌芽于 20 世纪 20 年代 Griffith 对玻璃低应力脆断的研究[3]，50 年代作为一门真正的学科建立起来。这一学科的快速发展从 19 世纪 40 年代一直持续到 20 世纪 90 年代。这一研究方向首先源于美国自由号船舰的断裂以及英国二战期间彗星飞机的失效，之后也从其他诸多的大型工程结构的断裂破坏中得到进一步的推动。这期间关于裂纹的生长乃至最终断裂、应力腐蚀下的裂纹扩展等方面的理论知识和工程设计与评估方法获得快速发展。它的发展反映了我们评价材料承载能力知识体系的不断深入：如图 16.1 所示，人们从最初关注材料能承担的总载荷，到更客观地衡量不同材料单位面积的承载能力，并进一步意识到不可避免的微观裂纹可能对材料承载能力造成显著影响，从而发展了断裂力学，之后出于损伤容限的需求，进一步研究了裂纹的扩展，同时通过概

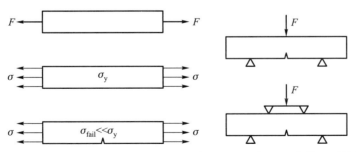

图 16.1 材料承载能力客观评价的不断发展：从先期关注能承担的总载荷，到单位面积承载能力的大小，到存在裂纹时的单位面积承载能力，再到抵抗裂纹扩展的能力，并发展到分析具有一定统计分布的裂纹对承载能力的影响

率方法来分析具有一定统计分布的裂纹对承载能力的影响。

关于线弹性断裂力学的基本理论框架一般认为是由 Inglis[4]、Muskhelishvili[5]、Williams[6]、Irwin[7] 以及其他一些学者建立的，表 16.1 汇总了与断裂力学相关的几类关键弹性问题基本理论解的进展情况。这些科学家先后解决了不同几何构形下的弹性场，这些变形和应力场的准确描述为预测裂纹的扩展行为提供了基础。在获得材料断裂性能的基础上，断裂力学的核心任务包括：确定裂纹体在给定外力作用下发生断裂的临界条件；建立断裂准则；研究载荷作用下裂纹的扩展规律。

表 16.1　与断裂力学相关的几类关键弹性问题基本理论解的进展情况

弹性问题	作者	年份	坐标系	求解函数
中心穿透圆孔	Kirsch	1898	极坐标	实函数
中心穿透椭圆孔	Koloso/Inglis	1907/1913	曲线坐标	复函数
尖锐裂纹	Westergaard	1939	笛卡儿	复函数
V 形缺口	Williams	1952	极坐标	复函数
裂纹沿异质材料界面	Williams	1959	极坐标	复函数
各向异性材料	Sih and Paris	1965	笛卡儿	复函数

16.2　裂尖变形场

具有裂纹的弹性体受力以后，在裂纹尖端区域将产生应力集中现象，但是应力集中是局部性的，离开裂纹尖端稍远处，应力分布又趋于正常。

在裂纹尖端区域应力集中的程度与裂纹尖端的曲率半径有关，裂纹越尖锐，应力集中的程度越高。这种应力集中必然导致材料的实际断裂强度远低于该材料的理论断裂强度。

考虑如图 16.2 所示"无限大"薄平板，承受单向均匀拉应力作用，板中存在贯穿的椭圆形切口，其长轴为 $2a$，短轴为 $2b$，我们关心在长短轴附近应力场的分布。该弹性问题的精确解析解由 Kolosov 和 Inglis 分别在 1907 年和 1913 年独立给出，称为 Kolosov–Inglis 解。这一求解需要在前面介绍的应力函数的基础上作进一步拓展，考虑复应力函数，同时用到曲线坐标系。

最大拉应力发生在椭圆长轴端点 A（或另一端）处，其值为

$$\sigma_{yy}\big|_{\max} = \sigma\left(1 + 2\frac{a}{b}\right) \tag{16.1}$$

A 点处的曲率半径为 $\rho = b^2/a$，因此式 (16.1) 又可写为

$$\sigma_{yy}\big|_{\max} = \sigma\left(1 + 2\sqrt{\frac{a}{\rho}}\right) \tag{16.2}$$

由固体物理学可知，固体材料的理论断裂强度值为 $E/3 \sim E/10$，因此裂纹的存在导致了局部应力的显著差异，这也将使得材料的强度显著降低。必须注意，Griffith 所研究的对象为材料的弹性变形情况。我们下面将沿着这一假设，考虑更一般的裂纹，并给出裂纹尖端的应力场。

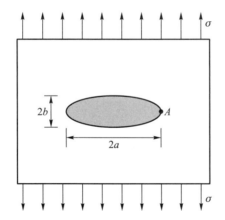

图 16.2 无限大薄平板存在贯穿的椭圆形切口，其长轴为 $2a$，短轴为 $2b$，并承受垂向均匀拉应力 σ

16.2.1 裂纹分类

裂纹按其力学特性可以分为张开型（Ⅰ型）裂纹、滑开型（Ⅱ型）裂纹和撕开型（Ⅲ型）裂纹，如图 16.3 所示。在大部分工程实践中，结构的脆性断裂为Ⅰ型断裂。在后续介绍中，由于张开型裂纹最为常见，我们将重点放在Ⅰ型裂纹。

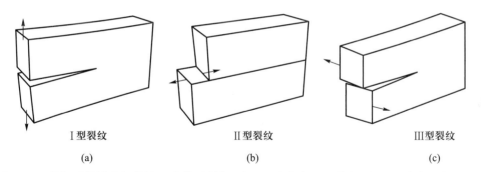

图 16.3 依据承载模式归类的 3 种典型裂纹。（a）Ⅰ类为张开型裂纹；（b）Ⅱ类为面内滑开型裂纹；（c）Ⅲ类为面外滑开型裂纹（又称撕裂型裂纹）

16.2.2 V 形缺口尖端的变形场

线弹性小变形情况下裂纹尖端的变形场由 Williams 解决，后期 Irwin 提出了应力强度因子的概念，用来度量裂纹尖端外加场的强度。以此为基础，经过力学家们半个多世纪的努力，我们对裂纹扩展和结构破坏有了深入的了解，积累了很多知识，包括疲劳裂纹和应力腐蚀导致的裂纹。后面的分析我们将看到裂纹扩展时的能量释放率 G、应力强度因子 K 以及 J 积分，它们分别用来纪念 Griffith、Irwin 和 Rice 对断裂力学领域的贡献。

考虑裂纹尖端的变形为线弹性小变形，同时将问题限定在平面变形这一边界条件。为了求解方便，我们同时假定Ⅰ型和Ⅱ型裂纹沿厚度方向的维度足够大，可以当成平面应变问题。按照第 6 章中介绍的弹性边值求解，裂纹尖端应力函数 $\Psi = \Psi(r,\theta)$ 满足双调和方程

$$\nabla^4 \Psi = 0 \tag{16.3}$$

和对应的边界条件。

对照如图 16.4 所示的平面裂纹体，其裂纹面应力自由，远场有给定的面内载荷，我们将直角坐标系及极坐标系原点都选在裂纹右尖端 O 处。裂纹看作一部分边界，我们就可以用弹性力学的方法求得裂纹的应力场和位移场，这一部分的内容自 1952 年 Williams 通过分离变量求解得到相应的变形场后，已普遍见诸于弹性或断裂力学的相关文献和书籍[6,8]。我们在这里将整个求解过程作一个介绍。

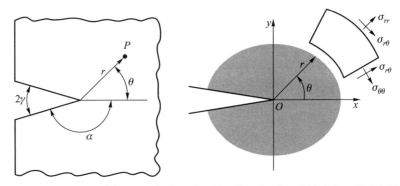

图 16.4 针对 I 型张开型尖锐裂纹的尖端所建立的局部坐标系。后续应力函数求解将基于局部的极坐标场 (r,θ)

按照图 16.4 所示，裂纹处边界条件可以描述为

$$\sigma_{\theta\theta} = \tau_{r\theta} = 0 \tag{16.4}$$

对偏微分方程 (16.3) 采用分离变量法求解，

$$\Psi(r,\theta) = r^{\lambda+1} F(\theta, \lambda) \tag{16.5}$$

这里

$$F(\theta, \lambda) = \mathrm{e}^{[m(\lambda)\theta]} \tag{16.6a}$$

式中，$m(\lambda)$ 需要通过 $\Psi(r,\theta)$ 为双调和函数的性质获得。将式 (16.5) 代入式 (16.3) 中，可得到关于 $F(\theta, \lambda)$ 的偏微分方程如下：

$$\frac{\partial^4 F(\theta, \lambda)}{\partial \theta^4} + 2\left(\lambda^2 + 1\right) \frac{\partial^2 F(\theta, \lambda)}{\partial \theta^2} + \left(\lambda^2 - 1\right)^2 F(\theta, \lambda) = 0 \tag{16.6b}$$

将式 (16.6a) 代入式 (16.6b) 中，可简化该方程为

$$\mathrm{e}^{[m(\lambda)\theta]} \left\{ (\lambda+1)^2 + [m(\lambda)]^2 \right\} \left\{ (\lambda-1)^2 + [m(\lambda)]^2 \right\} = 0 \tag{16.7a}$$

我们可以从式 (16.7a) 获得 $m(\lambda)$ 的解

$$m(\lambda) = \pm \mathrm{i}(\lambda+1), \quad m(\lambda) = \pm \mathrm{i}(\lambda-1) \tag{16.7b}$$

考虑到 $F(\theta, \lambda)$ 为实函数，我们将式 (16.7b) 代入式 (16.6a) 中并取其实部，从而得到 $F(\theta, \lambda)$ 的所有可能解

$$F(\theta, \lambda) = A\cos(\lambda - 1)\theta + C\sin(\lambda - 1)\theta + B\cos(\lambda + 1)\theta + D\sin(\lambda + 1)\theta \quad (16.7c)$$

式中，A、B、C、D 是待定的实常数，需要通过边界条件来确定。将式 (16.7c) 代入式 (16.5)，再利用式 (6.24)，我们得到裂纹尖端应力场在极坐标下的表达式

$$\sigma_{\theta\theta} = \frac{\partial^2 \Psi}{\partial r^2} = \lambda(\lambda + 1)r^{\lambda - 1}F(\theta, \lambda) \quad (16.8a)$$

$$\tau_{r\theta} = -\frac{\partial}{\partial r}\left(\frac{1}{r}\frac{\partial \Psi}{\partial \theta}\right) = r^{\lambda - 1}\left[-\lambda\frac{\partial F(\theta, \lambda)}{\partial \theta}\right] \quad (16.8b)$$

式 (16.8) 的展开形式为

$$\sigma_{\theta\theta} = \lambda(\lambda + 1)r^{\lambda - 1}\big[A\cos(\lambda - 1)\theta + C\sin(\lambda - 1)\theta +$$
$$B\cos(\lambda + 1)\theta + D\sin(\lambda + 1)\theta\big] \quad (16.9a)$$

$$\tau_{r\theta} = -\lambda r^{\lambda - 1}\big[-A(\lambda - 1)\sin(\lambda - 1)\theta + C(\lambda - 1)\cos(\lambda - 1)\theta -$$
$$B(\lambda + 1)\sin(\lambda + 1)\theta + D(\lambda + 1)\cos(\lambda + 1)\theta\big] \quad (16.9b)$$

利用边界条件式 (16.4)，同时依据几何关系 $\alpha + \gamma = \pi$，有

$$\sigma_{\theta\theta}\Big|_{\theta = \pm\alpha} = 0, \quad \tau_{r\theta}\Big|_{\theta = \pm\alpha} = 0 \quad (16.10)$$

与之对应，我们得到 4 个方程

$$F(\theta, \lambda)\Big|_{\theta = \pm\alpha} = \frac{\partial F(\theta, \lambda)}{\partial \theta}\Big|_{\theta = \pm\alpha} = 0 \quad (16.11)$$

将式 (16.11) 所示边界条件代入式 (16.9)，取对应方程两两之和与两两之差，可以得到以下简化的对角线行列式方程：

$$\begin{bmatrix} \cos(\lambda - 1)\alpha & \cos(\lambda + 1)\alpha & 0 & 0 \\ \varsigma\sin(\lambda - 1)\alpha & \sin(\lambda + 1)\alpha & 0 & 0 \\ 0 & 0 & \sin(\lambda - 1)\alpha & \sin(\lambda + 1)\alpha \\ 0 & 0 & \varsigma\cos(\lambda - 1)\alpha & \cos(\lambda + 1)\alpha \end{bmatrix}\begin{bmatrix} A \\ B \\ C \\ D \end{bmatrix} = 0 \quad (16.12)$$

式中，$\varsigma = \dfrac{\lambda - 1}{\lambda + 1}$。从式 (16.12) 可以看到，$A$、$B$ 和 C、D 两组系数是独立的。上述齐次方程组有解的条件是系数矩阵的值为 0。由此我们得到以下特征方程：

$$\sin(2\lambda\alpha) \pm \lambda\sin(2\alpha) = 0 \quad (16.13)$$

结合式 (16.5) 和式 (16.7c)，应力函数中涉及 A，B 的两项与张开型裂纹载荷相关，而 C、D 为系数的项与剪切型反对称载荷相关。如果将 λ_n 对应于式 (16.13) 中张开型裂纹载荷的解，而 ξ_n 对应于反对称载荷的解，有

$$\begin{cases} \sin(2\lambda_n\alpha) + \lambda_n\sin(2\alpha) = 0 \\ \sin(2\xi_n\alpha) - \xi_n\sin(2\alpha) = 0 \end{cases} \quad (16.14)$$

对于 $\gamma \neq 0$ 的缺口情形，目前还无法直接写出显式理论解，需要通过数值方法求解；对于 $\gamma = 0$ 的尖锐裂纹情形，$\alpha = \pi$。代入式 (16.13) 中，得到

$$\lambda_n = \frac{n}{2}, \quad \xi_n = \frac{n}{2}, \quad n = 1, 3, 4 \cdots \tag{16.15}$$

在这里排除了 $n = 2$ 时的情形，它对应于刚体运动。将式 (16.14) 代入式 (16.7c) 中，得到

$$F(\theta, \lambda) = A_n \cos\left(\frac{n}{2} - 1\right)\theta + B_n \cos\left(\frac{n}{2} + 1\right)\theta + C_n \sin\left(\frac{n}{2} - 1\right)\theta + D_n \sin\left(\frac{n}{2} + 1\right)\theta \tag{16.16}$$

对每一组特征根 (λ_n, ξ_n) 而言，我们都可以求得满足方程 (16.12) 的 (A_n, B_n) 和 (C_n, D_n)。前者对应于满足 I 型裂纹中的对称载荷情况下的解

$$\begin{cases} A_n \cos(\lambda_n - 1)\alpha + B_n \cos(\lambda_n + 1)\alpha = 0 \\ A_n \varsigma \sin(\lambda_n - 1)\alpha + B_n \sin(\lambda_n + 1)\alpha = 0 \end{cases} \tag{16.17a}$$

后者对应于 II 型裂纹中的反对称载荷情况

$$\begin{cases} C_n \sin(\xi_n - 1)\alpha + D_n \sin(\xi_n + 1)\alpha = 0 \\ C_n \varsigma \cos(\xi_n - 1)\alpha + D_n \cos(\xi_n + 1)\alpha = 0 \end{cases} \tag{16.17b}$$

利用式 (16.16) 中的结果，我们定义

$$\begin{cases} a_n = \dfrac{B_n}{A_n} = -\dfrac{\cos(\lambda_n - 1)\alpha}{\cos(\lambda_n + 1)\alpha} = -\dfrac{\varsigma \sin(\lambda_n - 1)\alpha}{\sin(\lambda_n + 1)\alpha} \\ b_n = \dfrac{C_n}{D_n} = -\dfrac{\sin(\lambda_n - 1)\alpha}{\sin(\lambda_n + 1)\alpha} = -\dfrac{\varsigma \cos(\lambda_n - 1)\alpha}{\cos(\lambda_n + 1)\alpha} \end{cases} \tag{16.18}$$

那么式 (16.15) 又可以另外表示为

$$F(\theta, \lambda) = \sum \left[a_n \left(\sin\frac{3\theta}{2} + \sin\frac{\theta}{2} \right) + b_n \left(\frac{1}{3}\cos\frac{3\theta}{2} + \cos\frac{\theta}{2} \right) \right] \tag{16.19}$$

与之对应的应力表达式为

$$\begin{cases} \sigma_{rr} = \sum \left[\dfrac{b_n}{\sqrt{r}}\cos\dfrac{\theta}{2}\left(1 + \sin^2\dfrac{\theta}{2}\right) + \dfrac{a_n}{\sqrt{r}}\left(-\dfrac{5}{4}\sin\dfrac{\theta}{2} + \dfrac{3}{4}\sin\dfrac{3\theta}{2}\right) \right] \\ \sigma_{\theta\theta} = \sum \left[\dfrac{b_n}{\sqrt{r}}\cos\dfrac{\theta}{2}\left(1 - \sin^2\dfrac{\theta}{2}\right) - \dfrac{a_n}{\sqrt{r}}\left(\dfrac{3}{4}\sin\dfrac{\theta}{2} + \dfrac{3}{4}\sin\dfrac{3\theta}{2}\right) \right] \\ \tau_{r\theta} = \sum \left[\dfrac{b_n}{\sqrt{r}}\sin\dfrac{\theta}{2}\cos^2\dfrac{\theta}{2} + \dfrac{a_n}{\sqrt{r}}\left(\dfrac{1}{4}\cos\dfrac{\theta}{2} + \dfrac{3}{4}\cos\dfrac{3\theta}{2}\right) \right] \end{cases} \tag{16.20}$$

上面的应力解由 Williams 于 1957 年给出，一般称为 Williams 应力函数。如果展开式 (16.20) 中各式，可以看到 $n = 1$ 时的第一项中 r 的指数小于零，$r = -1/2$。因此在 $r \to 0$ 的裂纹尖端附近，它为主导项。此时我们一般忽略 r 的指数大于等于零的其余各项，这也是一般教材中大家通常只讨论保留了第一项应力函数的原因。利用坐标变

换公式，可获得直角坐标系下的应力分量表达式。利用物理方程和几何方程，我们则可求出位移分量表达式。

按照应力强度因子的定义，在图 16.4 建立的直角坐标系下，设

$$\begin{cases} K_{\text{I}} = \lim_{r \to 0} \sqrt{2\pi r} \sigma_{yy}^{\infty} \\ K_{\text{II}} = \lim_{r \to 0} \sqrt{2\pi r} \sigma_{xy}^{\infty} \\ K_{\text{III}} = \lim_{r \to 0} \sqrt{2\pi r} \sigma_{yz}^{\infty} \end{cases} \tag{16.21}$$

考虑远场的边界条件使得 K_{I}、K_{II}、K_{III} 均可能存在的情形，图 16.4 中直角坐标系下的裂纹受到 3 个远场应力强度因子为 K_{I}、K_{II}、K_{III} 的载荷，可以给出保留式 (16.20) 中第一项的各应力分量，分别为

$$\begin{cases} \sigma_{xx} = \dfrac{K_{\text{I}}}{\sqrt{2\pi r}} \cos \dfrac{\theta}{2} \left(1 - \sin \dfrac{\theta}{2} \sin \dfrac{3\theta}{2} \right) - \dfrac{K_{\text{II}}}{\sqrt{2\pi r}} \sin \dfrac{\theta}{2} \left(2 + \cos \dfrac{\theta}{2} \cos \dfrac{3\theta}{2} \right) \\ \sigma_{yy} = \dfrac{K_{\text{I}}}{\sqrt{2\pi r}} \cos \dfrac{\theta}{2} \left(1 + \sin \dfrac{\theta}{2} \sin \dfrac{3\theta}{2} \right) + \dfrac{K_{\text{II}}}{\sqrt{2\pi r}} \cos \dfrac{\theta}{2} \sin \dfrac{\theta}{2} \cos \dfrac{3\theta}{2} \\ \sigma_{xy} = \dfrac{K_{\text{I}}}{\sqrt{2\pi r}} \cos \dfrac{\theta}{2} \sin \dfrac{\theta}{2} \cos \dfrac{3\theta}{2} + \dfrac{K_{\text{II}}}{\sqrt{2\pi r}} \cos \dfrac{\theta}{2} \left(1 - \sin \dfrac{\theta}{2} \sin \dfrac{3\theta}{2} \right) \end{cases} \tag{16.22a}$$

对于撕裂型裂纹，其应力与 K_{III} 的关系为

$$\begin{cases} \sigma_{xz} = -\dfrac{K_{\text{III}}}{\sqrt{2\pi r}} \sin \dfrac{\theta}{2} \\ \sigma_{yz} = \dfrac{K_{\text{III}}}{\sqrt{2\pi r}} \cos \dfrac{\theta}{2} \end{cases} \tag{16.22b}$$

对应地，可以按照物理方程得到应变函数，通过积分获得裂纹尖端的位移场 (u_x, u_y, u_z)，这 3 个分量的具体表达式为

$$\begin{cases} u_x = \dfrac{K_{\text{I}}}{G} \sqrt{\dfrac{r}{2\pi}} \left[1 - 2\nu + \sin^2 \left(\dfrac{\theta}{2} \right) \right] \cos \dfrac{\theta}{2} + \dfrac{K_{\text{II}}}{G} \sqrt{\dfrac{r}{2\pi}} \left[2 - 2\nu + \cos^2 \left(\dfrac{\theta}{2} \right) \right] \sin \dfrac{\theta}{2} \\ u_y = \dfrac{K_{\text{I}}}{G} \sqrt{\dfrac{r}{2\pi}} \left[2 - 2\nu + \cos^2 \left(\dfrac{\theta}{2} \right) \right] \sin \dfrac{\theta}{2} + \dfrac{K_{\text{II}}}{G} \sqrt{\dfrac{r}{2\pi}} \left[-1 + 2\nu + \sin^2 \left(\dfrac{\theta}{2} \right) \right] \cos \dfrac{\theta}{2} \end{cases} \tag{16.23a}$$

需要注意的是，这里的面内位移场 u_x 和 u_y 仅仅适用于平面应变时的情况。对于撕裂型裂纹

$$u_z = \dfrac{K_{\text{III}}}{G} \sqrt{\dfrac{r}{2\pi}} \sin \dfrac{\theta}{2} \tag{16.23b}$$

16.3　应力强度因子与断裂韧性

在 16.2 节中，我们讨论了裂纹尖端的应力函数求解过程，同时给出了以应力强度因子 K_{I}、K_{II} 和 K_{III} 描述的裂纹尖端应力和位移场。和材料抵抗塑性变形的能力由其屈服强度控制类似，材料抵抗裂纹扩展的能力由应力强度因子的临界值决定。通过比

较应力强度因子与其临界值，我们可以判断裂纹是否起裂。对于具体的含裂纹结构，裂纹扩展的准则为

$$K_{\mathrm{I}} < K_{\mathrm{C}} \tag{16.24a}$$

式中，K_{C} 为某一具体结构给定尺寸下的临界应力强度因子。需要注意的是，这一临界应力强度因子可能随着测试试样厚度的变化而发生改变，只有当试样厚度达到平面应变条件时，临界应力强度因子 K_{C} 才收敛于 K_{IC}，如图 16.5 所示。此时的临界应力强度因子又称为平面应变条件下的断裂韧性，它是一个材料常数，表征材料对裂纹扩展的阻挡能力。

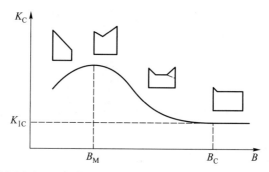

图 16.5 临界应力强度因子 K_{C} 可能随着试样厚度的变化而发生改变，只有当试样厚度达到平面应变条件时，临界应力强度因子 K_{C} 才收敛于 K_{IC}，后者为平面应变下的断裂韧性，是一个材料常数

　　表 16.2 和表 16.3 分别给出了常见合金的断裂力学性能和常见非金属材料的断裂力学性能。也可以类似地建立其他两种断裂模式下（参考图 16.3）的裂纹扩展准则

$$K_{\mathrm{II}} < K_{\mathrm{IIC}}, \quad K_{\mathrm{III}} < K_{\mathrm{IIIC}} \tag{16.24b}$$

一般而言，按照式 (16.22)，如果取 $\theta = 0$ 且只考虑 I 型裂纹，那么

$$\sigma_{yy} = \frac{K_{\mathrm{I}}}{\sqrt{2\pi r}}$$

由于 σ_{yy} 在 I 型裂纹的裂纹尖端为主要应力，我们可以由此估计平面应力下塑性变形区域的大小，即

$$r_{\mathrm{ip}} \sim \frac{1}{2\pi} \left(\frac{K_{\mathrm{I}}}{\sigma_{\mathrm{y}}} \right)^2 \tag{16.25a}$$

　　对于平面应变下的塑性区大小，可以先通过获得平面应力下的应力表达式后再写出平面应变下的应力分量 σ_{yy}，利用 von Mises 准则就可以得到

$$r_{\mathrm{ip}} \sim \frac{(1-2\nu)^2}{2\pi} \left(\frac{K_{\mathrm{I}}}{\sigma_{\mathrm{y}}} \right)^2 \tag{16.25b}$$

表 16.2　常见合金的断裂力学性能

合金类型		E/GPa	σ_y/MPa	K_{IC}/MPa$\sqrt{a}$
钢材	AISI–1045	210	269	50
	AISI–1144	210	540	66
	ASTM A470–8	210	620	60
	ASTM A533–B	210	483	153
	ASTM A517–F	210	760	187
	AISI–4130	210	1090	110
	AISI–4340	210	1593	75
	200–Grade 马氏体时效	210	1310	123
	250–Grade	210	1786	74
铝合金	2014–T651	72	415	24
	2024–T4	72	330	34
	2219–T37	72	315	41
	6061–T651	72	275	34
	7075–T651	72	503	27
	7039–T651	72	338	32
钛合金	Ti–6AL–4V	108	1020	50
	Ti–4AL–4Mo–2Sn–0.5Si	108	945	72
	Ti–6AL–2Sn–4Zr–6Mo	108	1150	23

表 16.3　常见非金属材料的断裂力学性能

材料类型		E/GPa	K_{IC}/MPa$\sqrt{a}$
聚合物	环氧树脂	3	$0.3 \sim 0.5$
	PS	3.25	$0.6 \sim 2.3$
	PMMA	$3 \sim 4$	$1.2 \sim 1.7$
	PC	2.35	$2.5 \sim 3.8$
	PVC	$2.5 \sim 3.0$	$1.9 \sim 2.5$
	PETP	3	$3.8 \sim 6.1$
陶瓷	钠钙玻璃	73	0.7
	MgO	250	3
	Al_2O_3	350	$3 \sim 5$
	Al_2O_3, 15%ZrO_2	350	10
	Si_3N_4	310	$4 \sim 5$
	SiC	410	3.4

　　一般要求平面应变试样的厚度为 $16r_{ip}$，只有当试样厚度达到这一条件甚至更大时，临界应力强度因子 K_C 才接近并收敛于 K_{IC}，此时得到的断裂韧性才成为与几何结构无关的材料常数。

　　在前面的推导中，我们假定材料的维度都非常大，有的维度甚至被假设为无限大，而实际测试和使用的工程材料都是有限尺寸的。这样一来两者之间将产生一定的差异，需要在理论上加以修正。如图 16.6 中所示的无限大物体，含长度为 $2a$ 的中心裂纹，且受无穷远处的单轴拉伸应力 σ_{yy}^{∞}，有

$$K_{\mathrm{I}} = \sigma^{\infty}\sqrt{\pi a} \tag{16.26}$$

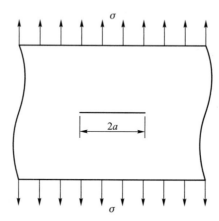

图 16.6 无限大物体，长度为 $2a$ 的裂纹，受无穷远处的单轴拉伸应力时，其构形校正因子 $Q = 1$

对其他的几何形状，同样的裂纹特征长度，且拉伸应力为 σ^{∞} 时，相应的应力强度因子可写为

$$K_{\mathrm{I}} = Q\sigma^{\infty}\sqrt{\pi a} \tag{16.27}$$

式中，Q 是无量纲参数，由几何形状与上述裂纹基本情形的差异引起，又称为构形校正因子，通常由几何尺寸构成的无量纲数组成。

对于宽度为 w 的有限宽度板，见图 16.7a，其校正因子为

$$Q = \widehat{Q}\left(\frac{a}{w}\right) = \left(\sec\frac{\pi a}{w}\right)^{1/2} \tag{16.28}$$

对于一块侧裂纹的长板（$L > 3w$，图 16.7b），校正因子为

$$Q = \widehat{Q}\left(\frac{a}{w}\right) \doteq \frac{1.12}{\left[1 - 0.7\left(\frac{a}{w}\right)^{1.5}\right]^{3.25}}, \quad \frac{a}{w} \leqslant 0.65 \tag{16.29}$$

对于一块侧裂纹的长板（厚度为 B，$L > 3w$），在纯弯矩 M 的作用下（见图 16.7c），相应的应力强度因子为

$$K_{\mathrm{I}} = Q\sigma_{\mathrm{nom}}\sqrt{\pi a}, \quad \sigma_{\mathrm{nom}} = \frac{6M}{Bw^2} \tag{16.30a}$$

这里的校正因子与几何参数的关系如下：

$$Q \doteq \frac{1.12}{\left[1 - \left(\frac{a}{w}\right)^{1.82}\right]^{1.285}} - \sin\left(\frac{\pi}{2}\frac{a}{w}\right), \quad \frac{a}{w} \leqslant 0.7$$

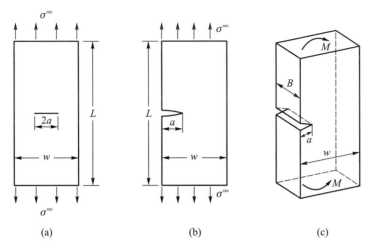

图 16.7 几类典型裂纹的构形校正因子。（a）含中心裂纹，宽度为 w 的长板承受远场均匀拉伸；（b）含侧边裂纹，宽度为 w 的长板承受远场均匀拉伸；（c）含侧裂纹的长板承受弯曲

对于 $a/w > 0.7$ 的深裂纹状态，K_{I} 可近似估计为

$$K_{\mathrm{I}} \doteq \frac{4M}{Bc^{3/2}} \tag{16.30b}$$

式中，$c = w - a$。

对图 16.8a 中所示的三点弯曲试样，如果其厚度 B 不小于高度 w 的一半，$B \geqslant 0.5w$，那么有

$$K_{\mathrm{I}} = Q\sigma_n\sqrt{\pi a}, \quad \sigma_n = \frac{PS}{Bw^2} \tag{16.30c}$$

式中

$$Q = \frac{3}{2\sqrt{\pi}}\frac{\left\{1.99 - \left(\frac{a}{w}\right)\left(1 - \frac{a}{w}\right)\left[2.15 - 3.93\left(\frac{a}{w}\right) + 2.7\left(1 - \frac{a}{w}\right)^2\right]\right\}\left[1.99 - \frac{a}{w}\left(1 - \frac{a}{w}\right)\right]}{\left(1 + 2\frac{a}{w}\right)\left(1 - \frac{a}{w}\right)^{3/2}}$$

另外比较常见的是断裂中常用的紧凑拉伸试样，如图 16.8b 所示。此试样的应力强度因子为

$$K_{\mathrm{I}} = Q\sigma_n\sqrt{\pi a}, \quad \sigma_n = \frac{P}{Bw} \tag{16.30d}$$

式中

$$Q = \left[16.7 - 104.6\left(\frac{a}{w}\right) + 370\left(\frac{a}{w}\right)^2 - 574\left(\frac{a}{w}\right)^3 + 361\left(\frac{a}{w}\right)^4\right]$$

考虑到不同尺寸的微小裂纹将不可避免地存在于实际宏观材料中，针对各种材料和结构的抗断裂设计成为工程中的重要一环。我们的首要任务是确定一个具体结构的应力强度因子，再结合具体材料的断裂韧性来提供设计参考。关于应力强度因子的确定，已形成比较通用的方法，具体步骤如下：

（1）查阅应力强度因子手册。对于工程中使用广泛且边界条件相对简单的裂纹，目前已经积累了很多的理论解并编辑成册。我们可以从比较经典的应力强度因子手册中找到相应的因子[9-12]。

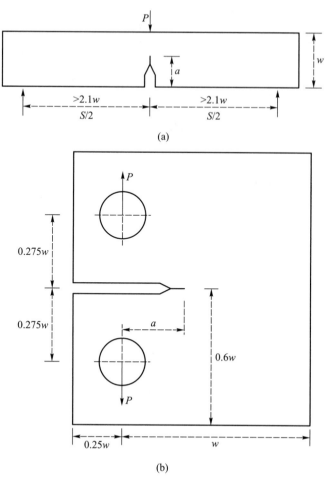

图 16.8 典型断裂试验中应力强度因子与试样尺寸之间的关系。（a）三点弯曲试样；（b）紧凑拉伸试样

（2）对于显式理论解无法获得但可利用解析方法求解的裂纹类型，可以采用 Westergaard 函数法、Muskhelishvili 函数法、权函数法等来获得应力强度因子。这一过程可能同时用到线性叠加原理，以得到复杂载荷下的对应强度因子。

（3）实际上我们面临的大部分工程问题都难以找到对应的理论处理方案。如果以上所介绍的理论途径都无法采用，此时就需要通过有限元计算，并进行适当数值处理来发现应力强度因子。随着计算精度和计算能力的快速提升，有限元数值计算已经成为一种非常普遍的工具，广泛应用于工程设计中。

（4）对于某些特定的几何构形，也可以采用实验应力分析手段来得到应力强度因子，例如光弹性（photoelasticity）、莫尔干涉（moire interferometry）等。与数值方法相比，该方法具有不少局限性且相对复杂。

16.4 K 场叠加理论

考虑到目前裂纹尖端应力场的推导为线弹性变形，按照线弹性小变形理论，不同的 K 场产生的应力场是可以叠加的。我们前面的解中实际上已经用到了这一原理。因此对于给定裂纹，如果可以将远场的应力分解为两个独立部分，如

$$\sigma^\infty = \sigma^{\infty(1)} + \sigma^{\infty(2)} \tag{16.31}$$

那么该裂纹在远场应力 σ^∞ 作用下的应力强度因子 K_I 就可以通过每一部分所产生的应力强度因子的累积获得

$$K_\mathrm{I} = K_\mathrm{I}^{(1)} + K_\mathrm{I}^{(2)} \tag{16.32}$$

式中，$K_\mathrm{I}^{(1)}$ 和 $K_\mathrm{I}^{(2)}$ 对应于该裂纹分别承受远场应力 $\sigma^{\infty(1)}$ 和 $\sigma^{\infty(2)}$ 所产生的应力强度因子。

如图 16.9 所示，考虑一个偏心的集中力作用在一个带裂纹的试样上，该偏心力 P 距离中心线的位置为 e。对于一个边缘裂纹，该力的作用等价于两部分：一部分为试样所受的中心载荷 P；另一部分为试样所受的力矩 M，且有 $M = Pe$。

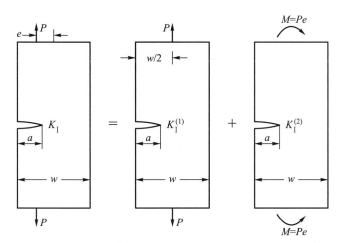

图 16.9 按照线弹性小变形理论，K 场产生的应力场是可以叠加的。这组图形表明偏心的集中力所产生的应力强度因子等价于中心载荷 P 和偏心所造成的力矩 M 这两个远场作用下的应力强度因子之和

16.5 应力强度因子控制区

我们在式 (16.20) 和式 (16.22) 中给出的裂纹尖端应力场假定材料在各个位置都遵循线弹性行为。实际上，绝大多数金属材料在断裂前和断裂过程中其裂纹尖端都存在塑性区，裂尖也因塑性变形而钝化。因此在一个小的局部范围内，塑性屈服将使得基于线弹性响应的理论结果无法描述这个局部区域的应力与应变行为。图 16.10 中 r_p 是塑性区的典型尺寸，小范围屈服理论详细讨论了基于线弹性断裂力学的修正。实际由

于塑性变形对 K 场理论的影响所涉及的区域面积更大，一个比较保守的估计是塑性影响区特征半径 r_{p} 大约是 $16r_{\mathrm{ip}}$，也即

$$r_{\mathrm{p}} = 16r_{\mathrm{ip}} \sim 2.5 \left(\frac{K_{\mathrm{I}}}{\sigma_{\mathrm{y}}}\right)^2$$

同时，弹性场 $\sigma_{ij} = \dfrac{K_{\mathrm{I}}}{\sqrt{2\pi r}} f_{ij}(\theta)$ 仅在 $r < r_{\mathrm{k}}$ 的区域内有效，也即需要 r 远小于面内的特征长度。一般 r_{k} 为面内特征长度的百分之几

$$r_{\mathrm{k}} \ll a, w - a, h \tag{16.33}$$

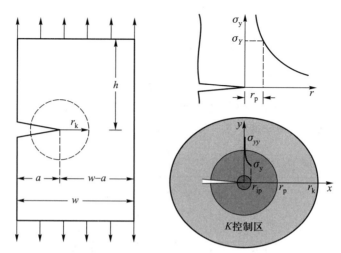

图 16.10 线弹性分析所得裂纹尖端应力场的适用区域：为保证弹性场 $\sigma_{ij} = \dfrac{K_{\mathrm{I}}}{\sqrt{2\pi r}} f_{ij}(\theta)$，$a, r \to 0$ 的有效性，需使得 r 不大于典型面内特征长度的百分之几，$r \leqslant r_{\mathrm{k}}$。同时，对于局部的非弹性变形，$K$ 场理论不适用于塑性变形区，$r > r_{\mathrm{p}}$。由此可以得到 K 场理论的实际控制区域为图中浅灰色部分

综合以上所讨论的，我们一方面需要使 r 远小于典型面内特征长度，$r \leqslant r_{\mathrm{k}}$。同时，考虑到塑性屈服，基于线弹性小变形推导的 K 场理论不适用于塑性变形区，$r > r_{\mathrm{p}}$。因此，我们得到典型的 K 场理论控制区，$r_{\mathrm{p}} < r \leqslant r_{\mathrm{k}}$。一般要求 $a, w - a, h, B \geqslant 16r_{\mathrm{ip}}$，这和前面讨论的关于获得平面应变下的断裂韧性 K_{IC} 对试样厚度的要求相同。

16.6 抗脆性断裂设计

考虑裂纹可能无处不在，那么针对工程中广泛应用的脆性或准脆性材料如陶瓷/玻璃等，我们需要从具体结构的抗脆性断裂能力出发，提供设计方案。这样的设计方法通常和目前的检测手段相关联。一般的设计过程包含以下几个步骤：

（1）找到最大主应力的位置、大小与方向。已知应力状态的情况下，能确定 3 个主应力 $\sigma_1 \geqslant \sigma_2 \geqslant \sigma_3$，并且获得对应的主方向 $\boldsymbol{n}_1, \boldsymbol{n}_2, \boldsymbol{n}_3$。

（2）通过无损检测手段获得结构中所有裂纹的位置、大小与方向；如果没有检测到裂纹，则需要假定长度为 a_0 的裂纹在最可能坏的位置与方向上出现，其中 a_0 为检测设备的可检测下限。

（3）依据应力状态、裂纹方向与其他几何特征，确定应力强度因子 Q，$K_I = Q\sigma\sqrt{\pi a}$，一般可以通过已有手册来获得 Q，如果无法从手册中获得，需要进行数值模拟或者以实验方式获得。

（4）根据材料属性确定 K_{IC}，一般工程材料的 K_{IC} 都能找到。需要注意的是，K_{IC} 通常是温度和变形率的函数。如果无法获得，则需要通过实验方式获取。

（5）选取适当的安全因子 $K_I = \dfrac{K_{IC}}{S}$。

确保在整个生命周期中，均有 $K_I < K_{IC}/S$。有一些结构可能在周期载荷的情形下疲劳破坏，此时尽管裂纹在准静态载荷中不扩展，甚至检测不到，但可能在周期载荷环境下萌生扩展，以致到一定长度后 $K_I = K_{IC}$，从而导致脆性断裂。我们在后续的疲劳断裂中将展开讨论。

16.7　小结

前面提到，材料表面或内部通常不可避免地有微裂纹的存在，这些微小裂纹的存在显著降低了材料的承载能力，因为此时材料的失效远远早于材料的整体塑性屈服，这是由裂纹的不稳定扩展导致的。我们在这一章中给出了线弹性小变形情况下裂纹尖端的变形场，同时介绍了应力强度因子的概念，用来度量裂纹尖端外加场的强度。通过对裂纹尖端应力场的认知，我们知道裂纹尖端所存在的应力集中。考虑到数学上裂纹尖端应力的奇异性和物理上材料强度的有限性，我们因此讨论了裂纹尖端可能存在的塑性变形区域及其大小。需要强调的是，应力强度因子是一个新遇到的概念，它具有与以前的物理量非常不一样的量纲。这一重要概念的导出也引入了一个新的材料参数，即材料的断裂韧性 K_C，根据不同的断裂模式，又有 K_{IC}、K_{IIC} 和 K_{IIIC} 之分。这一概念在后续的分析中将经常见到。

参考文献

[1]　Duga J, Fisher W, Buxbam R, et al. The economic effects of fracture in the United States: SP647-2 [R]. National Bureau of Standards, 1983.

[2]　Duga J, Fisher W, Buxbam R, et al. Fracture costs US $119 billion a year, says study by battelle/NBS [J]. International Journal of Fracture, 1983, 23(3): R81-R83.

[3]　Griffith A A. The phenomena of rupture and flow in solids[J]. Philosophical Transactions of the Royal Society A, 1920, 221: 163-198.

[4]　Inglis C E. Stresses in a plate due to the presence of cracks and sharp corners [J]. Procedings of Royal Institution of Naval Architects, 1913, 55: 219-241.

[5]　Muskhelishvili N I. 数学弹性力学的几个基本问题 [M]. 赵惠元, 译. 北京: 科学出版社, 1958.

[6]   Williams M L. On the stress distribution at the base of a stationary crack [J]. Journal of Applied Mechanics, 1957, 24: 109-114.

[7]   Irwin G R. Analysis of stresses and strains near the end of a crack traversing a plate [J]. Journal of Applied Mechanics, 1957, 24: 361-364.

[8]   Williams M L. Stress singularity resulting from various boundary conditions in angular corners for plates in extension [J]. Journal of Applied Mechanics. 1952, 19: 526-528.

[9]   Sih G C. Handbook of Stress Intensity Factors [M]. Bethlehem, Pennsylvania: Lehigh University, 1973.

[10]   Rooke D P, Cartwright D J. Compendium of Stress Intensity Factors [M]. Uxbridge: The Hilingdon Press, 1976.

[11]   Tada H, Paris P C, Irwin G R. The Stress Analysis of Cracks Handbook [M]. 2nd ed. Paris: Produelions Inc., 1985.

[12]   Tada H. Paris P C, Irwin G R. The Stress Analysis of Cracks Handbook [M]. 3rd. ed. New York: ASME, 2000.

第 17 章 断裂判据与能量原理

17.1 简介

第 16 章详细说明了线弹性材料中由于裂纹的存在导致裂纹尖端局部应力的变化。由于裂纹的存在而导致其尖端应力集中，使得材料在所承受的名义应力远小于其失效强度时即可能发生失效甚至灾变。从工程设计来看，我们需要了解如何有效地避免材料的这类突然失效。同时，实际材料中很多时候可能在裂纹尖端应力的作用下产生塑性变形，这类变形将有效地降低局部应力，增强材料抵抗裂纹扩展的能力。在这一部分中，我们将针对这两类情况开展学习和讨论。同时，介绍对应的分析裂纹扩展的力学概念，包含能量释放率和 J 积分。通过能量的方法来分析断裂始于 Griffith[1]，当时考虑玻璃的脆性断裂。这一方法随后在 20 世纪 50 年代由 Irwin[2] 和 Orowan[3] 引入金属材料体系中，由 Rivlin 和 Thomas[4] 引入高弹体材料中，并渐渐随着材料体系的发展和性质差异而演化为不同的分支[5]。

17.2 脆性断裂与界面能

前面已经分析了裂纹尖端的应力场，从微观物理图像来看，脆性断裂涉及将两个相邻的原子面分割，如图 17.1 所示。因此，裂纹尖端的应力场达到材料的理想解理强度时，裂纹开始扩展。

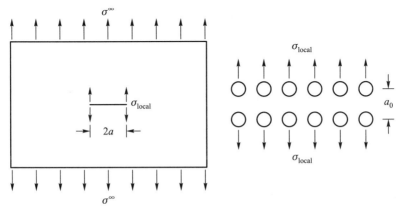

图 17.1 应力场中的裂纹。σ^∞ 为远场应力；σ_{local} 为裂纹尖端应力；σ_{c} 为理想解理强度。$\sigma_{\text{local}} \gg \sigma^\infty$ 且 $\sigma_{\text{local}} \leqslant \sigma_{\text{c}}$

按照之前的分析，对于任意的椭圆形裂纹，如图 17.2 所示，其裂纹尖端的应力水平和远场的应力水平之间的关系为

$$\sigma_{\text{local}} = \left(1 + \frac{2a}{b}\right)\sigma^\infty, \quad \rho = \frac{b^2}{a}, \quad b = \sqrt{\rho a}, \quad \sigma_{\text{local}} = K_t\sigma^\infty \tag{17.1}$$

因此，理论上裂纹尖端的应力放大倍数为 $1 + 2\sqrt{a/\rho}$，一般将其称为应力集中因子 $K_t = 1 + 2\sqrt{a/\rho}$。如果将这一公式推广到最极端的情形：假设裂纹尖端的曲率半径在原子尺度量级，即 $\rho_{\min} \approx a_0$，其中 a_0 为原子间距，则我们可以估算出裂纹尖端的最大拉伸应力 $\sigma_{\text{local}} = K_{t\max} \cdot \sigma^\infty$。对应地，应力集中因子为

$$K_{t\max} = 1 + 2\sqrt{\frac{a}{a_0}} = 2\sqrt{\frac{a}{a_0}}, \quad \frac{a}{a_0} \gg 1 \tag{17.2}$$

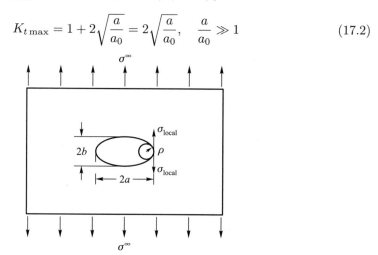

图 17.2 含中心椭圆裂纹的无限大平板受远端载荷时的应力集中。此处长短轴分别为 $2a$ 和 $2b$

考虑到原子间距 $a_0 \approx 0.3$ nm$=3 \times 10^{-10}$ m，而微小裂纹（微米）$2a = 10^{-6}$ m$\approx 1650a_0$，那么我们获得的应力集中因子 $K_t \approx 2\sqrt{1650} \approx 80$。可见，应力集中因子在尖锐裂纹的情况下可以非常大，导致局部应力远高于平均应力水平。

对于前面介绍的脆性材料中应力集中所导致的断裂，也可以相应地导出其破坏时所需的能量。与材料理想强度中所采用的方法类似，解理强度可以通过原子层间的相互作用导出（图 17.3）。

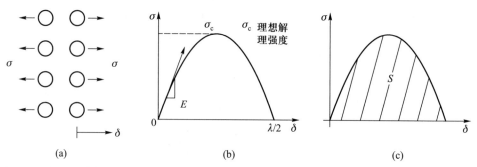

图 17.3 解理强度与能量。（a）两层原子面分离；（b）原子面分离所需的应力随分开距离的变化，其中应力的最高点表征了材料的解理强度；（c）将两层原子面分离时，应力随分开距离所包含的面积代表了解理断裂过程所需的能量

最初的材料解理强度是按照 Frenkel 的方法估计的[6]。我们可将两层原子在不同分离尺度下的应力用如下函数近似：

$$\sigma = \begin{cases} \sigma_c \sin \dfrac{2\pi\delta}{\lambda}, & 0 \leqslant \delta \leqslant \lambda/2 \\ 0, & \delta > \lambda/2 \end{cases} \tag{17.3}$$

如果简单取 $\sigma = \sigma_c \sin(2\pi\delta/\lambda)$，那么对 δ 较小的情形，我们有

$$\sigma = \sigma_c \times \frac{2\pi\delta}{\lambda} \tag{17.4}$$

依据之前的估计，$\sigma = E\varepsilon = E\dfrac{\delta}{a_0}$，有 $\sigma_c \cdot \dfrac{2\pi\delta}{\lambda} = E\dfrac{\delta}{a_0}$，即

$$\sigma_c = \frac{E}{\pi}\left(\frac{\lambda/2}{a_0}\right) \tag{17.5}$$

式中，$\lambda/2$ 为原子相互作用有效距离，此即 Frenkel 理想强度。

我们也可以通过能量的办法来估计解理强度：解理过程中界面分离所需能量等于新产生表面的表面能 $2\gamma_s$，这里的 2 倍考虑到了上下两个表面。此时有

$$\int_{\delta=0}^{\infty} \sigma \mathrm{d}\delta = \int_0^{\lambda/2} \sigma_c \sin\frac{2\pi\delta}{\lambda}\mathrm{d}\delta = \sigma_c \cdot \frac{\lambda}{\pi} = 2\gamma_s \tag{17.6}$$

这样一来，$\dfrac{\lambda}{2} = \dfrac{\pi\gamma_s}{\sigma_c}$，考虑到 $\sigma_c = \dfrac{E}{\pi}\dfrac{\lambda/2}{a_0}$，估算得到理想解理强度 $\sigma_c = \sqrt{\dfrac{E\gamma_s}{a_0}}$，一般称为 Griffith 理想强度。如果将材料的表面能用 Ea_0 表示，单位为 J/m^2，可由此估算得到脆性固体的表面能公式

$$\gamma_s = \frac{Ea_0}{100} \sim \frac{Ea_0}{10} \tag{17.7}$$

将式 (17.7) 代入式 (17.6)，我们得到固体的理想强度

$$\sigma_c \approx \frac{E}{10} \sim \frac{E}{3} \tag{17.8}$$

对大多数材料而言，其实际强度比这个估值要小 $1 \sim 3$ 个数量级，这在前面的塑性理论中已经进行了相应的介绍。考虑到

$$\sigma_{\text{local}} = K_{t\,\text{max}} \cdot \sigma^{\infty} = 2\sqrt{\frac{a}{a_0}}\sigma^{\infty} \tag{17.9a}$$

且 $\sigma_{\text{local}} \leqslant \sigma_c$，因此有

$$\sigma^{\infty}\sqrt{\pi a} \leqslant \frac{\sqrt{\pi a_0}}{2}\sigma_c \tag{17.9b}$$

依据前面介绍的断裂准则，脆性材料中

$$K_{\mathrm{I}} \leqslant K_{\mathrm{IC}}, \quad K_{\mathrm{I}} = \sigma^{\infty}\sqrt{\pi a}, \quad K_{\mathrm{IC}} = \left\{\frac{\sqrt{\pi a_0}}{2}\sigma_c\right\} \tag{17.10}$$

如果取 $\sigma_c \approx E/5$，考虑面心立方铁的晶格常数 $a_0 \approx 0.3 \times 10^{-9}$ m，对应的多晶体模量 $E \approx 200 \times 10^3$ MPa，将这些材料常数代入式 (17.10)，可估算出穿晶脆性断裂情况下，$K_{\mathrm{IC}}\big|_{\text{min}} \approx \{3 \times 10^{-6}E\}$，估算值的单位为 MPa$\sqrt{\text{m}}$。这一数值代表材料断裂韧性的下限，它对大部分脆性材料（如陶瓷/玻璃）适用——当这些材料断裂时，材料内部基本没有塑性变形。断裂所需的能量基本是新界面产生所需的能量。

17.3　能量释放率

为了便于解释能量释放率，如图 17.4 所示，我们仍然考虑 Griffith 理论中所处理的裂纹。假定脆性无限大平板中含有一长度为 $2a$ 的裂纹（图 17.5），平板受无穷远处垂直于裂纹面的单轴应力。

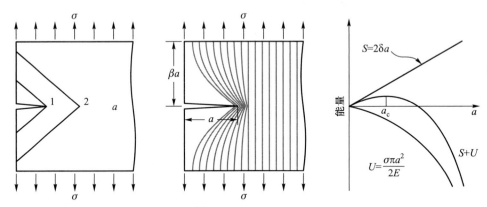

图 17.4　随裂纹扩展对应的能量变化[7]

裂纹受该外力刚到失稳开裂前，其单位体积（假定考虑单位厚度平板）内所蕴含的应变能为

$$U^* = \frac{1}{V} \int f \mathrm{d}x = \int \frac{f}{A} \frac{\mathrm{d}x}{L} = \int \sigma \mathrm{d}\varepsilon, \quad U^* = \frac{E\varepsilon^2}{2} = \frac{\sigma^2}{2E} \tag{17.11}$$

每单位厚度物体在裂纹开裂后，其裂纹扩展面积 $\delta A = 1 \times \mathrm{d}a = \mathrm{d}a$，此时外力功为 δW，弹性应变能变化为 δU，裂纹表面能变化为 δS。由于裂纹的存在，它所释放的应变能可以大致估计为

$$\delta U = \delta \left(-\frac{\sigma^2}{2E} \pi a^2 \right) \tag{17.12}$$

由能量原理

$$\delta W = \delta U + \delta S \tag{17.13}$$

不考虑塑性变形的情况下，系统中的能量耗散来源于表面能变化，如果定义总能量随裂纹扩展的减小率为能量释放率，记为 G，那么有

$$G = \lim_{\delta A \to 0} \frac{\delta W - \delta U}{\delta A} = \frac{\partial S}{\partial a} \tag{17.14}$$

这里用到了单位厚度这一条件。当裂纹扩展时，a 增大，而 U 减小，如果不增加外力作功，则 S 增大。外力有使裂纹扩展的趋势，所以总势能减小率又叫做裂纹扩展力。需要了解的是，裂纹在外力作用下具有扩展趋势，但不一定扩展，只有外力增加到某一值时，裂纹才开始扩展，这可定义为断裂韧性临界值。

现在来考虑更一般的情形，裂纹在受力后扩展 δa，这一扩展过程中（$a \to a + \delta a$）所释放的弹性应变能等于用外力使裂纹 $a + \delta a$ 闭合到 a 所作的功。如图 17.5 所示，

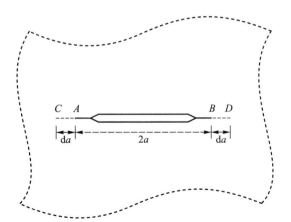

图 17.5 裂纹扩展示意图。初始长度为 $2a$ 的中心裂纹（AB 段）在外载作用下扩展为 $2a+2\delta a$（A 到 C，B 到 D）

裂纹扩展后的应力 σ_{yy}（我们这里取 y 轴为垂直于裂纹面的方向）与位移 u_y 的变化为

$$G_{\mathrm{I}} = 2 \lim_{\delta a \to 0} \frac{1}{\delta a} \int_0^{\delta a} \frac{1}{2}\sigma_{yy} \cdot u_y \mathrm{d}r \tag{17.15}$$

式中，$\sigma_{yy}|_{\theta=0} = \dfrac{K_{\mathrm{I}}}{\sqrt{2\pi r}}$，注意这一应力是基于裂纹尖端在 a，应力从裂纹尖端到 δa 这段距离的分布，是假定裂纹已经扩展到 $a+\delta a$ 后需要闭合 $(a, a+\delta a)$ 所需要施加的载荷。而位移的变化则是假定裂纹已经扩展到 $a+\delta a$ 处需要使 $(a, a+\delta a)$ 段裂纹闭合时对应的每点处应力需要历经的位移，裂纹后端（$\theta = \pi$）y 方向位移为

$$u_y|_{\theta=\pi} = \frac{K_{\mathrm{I}}}{G}\sqrt{\frac{\delta a - r}{2\pi}}(2 - 2\nu) \tag{17.16}$$

将式 (17.16) 代入 G_{I} 的表达式 (17.15)，有

$$\int_0^{\delta a} \sigma_{yy} \cdot u_y \mathrm{d}r = \frac{1-\nu}{\pi G}K_{\mathrm{I}}^2 \int_0^{\delta a}\sqrt{\frac{\delta a - r}{r}}\mathrm{d}r = \frac{1-\nu}{\pi G}K_{\mathrm{I}}^2 \cdot \frac{\pi}{2}\delta a \tag{17.17}$$

简化后得到 G_{I} 的表达式

$$G_{\mathrm{I}} = \frac{1-\nu}{2G}K_{\mathrm{I}}^2 = \frac{1-\nu^2}{E}K_{\mathrm{I}}^2 \tag{17.18}$$

式 (17.18) 即为平面应变下的能量释放率。对于 Ⅱ 型裂纹，有

$$u_x|_{\theta=\pi} = \frac{8K_{\mathrm{II}}(1-\nu^2)}{E\sqrt{\dfrac{\delta a - r}{2\pi}}}, \quad \sigma_{xy}|_{\theta=0} = \frac{K_{\mathrm{II}}}{\sqrt{2\pi r}} \tag{17.19}$$

对应地

$$G_{\mathrm{II}} = \lim_{\delta a \to 0} \frac{1}{\delta a}\frac{4(1-\nu^2)}{E}K_{\mathrm{II}}^2 \int_0^{\delta a} \frac{1}{\sqrt{2\pi r}}\sqrt{\frac{\delta a - r}{2\pi}}\mathrm{d}r \tag{17.20}$$

这样，我们得到 II 型裂纹扩展时有

$$G_{\text{II}} = \frac{1 - \nu^2}{E} K_{\text{II}}^2 \tag{17.21}$$

离面剪切 III 型裂纹扩展时的能量释放率为

$$u_z\big|_{\theta=\pi} = \frac{4K_{\text{III}}}{G\sqrt{\dfrac{\delta a - r}{2\pi}}}, \quad \sigma_{yz}\big|_{\theta=0} = \frac{K_{\text{III}}}{\sqrt{2\pi r}} \tag{17.22}$$

对应地有能量释放率

$$G_{\text{III}} = \lim_{\delta a \to 0} \frac{1}{\delta a} \frac{2}{G} K_{\text{III}}^2 \int_0^{\delta a} \frac{1}{\sqrt{2\pi r}} \sqrt{\frac{\delta a - r}{2\pi}}\, \mathrm{d}r \tag{17.23}$$

$$G_{\text{III}} = \frac{1}{2G} K_{\text{III}}^2 \tag{17.24}$$

因此，线弹性断裂力学的能量释放率准则与应力强度因子准则是两种表现形式，但实则完全一样。在复合断裂问题中，总能量释放率 G 可由 3 种模态的能量释放率叠加得到

$$G = G_{\text{I}} + G_{\text{II}} + G_{\text{III}} \tag{17.25}$$

依据变形条件的差异，我们分别给出平面应变和平面应力情况下能量释放率和应力强度因子之间的关系。

$$G_{\text{IC}} = \frac{1 - \nu^2}{E} K_{\text{IC}}^2 \Longrightarrow K_{\text{IC}} = \sqrt{\frac{EG_{\text{IC}}}{1 - \nu^2}} \tag{17.26}$$

$$K_{\text{IC}} = \sqrt{EG_{\text{IC}}} \tag{17.27}$$

另一方面，裂纹扩展增加自由表面，从而增加自由表面能，这实质上是抵抗裂纹扩展的力。

如果单位面积的自由表面能为 γ，对于裂纹，每单位厚度的表面能为 $S = 2a\gamma$，则裂纹扩展的抵抗力或阻力 R 可以用裂纹表面能的变化率表示，即

$$R = \lim_{\delta a \to 0} \frac{S(a + \delta a) - S(a)}{\delta a} = \frac{\partial S}{\partial A} = 2\gamma \tag{17.28}$$

裂纹扩展的临界条件是能量释放率等于裂纹扩展阻力，即 $G = R$。这与 Griffith 准则得到的结论一致。

上面讨论所获得的分析结论仅仅适用于脆性或者准脆性介质，如果材料有较好韧性且裂纹尖端的塑性变形区域明显，裂纹扩展在塑性变形区产生的耗散需要考虑进来，那么能量项需要修改为

$$\delta W = \delta U_{\text{e}} + \delta U_{\text{p}} + \delta S \tag{17.29}$$

式中，δU_{p} 是塑性变形所消耗的功。同样，总势能的变化为 $\delta \pi = -\delta W + \delta U_{\text{e}}$，其中能量的耗散为 $-\delta \pi = \delta U_{\text{p}} + \delta S$。如此一来，我们得到具备塑性变形消耗功时材料能量释放率的表达式

$$G = \frac{-\delta \pi}{\mathrm{d}a} = \frac{\mathrm{d}U_{\text{p}}}{\mathrm{d}a} + \frac{\mathrm{d}S}{\mathrm{d}a} \tag{17.30}$$

式中，dU_p/da 是塑性修正项。受塑性区的大小及变形能力影响，dU_p/da 在不同材料中差异很大，在大部分金属材料中，该项的贡献一般远大于裂纹扩展所产生的新表面所需要的能量。

17.4　J 积分

高韧度的材料中，裂纹尖端的塑性区是相当大的，为精确地计算塑性变形对能量释放率 G 的影响，需建立裂纹尖端应力场的弹塑性解，而这通常由于材料的复杂性，不是一件容易的事情。为解决这一困难，1968 年，Rice 和 Cherepanov 提出了弹塑性断裂力学中一个重要的量——J 积分[8]。通过 J 积分，我们可以利用其与积分路径无关的特性，避开数值上和理论上无法精确描述的弹塑性区而获得材料起裂的弹塑性断裂参数。J 积分具有明确的物理意义，与线弹性断裂力学的断裂强度因子 K 直接关联，随着数值计算能力的发展，它已经成为断裂力学中最核心的概念之一。

17.4.1　J 积分定义

考虑一个含贯穿裂纹的平面问题（可以是平面应变、平面应力，或反平面剪切），该裂纹面上无外力作用，裂纹周围的应力、应变、位移场分别为 σ_{ij}、ε_{ij}、u_i。围绕裂纹尖端取一路径 Γ，起点和终点分别位于裂纹的下表面和上表面（图 17.6）。沿路径 Γ 定义 J 积分为[8]

$$J = \int_{\Gamma} \left(w \mathrm{d}x_2 - \boldsymbol{T} \cdot \frac{\partial \boldsymbol{u}}{\partial x_1} \mathrm{d}s \right) = \int_{\Gamma} \left(w \mathrm{d}x_2 - T_i u_{i,1} \mathrm{d}s \right) \tag{17.31}$$

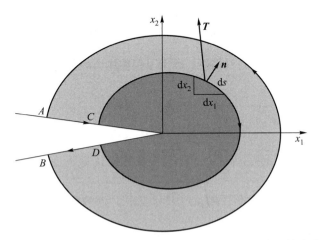

图 17.6 J 积分定义及其守恒性：围绕裂纹尖端取一路径 Γ，起点和终点分别位于裂纹的下表面和上表面，则对 $\left(w \mathrm{d}x_2 - \boldsymbol{T} \cdot \dfrac{\partial u}{\partial x_1} \mathrm{d}s \right)$ 函数的 J 积分与所选取的路径无关。也即这里沿 Γ_{AB} 和 Γ_{CD} 的积分相等

式中，w 为应变能密度；$\boldsymbol{T}$ 是沿路径 Γ 面上 (外法向为 $\boldsymbol{n}$) 的作用力矢量：$T_i = \sigma_{ij} n_j$。利用前面介绍的柯西关系，J 积分又可表示为

$$
\begin{aligned}
J &= \int_{\Gamma} (w \mathrm{d}x_2 - \sigma_{ij} n_j u_{i,1} \mathrm{d}s) = \int_{\Gamma} (w n_1 - \sigma_{ij} n_j u_{i,1}) \, \mathrm{d}s \\
&= \int_{\Gamma} (w \delta_{1j} - \sigma_{ij} u_{i,1}) \, n_j \mathrm{d}s
\end{aligned}
\tag{17.32}
$$

17.4.2　J 积分的守恒性

现在来看 J 积分的路径无关性：如果选取任意的积分路径 Γ_1 和 Γ_2，则曲线 $ACDBA$（外法线方向，右手螺旋准则）构成了一条单连通的封闭曲线 Γ^*，在其内部没有奇点存在（即没有缺陷，没有载荷作用）。因此，沿该路径的积分可以采用格林公式

$$
\int_{\Gamma^*} f(x_1, x_2) \, n_1 \mathrm{d}s = \int_{A_{\Gamma^*}} \frac{\partial f(x_1, x_2)}{\partial x_1} \mathrm{d}A
\tag{17.33}
$$

这里 $\mathrm{d}A$ 代表沿环路 Γ^* 的面积积分，于是有

$$
\int_{\Gamma^*} w n_1 \mathrm{d}s = \int_{A_{\Gamma^*}} \frac{\partial w}{\partial x_1} \mathrm{d}A = \int_{A_{\Gamma^*}} \frac{\partial w}{\partial \varepsilon_{ij}} \frac{\partial \varepsilon_{ij}}{\partial x_1} \mathrm{d}A
\tag{17.34}
$$

假设材料在加载过程中满足小应变，单调比例加载，则有

$$
\sigma_{ij} = \frac{\partial w}{\partial \varepsilon_{ij}}
$$

小应变的几何关系为

$$
\varepsilon_{ij} = \frac{1}{2} (u_{i,j} + u_{j,i})
$$

于是有

$$
\int_{\Gamma^*} w n_1 \mathrm{d}s = \int_{A_{\Gamma^*}} \sigma_{ij} \frac{1}{2} \frac{\partial (u_{i,j} + u_{j,i})}{\partial x_1} \mathrm{d}A = \int_{A_{\Gamma^*}} \sigma_{ij} \frac{\partial u_{i,j}}{\partial x_1} \mathrm{d}A = \int_{A_{\Gamma^*}} \sigma_{ij} (u_{i,1})_{,j} \, \mathrm{d}A
\tag{17.35}
$$

这里的中间等式用到了 σ_{ij} 的对称性。利用不存在体力的平衡方程 $\sigma_{ij,j} = 0$ 可以将式 (17.35) 简化为

$$
\int_{\Gamma^*} w n_1 \mathrm{d}s = \int_{A_{\Gamma^*}} \left(\sigma_{ij} u_{i,1} \right)_{,j} \mathrm{d}A = \int_{\Gamma^*} \sigma_{ij} u_{i,1} n_j \mathrm{d}s
\tag{17.36}
$$

即沿 Γ^* 的 J 积分等价于

$$
J_{\Gamma^*} = \int_{\Gamma^*} (w n_1 - \sigma_{ij} n_j u_{i,1}) \, \mathrm{d}s
\tag{17.37}
$$

将式 (17.36) 代入式 (17.37)，得到 $J_{\Gamma^*} = 0$。

如果我们将 Γ^* 的 4 段分开描述，式 (17.37) 给出

$$
J_{\Gamma^*} = \int_{\Gamma_{AB} + \Gamma_{BD} + \Gamma_{DC} + \Gamma_{CA}} (w n_1 - \sigma_{ij} n_j u_{i,1}) \, \mathrm{d}s = 0
\tag{17.38}
$$

注意到在 Γ_{BD} 和 Γ_{CA} 上，我们假定这是一尖锐裂纹且平行于 x_1 轴，那么 $n_1 = 0$。同时，裂纹自由表面不存在外力作用，$\sigma_{ij} n_j = 0$。因此

$$J_{\Gamma^*} = \int_{\Gamma_{AB} + \Gamma_{DC}} (w n_1 - \sigma_{ij} n_j u_{i,1}) \, \mathrm{d}s = \left(\int_{\Gamma_{AB}} + \int_{\Gamma_{DC}} \right) (w n_1 - \sigma_{ij} n_j u_{i,1}) \, \mathrm{d}s = 0$$

$$(17.39)$$

我们将环线段 Γ_{AB} 的积分定义为

$$J_{\Gamma_1} = \int_{\Gamma_{AB}} (w n_1 - \sigma_{ij} n_j u_{i,1}) \, \mathrm{d}s \tag{17.40a}$$

同样，环线段 Γ_{CD} 的积分定义为

$$J_{\Gamma_2} = \int_{\Gamma_{CD}} (w n_1 - \sigma_{ij} n_j u_{i,1}) \, \mathrm{d}s = -\int_{\Gamma_{DC}} (w n_1 - \sigma_{ij} n_j u_{i,1}) \, \mathrm{d}s \tag{17.40b}$$

将式 (17.40) 代入式 (17.39)，可以得到 $J_{\Gamma_1} = J_{\Gamma_2}$，即沿任意两条路径计算的 J 积分其结果是相同的，这即证明了 J 积分的路径无关性。值得注意的是，在上述的证明过程中，我们用到了以下几个假设，这实际上给出了 J 积分理论的适用范围：

（1）全量理论和单调加载。此时才有关系式 $\sigma_{ij} = \partial w / \partial \varepsilon_{ij}$。例如，在考虑损伤的情况下，裂纹尖端将发生卸载，$J$ 积分不再守恒，但如果卸载的范围很小，可以近似认为 J 积分守恒。

（2）小应变假设。在目前的推导中，式 (17.35) 用到了小变形情况下的运动学关系。这一条件可以适度放宽，有兴趣的读者可以参考 Knowles 的工作[9]，将 J 积分推广到有限变形的三维非线性弹性体。

（3）在式 (17.36) 的应用中，我们忽略了体积力的影响，且裂纹面上无外加作用力。这一条件后来也被 Kishimoto 进一步研究[10]，并给出了考虑体积力时 J 积分的具体形式。

这里得到的 J 积分的路径无关性给数值分析带来了极大的便利，下面来看这一积分的物理含义。

17.4.3　J 积分的物理意义

为了阐释 J 积分的物理意义，我们考察图 17.7 中的紧凑拉伸试样且考虑机器中可能存在的弹性变形：试样承受外载 P 作用，设定试件和加载系统的柔度分别为 C 和 C_M，在力 P 的作用下系统总的伸长量为 Δ_t，其中试件和加载系统的伸长量分别为 Δ 和 Δ_M，$\Delta_t = \Delta + \Delta_M$。加载系统用一个非线性弹簧表示，它的力–位移关系为

$$P = \frac{\mathrm{d} U_M(\Delta_M)}{\mathrm{d} \Delta_M} \tag{17.41}$$

式中，U_M 为弹簧应变能。

整个系统的总应变能为

$$U(\Delta, a) + U_M(\Delta_M) \tag{17.42}$$

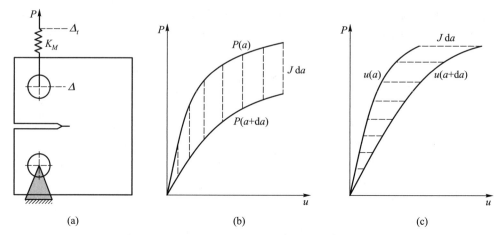

图 17.7 典型断裂试验中不同边界载荷下 J 积分的计算，参考图 16.8 中的紧凑拉伸试样且考虑机器中可能存在的弹性变形（以具有刚度 K_M 的弹簧表示，其位移为 $\Delta_M = \Delta_t - \Delta$）。（a~c）分别为位移加载和载荷控制条件下 J 积分的形变功率定义

式中，$U(\Delta, a)$ 是含裂纹试件的应变能

$$U(\Delta,a) = \int_0^{\Delta} P(\Delta,a)\,\mathrm{d}\Delta \tag{17.43}$$

对于沿裂纹面方向的扩展，定义单位厚度含裂纹构件的能量释放率为

$$J = -\frac{\partial \Pi}{\partial a} \tag{17.44}$$

式中，Π 是系统总的变形消耗功。式 (17.44) 也称为 J 积分的形变功率定义，是由 Rice 首先提出的。

在位移控制加载条件下，假设在裂纹扩展一小量的过程中 $\mathrm{d}\Delta_t = 0$，此时外力不作功，则

$$
\begin{aligned}
\mathrm{d}\Pi &= \left(\frac{\partial U}{\partial a}\right)\Big|_{\Delta}\mathrm{d}a + \left(\frac{\partial U}{\partial \Delta}\right)\Big|_{a}\mathrm{d}\Delta + \frac{\partial U_M}{\partial \Delta_M}\mathrm{d}\Delta_M \\
&= \left(\frac{\partial U}{\partial a}\right)\Big|_{\Delta}\mathrm{d}a + P(\mathrm{d}\Delta + \mathrm{d}\Delta_M) = \left(\frac{\partial U}{\partial a}\right)\Big|_{\Delta}\mathrm{d}a
\end{aligned}
\tag{17.45}
$$

于是

$$J = -\frac{\partial \Pi}{\partial a} = -\left(\frac{\partial U}{\partial a}\right)\Big|_{\Delta} = \int_0^{\Delta}\left(\frac{\partial P(\Delta,a)}{\partial a}\right)\Big|_{\Delta}\mathrm{d}\Delta \tag{17.46}$$

式中，J 与加载系统的性质无关。对于线弹性体，按照柔度 C 的定义，$C = \Delta/P$，则式 (17.46) 中的 J 即为能量释放率 G，即 $J = G$。

在载荷控制的加载条件下，由于加载系统能量变化率为零，这里只考虑试件的总内能

$$\Pi = U - P\Delta = \int_0^{\Delta}P(\Delta,a)\,\mathrm{d}\Delta - P\Delta = P\Delta - \int_0^{P}\Delta(P,a)\,\mathrm{d}P - P\Delta = -\int_0^{P}\Delta(P,a)\,\mathrm{d}P \tag{17.47}$$

则

$$J = -\frac{\partial \Pi}{\partial a} = \int_0^P \left(\frac{\partial \Delta(P,a)}{\partial a} \right)\bigg|_P \mathrm{d}P \tag{17.48}$$

图 17.7 给出了上述两种加载情况下的力–位移关系加载。由图 17.7 展示的边界条件和对应的式 (17.46) 和式 (17.48) 给出的积分表达式我们可以知道，J 积分的物理意义为：对于弹塑性体而言，J 积分表示两个具有相同外形、裂纹尺寸相同的试样，在单调加载到相同的位移时，载荷随裂纹扩展单位长度的变化量对位移的积分；在保持外加载荷不变的情况下，位移在裂纹扩展单位长度条件下对载荷的积分。

17.4.4　J 积分与应力强度因子的联系

在小范围屈服条件下，$J = G_\mathrm{I}$，由此可以直接获得 J 积分和应力强度因子之间的关系。同样，我们也针对平面应变和平面应力状态，采用直接的方法证明如下。

由 J 积分的定义

$$J = \int_\Gamma \left(w\mathrm{d}x_2 - T_i u_{i,1}\mathrm{d}s \right) \tag{17.49}$$

式中，w 是应变能密度，对于平面应变状态

$$w = \frac{1+\nu}{2E} \left[(1-\nu)\left(\sigma_{11}^2+\sigma_{22}^2\right) - 2\nu\sigma_{11}\sigma_{22} + 2\sigma_{12}^2 \right] \tag{17.50}$$

将裂纹尖端弹性解的应力分量代入，化简得到

$$w = \frac{K_\mathrm{I}^2}{2\pi r}\frac{1+\nu}{E}\cos^2\frac{\theta}{2}\left(1-2\nu+\sin^2\frac{\theta}{2}\right) \tag{17.51}$$

由于 J 积分与路径无关，可选取以裂纹顶端为圆心，半径为 r 的圆作为积分路径，则有

$$\int_\Gamma w\mathrm{d}x_2 = \int_{-\pi}^{\pi} wr\cos\theta\mathrm{d}\theta = \frac{(1+\nu)(1-2\nu)}{4E}K_\mathrm{I}^2 \tag{17.52}$$

依据柯西公式(第 3 章)，沿积分路径的表面应力为

$$T_1 = \sigma_{11}n_1 + \sigma_{12}n_2 = \sigma_{11}\cos\theta + \sigma_{12}\sin\theta = \frac{K_\mathrm{I}}{\sqrt{2\pi r}}\cos\frac{\theta}{2}\left(3\cos^2\frac{\theta}{2}-2\right)$$

$$T_2 = \frac{3K_\mathrm{I}}{\sqrt{2\pi r}}\cos^2\frac{\theta}{2}\sin\frac{\theta}{2}$$

同时裂纹尖端的位移场为

$$u_1 = \frac{K_\mathrm{I}}{G}\sqrt{\frac{r}{2\pi}}\cos\frac{\theta}{2}\left(1-2\nu+\sin^2\frac{\theta}{2}\right)$$

$$u_2 = \frac{K_\mathrm{I}}{G}\sqrt{\frac{r}{2\pi}}\sin\frac{\theta}{2}\left(2-2\nu-\cos^2\frac{\theta}{2}\right)$$

采用坐标转换，有

$$\frac{\partial}{\partial x_1} = \cos\theta\frac{\partial}{\partial r} - \frac{\sin\theta}{r}\frac{\partial}{\partial \theta} \tag{17.53}$$

将以上各式代入 J 积分定义式，可求得

$$\int_{\Gamma} T_i u_{i,1} \mathrm{d}s = -\frac{(1+\nu)(3-2\nu)}{4E} K_{\mathrm{I}}^2 \tag{17.54}$$

我们将式 (17.52) 和式 (17.54) 代入式 (17.49)，即得到平面应变状态下 J 积分和应力强度因子之间的关系

$$J = \frac{1-\nu^2}{E} K_{\mathrm{I}}^2 \tag{17.55a}$$

同样地，我们也可以得到平面应力状态下两者的关系

$$J = \frac{K_{\mathrm{I}}^2}{E} \tag{17.55b}$$

由此可以看到，J 积分不仅具备路径无关性，同时也可和断裂过程的关键力学量直接关联，这为我们开展实际工程分析提供了巨大的便利，是断裂力学里程碑式的成果。

17.5　裂纹张开位移

实际裂纹张开前，由于裂纹尖端塑性区的存在，其尖端存在张开位移（crack open displacement，COD）。1960 年，Dugdale 通过采用 Muskhelishvili 提供的分析方法，给出了裂纹尖端塑性区及其对张开位移的描述，到了 1961 年，Wells 结合实验结果并在此基础上提出了以裂纹尖端 COD 来描述裂纹尖端应力及应变场的分析方法。弹塑性体受 I 型（张开型）载荷时，原始裂纹部位的张开位移符号为 δ。对应起裂、失稳或最大载荷点的 COD 值称为特征 COD 值，用于表征材料抵抗裂纹起裂和扩展的能力。COD 是描述裂纹体状态的一个断裂力学参量，概念上直观，数学上简单，工程上比较容易应用。

17.5.1　裂纹张开位移准则

裂纹尖端小范围屈服的情况下，裂纹张开位移与其他断裂参数有确定的关系。以平面应力状态为例，其塑性区尺寸为

$$r_{\mathrm{p}} = \frac{1}{2\pi} \left(\frac{K_{\mathrm{I}}}{\sigma_{\mathrm{s}}} \right)^2 \tag{17.56}$$

式中，σ_{s} 是材料屈服强度。考虑到 $G_{\mathrm{I}} = K_{\mathrm{I}}^2/E$，式 (17.56) 也可写成

$$r_{\mathrm{p}} = \frac{EG_{\mathrm{I}}}{2\pi\sigma_{\mathrm{s}}^2} \tag{17.57}$$

平面应力状态下的位移

$$u_2 = \frac{K_{\mathrm{I}}}{G} \sqrt{\frac{r}{2\pi}} \sin\frac{\theta}{2} \left(\frac{2}{1+\nu} - \cos^2\frac{\theta}{2} \right) \tag{17.58}$$

在裂纹面上，即当 $\theta = \pi$ 时

$$u_2 = \frac{4K_{\mathrm{I}}}{E}\sqrt{\frac{r}{2\pi}} \tag{17.59}$$

张开位移由上表面与下表面在塑性区边缘处的位移相加得到，如图 17.8 所示

$$\delta = 2u_2 = 2\frac{4K_{\mathrm{I}}}{E}\sqrt{\frac{r_{\mathrm{p}}}{2\pi}} = \frac{4}{\pi}\frac{G_{\mathrm{I}}}{\sigma_{\mathrm{s}}} \tag{17.60}$$

则

$$\delta_{\mathrm{c}} = \frac{4}{\pi}\frac{G_{\mathrm{IC}}}{\sigma_{\mathrm{s}}} \tag{17.61}$$

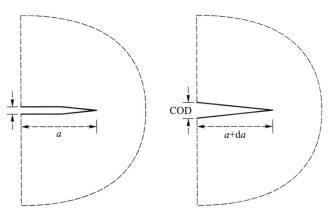

图 17.8 裂纹在外场作用下的张开位移。初始长度为 a 的裂纹在外场 K 作用下扩展到 $a + \mathrm{d}a$，与之对应，裂纹张开距离由 $\delta(a)$ 变为 $\delta(a + \mathrm{d}a)$

17.5.2 裂纹张开位移测量

实际工程应用中，我们需要通过试验来确定临界裂纹张开位移。这方面的信息可以通过美国机械工程师协会（ASME）或者我国的标准化测试方法说明获得。如图 17.9 所示的三点弯曲试验是经常采用的方法。对所示测试件，其中 B 为厚度，W 为高度，S 为跨度，a 为裂纹深度。其尺寸关系符合 $W = 2B, S = 4W$。我们采用图 16.8 所示的标准三点弯曲试验，通过如下测量步骤获得裂纹张开位移和裂纹长度之间的关系：

（1）记录载荷–位移曲线，即 $P - u$ 曲线；

（2）用 Δu 控制卸载点多次卸载，卸载量为载荷当前值 20% 左右；

（3）用卸载数据计算柔度并推算响应的裂纹长度；

（4）计算裂纹张开位移

$$\delta = \frac{K_{\mathrm{I}}^2\left(1-\nu^2\right)}{2E\sigma_{\mathrm{s}}} + \frac{r_{\mathrm{p}}\left(W-a\right)u_{\mathrm{p}}}{r_{\mathrm{p}}\left(W-a\right)+a+Z} \tag{17.62}$$

式中，σ_{s} 为材料屈服强度；r_{p} 为转动因子，可取 0.45；K_{I} 可以依据式 (16.30c) 给出的关系式来确定；u_{p} 通过实验方法测定，如图 17.9 所示。

（5）绘出裂纹扩展过程中裂纹尖端张开位移 δ 与裂纹长度的曲线，确定 COD 的特征值 δ_c。

利用试验中得到的裂纹长度与裂纹尖端张开位移 δ 的关系，我们就可以确定具体的几何结构中裂纹在何种载荷下开始扩展，以及对应的扩展长度和稳定性。

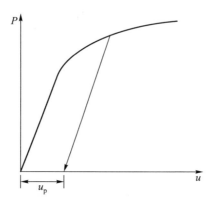

图 17.9 通过三点弯曲试验获得裂纹张开位移和裂纹长度之间的关系。注意到卸载后由于裂纹尖端的塑性变形位移无法回复到原点位置

17.6 临界能量释放率试验方法

因为前面已经介绍过的能量释放率与其他几个关键断裂参数之间的关系，临界的能量释放率也是材料的一个重要参数，需要我们通过精细试验方法来获得。在这里我们将介绍具体的试验手段和分析方法。

17.6.1 载荷–位移方法

考虑图 17.5 中含中心裂纹的有限宽度试样在拉伸载荷下的载荷–位移曲线，如图 17.10a 所示。随着裂纹扩展，载荷逐渐降低，对应的结构刚度逐渐变小。

考虑图 17.10b 所示的其中一个 u_j 到 u_{j+1} 的位移增量步，位移长度由 a_j 到 a_{j+1}，其所对应的载荷为 p_j 和 p_{j+1}。按照能量释放率的定义，我们可以将裂纹扩展到 a_{j+1} 时的 G 表达式写为图 17.10b 中从 a_1 到 a_{j+1} 的各阴影面积之和：

$$G = \sum_{j=1}^{n} \frac{OA_jA_{j+1}}{B(a_{j+1} - a_j)} \tag{17.63a}$$

通过图 17.10b 中的几何关系，不难看到 $OA_jA_{j+1} = (P_ju_{j+1} - P_{j+1}u_j)/2$。因此可以将式 (17.63a) 化为

$$G = \sum_{j=1}^{n} \frac{(P_ju_{j+1} - P_{j+1}u_j)}{2B(a_{j+1} - a_j)} \tag{17.63b}$$

这样一来，如果获得了关于裂纹扩展的载荷、位移、裂纹长度三者之间一一对应的信息，就可以由此得到临界能量释放率。由于采用的是积分方式，需要比较好地控

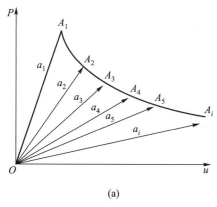 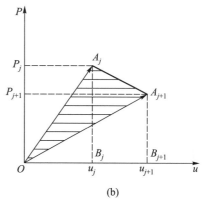

图 17.10 典型断裂试验中以载荷–位移曲线获得临界能量释放率的方法。（a）典型位移控制下随裂纹扩展的载荷–位移曲线；（b）位移从 u_j 到 u_{j+1} 时，载荷由 P_j 变为 P_{j+1}

制位移和裂纹扩展之间的步长，以期获得比较准确的临界能量释放率。

17.6.2 柔度法

与载荷–位移曲线获得临界能量释放率的方法类似，我们也可以通过柔度参数来确定材料的临界能量释放率。考虑固定载荷 P 条件下的裂纹扩展量为 $\mathrm{d}a$，这一过程的能量释放为 $P\mathrm{d}u/2$。通过柔度参数 C，我们有 $u = CP$，这里 u 为载荷施加点处的位移。这样一来，有

$$G\mathrm{d}a = \frac{1}{2}\frac{P\mathrm{d}u}{B} = \frac{1}{2}\frac{P\mathrm{d}(CP)}{B} \tag{17.64a}$$

展开式 (17.64a) 并取其微分形式，得到

$$G = \frac{1}{2}\frac{P\mathrm{d}u}{B} = \frac{1}{2}\frac{P^2}{B}\frac{\mathrm{d}C}{\mathrm{d}a} \tag{17.64b}$$

参考图 17.10a 中的典型位移控制下随裂纹扩展的载荷–位移曲线，我们通过在不同裂纹长度 a_j 下卸载来获得对应的柔度 C_j，如图 17.11a 所示。通过记录下来的柔度–裂纹长度关系，就得到两者之间的斜率关系，从而利用式 (17.63) 得到不同裂纹长度下的能量释放率 G。

17.6.3 双悬臂梁及等应力强度因子试样

我们可以采用柔度法，结合图 17.12a 中的双悬臂梁试样，从理论上获得临界能量释放率的表达式。根据材料力学的分析方法，图 17.12a 的柔度系数可以确定为

$$C = \frac{24}{EB}\int_0^a \frac{x^2\mathrm{d}x}{h^3} + \frac{6(1+\nu)}{EB}\int_0^a \frac{1}{h}\mathrm{d}x \tag{17.65}$$

如果取 $\nu = 1/3$，得到

$$\frac{\mathrm{d}C}{\mathrm{d}a} = \frac{8}{EB}\left(\frac{3a^2}{h^3} + \frac{1}{h}\right) \tag{17.66}$$

273

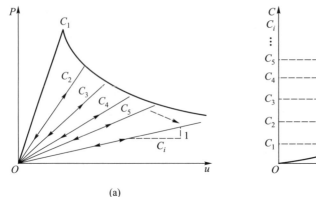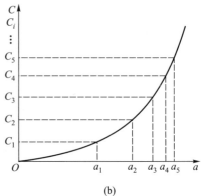

(a)   (b)

图 17.11 通过断裂试验中的载荷–位移曲线获得柔度–裂纹长度关系以计算临界能量释放率的方法。（a）通过裂纹扩展中不同位移下的卸载获得对应位移和裂纹长度下的试样柔度；（b）建立柔度与裂纹长度之间的关系

将柔度随裂纹长度的变化率代入式 (17.64b)，得到能量释放率的显示表达式

$$G = \frac{1}{2}\frac{Pdu}{B} = \frac{4P^2}{EB^2h^3}\left(3a^2 + h^2\right) \tag{17.67}$$

也可以由此得到图 17.12a 中含裂纹的双悬臂梁试样的应力强度因子

$$K = \sqrt{GE} = \frac{2P}{B}\left(\frac{3a^2}{h^3} + \frac{1}{h}\right)^{1/2} \tag{17.68}$$

对于更复杂的保留泊松比的情况，我们也可以得到显示表达式

$$G = \frac{4P^2}{EB^2h^3}\left[3a^2 + \frac{3}{4}h^2(1+\nu)\right] \tag{17.69}$$

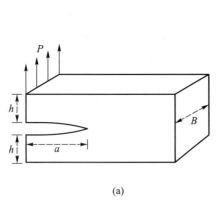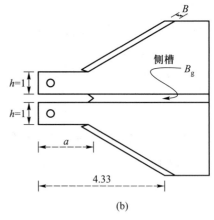

(a)   (b)

图 17.12 常用的测量临界能量释放率的试验方法。（a）双悬臂梁法：一般通过柔度方法来测量某些界面的临界能量释放率。(b) 常 K 场法：试样在断裂面通过两个侧边开槽的办法使得槽区域的厚度与其他部分的厚度比为 $B_g/B = 0.8$。在高度变化区域，其斜率使得 $\frac{3a^2}{h^3} + \frac{1}{h} = 4$。注意到试样前端为单位高度，其他维度尺寸以此对比

结合前面关于应力强度因子的表达式，我们看到在恒定载荷下，K 随着裂纹的扩展而逐渐增加，由此导致裂纹的不稳定扩展。如何设计试样使得裂纹稳定扩展呢？我们可以从式 (17.68) 中获得相应的启发：在恒定载荷作用下，如果维持右侧括号内的项与试样厚度的比值为常数，那么应力强度因子为常数，裂纹的扩展是稳定的。在图 17.12b 中，可以看到由 Mostovoy 等在 1967 年建议的常 K 场试验方法正是利用了这一特点[11]：在变高度区域，试样的设计使得 $\dfrac{3a^2}{h^3} + \dfrac{1}{h} = 4$。同时，为了使裂纹沿固定平面扩展，在断裂面两个侧边开槽，使得裂纹扩展面的厚度与其他部分的厚度比为 $B_{\mathrm{g}}/B = 0.8$。

17.7 能量释放率的工程应用

针对不同材料性质和几何特征，我们目前已经介绍了可能用到的表征裂纹扩展的力学参数。在工程实践中，设计人员可根据问题的适应性来使用不同的参数作为断裂判据，预测裂纹扩展。能量释放率和应力强度因子不同，在复合断裂问题中，总能量释放率 G 可由 3 种模态的能量释放率叠加得到。因此，在裂纹尖端受多种应力强度因子影响时，总能量释放率 G 更为简洁有效。这也是目前涉及裂纹偏转或者裂纹在不同介质中扩展的断裂力学问题时，大家通常利用能量释放率来加以分析的原因。下面就如何利用能量释放率来预测裂纹扩展路径加以讨论。

17.7.1 裂纹扩展路径

正如材料中不可避免地存在微小裂纹一样，裂纹扩展的过程中通常由于载荷分布的影响或者材料性质的影响而走向偏转，这一行为在复合材料或者各向异性材料中尤为显著。图 17.13 中给出了几类典型的裂纹扩展问题。这些问题一般都有对应的工程应用背景。对图 17.13a 所示各向同性均匀介质中主裂纹在 K_{I} 和 K_{II} 共同作用下的偏转问题的研究从 1957 年开始就获得力学界研究人员如 Williams[12]、Nuismer[13] 等的重点关注，图 17.13b 则代表初始裂纹沿着界面扩展时可能向两侧不同属性介质偏转的弹性断裂问题，也是一个具有广泛工程应用背景的力学问题[14-16]。图 17.13c 中解决的是裂纹前沿介质出现变化时裂纹转入垂直界面还是继续向前进入第二介质的弹性问题[17]。图 17.13d 代表了裂纹扩展过程中遇到呈任意角度的弱界面时的扩展路径选择问题。类似的工程问题在岩石甚至地壳等脆性介质中经常见到。这里将重点介绍图 17.13a 和 d 所代表的两类问题。它们没有考虑不同弹性介质的影响，因此极大地简化了这一弹性问题，使得某些情况下的理论解成为可能。

针对图 17.13a 这一平面问题，假设裂纹尖端沿着主裂纹面偏转 θ，且偏转后裂纹的扩展长度 r 和当前主裂纹的长度相比非常小，我们可以给出此时偏转后裂纹尖端的应力强度因子

$$K_{1\theta} = \frac{1}{2}\cos\left(\frac{\theta}{2}\right)\left[K_{\mathrm{I}}(1 + \cos\theta) - 3K_{\mathrm{II}}\sin\theta\right] \tag{17.70a}$$

$$K_{2\theta} = \frac{1}{2}\cos\left(\frac{\theta}{2}\right)\left[K_{\mathrm{I}}\sin\theta + K_{\mathrm{II}}(3\cos\theta - 1)\right] \tag{17.70b}$$

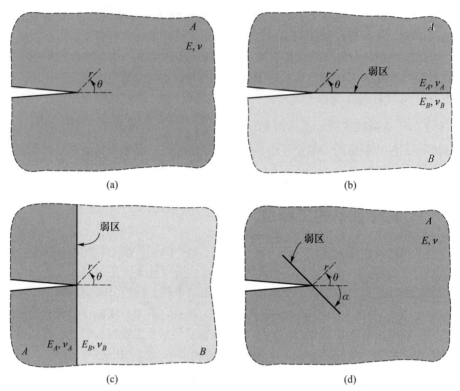

图 17.13 裂纹在复杂介质中扩展时的转向问题。（a）均匀介质中的裂纹偏转；（b）沿弱界面方向的裂纹扩展；（c）垂直于裂纹方向的弱界面裂纹扩展；（d）与裂纹方向呈任意角度的弱界面裂纹扩展

那么该偏转角度下，裂纹扩展时能量释放率可以表示为

$$G_\theta = \frac{K_{1\theta}^2 + K_{2\theta}^2}{E} \tag{17.71}$$

这里的杨氏模量 E 是针对平面应力的情形；对平面应变的应力状态，需要用 $E/(1-\nu^2)$ 来替代式中的 E。据这一表达式，可以求得沿某特定方向的最大能量释放率

$$G_{\theta\max} = \frac{\cos^2\left(\dfrac{\theta_0}{2}\right)[K_{\mathrm{I}}^2 + 5K_{\mathrm{II}}^2 + (K_{\mathrm{I}}^2 - 3K_{\mathrm{II}}^2)\cos\theta_0 - 4K_{\mathrm{I}}K_{\mathrm{II}}\theta_0]}{2E} \tag{17.72a}$$

式中，θ_0 即为此方向

$$\theta_0 = \begin{cases} -\arccos\left(\dfrac{3K_{\mathrm{I}}^2 + \sqrt{K_{\mathrm{I}}^4 + 8K_{\mathrm{I}}^2 K_{\mathrm{II}}^2}}{K_{\mathrm{I}}^2 + 9K_{\mathrm{II}}^2}\right), & K_{\mathrm{I}} > 0 \text{ 且 } K_{\mathrm{II}} > 0 \\[4mm] \arccos\left(\dfrac{3K_{\mathrm{II}}^2 + \sqrt{K_{\mathrm{I}}^4 + 8K_{\mathrm{I}}^2 K_{\mathrm{II}}^2}}{K_{\mathrm{I}}^2 + 9K_{\mathrm{II}}^2}\right), & K_{\mathrm{I}} > 0 \text{ 且 } K_{\mathrm{II}} \leqslant 0 \\[4mm] \pm\arccos\left(\dfrac{1}{3}\right), & K_{\mathrm{I}} = 0 \text{ 但 } K_{\mathrm{II}} \neq 0 \end{cases} \tag{17.72b}$$

有了这一结果，我们就可以知道对应的最大能量释放率 G_{θ_0}。一旦该能量释放率达到材料破坏时的临界能量释放率 G_c，它将沿该方向扩展。有的文献中通过利用复合

模式下两个应力强度因子的相位角 $\psi = \arctan(K_{\mathrm{II}}/K_{\mathrm{I}})$ 来描述式 (17.72)，有兴趣的读者可参考文献 [18]。

17.7.2 水力压裂

前面讨论的裂纹偏转是由于载荷因素导致的，实际的问题中还涉及裂纹沿不同方向扩展时存在的材料属性差异，如图 17.13d 所示的裂纹和弱界面的相遇问题。这样的弱界面既可以由层状材料之间的界面导致，也可以是自然或者服役环境过程中形成的。例如当前的页岩油气开采过程中，就面临大量类似的问题。这一工程中的关键问题之一就是如何通过水力压裂，在页岩油气层中形成密集缝网。水力压裂技术近 20 年在页岩油气开采工程中蓬勃发展，该技术能在致密低渗的层状页岩储层中产生复杂裂缝网络，形成有效的油气采收通道。

水力裂缝在页岩储层中的扩展是一个复杂的力学问题。我们将其简化为如图 17.14 所示的二维脆弹性体断裂问题，其中包含一条裂缝和一个弱面，且裂缝刚好与弱面相遇。裂缝长度为 $2c$，与弱面的夹角为 α，裂缝面上均匀作用于水压力 P，远处受水平地应力 σ_{h} 和垂直地应力 σ_{v} 作用。页岩基质的杨氏模量为 E，临界能量释放率（断裂韧性）为 G_{mc}，而弱面的临界能量释放率（断裂韧性）为 C_{dc}。我们将应用能量释放率等求出该问题中水力裂纹沿弱面扩展条件的理论解。

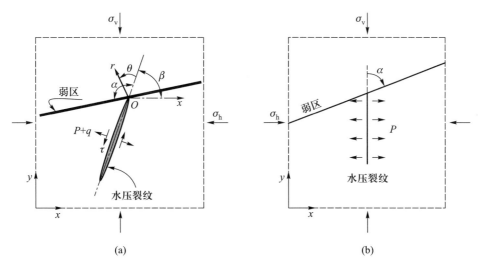

图 **17.14** 水力压裂下简化后的裂纹扩展问题的力学模型。（a）一般情况下主裂纹和弱界面相遇的几何与边界条件；（b）对称载荷作用时页岩储层中水力裂缝与层理弱面相互作用

针对图 17.14a 所表示的裂纹状态，主裂纹在遇到弱界面后存在几种可能的扩展路径，例如沿着弱界面扩展，继续沿着主裂纹方向扩展，或者沿着与主裂纹成一定角度 θ 扩展。我们将 G_{α} 定义为主裂纹转向沿着弱界面扩展时的能量释放率，而 G_{θ} 表示主裂纹仍然在基质材料中扩展但偏转角度 θ 时的能量释放率。按照 He 和 Hutchinson 在 1989 年给出的裂纹扩展条件[19-20]，在已经知道 G_{α} 和各偏转角下能量释放率 G_{θ} 的条件下，水力（主）裂缝转入弱界面扩展需要满足以下两个条件：一方面 G_{α} 必须

达到弱面的临界能量释放率（断裂韧性）G_{dc}

$$G_\alpha = G_{dc} \tag{17.73a}$$

另一方面

$$\frac{G_\alpha}{G_{\theta \max}} > \frac{G_{dc}}{G_{mc}} \tag{17.73b}$$

式中，$G_{\theta \max}$ 是裂纹在基质中扩展但偏转 θ 角度时能量释放率最大化所对应的值。利用这一条件就可以导出图 17.14a 所示的水力裂纹与弱面相遇下的偏转条件。Zeng 和 Wei 给出了其完整的理论结果，有兴趣的读者可以参考他们的论文[21]。

在这里，我们关注更简单的情形，对应于图 17.14b 所示的对称载荷，此时水力裂纹与主应力处于平行或者垂直状态。当 $P \leqslant \sigma_h$ 时，裂缝闭合，裂缝面受接触压力 $\sigma_h - P$ 作用；当 $P > \sigma_h$ 时，裂缝张开，裂缝面上无接触压力，此时裂纹尖端的 I 型和 II 型应力强度因子为

$$K_I = (P - \sigma_h)\sqrt{\pi c} \tag{17.74a}$$

$$K_{II} = 0 \tag{17.74b}$$

将上述表达式代入 Nuismer 给出的裂缝尖端任意方向能量释放率公式 (17.71) 中，得到

$$G_\theta = \pi c \cos^4\left(\frac{\theta}{2}\right)\frac{(P - \sigma_h)^2}{E} \tag{17.75}$$

此时沿弱面 α 方向的能量释放率为

$$G_\alpha = \pi c \cos^4\left(\frac{\alpha}{2}\right)\frac{(P - \sigma_h)^2}{E} \tag{17.76}$$

从式 (17.75) 中可以看到，当 $\theta = 0$ 时，水力裂缝尖端的能量释放率最大，$G_\theta = G_{\theta \max}$，且

$$G_{\theta \max} = \pi c \frac{(P - \sigma_h)^2}{E} \tag{17.77}$$

通过 He 和 Hutchinson 所给出的裂纹扩展时的能量释放率关系式 (17.73a)，就能给出水力裂缝沿弱面转向扩展条件的理论解。其中式 (17.73a) 所表示的条件为

$$G_\alpha = \frac{\pi c \cos^4\left(\frac{\alpha}{2}\right)(P - \sigma_h)^2}{E} = G_{dc} \tag{17.78a}$$

且有

$$\frac{G_\alpha}{G_{\theta \max}} = \cos^4\left(\frac{\alpha}{2}\right) > \frac{G_{dc}}{G_{mc}} \tag{17.78b}$$

式 (17.78b) 给出了图 17.14b 所示的对称载荷情形下，如果裂纹面转向沿弱面扩展，那么弱面的临界能量释放率（断裂韧性）G_{dc} 与对应的基质材料临界能量释放率 G_{mc} 的比值必须小于 $\cos^4\left(\frac{\alpha}{2}\right)$。考虑特殊情形，当弱界面和主裂纹垂直时，$\alpha = \pi/2$，那么 $G_{dc}/G_{mc} < 1/4$ 才能导致偏转。

17.8　小结

在第 16 章中，我们介绍了通过应力强度因子形成的断裂判据。基于对断裂认识的不断加深，后续又形成了不同的断裂判据，尤其是基于能量释放的断裂准则得到了很大的发展。在本章中，我们进一步介绍了分析裂纹扩展的能量原理，以及其中的关键力学概念如能量释放率、J 积分、裂纹张开位移等。同时也结合工程实践，介绍了如何通过能量释放率来分析裂纹的转向问题。考虑到断裂力学的研究和工程应用的密切相关性，以及固体的断裂失效对人们生命财产安全可能带来的巨大潜在威胁，这一方面的研究必将伴随着人类征服自然、改造自然、提升生活环境与生存空间的长期过程，需要一代代力学相关科研人员为此开展探索和求证。

参考文献

[1]　Griffith A A. The phenomena of rupture and flow in solids [J]. Philosophical Transactions of the Royal Society, 1920, A221: 163-198.

[2]　Irwin G R. Fracture Dynamics, Fracturing of Metals [M]. American Society for Metals, 1948: 147-166.

[3]　Orowan E. Fracture and strength of solids [J]. Reports On Progress in Physics. 1949, 12: 185-232.

[4]　Rivlin R S, Thomas A G. Rupture of rubber: Part I. Characteristic energy for tearing[J]. Journal of Polymer Science, 1953, 10: 291-318.

[5]　Thomas A G. Goodyear Medal Paper presented to the American Chemical Society Rubber Division Meeting Chicago [J]. Rubber Chemistry & Technology, 1994, 67: G50.

[6]　Frenkel, J. The theory of the elastic limit and the solidity of crystal bodies [J]. Zeitschrift Fur Physik, 1926, 37(7/8): 572-609.

[7]　Inglis C E. Stresses in a plate due to the presence of cracks and sharp corners [J]. Procedings of Royal Institution of Naval Architects, 1913, 55: 219-241.

[8]　Rice J R. A path independent integral and approximate analysis of strain concentration by notches and cracks [J]. Journal of Applied Mechanics, 1968, 35(2): 379-386.

[9]　Knowles J K, Sternberg E. An asymptotic finite-deformation analysis of the electrostatic field near the tip of a crack [J]. Journal of Elasticity, 1972, 3: 67-107.

[10]　Kishimoto K, Aoki S, Sakata M. On the path independent integral-J [J]. Engineering Fracture Mechanics, 1980, 13(4): 841-850.

[11]　Mostovoy S, Crosley R, Kipling E. Use of crack-line load specimens for measuring plane-strain fracture toughness[J]. Journal of Materials, 1967, 2(3): 661-681.

[12]　Williams M L. On the stress distribution at the base of a stationary crack [J]. Journal of Applied Mechanics, 1957, 24: 109-114.

[13]　Nuismer R. An energy release rate criterion for mixed mode fracture [J]. International Journal of Fracture, 1975, 11: 245-250.

[14]   Williams M L. The stresses around a fault or crack in dissimilar media [J]. Bulletin of the Seismological Society of America, 1959, 49 (2): 199-204.

[15]   England A H. A crack between dissimilar media [J]. Journal of Applied Mechanics, 1965, 32: 400-402.

[16]   Hutchinson J W, Suo Z. Mixed Mode Cracking in Layered Materials, Advances in Applied Mechanics [M]. New York: Academic Press, 1991.

[17]   Cook T S, Erdogan F. Stresses in bonded materials with a crack perpendicular to the interface [J]. International Journal of Engineering Science, 1972, 10: 677-697.

[18]   Hutchinson J W, Suo Z G. Mixed mode cracking in layered materials [J]. Advances in Applied Mechanics, 1992, 29: 63-191.

[19]   He M Y, Hutchinson J W. Crack deflection at an interface between dissimilar elastic materials [J]. International Journal of Solids and Structures, 1989, 25: 1053-1067.

[20]   He M Y, Hutchinson J W. Kinking of a crack out of an interface [J]. Journal of Applied Mechanics, 1989, 56: 270-278.

[21]   Zeng X G, Wei Y J. Crack deflection in brittle media with heterogeneous interfaces and its application in shale fracking [J]. Journal of the Mechanics and Physics of Solids, 2017, 101: 235-249.

第 18 章　疲 劳 断 裂

18.1　简介

机械系统结构的载荷通常和实验环境不同，不一定是静态载荷。图 18.1 和图 18.2 给出了一些典型动力学系统中特定部件的载荷–时间关系，其中包括飞机某部件在不同历程中所承受的载荷情况和高速列车在实际运行过程中某部件不同历程中所承受的载荷情况。可以明显看到，随着运营时间的积累，这样的交变载荷将不断重复。在这样的交变应力作用下，结构由于表面形状设计、表面刻痕或内部缺陷等因素，可能在一些局部出现较大的应力集中。交变的应力集中在幅值超过一定程度后，将诱导微观裂纹的产生，之后分散的微观裂纹经过串级而形成宏观裂纹。已形成的宏观裂纹逐渐缓慢地扩展，构件有效承载截面将逐步减小，当达到一定限度时，构件会突然断裂。因交变应力引起的上述失效现象称为疲劳。为防止机械和结构的疲劳失效，国内外学者和工程界已经进行了约 160 年的研究。疲劳研究的主要目的是精确地估算机械结构零部件的疲劳寿命，简称定寿，保证在服役期内零部件不会发生疲劳失效；采用经济而有效的技术和管理措施，以延长疲劳寿命，简称延寿，从而提高产品质量。这样的载荷特征导致的结构疲劳广泛存在于工程结构中，统计数据表明，机械零件的失效约有 70% 是疲劳引起的，而且造成的事故大多数是灾难性的。因此，对材料和构件的疲劳研究仍为国内外学者和工程界所关注[1]。

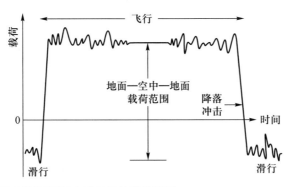

图 18.1　飞机某部件在不同历程中所承受的载荷情况

疲劳强度设计是建立在试验基础上的一门科学。只有模拟真实的载荷及环境，对被研制的设备或零部件进行实物试验，才能正确地评价它们真实的疲劳特性，验证疲劳设计的预期效果。但是，整机试验成本太高，而零部件的疲劳试验虽不如整机试验接近实际，但比用标准试样更接近工况，所以关键零部件的疲劳试验是疲劳设计中的

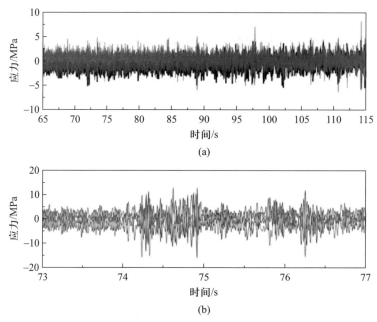

图 18.2 高速列车某结构易疲劳位置在高速直线（a）以及过道岔（b）过程中的动应力随时间变化的情况。可以看出，一般在车辆过道岔时动应力较大

一个重要环节。零部件的疲劳试验要消耗大量的零部件试样，对于不同的设计方案，又要制作不同结构的试样，很不方便。所以，一般多用结构简单、造价低廉的标准试样进行疲劳试验，以提供疲劳性能数据和疲劳设计数据。

材料疲劳测试是利用试样或模拟机件在各种环境下经受交变载荷循环作用而测定其疲劳性能判据，研究其断裂过程，评定材料、零部件或整机的疲劳强度及疲劳寿命的试验。通常是对试样施加一个规定的平均载荷（可能为零）和一个交变载荷，并且记录产生破坏所需的循环次数（疲劳寿命）。一般地，对同样试样施加不同交变载荷进行重复试验。可以施加轴向载荷、扭转载荷或者弯曲载荷。根据平均载荷和循环载荷的不同幅度，试样中的合成应力在整个载荷循环过程中可能在同一个方向，也可能在相反方向。从疲劳试验中获得的数据可以用 $S-N$（应力幅值–循环周次）曲线来表述，它是反映施加的循环应力幅值和试样失效所需要的循环次数之间关系的一条曲线。所施加的循环应力可以是应力幅值、最大应力或最小应力。$S-N$ 曲线图中的每一条曲线代表了一个恒定的平均应力。多数疲劳试验是在弯曲、旋转弯曲或者振动型试验机上进行的。ASTM D-671 详细地叙述了塑料弯曲疲劳试验的标准方法。

疲劳试验有各种分类方法。根据试验应力的大小、破坏时应力（应变）循环周次的高低，可分为高周疲劳试验和低周疲劳试验。一般来说，失效循环周次大于 5×10^4 的称为高周疲劳试验，也称应力疲劳试验；失效循环周次小于 5×10^4 的称为低周疲劳试验，也称应变疲劳试验。按试验环境可以分为室温疲劳试验、低温疲劳试验、高温疲劳试验、热疲劳试验、腐蚀疲劳试验、接触疲劳试验和微动磨损疲劳试验等。按试样的加载方式可以分为拉–压疲劳试验、弯曲疲劳试验、扭转疲劳试验和复合应力疲劳试验等。弯曲疲劳试验按弯矩的施加方向与试样是否旋转又可分为旋转弯曲疲劳试验、圆弯曲疲劳试验和平面弯曲疲劳试验。按试样支承情况与加载点的不同又可分为三点弯曲、四点弯曲与悬臂弯曲疲劳试验。按应力循环的类型可以分为等幅疲劳试验、双频疲劳试验、变频疲劳试验、程序疲劳试验和随机疲劳试验。如图 18.3a 所示，等幅疲劳试验的应力水平（包括应力幅和平均应力）在试验过程中一直保持不变。图 18.3b 为低频的大应力幅加上高频的小应力幅。如图 18.3c 所示，变频疲劳试验时应力幅保持不变，而加载频率不断变化。程序疲劳试验是按图 18.3d 所示的阶梯式程序块载荷进行的。在一个程序块中，应力水平分为若干个等级，依次在等级应力水平下循环 n_i 次；一个程序块循环完以后，再周而复始地施加同样的程序块载荷，直到试样失效或试验中止。程序疲劳试验时，平均应力可以保持不变，也可以随应力幅一起变化；应力顺序可以是固定不变的，也可以是随机顺序。如图 18.3e 所示，随机疲劳试验时应力水平和应力方向都是随机变化的。当试验的加载顺序与实测的载荷顺序完全相同时，称为使用复现试验；当试验重新生成新的随机载荷时，称为伪随机疲劳试验。

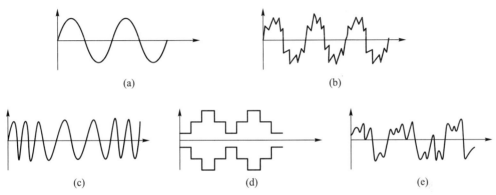

图 18.3 应力循环的类型。（a）等幅值；（b）双频率；（c）变频率；（d）程序化；（e）随机载荷

此外，按试样有无预制疲劳裂纹又可分为常规疲劳试验和疲劳裂纹扩展试验。常规疲劳试验使用无预制裂纹的常规疲劳试样，以测定材料或零部件的常规疲劳性能参量。疲劳裂纹扩展试验使用带预制裂纹的疲劳试样，用以测定疲劳裂纹扩展速率和阈值等断裂力学参量。

疲劳断裂与静载荷下的断裂不同，静载荷下无论是显示脆性还是韧性的材料，在疲劳断裂时都不产生明显的塑性变形，断裂是突然发生的。疲劳断裂有裂纹的萌生、扩展直至最终断裂 3 个阶段，因此疲劳破坏的宏观断口可分为疲劳源区、疲劳裂纹扩展区和瞬时断裂区三部分。由于疲劳源区的特征与形成疲劳裂纹的主要原因有关，所以当疲劳裂纹起源于原始的宏观缺陷时，准确地判断原始宏观缺陷的性质将为分析断裂事故的原因提供重要依据。试样承受的载荷类型、应力水平、应力集中程度及环境介质等均会影响疲劳断口的宏观形貌，包括疲劳源产生的位置和数量、疲劳前沿线的推进方式、疲劳裂纹扩展区与瞬时断裂区所占断口的相对比例及其相对位置和对称情况等。不同条件下的疲劳断口宏观特征见表 18.1。

表 18.1　不同应力和载荷作用模式下疲劳断口的宏观特征

应力状态	高名义应力		低名义应力	
	光滑	缺口	光滑	缺口
拉–压				
单向弯曲				
反复弯曲				
旋转弯曲				
扭转				

　　应力集中往往促进裂纹的萌生和发展。因此，在缺口试样的宏观断口上，疲劳源数目可能增多，缺口使裂纹在两侧翼的扩展速度加快，使前沿线变成波浪形或凹形。应力状态也会改变疲劳源的数目、位置和前沿线的形状。在拉压和单向弯曲应力下，疲劳源和前沿线常常在一侧发展，而在反复弯曲应力下，疲劳源和前沿线则在两侧发展。旋转弯曲时，疲劳源和前沿线的相对位置发生了改变，沿着与旋转方向相反的方向疲劳前沿线推进速度快，而疲劳源则偏向于旋转方向一边。在扭转载荷下，由于最大切应力和最大拉应力的作用不同，断口可能呈 45° 状、锯齿状和台阶状，断口上疲劳源和前沿线的情况与上述又有所不同。

　　图 18.4 为旋转弯曲疲劳试验机的原理示意图，图 18.5 为适用于旋转弯曲疲劳试验机上的标准试样。在制备试样时，取样方向必须严格按有关标准或技术协议进行。试样加工应遵照疲劳试样加工工艺。所采用的机械加工在试样表面产生的残余应力和

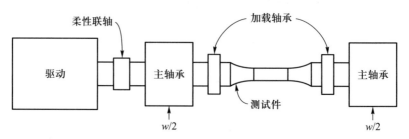

图 18.4　旋转弯曲疲劳试验机原理示意图

加工硬化应尽可能小；表面质量应均匀一致；试样精加工前进行热处理时，应防止变形或表面层变质，不允许对试样进行矫直。

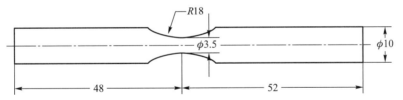

图 18.5 适用于旋转弯曲疲劳试验机上的标准疲劳试样尺寸

18.2 材料疲劳参数

18.2.1 单一载荷

在理解疲劳实验所采用的理论模型之前，需要对疲劳情况下的应力–应变行为作充分了解。我们首先看单调拉伸情形下金属材料的典型应力–应变曲线。

图 18.6 中，E 是弹性模量；S_y 是屈服强度；极限抗拉强度 $S_{ult} = P_{max}/A_0$；σ_f 是真实断裂强度；截面收缩率 $RA = \dfrac{A_0 - A_f}{A_0} \times 100\%$；真实断裂应变 $\varepsilon_f = \ln \dfrac{A_0}{A_f} = \ln \dfrac{100\%}{100\% - RA}$；延伸率 $EL = \dfrac{l_f - l_0}{l_0} \times 100\%$。

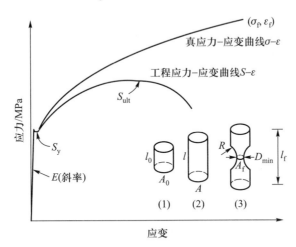

图 18.6 应力–应变曲线及最终变形状态

对圆柱试样，需要通过 Bridgeman 修正因子来确定真正的断裂时强度

$$\sigma_f = \frac{P_f/A_f}{(1 + 4R/D_{min}) \ln (1 + D_{min}/4R)} \tag{18.1}$$

从图 18.6 中可以看到，这里 R 表示颈缩区域的曲率半径，而 D_{min} 则表示颈缩区域横截面最小面积处的横截面圆的半径。

需要强调的是，单调拉伸情形下金属材料的屈服强度和极限强度都是在工程应力–工程应变曲线条件下获得的。而真实的失效强度和失效应变则是在真应力–真应变曲线条件下获得的。

18.2.2 循环载荷

1. 包辛格效应

为了理解疲劳测试中循环加载可能带来的差异，我们先看看包辛格的观察，即所谓的包辛格效应（Bauschinger effect）。

包辛格在 1886 年发现了在金属塑性加工过程中正向加载引起的塑性应变强化导致金属材料在随后的反向加载过程中呈现塑性应变软化（屈服极限降低）的现象。这一效应如图 18.7 所示，不难看到，拉伸或者压缩情况下的屈服强度在施加导致塑性变形的反向载荷后显著减小。包辛格效应显然对将要理解的疲劳结果产生巨大影响。

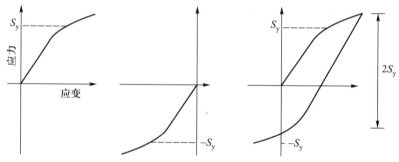

图 18.7 包辛格效应。注意到材料在单独拉伸或者压缩后两者屈服应力相同。对于正向加载引起塑性应变强化，随后的反向加载过程中呈现塑性应变软化（屈服极限降低）的现象，称为包辛格效应

2. 应力循环

我们在这里建立如何依据载荷特征来分析其疲劳寿命的方法。先考虑试验环境比较理想的应力循环，如图 18.8 所示。

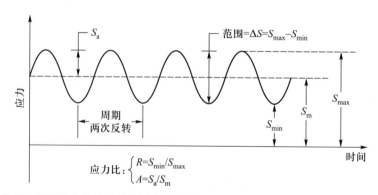

图 18.8 定幅值循环载荷曲线及其关键变量示意图

当一个结构承受定幅值循环载荷时，为便于分析，需要将其中的关键物理量进行定义并加以说明。

最小应力：$S_{\min} = S_{\mathrm{m}} - S_{\mathrm{a}}$；

最大应力：$S_{\max} = S_{\mathrm{m}} + S_{\mathrm{a}}$；

平均应力：$S_{\mathrm{m}} = (S_{\max} + S_{\min})/2$；

交变应力（幅值）：$S_{\mathrm{a}} = \dfrac{S_{\max} - S_{\min}}{2}$；

应力范围：$\Delta S = S_{\max} - S_{\min}$；

应力比：$R = S_{\min}/S_{\max}$；

幅值与平均应力之比：$A = S_{\mathrm{a}}/S_{\mathrm{m}}$。

通常应力比 $R = 0$ 或 $R = -1$ 是比较典型的疲劳加载情况，其中 $R = -1$ 的情况又称为对称疲劳试验。$R \neq -1$ 时为非对称疲劳试验，非对称疲劳试验又可分为单向加载疲劳试验 $(R \geqslant 0)$ 和双向加载疲劳试验 $(R < 0)$。单向加载疲劳试验又可分为脉动疲劳试验 $(R = 0)$ 和波动疲劳试验 $(0 < R < 1)$。一个周期是指最小的时间历程以实现应力重复过程。但是在变载荷的情况下，这一定义不明确，所以一般以应力的转变作为一个基本计量单元。这样，在常载荷循环情况下，一个周期历经两次应力转变。

3. 应变循环

以上的载荷也可以采用应变循环，此时应力随应变的周次累积将不断变化。如图 18.9 所示，在一给定的交变应变幅值载荷作用下，材料可能经历循环硬化和软化两种情形。

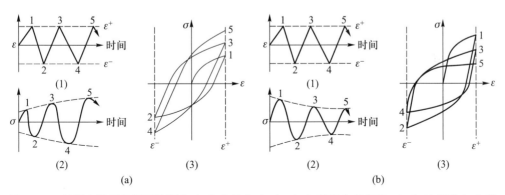

图 18.9 材料在循环载荷下的硬化（a）和软化（b）。（1）循环应变载荷；（2）对应于（1）载荷下的应力–时间响应；（3）材料在不同循环周次下的应力–应变曲线

对于同一类材料，由于处理工艺的不同，循环应变控制下的应力–应变呈现出不同的行为。

为了获得稳定的循环应变控制下的应力–应变行为，需要开展一系列不同的应变控制下的循环加载。在每一个应变控制循环试验中，需要进行足够的循环次数，以得到稳定的应力–应变滞回环。这样获得的应变幅值和这一应变幅值对应的应力为循环应力–应变曲线的一个数据点 $(\sigma_1, \varepsilon_1)$。通过不断改变 ε_a，就可以获得一系列的 $(\sigma_i, \varepsilon_i)$。这一系列数据组成的曲线就是循环应变控制下的应力–应变曲线，如图 18.10 所示。

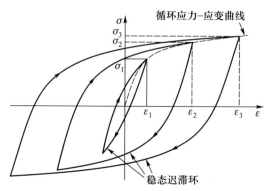

图 18.10　在给定应变循环下的稳态滞回线。依据这些稳态滞回线中的每一应变 ε_i 下的稳定屈服应力 σ_i 形成的一个点 $(\sigma_i, \varepsilon_i)$。不同的 $(\sigma_i, \varepsilon_i)$ 形成循环应力–应变曲线

依据材料可能的循环硬化行为、先循环硬化再软化的行为、循环软化的行为，可能形成不同的循环应力–应变曲线。图 18.11 显示了几类典型材料的循环应力–应变曲线。

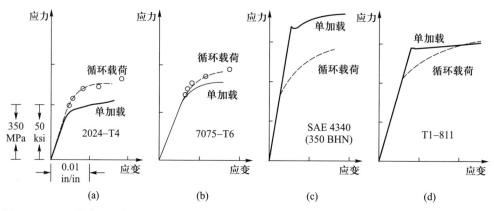

图 18.11　几种典型材料的循环应力–应变曲线

类似于单调拉伸情况下的应力–应变曲线，循环应力–应变曲线也可以用指数关系来描述真实应力幅值和循环塑性应变之间的关系，即

$$\sigma_{\mathrm{a}} = K_{\mathrm{c}} \left(\frac{\Delta \varepsilon_{\mathrm{P}}}{2} \right)^{n_{\mathrm{c}}} \tag{18.2}$$

式中，K_{c} 为循环载荷下的强度系数；n_{c} 为循环应变硬化指数。那么循环应变下的应力–应变曲线可以用 Ramberg–Osgood 关系来描述

$$\varepsilon_{\mathrm{a}} = \frac{\Delta \varepsilon}{2} = \frac{\Delta \varepsilon_{\mathrm{e}}}{2} + \frac{\Delta \varepsilon_{\mathrm{P}}}{2} = \frac{\Delta \sigma}{2E} + \left(\frac{\Delta \sigma}{2K_{\mathrm{c}}} \right)^{1/n_{\mathrm{c}}} = \frac{\sigma_{\mathrm{a}}}{E} + \left(\frac{\sigma_a}{K_{\mathrm{c}}} \right)^{1/n_{\mathrm{c}}} \tag{18.3}$$

循环应力–应变的屈服强度 σ'_{y} 定义为 $\varepsilon_{\mathrm{P}} = 0.2\%$ 时所对应的强度。下面介绍的基于应力或者应变的疲劳理论都需要用到循环应力–应变曲线中的材料参数。

18.3 基于应力的疲劳寿命分析

我们先介绍基于应力的疲劳公式。需要说明的是，基于应力或者应变的疲劳理论都需要用到循环应力–应变曲线中的材料特性。

18.3.1 $S-N$ 曲线

一般的应力疲劳试验采用图 18.8 所示的定幅值载荷曲线。我们固定加载应力比 R 或平均应力 σ_m，然后选定一个应力幅值 S_a 开展疲劳试验，直至试样疲劳断裂，获得其对应的疲劳寿命 N_f。不断改变幅值 S_a 并获得每一幅值下的寿命，就获得关于应力幅值及其对应的疲劳寿命曲线，也即常说的 $S-N$ 曲线，如图 18.12 所示。

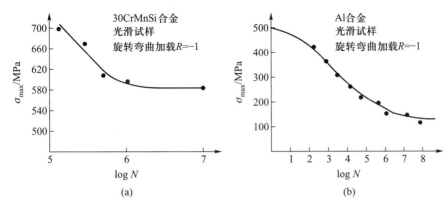

图 18.12 两种材料的典型疲劳寿命曲线

通过考察不同的试验结果，Basquin 发现应力幅值和疲劳周次在双对数坐标下呈现线性关系（如图 18.13 所示），因此可以将应力幅值和疲劳周次在数学上描述如下：

$$S_a = A\left(2N_f\right)^B \tag{18.4}$$

式中，S_a 是所施加的交替变换应力幅值；N_f 为疲劳周次；$2N_f$ 表示 σ_{max} 出现的总次数。对照图 18.8 中给出的循环载荷–时间曲线，这里 $2N_f$ 对应于 $R = -1$ 的情形。考虑到在一个周期的应力循环中正负（拉压）的最大值各出现一次，而乘以因子 2 则假定了拉压载荷对疲劳的贡献是等同的，这一点在后续讨论平均应力影响时将进一步完善。如果疲劳受拉应力主导，在讨论 $S-N$ 曲线时，可直接使用 $S_a = A(N_f)^B$。因此在汇报材料的 $S-N$ 曲线时，需要非常详细地汇报试验载荷历程，以便将此信息应用到实际工程中时进行相应的等效处理。

常系数 A 和材料的极限强度 S_{ult} 关联，如果 $N_f = 1$，那么代表 σ_{max} 出现一次就出现拉伸失效。从载荷控制的角度考虑，此时载荷幅值即为材料的极限强度，$A = S_{ult}$，B 是 $S-N$ 曲线在对数坐标下的斜率。

如图 18.13 所示，Basquin 关系预测 S_a 随周次的增加而一直下降。实际材料的 $S-N$ 曲线似乎表明在疲劳周次达到 10^8 量级时，进一步降低 S_a 可以使材料具备无限寿命。也即存在一个疲劳响应的应力幅值极限 σ_e，在这一应力值以下，材料具

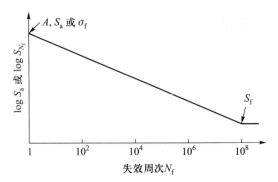

图 18.13 应力幅值对疲劳寿命的影响示意图

备无限寿命。实际上，这一现象广泛存在于铁基材料中。对于钢材，存在一个重要的经验公式，可给出无限寿命极限强度 σ_e 和极限拉伸强度 S_{ult} 之间的关系。如果 $S_{ult} < 1400$ MPa，那么有 $\sigma_e = S_{ult}/2$；如果 $S_{ult} \geqslant 1400$ MPa，一般取 $\sigma_e = 700$ MPa。图 18.14 给出了典型高强度钢材料中承载极限与拉伸极限之间的关系。一些英文文献中采用 200 ksi[①] 作为一个分界线。

对于非铁基材料，很多文献中也定义了其"准无限寿命极限强度" σ_e：它对应于使得疲劳寿命达到 5×10^8 周次的应力幅值。

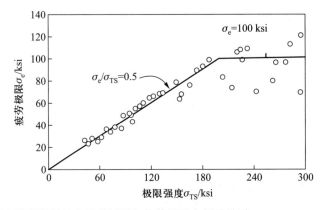

图 18.14 典型高强度钢材料中承载极限与拉伸极限之间的关系

18.3.2 平均应力对疲劳寿命的影响

在 Basquin 公式中，应力幅值和疲劳周次在双对数坐标系下的线性关系没有考虑平均应力 S_m 的影响（全回复周期应力比 $R = -1$）。后期的试验表明，当 $S_m \neq 0$ 时，疲劳寿命之间存在巨大差异，如图 18.15 所示。

关于平均应力对疲劳极限的影响，研究者提出过许多经验公式并已在工程设计中获得广泛应用。当 $R = -1$ 时，$S_m = 0$，应力幅值 S_{a0} 下材料疲劳寿命为 N_f。那么对于 $S_m \neq 0$ 的一般情况 $(R \neq -1)$，如果需要保持其疲劳寿命 N_f 不变，S_a 和 S_m 之间

---

① 1 ksi=6.895 MPa，余同。

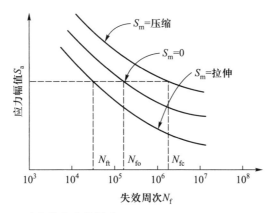

图 18.15 平均应力 S_m 对疲劳寿命的影响，$S_m = (S_{max} + S_{min})/2$

需要满足何种关系？

（1）Goodman 给出了一个线性修正公式

$$\frac{S_a}{S_{a0}} + \frac{S_m}{\sigma_{ult}} = 1 \tag{18.5}$$

式中，σ_{ult} 是极限强度。可以看到，Goodman 公式能反映拉伸或者压缩状态下的平均应力对疲劳寿命的影响（如图 18.16 所示）。

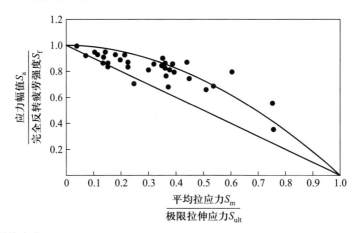

图 18.16 平均应力 $S_m = 400$ MPa

（2）Gerber 则提出了一个类似抛物线的修正公式

$$\frac{S_a}{S_{a0}} + \left(\frac{S_m}{\sigma_{ult}}\right)^2 = 1 \tag{18.6}$$

（3）1930 年，美国人 Soderberg 提出一个基于屈服强度的修正公式

$$\frac{S_a}{S_{a0}} + \frac{S_m}{\sigma_y} = 1 \tag{18.7}$$

式中，σ_y 为材料屈服强度。

（4）1960 年，Morrow 等提出一个基于断裂强度的修正公式

$$\frac{S_a}{S_{a0}} + \frac{S_m}{\sigma_f} = 1 \tag{18.8}$$

式中，σ_f 为断裂强度。

（5）另外还存在一种利用畸变能椭圆方程来修正的方法

$$\left(\frac{S_a}{S_{a0}}\right)^2 + \left(\frac{S_m}{\sigma_{ult}}\right)^2 = 1 \tag{18.9}$$

据此可以认为，随着平均应力的升高，用应力幅表示的疲劳极限值下降。

很多寿命设计方法都包含了疲劳行为的平均应力效应，并将其应用到设计中。图 18.17 通过对铝合金长寿命周期疲劳强度受平均值影响的试验数据也证实了考虑平均效应的必需性。依据前面介绍的 Goodman 修正，那么新的基于应力–寿命的公式可以写为

$$S_a = \begin{cases} (\sigma_f' - S_m)(2N_f)^b, & S_m > 0 \\ \sigma_f'(2N_f)^b, & S_m \leqslant 0 \end{cases} \tag{18.10}$$

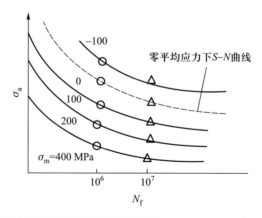

图 18.17 铝合金长寿命周期疲劳强度受幅值的影响

18.4　基于应变的疲劳寿命分析

结构的疲劳寿命由疲劳裂纹形成寿命（fatigue crack initiation life）N_i 和裂纹扩展寿命（crack propagation life）N_p 两部分组成。因此，寿命估算大多采用两阶段模型：首先分别计算裂纹形成寿命和裂纹扩展寿命；然后求和，即得总寿命 N_f。尽管零件所受的名义应力低于屈服强度，但由于应力集中，零件切口根部的材料屈服，在切口根部形成塑性区。因此，零件受到循环应力的作用，而切口根部材料则受到循环塑性应变的作用，故疲劳裂纹总是在切口根部形成。若零件及其切口根部塑性区足够大，则可将塑性区内的材料取出做成疲劳试件，再按塑性区内材料所受的应变谱进行疲劳试验。这就是应变疲劳的由来。

　　显然，模拟疲劳试件的断裂相当于服役过程中切口根部的裂纹形成过程。因此，应变疲劳的试验结果可以用来估算切口零件的裂纹形成寿命。裂纹形成后即向零件内部扩展，因而需要试件模拟零件中的疲劳裂纹扩展，这将在后面章节中讨论。

　　应变寿命设计是将有缺陷（notched）结构的疲劳寿命和无缺陷试样循环加载到相同应变时的疲劳寿命相关联，如图 18.18 所示。

　　（1）考虑到疲劳损伤评价直接采用局部应变，因此这一方法又叫做局部应变法；

　　（2）通过知晓缺陷的应变–时间历史，以及该部件无缺陷时的应变–寿命性能，可以确定缺陷结构的疲劳寿命；

　　（3）疲劳裂纹扩展期间的寿命可用断裂力学概念来分析获得。

　　其主要特点是：该方法广泛应用；应变可以直接测量；该方法通常用于带缺陷结构的疲劳分析。

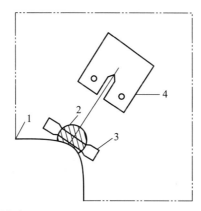

图 18.18 带缺陷疲劳寿命设计

1—典型带缺口的结构；2—缺口根部在变形过程中的塑性区；3、4—模拟疲劳试件

18.4.1　Manson–Coffin 公式

　　应变寿命曲线通常用于低周疲劳分析。在一个应变控制周期载荷过程中，稳定的应力–应变滞回环中的应变可以分为弹性和塑性应变部分，且两者在最高应变幅值处的大小固定。再来看应变幅值与疲劳寿命的关系，在小应变阶段，此时材料为弹性变形部分，疲劳寿命长；随着应变的增加，塑性应变部分不可忽视甚至占据主导时，疲劳寿命短。在应变幅值与疲劳寿命的对数曲线中，发现弹性应变和塑性应变主导阶段都可以用不同斜率的直线来表示。

　　考虑到应力和应变的线性关系，在小变形情况下的弹性加载尽管施加的是应变幅值，也可以用 Basquin 公式来表达

$$\frac{\Delta\varepsilon}{2} = \frac{\Delta S}{2E} = \frac{S_a}{E} = \frac{\sigma'_f}{E}(2N_f)^b \tag{18.11}$$

　　针对塑性变形和寿命的关系，遵从 Manson 和 Coffin 在 20 世纪 60 年代早期提出

的塑性应变和疲劳寿命公式

$$\frac{\Delta\varepsilon_{\mathrm{p}}}{2} = \varepsilon_{\mathrm{f}}'(2N_{\mathrm{f}})^c \tag{18.12}$$

两条曲线在 $2N_{\mathrm{f}}=1$ 点时，弹性响应的截距为 σ_{f}'/E，而塑性部分的截距为 $\varepsilon_{\mathrm{f}}'$。将两者统一考虑，不难得到

$$\frac{\Delta\varepsilon}{2} = \varepsilon_{\mathrm{a}} = \frac{\Delta\varepsilon_{\mathrm{e}}}{2} + \frac{\Delta\varepsilon_{\mathrm{p}}}{2} = \frac{\sigma_{\mathrm{f}}'}{E}(2N_{\mathrm{f}})^b + \varepsilon_{\mathrm{f}}'(2N_{\mathrm{f}})^c \tag{18.13}$$

式中，E 为弹性模量；$\dfrac{\Delta\varepsilon}{2}$ 和 ε_{a} 为应变幅值；$\dfrac{\Delta\varepsilon_{\mathrm{e}}}{2}$ 为弹性应变幅值，$\dfrac{\Delta\varepsilon_{\mathrm{e}}}{2} = \dfrac{\Delta S}{2E} = \dfrac{S_{\mathrm{a}}}{E}$；$\dfrac{\Delta\varepsilon_{\mathrm{p}}}{2}$ 为塑性应变幅值，$\dfrac{\Delta\varepsilon_{\mathrm{p}}}{2} = \dfrac{\Delta\varepsilon}{2} - \dfrac{\Delta\varepsilon_{\mathrm{e}}}{2}$；$\varepsilon_{\mathrm{f}}'$ 为疲劳韧性系数，它和单轴拉伸时的断裂处应变相关；c 为疲劳强度系数；σ_{f}' 为疲劳强度系数，它和单轴拉伸时的极限强度相关；$\dfrac{\Delta\sigma}{2}$ 为应力幅值 σ_{a}。图 18.19 给出了基于应变幅值的疲劳寿命曲线。

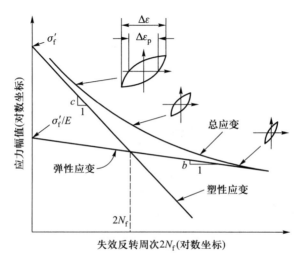

图 18.19 基于应变幅值的疲劳寿命曲线

基于应变的疲劳分析方法是综合性的，既可用于低周疲劳，也可用于高周疲劳。

（1）对于长寿命应用，总的应变–寿命关系应退化为 Basquin 公式，这一公式也可用于应力–寿命

$$\frac{\Delta\varepsilon}{2} = \varepsilon_{\mathrm{a}} = \frac{\Delta\varepsilon_{\mathrm{e}}}{2} + \frac{\Delta\varepsilon_{\mathrm{p}}}{2} = \frac{\sigma_{\mathrm{f}}'}{E}(2N_{\mathrm{f}})^b + \varepsilon_{\mathrm{f}}'(2N_{\mathrm{f}})^c \tag{18.14a}$$

$$\frac{\Delta S}{2} = S_{\mathrm{a}} = \sigma_{\mathrm{f}}'(2N_{\mathrm{f}})^b \tag{18.14b}$$

（2）塑性应变的幅值既可以直接从稳定的滞回环的半宽度获得，也可以通过以下关系获得：

$$\frac{\Delta\varepsilon_{\mathrm{p}}}{2} = \frac{\Delta\varepsilon}{2} - \frac{\Delta S}{2E} \tag{18.15}$$

（3）循环应力–应变强度系数 K_{c} 和硬化指数 n_{c} 既可通过拟合稳定的应力幅值–塑性应变幅值组成的曲线获得，也可大致估计为

$$K_{\mathrm{c}} = \frac{\sigma_{\mathrm{f}}'}{(\varepsilon_{\mathrm{f}}')^{b/c}}, \quad n_{\mathrm{c}} = \frac{b}{c} \tag{18.16}$$

其中也出现一些近似的方法, 例如

$$\frac{\Delta \varepsilon}{2} = 0.623 \left(\frac{\sigma_{\text{ult}}}{E}\right)^{0.832} (2N_{\text{f}})^{-0.09} + 0.019\,6(\varepsilon_{\text{f}})^{0.155} \left(\frac{\sigma_{\text{ult}}}{E}\right)^{-0.53} (2N_{\text{f}})^{-0.56} \quad (18.17)$$

其中, 依据 Roessle 和 Fatermi 于 2000 年的研究结果, 对于大部分铁, 可采用

$$\frac{\Delta \varepsilon}{2} = \frac{4.25(HB) + 225}{E} (2N_{\text{f}})^{-0.09} + \frac{0.32(HB)^2 - 487(HB) + 191\,000}{E} (2N_{\text{f}})^{-0.56} \tag{18.18}$$

18.4.2 平均应力的影响

同样, 在基于应变幅值和疲劳周次的双对数坐标系下的 Manson–Coffin 关系中, 也没有考虑平均应力 S_{m} 的影响。后期的模型修正则将这一影响考虑进来, 如考虑平均应力影响的 Morrow 参数

$$\frac{\Delta \varepsilon}{2} = \varepsilon_{\text{a}} = \frac{\sigma'_{\text{f}} - S_{\text{m}}}{E} (2N_{\text{f}})^{b} + \varepsilon'_{\text{f}}(2N_{\text{f}})^{c} \tag{18.19}$$

以及另一个版本的 Morrow 平均应力效应疲劳公式

$$\frac{\Delta \varepsilon}{2} = \varepsilon_{\text{a}} = \frac{\sigma'_{\text{f}} - S_{\text{m}}}{E} (2N_{\text{f}})^{b} + \varepsilon'_{\text{f}} \left(\frac{\sigma'_{\text{f}} - S_{\text{m}}}{\sigma'_{\text{f}}}\right)^{c/b} (2N_{\text{f}})^{c} \tag{18.20}$$

以及与此对应的由 Smith、Watson 和 Topper 提出的 SWT 参数模型

$$S_{\text{max}}\varepsilon_{\text{a}}E = (\sigma'_{\text{f}})^2 (2N_{\text{f}})^{2b} + \sigma'_{\text{f}}\varepsilon'_{\text{f}}E(2N_{\text{f}})^{b+c} \tag{18.21}$$

式中, $S_{\text{max}} = S_{\text{m}} + S_{\text{a}}$; ε_{a} 则为对应的应变幅值。

依据基于应变幅值分析的疲劳曲线 (图 18.20), 我们可以大致估计弹性和塑性应变主导疲劳寿命的过渡区域。在这个过渡寿命区域, 弹性应变幅值和塑性应变幅值相等, 此时对应的疲劳寿命可估计为

$$2N_{\text{t}} = \left(\frac{\varepsilon'_{\text{f}}E}{\sigma'_{\text{f}}}\right)^{1/(b-c)} \tag{18.22}$$

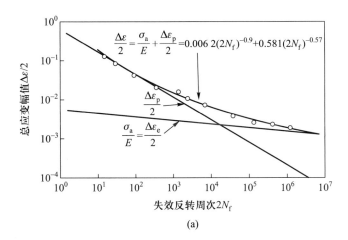

(a)

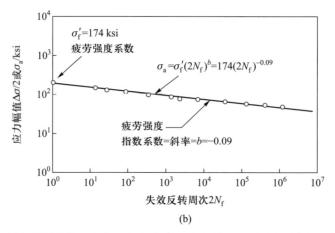

(b)

图 18.20 典型材料低周疲劳下应变幅值（a）和应力幅值（b）与循环周次的关系

一般 $N_f > N_t$ 对应于弹性应变主导疲劳寿命的情形，而 $N_f < N_t$ 对应于塑性应变主导疲劳寿命的情形。综合考虑，可以将平均应力（应变）效应的疲劳公式同步考虑。这里介绍一种依据 Goodman 原则来修正的基于应力的公式

$$S_a = \begin{cases} \left(\sigma_f' - S_m\right)\left(2N_f\right)^b, & S_m > 0 \\ \sigma_f'\left(2N_f\right)^b, & S_m \leqslant 0 \end{cases} \tag{18.23}$$

与此对应，依据应变–寿命方法预测疲劳寿命的公式为

$$\varepsilon_a = \begin{cases} \left[\left(\sigma_f' - S_m\right)/E\right]\left(2N_f\right)^b + \varepsilon_f'\left(2N_f\right)^c, & S_m > 0 \\ \dfrac{\sigma_f'}{E}\left(2N_f\right)^b + \varepsilon_f'\left(2N_f\right)^c, & S_m \leqslant 0 \end{cases} \tag{18.24}$$

在图 18.21a 和 b 中，我们分别给出了典型材料低周疲劳下应变幅值和循环周次的关系以及应变幅值下应力比对疲劳性能的影响曲线。这些规律可以分别利用式 (18.23) 和式 (18.24) 很好地描述。

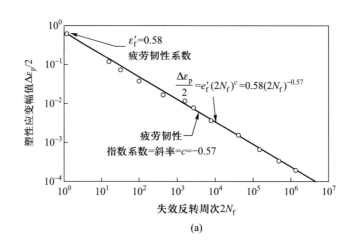

(a)

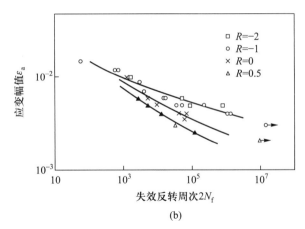

(b)

图 18.21 （a）典型材料低周疲劳下应变幅值和循环周次的关系；（b）应变幅值下应力比对疲劳性能的影响

18.5 疲劳累积损伤模型

前面讨论的基于应力或应变的寿命评估是基于材料承受常幅值的交变应力/应变环境的。实际工程应用过程中，材料承受变化的幅值，如何评估这类变化幅值对疲劳寿命的影响是一个重要问题。依据 1924 年 Palmgren 提出的理论，Miner 提出了一个累积损伤的疲劳模型（图 18.22），这一模型现在仍然被广泛采用。

（1）模型的核心为材料承受多个交变应力/应变幅值的影响。以应变幅值为例，假定应变幅值为 $\varepsilon_{a,i}$，材料经历了 n_i 个周期。

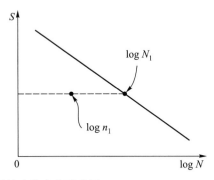

图 18.22 累积损伤疲劳下的疲劳寿命示意图

（2）如果 $N_{f,i}$ 为材料在常应变幅值 $\varepsilon_{a,i}$ 下的疲劳寿命，那么 n_i 周次之后，所产生的"损伤"为 $d_i \equiv n_i/N_{f,i} < 1$。很显然，$n_i/N_{f,i} < 1$。

（3）Miner 假定不同的应变幅值 $\varepsilon_{a,i}$ 下的周次 n_i 都将产生对应的损伤 d_i，当其累积的损伤等于 1 时，材料破坏

$$\sum_i d_i = \sum_i \frac{n_i}{N_{f,i}} = 1 \tag{18.25}$$

18.6 疲劳裂纹扩展

到目前为止讨论的都是没有预置裂纹情况下材料/结构的疲劳寿命分析。还有一种情况是由于疲劳已经产生了裂纹，因此需要理解它在交变载荷作用下的扩展。这样的结果，如果考虑整个结构的寿命，则疲劳裂纹寿命周期 $N = N_{\text{nucleation}} + N_{\text{growth}}$。最新的工程设计，尤其是基于损伤容限的安全设计方法要求我们同时考虑当结构中出现裂纹时，裂纹的扩展寿命如何。图 18.23 是一个示意图，显示试验条件下预先存在的裂纹在交变载荷下的裂纹扩展速度。图 18.24 给出了 Ti-62222 中裂纹扩展速率与应力强度因子的关系。

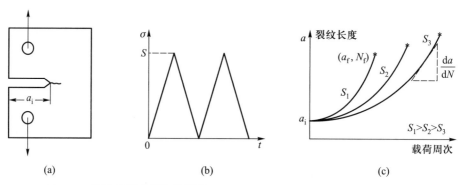

(a)   (b)   (c)

图 18.23 N_{growth} 涉及已存在裂纹的情形

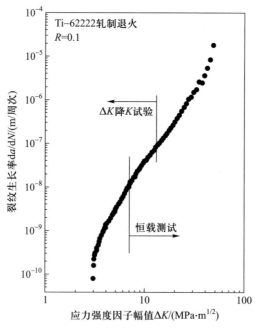

图 18.24 裂纹扩展速率与应力强度因子幅值的关系 $[\Delta K_{\mathrm{I}} = \Delta K = K_{\max} - K_{\min} = Q(\sigma_{\max} - \sigma_{\min})\sqrt{\pi a} = Q\Delta\sigma\sqrt{\pi a}]$

考虑到我们并没有定义 $\sigma_{\min}$ 为负时的应力强度因子，如果 $\sigma_{\min} < 0$，一般取 $K_{\min} = 0$。由于 ΔK 主要依赖于 $\Delta \sigma$、裂纹长度 a 以及几何因子 Q，我们可以得到

$$\frac{\mathrm{d}a}{\mathrm{d}N} = f(\Delta \sigma, a, Q) = f(\Delta K) \tag{18.26}$$

$\mathrm{d}a/\mathrm{d}N$ 的发展分为如下 3 个特征区域：

（1）第 I 区域为临界段。在这一过程中，存在一个最小的 ΔK_{th}，当 ΔK 小于这一值时，裂纹基本不扩展（裂纹的扩展速率约为 10^{-10} m/周次）。这一阶段的裂纹扩展主要受微结构、平均应力以及环境的影响。

（2）第 II 区域为稳态扩展阶段。在这一过程中，裂纹的扩展速率与 ΔK 成幂律关系。这一关系由 Paris 最初提出，沿用至今

$$\frac{\mathrm{d}a}{\mathrm{d}N} = A(\Delta K)^m \tag{18.27}$$

需要高度注意的是，ΔK 的量纲为 MPa·m$^{1/2}$，而 A 的量纲依赖于幂指数 m，不同于之前接触的物理量。主要原因在于这是一个经验公式，其中的科学背景并不严格。

（3）第 III 区域为快速扩展阶段。在这一过程中，裂纹的扩展速率显著增大并进入失稳状态。这一部分的寿命主要由材料的断裂韧性 K_{IC} 控制。

图 18.25 给出了裂纹扩展速率与应力强度因子幅值经历 I 区（疲劳裂纹诱发）、II 区（稳态扩展）以及 III 区（裂纹失稳）时的示意图。它表征了类似图 18.24 中 Ti–62222 中裂纹扩展速率与应力强度因子的关系。Barsom 针对 Paris 公式，对不同类型的铁素体 + 珠光体钢和马氏体钢（屈服强度为 250～2070 MPa）开展了系列疲劳

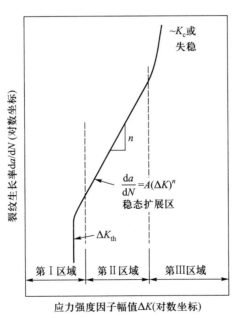

图 18.25 裂纹扩展速率与应力强度因子的关系示意图。I 区：疲劳裂纹诱发；II 区：稳态扩展；III 区：裂纹失稳。在高应力短寿命区域裂纹生成比较早，决定材料最终破裂寿命的是裂纹的扩展。在低应力长寿命区域，裂纹生成起主要作用

试验，发现这些材料很好地吻合了 Paris 公式，见图 18.26a。针对马氏体钢的研究也得到了类似的结果（图 18.26b）。关于一些具体材料的 Paris 参数，见表 18.2。

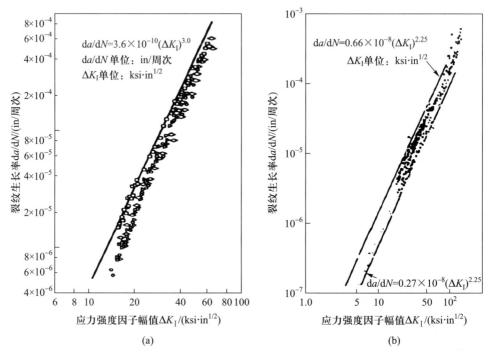

(a)　　　　　　　　　　　　　　　(b)

图 18.26　铁素体 + 珠光体钢（a）以及马氏体钢（b）对 Paris 公式的试验验证

表 18.2　常见材料的 Paris 参数

材料名称	幂指数 m	截距/(m/周次)
铁素体 + 珠光体钢	3.0	6.9×10^{-12}
马氏体钢	3.25	1.35×10^{-10}
奥氏体不锈钢	3.25	5.6×10^{-12}
7075–T6 锻铝	3.7	2.7×10^{-11}
A356–T6 铸铝	11.2	1.5×10^{-20}
Ti–6–4 轧制退火钛	3.2	1.0×10^{-11}
Ti–62222 轧制退火钛	3.2	2.3×10^{-11}
AZ91E–T6 铸造镁	3.9	1.8×10^{-10}

考虑到应力强度因子的范围为

$$\Delta K = Q\Delta\sigma\sqrt{\pi a} \tag{18.28}$$

将式 (18.28) 代入 Paris 公式中，可以得到

$$\frac{\mathrm{d}a}{\mathrm{d}N} = A(\Delta K)^m = A(\Delta\sigma\sqrt{\pi a}Q)^m = A(\Delta\sigma)^m(\pi a)^{m/2}Q^m \tag{18.29}$$

我们感兴趣的是裂纹从 $a_{\rm i}$ 扩展到脆性断裂时的临界长度 $a_{\rm f}$，于是可以得到

$$N_{\rm f} = \int_0^{N_{\rm f}} {\rm d}N = \int_{a_{\rm i}}^{a_{\rm f}} \frac{{\rm d}a}{A\left(\Delta\sigma\right)^m \left(\pi a\right)^{m/2} Q^m} = \frac{1}{A\left(\Delta\sigma Q\right)^m \left(\pi\right)^{m/2}} \int_{a_{\rm i}}^{a_{\rm f}} a^{-m/2}{\rm d}a \tag{18.30}$$

这样裂纹从 $a_{\rm i}$ 扩展到 $a_{\rm f}$ 所需要的周次为

$$N_{\rm f} = N_{a_{\rm i} \to a_{\rm f}} = \frac{1}{A(Q\Delta\sigma\sqrt{\pi})^m} \frac{2}{2-m}\left(a_{\rm f}^{(2-m)/2} - a_{\rm i}^{(2-m)/2}\right), \quad m > 2 \tag{18.31}$$

对于幂指数 $m = 2$ 这一特殊情况，由式 (18.30) 的积分给出

$$N_{a_{\rm i} \to a_{\rm f}} = \frac{1}{\pi A(\Delta\sigma Q)^2} \ln\frac{a_{\rm f}}{a_{\rm i}}, \quad m = 2 \tag{18.32}$$

以上的公式给出了在裂纹初始长度为 $a_{\rm i}$，且在常 Q 和常 $\Delta\sigma$ 的情况下，裂纹长度扩展到 $a_{\rm f}$ 所历经的周次 $N_{a_{\rm i}} \to N_{a_{\rm f}}$。前面已经提到，其中 A 的量纲相当复杂。一般材料测试后依据 ΔK 的量纲和裂纹长度 a 的量纲直接给出。图 18.26 展示了铁素体 + 珠光体钢和马氏体钢在疲劳裂纹稳态扩展阶段的试验数据。这一过程显示，裂纹的扩展速率与 ΔK 成幂律关系，形成了对 Paris 公式的试验验证。

18.7 小结

本章详细介绍了疲劳寿命的测试及分析方法，同时探讨了不同的结构和应力状态对疲劳寿命带来的影响。由于疲劳最终的失效模式一般和断裂相关，因此有裂纹的情况下，也就存在疲劳导致的裂纹扩展速率与应力强度因子之间的关系，以及描述这些关系的 Paris 公式。疲劳与我们生活中的工程结构，尤其是出行的各类交通工具密切相关，因此具有非常重要的意义。目前我们对疲劳行为的理解和描述大多是经验性的，还缺乏系统、严谨的科学体系来理解疲劳行为并预测疲劳寿命，因此这一方面的研究是工程领域的科研人员需要深入的前沿阵地[2]。

随着我们对结构可靠性和经济性要求的进一步提高，材料的疲劳行为已经由传统意义的高周疲劳进入了所谓的超高周疲劳，两者之间一般以经验性的 10^8 疲劳周次作为一个分界线。目前更多的实验表明，这一结论仅对非常有限的材料体系具有指导意义。因此，针对传统材料的超高周疲劳的研究是目前的一个热点。更为重要的是，越来越多的先进复合材料体系由于其强度、密度、经济性方面的优势，被广泛地应用到了各个工程领域。而这些材料的高周乃至超高周疲劳特性的研究方兴未艾，需要更多的工程科学研究人员开展深入研究，为这些材料的进一步安全应用保驾护航。

参考文献

[1] 陈传尧. 疲劳与断裂 [M]. 武汉: 华中科技大学出版社, 2002.

[2] Suresh S. 材料的疲劳 [M]. 王中光, 等, 译. 2 版. 北京: 国防工业出版社, 1999.

第 19 章　疲劳可靠性设计

19.1　简介

前面讨论了疲劳寿命分析的基本理论，这一章我们就疲劳与可靠性分析的基本方法和发展趋势作一个归纳介绍。

在实际的工程中，材料或者结构的失效涉及多个因素的相互作用以及不同的维度。从载荷特征来看，它可以是单调的、稳定的、变化的、单轴或多轴的；从时间历程上看，有的载荷可能持续多年，甚至一个世纪（桥梁），而有的则发生在很短的间隙，如子弹发射、爆炸，它们的特征作用时间在秒、毫秒量级，甚至更短；环境是另一个影响材料失效的关键因素，例如温度，材料所处的温度可能是超冷的，如火箭发动机的燃料，也可能是涡轮发动机环境中的上千摄氏度，既可能是稳定的温度范围，也可能是变化的；另外，环境因素还包含腐蚀、湿度等，如发动机的排放物、暴露于盐水或者特殊化学物质等。随着系统复杂度的增加和学科交叉的发展，载荷的作用形式（或者物理场环境）也呈多样性，如光、电、磁、超声等。

从材料的力学失效模式上来看，主要归为以下几个大类：

（1）过变形（excess deformation）：超过弹性极限（又叫屈服），这一部分涉及屈服准则的使用。

（2）韧性断裂（ductile fracture）：材料/结构设计允许塑性变形，但过量的塑性变形会导致材料破坏，如碰撞结构中能量吸收过量会导致失效。

（3）脆性断裂（brittle fracture）：这一过程涉及很小量的塑性变形，它所能吸收的能量较低。

（4）冲击或动态载荷（impact/dynamic loading）：造成过量形变或断裂，这一过程通常是材料在高应变率下变形，导致材料断裂韧性和拉伸韧性降低。

（5）蠕变（creep）：造成过量变形或断裂（长时间）。对在高温环境下服役的金属而言，这是最重要的因素，比如受离心力作用的涡轮发动机叶片。

（6）应力松弛（relaxation）：是导致残余应力或预载消失的主要因素。如紧固螺栓的应力松弛可发生在高温或室温环境。

（7）热冲击（thermal shock）：热冲击倾向于裂纹脆性断裂，如淬火过程导致的材料裂纹、陶瓷烧制中的裂纹以及宇宙飞船返地过程中的热冲击（通过隔热瓦防护）。

（8）磨损（wear）：可能在任一温度下产生，可基于不同的形变机理，常见于转子、接触部件。

（9）弹性失稳（buckling）：可由外载或热环境诱导，可导致弹性/塑性失稳，常见于柱状或薄板机构承压的环境。

（10）腐蚀、氢脆、中子辐射（corrosion, hydrogen embrittlement, neutron irradiation）：导致蚀坑或裂纹，氢脆常见于高强钢的脆断。

（11）应力腐蚀裂纹（stress corrosion cracking; environmental assisted cracking）：裂纹的生长可由所加载荷与腐蚀环境相互协调而造成，通常称为 SCC 或 EAC。

（12）疲劳（fatigue）：由于重复加载所致，至少约一半以上的机械失效是由疲劳断裂失效导致的，且许多失效无法精确预测，常发生于交通工具内部的运动部件和循环受力环境下的温控高压锅。

对材料可靠性的分析需要从上述各类可能的影响因素和失效模式着手，对症下药。

19.2　疲劳理论发展

我们在第 18 章详细介绍了疲劳失效的分析手段。考虑到疲劳占据工程结构失效的主要部分，我们在这一章对它作进一步分析。目前疲劳失效涉及几乎每个工程领域，典型熟知的例子包括：① 电子工程中热电导致的线路板失效；② 土木工程中的桥梁失效；③ 汽车工程中的部件失效；④ 农业工程中的拖拉机、农具工具失效；⑤ 航空航天工程中的飞行器部件失效；⑥ 生物医学工程中的各关节、心脏瓣膜失效；⑦ 化工中的压力容器失效；⑧ 核反应器中的部件失效等。

按照导致失效的载荷特性，目前涉及的疲劳失效又可分为若干种情形：① 疲劳裂纹的萌生；② 疲劳裂纹的生长；③ 动态载荷时，单一幅值或者变幅值；④ 单（载）轴应力或多轴应力环境；⑤ 腐蚀疲劳；⑥ 微动疲劳；⑦ 蠕变疲劳，常温环境或变温环境；⑧ 以上两种或多种情况的组合。

正确的疲劳设计需从分析与测试两个方面开展。安全因子通常在疲劳设计中采用，适当的安全因子又是疲劳测试的一个关键。

19.2.1　疲劳设计发展历程

疲劳失效是自机械革命就伴随我们的现象，其发展历程大致包含以下关键时间节点：

（1）第一次疲劳失效的主要影响在铁路行业，大约在 1840 年，发现于轮轴的肩侧。

（2）1840—1850 年，"fatigue" 一词出现，用于描述由于重复性载荷导致的失效。

（3）1850—1860 年，德国人 August Wohler 开展了大量车轴疲劳试验，并引入应力-寿命曲线，介绍疲劳极限。所以，目前也有一些文献资料同时将 $S-N$ 公式称为 Wohler–Basquin 公式。

（4）Gerber 和 Goodman 研究了平均应力的影响，指出应力幅值范围比最大应力重要，并给出了相关的简明理论。我们前面讨论的平均应力修正模型就是在这一阶段形成的。

（5）包辛格于 1886 年指出：拉伸或压缩屈服强度在经历可导致塑性变形的循环后会缩小。这是第一次观察到循环的非弹性变形可改变金属材料应力–应变关系。这一效应今天被广泛称为包辛格效应。

（6）Basquin 在 1910 年指出，$S-N$ 曲线在有限生命周期内成 log–log 关系。结合前期德国人 August Wohler 的工作，我们有了今天的 $S-N$ 公式。

（7）1920 年，Griffith 发表了关于脆性断裂的理论结果，发现玻璃的强度依赖于裂纹尺寸，发现 $\sigma_c\sqrt{a}\approx$ 常数，这是断裂力学的基础。此后，通过能量释放来理解材料抵抗断裂的能力成为最基本的方法。

（8）1924 年，Palmgren 建议采用线性的损伤累积模型来处理不同幅值的载荷。这一思想为后续 Miner 的线性损伤累积准则的提出提供了基础。

（9）Mcadam 在 20 世纪 20 年代开展了腐蚀疲劳研究，带领研究人员和工程师们认识到腐蚀在疲劳过程中的重要影响。

（10）1929—1930 年，Haigh 意识到非光滑结构对疲劳寿命有显著影响，发展了实验方法，实现了带凹槽结构疲劳性能的确定。

（11）20 世纪 30 年代，喷丸强化被应用于汽车行业以增强疲劳寿命，在这之前，弹簧和车轴疲劳十分普遍。

（12）Almen 指出压残余应力对疲劳寿命的显著影响[1]。压残余应力与外加载荷方向一致时，通常降低疲劳寿命；而当它与外加载荷的方向相反时，可显著增加材料的疲劳寿命。这些效果主要由残余应力和外加应力场的叠加效应导致。

（13）1945 年 Miner 依据 1924 年 Palmgren 提出的理论，给出了线性损伤累积准则，这一简单准则被广泛应用于变应力幅值的结构件疲劳寿命评价中。

（14）1946 年，美国材料与试验协会 "Committee E-09 on Fatigue" 成立，并举办了疲劳测试标准与研究论坛。

（15）第一代喷气式民航飞机 Comet 于 1952 年 5 月服役。在飞行 300 次后，几架飞机发生灾难性坠毁，主要原因是机体结构在压力载荷下的疲劳失效。

（16）大量承受随时间变化载荷工况的结构出现，使得安全设计由基于安全寿命（safe life）转向失效–安全设计（fail-safe design），后者强调维护与检测。

（17）1938 年，Univ Toronto 发明了第一台实用显微镜。1939 年，Siemens 发明了第一台商用透射电子显微镜。Ernst Ruska 和 Max Knoll 采用显微镜开展了疲劳微观机理研究。

（18）Irwin提出应力强度因子（stress intensity factor）这一概念，它是线弹性断裂力学（linear elastic fracture mechanics，LEFM）的基础。

（19）20 世纪 50 年代，Weibull 发现强度是分散的，遵循 Weibull 分布，后续因此提出和强度密切相关的疲劳寿命预测也需要引入概率疲劳寿命测试，并发展了相应的分析手段。

（20）20 世纪 60 年代早期，Manson 和 Coffin 提出应变控制疲劳行为（低周）可以通过应变幅值和疲劳寿命的幂指数关系预测，也就是今天我们采用的 Manson–Coffin 公式。

（21）1964 年，美国材料与试验协会"Committee E-24 on Fracture"成立，（1993 年与 E-09 合并成为"Committee E-08 on Fatigue and Fracture"）。

（22）20 世纪 60 年代，Paris 提出疲劳裂纹生长率可以用应力强度因子和裂纹生长率之间的幂指数关系来描述。

（23）20 世纪 60 年代后期，F-Ⅲ 战机坠毁，归因于结构内部缺陷导致的脆性断裂。

（24）20 世纪 70 年代，美国空军将断裂概念引入 B-I 轰炸机设计。

（25）1967 年，美国西弗吉尼亚州的银桥断裂，源于桥眼关键结构的解理断裂，是因为缺陷受到应力腐蚀后导致裂纹扩展。

（26）1974 年，美国空军提出损伤容限设计（damage-tolerance requirements），对无损检测（non-destructive inspection）提出更高要求。

（27）1980—1990 年，关于复杂应力状态下的多轴疲劳（multiaxial fatigue）引起重视。同期，电子材料疲劳得到发展，引起热机械疲劳。

（28）1983 年，美国众议院科技委员会委托国家标准局开展关于断裂所造成的经济损失的大型调查，结果表明，断裂导致的直接经济损失占当时美国国民经济生产总值的 4% 左右，达到 1190 亿美元。该结果最终发表于当年的 *International Journal of Fatigue* 期刊。

（29）复合材料由于其密度低、热稳定性好和不易生锈、腐蚀等优点，开始广泛应用于大型的工程结构如飞机、火车、轮船中，复合材料的疲劳日益受到关注。实际上，从 19 世纪 70 年代开始，复合材料已经用于军用飞机的制造中。

（30）20 世纪 80 至 90 年代，老化材料的疲劳（fatigue of aging structures）开始引起工程和科研人员的广泛关注。随着个人的老化，生活中依赖的工程结构也伴随着我们一起老化，比如建筑物、桥梁、交通工具等。这些结构的老化过程长久且容易忽视，但其造成的疲劳破坏规模巨大，牵涉大量的生命财产安全，因此也逐渐引起研究层面、工程层面以及管理层面的重视。

（31）重大交通工具如飞机的疲劳引起广泛关注和深入研究。国际民用航空组织（International Civil Aviation Organization，ICAO）开展了"涉及金属疲劳断裂的重大飞机失事调查"，发现自 20 世纪 80 年代开始，由于金属疲劳断裂导致的坠机事故每年平均达 100 起；之后的 10 年期间，安全水平获得显著提高，但也达到 50 起左右，相应的报告也发表于 *International Journal of Fatigue* 期刊[2]。

（32）2001 年 11 月，一架空客 A300 在华盛顿的肯尼迪国际机场附近坠落。坠落前由复合材料制备的飞机垂直尾翼和尾舵脱落，这一事件被认为是设计师对复合材料的强度以及疲劳性能认识不充分造成的。受此事件影响，复合材料的疲劳研究获得了快速发展。目前最先进的飞机体系中约有 70% 的材料是复合材料。

19.2.2　疲劳寿命模型

目前的疲劳设计广泛采用试验和寿命模型结合的方法。依据结构的载荷环境和材料的力学行为，上一章已经介绍了几类常见的预测疲劳失效的模型。再次总结一下，包含以下 4 类：

（1）名义应力–寿命方法（1850—1870 年）：也就是我们今天广泛使用的 $S-N$ 方法，通过名义应力幅值和疲劳寿命的关系，结合载荷特性来判断局部疲劳强度。这一准则可以针对有凹槽或无凹槽试样。

（2）局部应变–寿命方法 $\varepsilon\text{-}N$（20 世纪 60 年代）：这一方法主要针对非光滑试样，研究得到局部应变和光滑试样应变控制下的疲劳之间的关联，从而可通过全局或名义应力或应变情况下的疲劳寿命来确定局部应变情况下的疲劳寿命。

（3）疲劳裂纹生长模型 $\dfrac{\mathrm{d}a}{\mathrm{d}N}-\Delta K$（20 世纪 60 年代）：考察已经有微裂纹且已知裂纹几何信息、裂纹受力环境的情况下，裂纹生长所需要的时间或者到达脆性断裂前裂纹的寿命。

（4）双阶段方法（two-stage method）：这一方法通过模型（2）和模型（3）来考虑疲劳裂纹的萌生和生长。先通过引入局部的 $\varepsilon-N$ 模型来获得萌生小裂纹的周次，再采用裂纹生长模型来获得剩余寿命。两者的叠加为试件的全生命服役时间。

19.3　载荷谱

结构疲劳通常都是由使用过程中随时间变化的随机载荷造成的。这些随机载荷具有不同的表现形式，如力、应力、应变、加速度、位移等。描述载荷随时间变化关系的图表统称为载荷谱。对诸如铁路机车车辆、汽车、飞机、船舶等运载工具，其中许多承载构件在运用中承受随时间变化的随机载荷，有时也存在具有一定周期性的交变载荷。事实上，周期性交变载荷是随机载荷的一种特殊情况，而随机载荷则是造成承载构件疲劳累积损伤的根本原因。载荷谱运用结构所承受的随机载荷的统计来表示，它是结构疲劳设计与断裂分析和试验的载荷条件。载荷谱原则上应代表整个载荷变化过程，但是要反映载荷变化的全部信息是难以实现的，在实际应用中也没有这个必要。因此，载荷谱编制过程中对于原始载荷数据常需要进行数据处理或简化。如果载荷的形式为力、应力、应变、加速度或位移，则相应的载荷谱称为力谱、应力谱、应变谱、加速度谱或位移谱。

19.3.1　载荷数据获取

同样一台设备各结构部位在使用中所受的载荷不同，所以不同的结构部位有不同的载荷谱。如铁路货车转向架的轮对、摇枕、侧架，车体的心盘、旁承、车钩、缓冲器等载荷谱都各有特点。此外，载荷谱还可以包括各种环境条件，如温度、腐蚀、噪声等。必要时还需考虑载荷和环境因素的综合影响，形成更为复杂的环境（载荷）谱。载荷谱又分为离散谱和连续谱。离散谱由各级载荷及其发生的频次按某种次序排列组成，连续谱由载荷过程或其统计特性表示。

当载荷时间历程施加于结构上时，结构可能产生形式多样的响应，如力（力矩）、应变或加速度等，对这些响应时间历程的统计表示广义上也称为载荷谱。在工程实践中常用程序载荷谱和随机过程载荷谱表示结构承受的随机载荷，以进行结构的疲劳设计和试验。载荷谱有多种表达形式，载荷谱最原始的表达形式是"载荷–时间"历程。由于现实条件的种种限制，用这种原始的表达形式直接进行工程应用非常困难，因此根据实际需求发展了多种多样的载荷谱近似表达形式，如数字、公式、图形、表格、矩阵等，常见的载荷谱数据处理方法有均值法、变均值法、等损伤法等，根据维数不同又有一维和二维载荷谱。

在程序载荷谱中，最简单的是常（等）幅谱；把若干常幅谱的小块按一定次序排列，得到的是程序块谱；把程序块谱中各小块的次序打乱随机排列，得到的是随机化程序块谱；若直接以载荷的各个峰值、谷值进行随机排列，得到的是随机化谱。随机过程载荷谱常用实测的一段典型"载荷–时间"历程表示，或用其功率谱表示。采用随机过程载荷谱进行结构疲劳试验比较严密和精确，但是需要对所有的实际工况进行测试。比较而言，采用程序载荷谱进行结构疲劳试验相对容易实现，因此程序载荷谱在实际中也普遍应用。

工程试验中所用的载荷谱主要根据大量实际测量数据经过统计处理编制，有些条件成熟的已形成了国家或行业标准。目前常用的载荷数据获取方法有两种：一种是实际测试；另一种是仿真分析。

实际测试是直接测量并记录结构上的载荷时间历程，这种方法最直接且最准确，是载荷数据获取的主要方法，其常用的实现方式有两种：一种是在结构上布置专用载荷传感器，直接测试载荷时间历程；另一种是通过载荷识别技术间接获得载荷时间历程。在实际工程应用中，这两种测试方法往往兼顾使用。

由于采用实际测试的方式需要花费大量的时间、人力及经费，且无法在设计阶段实施，因此通过仿真分析获取载荷数据的方法逐渐发展起来。目前常用的仿真分析方法有逆虚拟激励法、多体动力学方法等。其中，逆虚拟激励法在海洋钻井平台等工程结构的载荷谱研究中得到应用；多体动力学方法在汽车等领域得到应用，以获取作用在结构各连接点的载荷信息。

19.3.2　载荷数据处理

由实测载荷数据简化为典型载荷谱的过程称作"编谱"。编谱时，必须满足如下要求：

（1）简化后的载荷谱应与实际情况一致，即两者给出的疲劳寿命是一致的。因此，为进行加速试验，在载荷循环简化时应考虑到损伤等效的原则。

（2）根据有限次数的实测数据估计出整批产品的载荷变化规律，以取得具有代表性的典型谱。为此，需借助统计方法，由子样来推断母体，推断未能测出的某些载荷循环。

（3）载荷实测数据繁多，即使在几分钟内就能得到成千上万的数据。为此，在判读和计数时，需依靠技术手段提高处理效率。

（4）由于各种产品工作条件不同，载荷–时间历程的类型亦异。例如，歼击机的疲劳载荷主要是由机动动作引起的；而客机和运输机的疲劳载荷则主要取决于突风和地—空—地循环；高速列车车体主要承受气动载荷、吊挂载荷、车端连接载荷，转向架构架主要承受轴箱弹簧传递的垂向载荷和定位转臂传递的横向载荷，构架上承受的其他载荷除悬挂的功能单元以外可视为这两组力系的反力。所以，考虑到疲劳损伤的部位和特点各不相同，编谱工作应有一定的针对性，不宜使用统一方法。

从获取载荷数据到载荷谱编制，期间需要经过一系列的数据处理过程，包括数据格式转换、去除零点漂移、滤波处理、载荷历程峰谷值选取、无效幅值处理、载荷循环计数以及编谱等多个环节（如图 19.1 所示）。

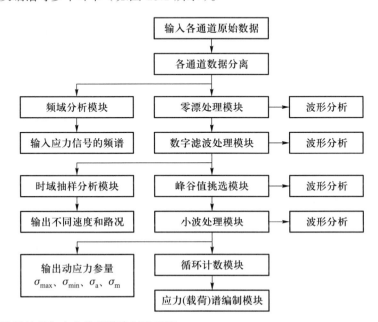

图 19.1 数据处理与应力载荷谱编制流程图

下面将对上述处理过程的重点环节作简要介绍：

（1）零点漂移处理。每次测试前（如飞机或列车启动前）需要进行动态应变仪的调平衡处理，从理论上讲，若试验前动态应变仪的输出是零，那么停车后动态应变仪的输出信号也应当回零。事实上，由于电子设备的发热以及各种外界因素的影响，动应力信号相对零线有一个明显的偏移，这就是零点漂移现象（简称"零漂"，下同）。

在长距离载荷测试后，可以采用分段线性零漂假设对信号进行零漂处理，其基本思想是：假设信号的零漂在较短时间内是线性变化的，并将较长的载荷时间历程分成若干段，认为各段内的零漂是线性的，这样整个载荷时间历程的零漂连起来是一条折线（参见图 19.2 中折线 $ABCDEFG$），用实测信号幅值逐点减去这条折线所对应的值，便可得到所需要消除零漂影响的应力信号。

需要指出，在进行零漂处理时，选择零漂分析段数比较关键，每段的信号样点数太少会对比较典型的信号造成较大的失真，因为机械系统在特许运行工况下，如突然转向时，可能出现某一段应力水平整体大幅度提高的情况；每段的信号样点数太多，信号的漂移就不能认为是线性的，实际上可能是二次的或者更复杂的非线性。

（2）数字滤波处理。在实测过程中，有个别通道的信号可能会出现大的干扰，对于这种情况，只要干扰是有规律的，可以通过频谱分析找出信号的主要干扰频带，然

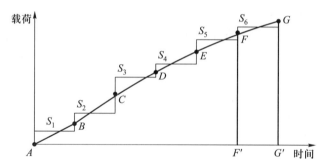

图 19.2 分段线性零漂处理的原理（分段数 $N = 6$）

后用数字滤波器将这些干扰成分滤掉。

数字滤波器是指完成信号滤波处理功能、用有限精度算法实现的离散时间线性非时变系统。其输入是一组由模拟信号取样和量化的数字量，其输出是经过变换的另一组数字量。数字滤波是用数字方法来增强信号，压低干扰，把信号和干扰分开，从而提取所需的有效信息，保证信息能可靠地传输和交换，在实际工程领域应用广泛。但由于干扰信号可能与有效信号叠加，因此实际处理时往往采用带阻数字滤波，当这个带的宽度很小时，可以认为是点阻滤波，以尽可能大地衰减干扰信号，同时尽可能小地衰减有效信号。从数字滤波的通用性出发，需要采用低通、高通、带通、带阻 4 种频率数字滤波器，以对受干扰信号进行有效的数字滤波处理。

（3）载荷时间历程峰谷值。在疲劳损伤研究中，通常关心的是载荷时间历程中的极大、极小值点（即应力峰谷值点），而并不关心介于峰谷值点之间的过渡数据样点，因此必须把这些过渡数据样点加以过滤，这一数据处理过程即是挑选载荷时间历程的峰谷值。

挑选载荷时间历程峰谷值的方法是：先从输入数据中读取两个应力值，将第一点写入输出数据文件，再比较第一个应力值与第二个应力值的大小。如果第一个应力值小于第二个应力值，则认为第一个应力值为应力谷值点，然后通过应力峰值点寻找模块找到应力峰值点，再通过应力谷值点寻找模块找到下一个应力谷值点，如此循环往复，直至输入数据读完为止；如果第一个应力值大于第二个应力值，则认为第一个应力值为应力峰值点，然后通过应力谷值点寻找模块找到应力谷值点，再通过应力峰值点模块寻找下一个应力峰值点，如此循环往复，直至输入数据读完为止。

（4）无效幅值处理技术。在载荷时间历程的测试过程中，还有一些干扰信号很难被消除掉，例如列车停在不同车站时采集的应变信号的微小波动（通常称为无效幅值波），这些干扰信号将以很小的幅值叠加到真实信号上，虽然往往只有几个 MPa 的应力，但在编制载荷谱时它们却有可能构成数量相当多的小循环，影响载荷谱的真实分布。为此，需要编制无效幅值处理软件以消除这些干扰信号。

（5）载荷循环计数处理。导致承载结构疲劳损伤的主要原因是载荷峰谷值及其循环次数，因而载荷幅值循环计数是载荷谱编制的重要一环。将载荷-时间历程简化为一系列的全循环或半循环的过程叫做"计数法"。疲劳寿命估算和疲劳试验结果的可靠性在很大程度上取决于载荷谱，而载荷谱的编制又与所采用的计数法有关。

计数法的种类很多，如穿级计数、雨流计数等，国外已发展的计数法有十余种。从统计观点上看，计数法大体可分为两类：单参数法和双参数法。

所谓单参数法指的是，只考虑载荷循环中的一个变量，如变程（相邻的峰值与谷值之差）；而双参数法则同时考虑两个变量。由于疲劳载荷本身固有的特性，对任一载荷循环，总需要两个参数来表示。只考虑某一参数，一般不足以描绘载荷循环特征。可见，单参数法有较大的缺陷。目前，有以双参数法为基础的"雨流法"。该法较为先进，而且在计数原则上有一定的力学依据。

所有现行计数法（包括雨流法）均未考虑载荷循环先后次序的影响。因此，载荷先后次序的影响总是存在的。如果将简化后的程序载荷谱的周期取得短一些，则载荷先后次序对试验结果的影响会减至最低程度。

19.3.3 雨流计数法

在众多载荷–时间历程的统计计数方法中，雨流计数法的突出优点是：它与材料的疲劳损伤特性具有内在联系。最初，雨流法是由 Matsuiski 和 Endo 等考虑了材料应力–应变行为而提出的一种计数法。该法认为塑性的存在是疲劳损伤的必要条件，并且其塑性性质表现为应力–应变的迟滞回线。一般情况下，虽然名义应力处于弹性范围，但从局部的、微观的角度看来，塑性变形仍然存在。雨流计数法以双参数法为基础，考虑了动强度（幅值）和静强度（均值）两个变量，符合疲劳载荷本身固有的特性，在疲劳寿命计算中运用非常广泛。

图 19.3a 所示为应变–时间历程，其对应的循环应力–应变曲线示于图 19.3b。由图可见，两个小循环 2—3—2′、5—6—5′ 和一个大循环 1—4—7 分别构成两个小的和一个大的迟滞回线。如果疲劳损伤以此为标志，并且假定一个大变程所引起的损伤不受为完成一个小的迟滞回线而所形成的截断的影响，则可逐次将构成较小迟滞回线

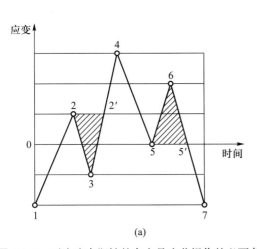
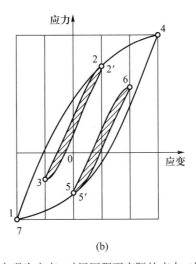

(a)   (b)

图 19.3　雨流法中塑性的存在是疲劳损伤的必要条件，表现为应变–时间历程下实际的应力–应变所表现出来的迟滞效应

的较小循环从整个应变–时间历程中提取出来，重新加以组合。这样，图 19.3a 所示应变–时间历程将简化为图 19.4 的形式，且认为两者对材料引起的疲劳损伤是等效的。

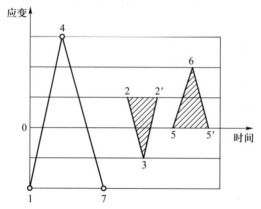

图 19.4 雨流法处理后基于图 19.3a 获得的简化应变–时间历程

雨流法即基于上述原理进行计数。如图 19.5 所示，取时间为纵坐标且垂直向下，此时载荷–时间历程形如一宝塔屋顶。设想雨滴以峰、谷为起点，向下流动。根据雨滴流动的迹线，确定载荷循环，雨流法的名称即由此得来。为实现其计数原理，特做如下计数规则：

（1）雨流依次从试验记录的起点和载荷时间历程的每个峰值（或谷值）处的内侧沿屋面往下流；

（2）雨流在下一个峰值（或谷值）处竖直下滴，直到对面有一个比起点更大的峰值（或更小的谷值）时停止；

（3）雨流遇到上面流下的雨流时，也必须停止流动；

（4）取出所有的全循环，记下每个循环的幅度；

（5）将第一阶段计数后剩下的发散收敛载荷时间历程等效为一个收敛发散型的载荷时间历程，进行第二阶段的雨流计数；

（6）计数循环的总数等于两个计数阶段的计数循环之和。

我们以图 19.5 中的载荷–时间历程来阐述以上的基本规则，共计 9 个雨流：

（1）第一个雨流从起点 1 点开始，沿屋面流至 2 点，下滴到 3 点与 4 点间的 2′ 点，继续流至 4 点下滴，止于比 1 点更小的谷值 5 点的对面处，得到一个半循环 1—2—2′—4；

（2）第二个雨流从峰值 2 点开始，沿屋面流至 3 点下滴，止于比 2 点更大的峰值 4 点的对面处，得到一个半循环 2—3；

（3）第三个流动从谷值 3 点开始，沿屋面往下流，因遇到由上方屋檐 2 点滴下的雨流而止于 2′ 点，得到一个半循环 3—2′，两个半循环 2—3 和 3—2′ 构成一个全循环 2—3—2′；

（4）第四个雨流从峰值 4 点开始，沿屋面流至 5 点，下滴到 6 点和 7 点之间的 5′ 点，继续流至 7 点竖直下滴，止于比 4 点更大的峰值 10 点的对面处，得到一个半

循环 4—5—5'—7;

（5）第五个雨流从谷值 5 点开始，沿屋面流至 6 点下滴，止于比 5 点更小的谷值 7 点的对面处，得到一个半循环 5—6；

（6）第六个雨流从峰值 6 点开始，因遇到由上方屋檐 5 点滴下的雨流而止于 5'点，得到一个半循环 6—5'，两个半循环 5—6 和 6—5' 构成一个全循环 5—6—5'；

（7）第七个雨流从谷值 7 点开始，沿屋面流至 8 点，下滴到 9 点和 10 点之间的 8' 点，继续流至 10 下滴，得到一个半循环 7—8—8'—10；

（8）第八个雨流从峰值 8 点开始，沿屋面流至 9 点下滴，止于比 8 点更大的峰值 10 点的对面处，得到一个半循环 8—9；

（9）第九个雨流从谷值 9 点开始，沿屋面往下流，因遇到由上方屋檐 8 点滴下的雨流而止于 8' 点，得到一个半循环 9—8'，两个半循环 8—9 和 9—8' 构成一个全循环 8—9—8'。

如图 19.5 所示的应变–时间历程包括 3 个全循环，即 2—3—2'、5—6—5' 和 8—9—8'；以及 3 个半循环，即 1—2—2'—4、4—5—5'—7 和 7—8—8'—10。最后，将所有全循环提取出来，并记录它们的幅值和均值。图 19.5 表明，雨流法得到的应变是与材料应力–应变特性相一致的。

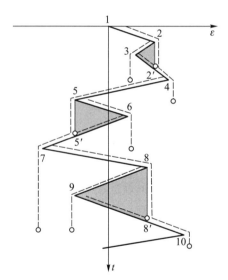

图 19.5 雨流法计数图解。阴影部分代表应变–时间的 3 个全循环历程；每一个雨流对应于图中的雨滴所历经的路径

因为在上述计数示例中我们只取了很小一段载荷–时间历程，经过这样的计数阶段后，如果持续类似图 19.5 中的计数过程，则完成第一阶段雨流计数后可能还有"未完"的雨流，遗留下类似图 19.6a 所示的发散–收敛波。按雨流法计数原则，此种波形无法再形成完整的循环，因此需要采取其他措施。一种简便可行的方法是：在最高波峰 a 或最低波谷 b 处将波形截成两段，使左段起点与右段末点相接，构成如图 19.6b 所示的收敛–发散波。此时，雨流法计数原则可继续使用，直至记录完毕为止。

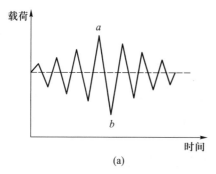
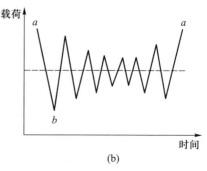

| (a) | (b) |

图 19.6 雨流法计数后续处理示意图：（a）第一次雨流计数后可能遗留下的发散–收敛波；（b）对（a）中的 a 位置截断并调整后形成的收敛–发散波

对各载荷系的载荷–时间历程进行雨流计数处理后，可得到各个载荷系的实测载荷幅值谱 (简称载荷谱)。目前三点和四点雨流计数法已被相关商业软件采用，可以方便地用于载荷谱编制。

19.3.4 载荷谱编制

载荷时间历程经循环计数处理之后得到的输出数据是整个历程中各次循环的均值和幅值。这一历程不仅数据量大，而且是随机变量，因此有必要将这些数据加以整理，编制出一维谱和二维谱，以便于寿命估算和疲劳试验时应用。

对于应力谱而言，一维应力谱就是采用国内外广泛应用的"波动中心"法，将应力谱简化为一元随机变量，并以波动中心作为应力循环的静应力分量，以幅值作为应力循环的动应力分量，将幅值叠加于波动中心之上。在编制一维应力谱时，先将输入数据（即应力循环的均值、幅值数据）进行一次扫描，找到应力幅值的最大值和最小值，再按下式进行分组处理：

$$D = \frac{\sigma_{\mathrm{amax}} - \sigma_{\mathrm{amin}}}{N} \tag{19.1}$$

式中，D 为组间距；σ_{amax}、σ_{amin} 分别为应力幅值的最大值和最小值；N 为应力幅值组级数，通常取 8 级、16 级、32 级。这样，各级应力幅值组的上下限值可以分别计算，如下式所示：

$$\begin{cases} D_{iu} = \sigma_{\mathrm{amin}} + i \times D \\ D_{il} = \sigma_{\mathrm{amin}} + (i-1) \times D \end{cases}, \quad i = 1, 2, \cdots, N \tag{19.2}$$

应力幅值分级后，进行一维应力谱的编制：先设定 N 个统计应力幅值发生频数的变量 C_i $(i = 1, 2, \cdots, N)$ 并赋初值为零，然后按顺序读取原循环计数结果数据文件，按应力幅值的 N 个区间逐个判断新读入的应力幅值 σ_a 属于哪一级范围。若 $D_{il} \leqslant \sigma_{ai} \leqslant D_{iu}$，则对 C_i 进行加 1 处理；如此循环，直至输入数据读完为止。为了描述上的方便，各级应力幅值组采用其中值来表示，组中值按下式计算：

$$\sigma_{ai} = \frac{D_{iu} + D_{il}}{2}, \quad i = 1, 2, \cdots, N \tag{19.3}$$

式中 σ_{ai} 为第 i 级的组中值；D_{iu} 和 D_{il} 分别为第 i 级的组上限值和组下限值。定义每一组内应力幅值循环出现的次数为频数（或频次），频数除以总的循环次数成为频率，所有频率自下而上依次相加为累计频率。载荷谱编制涉及的理论层面广泛，还考虑诸多因素及使用条件，如随机载荷迟滞效应和顺序效应、高载截取准则的选取、低载截除准则及低载截除对寿命的影响。

19.4 疲劳设计准则

在已知材料性能、载荷谱分布的情况下，多设计目标和控制参数下的结构疲劳设计存在一些基本准则。疲劳设计准则（fatigue design criteria）随着疲劳现象被广泛发现以及疲劳研究的逐步深入，也获得了快速发展。目前各行业的疲劳设计大致具有以下特点：① 设计准则已经从无限寿命到损伤容限设计；② 目前大概含有 4 个阶段性的准则，每一阶段发展的设计准则依据具体应用仍然被广泛应用；③ 这些准则和前面提到的 4 类疲劳寿命模型紧密结合，同步发展。目前的 4 类疲劳寿命准则包括：无限寿命设计（infinite-life design）、安全寿命设计（safe-life design）、失效–安全设计（fail-safe design）以及损伤容限设计（damage-tolerant design）。它们具有各自的特点。

1. 无限寿命设计（infinite-life design）

（1）无限安全是最老准则；

（2）要求局部应力/应变是弹性的，且低于疲劳极限；

（3）对于运转数百万次的部件，是一个较好的准则；

（4）准则可能不经济或不实用（过重）。

2. 安全寿命设计（safe-life design）

（1）设计有限寿命的过程为安全寿命设计；

（2）广泛应用于多个工业领域，如交通工具、压力容器、喷气式发动机；

（3）计算过程可涉及应力–寿命、应变–寿命或者裂纹生长；

（4）轴承、滚珠等是典型例子；

（5）需考虑到疲劳分析结构的分散性及其他未知因子。

3. 失效–安全设计（fail-safe design）

（1）要求如果某一部件失效，系统安全；

（2）意识到裂纹会出现，但可以通过结构设计使得裂纹不至于导致失效（在裂纹被检测到之前）；

（3）通常通过多载荷路径、载荷转移、止裂部件、周期检查等方法来实现失效–安全设计。

4. 损伤容限设计（damage-tolerant design）

（1）是失效–安全设计的精细化；

（2）假定裂纹由于加工或疲劳而存在，通过断裂力学分析与测试分析裂纹在长到导致脆性断裂前，是否会在检测周期内被发现；

（3）损伤容限设计需检查 3 个关键点，即残余强度、疲劳裂纹生长行为和通过无损检测来探测裂纹。

例如在压力容器设计中，为了防止内压过高导致爆炸，要求压力容器的断裂先于爆炸。这种"漏先于炸"的思想便是损伤容限设计的一个应用。

19.5 小结

需要提醒的是，理论模型中的力学参数通常都是受环境因素影响的。千万不要低估由于不同类型的因素叠加或者相互作用对疲劳性能的影响。和前面讨论过的疲劳寿命模型及设计准则不同，许多影响材料的应变–寿命疲劳行为的其他因素，包括应力集中、残余应力、多轴应力状态、环境因素、尺寸效应、服役时间、材料微结构、机加工过程中的表面完整性、表面处理效果等并不能获得定量的描述。我们在下图中展示了表面粗糙度（图 19.7）以及加工工艺给疲劳寿命带来的显著影响（图 19.8）。通过图 19.9 所展示的对照试验可以看到，A1N 车轴钢在雨水环境下和干燥环境中的疲劳寿命存在显著差异[3]，而其他的化学腐蚀环境如盐雾等都会对疲劳性能产生影响。基于以上因素，这就需要在疲劳设计过程中采用试验和理论相结合的办法，选取保守性的方案，以实现高可靠性的设计。

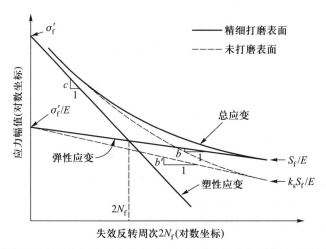

图 19.7 表面粗糙度对疲劳性能的影响示意图。经打磨后的光滑试样比未经打磨的试样具有更高的疲劳寿命

归纳前面介绍的疲劳和可靠性设计的发展历程、理论模型和设计准则，我们将一般结构疲劳可靠性设计形成图 19.10 所示的流程示意图。这一流程设计形成一个封闭的优化回路，实现逐步的寿命提升。为了确定产品的使用寿命，在产品的最后设计阶段则必须进行全尺寸结构或零件的疲劳试验，此时全尺寸疲劳试验应尽可能准确地模拟真实工作状态，以获得比较可靠的试验结果。然而，由于疲劳载荷的随机性，真实工作状态千变万化，并且由于加载设备条件的限制或者为了压缩试验时间，不得不将实测载荷加以简化，以获取能反映真实情况的"典型载荷谱"。实验中常用的简化版本

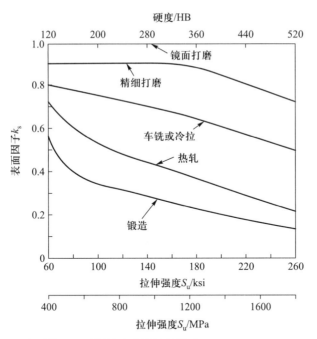

图 19.8 不同加工工艺对典型金属材料疲劳性能的影响

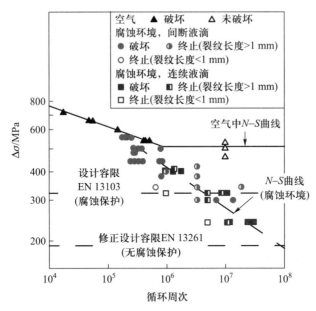

图 19.9 环境对疲劳性能的影响。这里显示了 A1N 车轴钢在雨水环境和干燥环境下的疲劳寿命对照[3]

通过"程序加载"来实现。如图 19.11 所示程序载荷谱,其平均载荷是恒定的,每一周期由若干级常幅载荷循环组成,同一级的载荷循环称为一个"程序块",每一周期内的程序块按一定顺序排列,图 19.11 中的程序加载就属于低—高—低序列。在每一周期内平均载荷也可同时分为若干级变化。

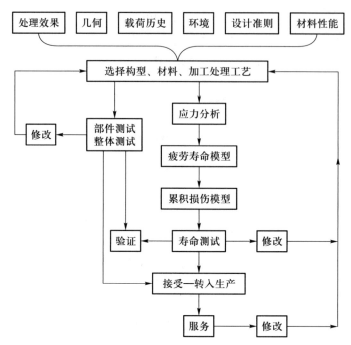

图 19.10 一般结构疲劳可靠性设计所采用的流程示意图

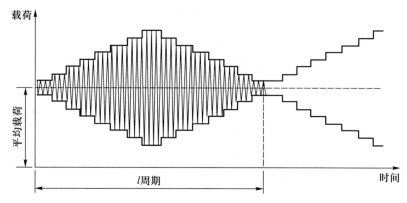

图 19.11 全尺寸疲劳试验中为了准确地模拟真实工作状态所采用的程序载荷谱

　　此外，结构上的载荷具有一定的随机性，对实测载荷数据进行计数处理后，还要根据子样统计推断出随机载荷总体的分布参数，从而更全面地评估载荷对结构疲劳损伤的影响。同一载荷–时间历程用不同的计数法编制出的载荷谱有时会差别很大。当然，按照这些载荷谱来进行寿命估算或试验也会给出不同的结果。

参考文献

[1]　Almen J O, Black P H. Residual Stresses and Fatigue in Metals[M]. New York: McGraw-Hill, 1963.

[2]　Campbell G S, Lahey R. A survey of serious aircraft accidents involving fatigue frac-

ture[J]. International Journal of Fatigue, 1984, 6: 25-30.

[3]   Beretta S, Carboni M, Fiore G, et al. Corrosion-fatigue of A1N railway axle steel exposed to rainwater[J]. International Journal of Fatigue, 2010, 32: 952-961.

第 20 章 孔隙介质弹性力学

20.1 简介

孔隙介质如土壤、岩石、凝胶、生物组织等广泛存在于我们的生活中（图 20.1），它由具有许多孔洞的固体构成固体骨架，在固体骨架之间包含有很多相互贯通或封闭的孔隙，这些孔隙被流体（气体或液体）所占据。孔隙介质力学是研究流体浸润孔隙介质力学行为的学科，它研究固体骨架与间隙流体的相互作用[1]。关于孔隙介质力学的研究可以追溯到 1925 年 Terzaghi 对一维土壤固结的研究，后来由 Biot 推广到三维的情况，并提出了孔隙弹性的线性理论，此后得到进一步的发展与完善，被广泛应用于地质学、水文学、微观力学、生物力学等学科。

孔隙介质内的微小空隙的总体积与该孔隙介质的外表体积的比值一般称为孔隙度，它是影响孔隙介质内流体容量和流体渗流状况的重要参量。按照孔隙之间的几何差异，一般有两种孔隙度：孔隙介质内相互连通的微小空隙的总体积与该孔隙介质的外表体积的比值称有效孔隙度；孔隙介质内相通的和不相通的所有微小空隙的总体积与该孔隙介质的外表体积的比值称绝对孔隙度或总孔隙度。在常见的非生物孔隙介质中，孔隙度最大达 90% 以上；而在煤、混凝土、岩石等材料中，孔隙度可低至 2%~4%；土壤的孔隙度为 43%~54%，属中等数值；动物的肾、肺、肝等脏器的血管系统的孔隙度亦为中等数值。

孔隙介质内部的孔隙极其微小而且状态复杂，既可以是裂纹，又可以是微管道、空洞等。除了孔隙度之外，孔隙的尺度也对孔隙介质内流体容量和流体渗流状况形成巨大影响。储集石油和天然气的砂岩地层的孔隙直径大多为 $1 \sim 500$ μm；目前了解的非常规储存岩层如页岩的孔隙尺寸甚至达到了纳米量级；毛细血管内径一般为 $5 \sim 15$ μm；肺泡–微细支气管系统的孔隙直径一般为 200 μm 左右或更小；植物体内输送水分和糖分的孔隙直径一般不大于 40 μm。

岩石是由固体的岩石骨架和流动的孔隙流体组成的典型孔隙介质。在已知组成岩石介质各相的相对含量以及弹性模量的情况下，如何理解这一多相介质的变形具有重要的工程科学价值。两类主导机制影响间隙流动及多孔岩石：① 孔隙压力的增大导致岩体的膨胀效应；② 如果孔隙间流体无法从骨架孔网中流出的话，骨架材料的压缩将导致孔隙压力的增大。这类微孔隙间的扩散–变形耦合和许多的地质工程问题相关，例如土壤在表面过载作用下的沉积，油或者水等流体过度开采引起的地下塌陷，承压状态下钻孔的特点位置的拉伸失效，渗流岩体地震过程中的剪切和拉伸断裂，海床在水波载荷下的失稳，水力压裂，等等。

　　岩石的弹性表现为多相体的等效弹性，按照前面结构的分析，其弹性行为主要受基质模量、干岩骨架模量、孔隙流体模量和环境因素如压力、温度、激励频率等影响。岩石力学模型旨在建立这些模量之间相互的理论关系，一般需要设立一定的假设条件把实际的岩石理想化，再通过内在的力学原理建立通用的关系。直到 1935 年和 1941 年，才由 Biot 建立了考虑上面提到的两类机制的孔隙材料线弹性理论。

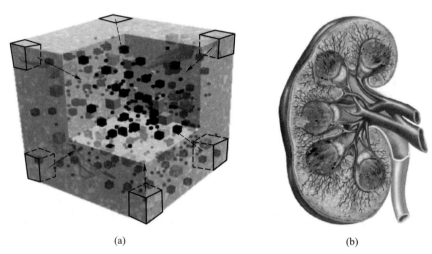

(a)　　　　　　　　　　　　　　　　　　(b)

图 20.1　典型孔隙介质。（a）页岩的三维重构显示出其孔隙介质特性，这一孔隙材料的孔隙率与渗透性密切相关；（b）肾脏中约含 200 万个肾单位，每一个肾单位由肾小体和肾小管组成，肾脏就是由这些小管组成的典型孔隙介质

20.2　基本概念与参数的定义

　　考虑到这一部分内容涉及不少之前没有接触的基本概念，而且文献中关于不同的变量的使用和定义也具有很大的差别，有的在概念上甚至存在歧义，我们在这里先就本章需要用到的基本知识和对应的参数作一个全面说明并给出其对应的定义[2]。

　　（1）针对孔隙介质材料和结构上的名称及对应含义涉及以下 4 类。

　　孔隙介质：它由具有许多孔隙的固体组成骨架，在固体骨架之间包含有很多相互贯通或封闭的孔隙，这些孔隙被流体（气体或液体）所占据。我们将这一包含固体骨架和孔隙流体的综合体称为孔隙介质。孔隙介质广泛见于生活和工程实践，在岩石工程和地质地理领域中，不同的岩石和岩土为典型的孔隙介质，也是主要研究对象。

　　固体材料：组成孔隙介质的固体实心材料部分，里面没有孔隙。孔隙介质的体积由固体相所占体积和孔隙体积两部分组成。

　　骨架材料：孔隙介质中不存在孔隙流体时所对应的材料，里面包含连通孔隙，也即干燥状态下的孔隙材料，等价于固体骨架相构成的基质（matrix）材料，它是包含孔隙的固体材料。

　　孔隙流体：孔隙中的流体既可以是水，也可以是石油或者空气，或者其他任意的可以承担压缩应力但不能承受剪应力的液态物质。

（2）针对孔隙介质中流体的填充和边界条件可能有各种情况，这里对照实际工程的近似度和理论研究的可行性，主要分析和讨论两类极端的孔隙流体填充方式以及其两类边界条件。

干燥状态：孔隙介质中不存在孔隙流体，流体的质量为零，孔隙内压力为零。

饱和状态：与干燥状态对应，此时孔隙介质中充满孔隙流体，孔隙内压力既可以是变形状态的函数，又可以由边界条件给出。我们在这里考虑饱和状态下排水状态和非排水状态两类边界。

残余饱和状态：介于干燥状态和饱和状态之间，指将孔隙流体导出孔隙介质后，湿润流体（通常为水）通常牢固地吸附在颗粒表面，又称缚水饱和度，英文描述为"irreducible saturation"。这里"irreducible"是指在天然条件下无法排除的意思，因此大家一般认为残余流体是岩石骨架的一部分，不是孔隙空间。残余饱和度在计算储量和研究油、气、水的相对渗透率时具有重要意义，且在残余饱和度条件下测量骨架模量更能反映真实的物理条件。

排水状态：孔隙介质中的孔隙内流体和外部的大的具备常压的水库相连，孔隙介质的变形不改变孔隙内流体的压力。一个极端的例子是我们在空气中对孔隙介质进行试验，试样的表面与空气直接接触。

非排水状态：孔隙介质外围受到包裹，孔隙内的流体无法流出，孔隙介质的变形同时受基质材料和孔隙内液体变形的影响。这类情况多见于地震波在地球内部的传播导致的应力变化。

（3）孔隙介质不同结构或不同状态下材料的弹性常数以及不同边界条件的物理参数的定义如下。需要提醒的是，在后续讨论中我们将看到 Biot 模型的剪切模量不受排水状态的影响。

固体材料：孔隙介质的固体实心材料部分，里面没有孔隙。其对应的体积模量（压缩模量）为 K_s，泊松比为 ν_s，杨氏模量为 E_s，剪切模量为 G_s，密度为 ρ_s。它是组成骨架结构或者基质结构的基本材料。需要注意的是，一些文献中称孔隙介质中的固体相为基质材料，并以英文"matrix"中的首字母"m"作为下标来表示对应的体积模量（压缩模量）K_m、泊松比 ν_m、杨氏模量 E_m、剪切模量 G 以及密度为 ρ_m。在本书中我们将统一以下标"s"表示固体材料的性质。

孔隙流体：孔隙流体的体积模量（压缩模量）为 K_f，密度为 ρ_f。

孔隙率：单位体积孔隙介质中孔隙所占的体积分数，一般用 ϕ 表示。

孔隙介质：孔隙介质的弹性常数与是否排水状态密切相关。排水状态下，孔隙介质的体积模量（压缩模量）为 K，泊松比为 ν，杨氏模量为 E，剪切模量和骨架材料的剪切模量相同，为 G。与之对应，不排水状态下，孔隙介质的体积模量（压缩模量）为 K_u，泊松比为 ν_u，杨氏模量为 E_u，剪切模量和骨架材料的剪切模量相同，仍保持为 G。

孔隙压缩：外压作用下孔隙体积分数的变化，孔隙压缩模量反映的是孔隙空间的刚度，和前面讨论的孔隙流体压缩模量 K_f 是两个完全不同的概念。孔隙压缩又分为两种典型的边界情况：其一为孔隙内流体的压力恒定时，外部静水压力导致孔隙体积分数变化的能力，一般用 K_ϕ 表示；其二为外部静水压力固定时，孔隙压力导致孔隙体积分数变化的能力，用 $K_{\phi p}$ 表示，这里的下标 p 表示静水压不变。

骨架结构：骨架结构的体积模量（压缩模量）为孔隙介质干燥状态下的模量，在这里定义为 K_{dry}，泊松比为 ν_{dry}，杨氏模量为 E_{dry}，剪切模量为 G。为避免混淆，我们在这里强调本书中提到骨架结构或者骨架材料时，均指由固体相和孔隙共存的材料。一般情况下，骨架结构的弹性常数和排水状态下的弹性常数基本相同。

孔隙压力：孔隙内流体的压力，是一个独立变量，用 P 表示。

静水压力：由施加在孔隙介质上的宏观应力产生的三轴压力的平均值，用 p 表示，如果 3 个方向的正应力相同，又称为围压。

代表单元体积：所选取的孔隙介质代表单元的体积，用 V_0 表示。

孔隙体积：孔隙在典型代表单元 V_0 中所占体积，用 V_{c} 表示。

固体体积：代表单元中固体骨架（材料）所占体积，用 V_{s} 表示。按照定义，有 $V_0 = V_{\mathrm{s}} + V_{\mathrm{c}}$。

20.3 压缩系数的 Walsh 模型

需要注意的是，目前讨论的孔隙介质其内部的空隙一般相对比较小。如果孔隙中不存在任何流体，我们称该孔隙介质处于干燥状态，骨架材料表现为各向同性的弹性材料，其本构关系可以由式 (4.59) 来描述。而当孔隙中存在液体但处于排水状态时，与实心无孔隙的固体相相比，排水状态中的孔隙介质的弹性变形能力出现不同。Chree 在 1892 年就注意到体积为 V_0 的孔隙介质中，当孔隙体积为 V_{c} 时，由于宏观应力产生的静水压增加 $\mathrm{d}p$ 后，固体材料所占体积将减少 $\mathrm{d}(V_0 - V_{\mathrm{c}})$，这一关系可由下式描述：

$$\mathrm{d}V_{\mathrm{s}} = \mathrm{d}\,(V_0 - V_{\mathrm{c}}) = \beta V_0 \mathrm{d}p \tag{20.1}$$

式中，β 为固体材料的可压缩系数，$\beta = 1/K_{\mathrm{s}}$。Walsh 在 1965 年进一步给出了排水状态下孔隙介质的有效压缩系数 β_{e} 与孔隙度 ϕ 随宏观压力 p 变化的关系。通过整理式 (20.1) 中的偏微分方程可得到

$$\frac{1}{V_0}\frac{\mathrm{d}V_0}{\mathrm{d}p} = \beta + \frac{1}{V_0}\frac{\mathrm{d}V_{\mathrm{c}}}{\mathrm{d}p} \tag{20.2a}$$

式 (20.2a) 左边项即为孔隙介质的等效压缩系数 β_{e}（$\beta_{\mathrm{e}} = 1/K$），考虑到

$$\frac{1}{V_0}\frac{\mathrm{d}V_{\mathrm{c}}}{\mathrm{d}p} = \frac{\mathrm{d}(V_{\mathrm{c}}/V_0)}{\mathrm{d}p} \tag{20.2b}$$

这里 $\mathrm{d}(V_{\mathrm{c}}/V_0)$ 即为材料内部孔隙率 ϕ 的变化，即 $\mathrm{d}\phi$。同时注意到静水压力的增大导致孔隙的减少，因此有

$$\beta_{\mathrm{e}} = \beta - \frac{\mathrm{d}\phi}{\mathrm{d}p} \tag{20.3}$$

在这里我们忽略了不同的几何形状对孔隙可压缩性的影响。后续，Walsh 研究含不同几何形状的孔隙时，给出了孔隙介质等效压缩系数的理论表达式[3]。我们先来看

球形孔隙受压时的状态。Walsh 利用 Timoshenko 和 Goodier[4] 给出的厚壁球的弹性解，考虑体积 V_0 下包裹一球形孔隙 V_c，其周向应力为

$$\sigma_{\theta\theta} = -\frac{3p}{2}\frac{1}{(1-V_c/V_0)} \tag{20.4a}$$

周向应变为

$$e_{\theta\theta} = \frac{(1-\nu_s)\sigma_{\theta\theta}}{E_s} \tag{20.4b}$$

而体积应变为

$$e_v = \frac{\Delta V_c}{V_c} = 3e_{\theta\theta} \tag{20.4c}$$

因此孔隙在外压 P 作用下的体积变化为

$$\frac{dV_c}{V_c} = -\frac{9}{2}\frac{dp}{E_s}\frac{(1-\nu_s)}{(1-V_c/V_0)} \tag{20.5}$$

对应的孔隙率随压力的变化为

$$\frac{d\phi}{dp} = \frac{dV_c}{V_0 dp} = -\frac{9(1-\nu_s)}{2E_s}\frac{\phi}{1-\phi} \tag{20.6}$$

考虑到无孔隙时

$$\beta = \frac{1}{K_s} = \frac{3(1-2\nu_s)}{E_s} \tag{20.7}$$

因此有

$$\beta_e = \beta\left[1 + \frac{3(1-\nu_s)}{2(1-2\nu_s)}\frac{\phi}{1-\phi}\right] \tag{20.8}$$

需要提到的是，式 (20.8) 仅适用于小应变时的情况。

对于椭圆形的裂纹和球对称问题不一样，它具有各向异性，不同排列方式的单个裂纹对最终的宏观导出关系有比较大的影响，此时一般需要借鉴 Voigt[5] 和 Reuss[6] 对多晶材料宏观弹性参数的推导方法。前者假定微观层面的晶粒内所承受的应变相同，由此导出各晶粒对应于该应变的模量并求平均；而后者假定材料中各晶粒的应力一致，对导出的柔度系数求平均。Hill 在 1952 年给出证明，由 Voigt 和 Reuss 两种方法推导得到的宏观弹性模量分别对应于实际材料模量的上边界和下边界[7]。现在来看几类典型裂纹类孔隙，如硬币形或椭圆形对孔隙介质可压缩性的影响。此时可以将 Chree 关系重新写为

$$\beta_e = \frac{(\beta V_0 pdp + pdV_c)}{V_0 p}dp \tag{20.9}$$

式中，括号内第一项为不存在孔隙时的应变能，第二项则为孔隙带来的应变能增量 dW_c。由于 dW_c 在 Griffith 断裂理论中具有重要意义，针对硬币形裂纹，平面应力与平面应变条件下的椭圆裂纹均有理论解。对裂纹半长和半深度为 C 的情况，在包含裂纹的代表体积 V_0 表面施加压应力，使得静水压力为 p，那么包含硬币形裂纹的代表体积中的应变能增量为

$$dW_c = \beta\frac{16(1-\nu_s^2)C^3}{9(1-2\nu_s)}pdp \tag{20.10}$$

这一公式由 Sack 在 1946 年给出，之前 Griffith 则给出了当代表体积中含椭圆形裂纹时平面应变下的应变能增量

$$\mathrm{d}W_\mathrm{c} = \beta \frac{4\pi(1-\nu_\mathrm{s}^2)C^3}{3(1-2\nu_\mathrm{s})}p\mathrm{d}p \tag{20.11a}$$

以及平面应力情况下的对应表达式

$$\mathrm{d}W_\mathrm{c} = \beta \frac{4\pi C^3}{3(1-2\nu_\mathrm{s})}p\mathrm{d}p \tag{20.11b}$$

如果考虑给定区域内的 N 个类似裂纹，那么总的能量变化为

$$\mathrm{d}W_\mathrm{c} = \beta \sum_{i=1}^{N} \frac{16(1-\nu_\mathrm{s}^2)C_i^3}{9(1-2\nu_\mathrm{s})}p\mathrm{d}p \tag{20.12}$$

通过定义平均裂纹尺寸 $\overline{C}$ 以及平均区域大小 $\overline{V}$

$$N\overline{C}^3 = \sum_{i=1}^{N} C_i^3, \quad V_0 = \sum_{i=1}^{N} V_i = N\overline{V}$$

我们得到孔隙介质分别含硬币形裂纹以及平面应变和平面应力下的椭圆裂纹孔隙时对应的孔隙介质有效压缩系数 β_e 的理论表达式，分别为

$$\beta_\mathrm{e} = \beta \left(1 + \frac{16}{9}\frac{1-\nu_\mathrm{s}^2}{1-2\nu_\mathrm{s}}\frac{\overline{C}^3}{\overline{V}} \right), \text{ 硬币形裂纹} \tag{20.13a}$$

$$\beta_\mathrm{e} = \beta \left(1 + \frac{4\pi}{3}\frac{1-\nu_\mathrm{s}^2}{1-2\nu_\mathrm{s}}\frac{\overline{C}^3}{\overline{V}} \right), \text{ 椭圆裂纹，平面应变} \tag{20.13b}$$

$$\beta_\mathrm{e} = \beta \left(1 + \frac{4\pi}{3}\frac{1}{1-2\nu_\mathrm{s}}\frac{\overline{C}^3}{\overline{V}} \right), \text{ 椭圆裂纹，平面应力} \tag{20.13c}$$

注意到以上的推导中我们假定每一区域 V_i 内具有相同静水压，因此相当于所得到的 β_e 满足 Reuss 模型，其对应的通过 Voigt 模型获得的 β_e 表达式更为复杂。如果我们用上标"V"和"R"来区分由 Voigt 模型和 Reuss 模型所导出的等效压缩系数，则有

$$\beta_\mathrm{e}^{(\mathrm{V})} = \beta_\mathrm{e}^{(\mathrm{R})} - \beta \sum_N \frac{2A^2 \dfrac{V_i}{\overline{V}}}{9(1-2\nu_\mathrm{s})(1+\nu_\mathrm{s})} \tag{20.14}$$

式中

$$A = \begin{cases} 16\left(1-\nu_\mathrm{s}^2\right)C_i^3/3V_i, & \text{硬币形裂纹} \\ 4\pi(1-\nu_\mathrm{s}^2)C_i^3/V_i, & \text{椭圆裂纹，平面应变} \\ 4\pi C_i^3/V_i, & \text{椭圆裂纹，平面应力} \end{cases}$$

这一公式表明，可压缩性在 Voigt 假设下小于 Reuss 假设的结果，且两者的差异随孔隙率 ϕ 的降低而下降，当 ϕ 很小时，两者基本等价。

20.4　Gassmann 方程

前面介绍的 Walsh 模型给出了饱和情况下排水孔隙介质的有效压缩系数 β_e 与基质材料的可压缩系数 β 以及孔隙度随压力变化之间的关系。对于不排水的情况，孔隙介质的体积压缩模量必然受固体材料模量、骨架模量、孔隙流体模量、孔隙率和环境因素如压力、温度、激励频率等的影响。Gassmann 于 1951 年推导并给出了预测岩石体积压缩模量的公式[8]，并预测了气饱和岩石的剪切模量和水饱和岩石的剪切模量相等。从 20 世纪 60 年代中期起，岩石弹性测定技术的进步已能使岩石样品的测定结果用于检验 Gassmann 方程预测的准确性。这一公式也广泛应用于地球物理领域，涉及油气藏的勘探、开采、地质结构预测和地震行为分析等多个方面。自 20 世纪 80 年代以来，人们对利用地震信息直接探测油气和区分岩性给予了重视，实验研究和理论分析的结合极大地促进了我们对孔隙介质，尤其是岩石材料这类孔隙介质等弹性力学行为的理解。

关于孔隙介质的基本假设仍然不变，即材料宏观上均质且孔隙相互连通，孔隙中充满流体介质也即材料处于饱和状态，同时不排水的边界条件要求孔隙介质是封闭的。先来看骨架材料的压缩模量与基质材料孔隙压缩率之间的关系。我们结合 3 个典型试验来考察这些变量之间的关系[9]。图 20.2 给出了总体积为 V_0 的孔隙介质，初始的孔隙体积为 V_c。

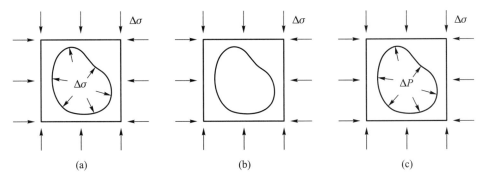

图 20.2　同一孔隙介质中的三类边界状态。（a）骨架所受的各表面上的应力形成的静水压和孔隙中流体压力相同，均为 $\Delta\sigma$；（b）固体骨架所承受来自表面上的应力形成的静水压 $\Delta\sigma$，孔隙流体的压力为零；（c）固体骨架所承受来自表面上的应力形成的静水压 $\Delta\sigma$，孔隙内压力为 ΔP

考虑在同一孔隙介质中开展三类不同边界条件的变形，如图 20.2 所示。在图 20.2a 所示试验中，我们施加均匀的三轴应力，使得其宏观静水压力（围压）为 $\Delta\sigma$，同时调整孔隙内流体压力，使其也为 $\Delta\sigma$。在图 20.2b 所示试验中，我们改变边界条件，使孔隙材料外表面受到围压 $\Delta\sigma$，孔隙内流体压力为零，此时试样等效于孔隙材料处于干燥状态下的变形，对应的体积模量为 K_{dry}。图 20.2c 所示试验中，我们将宏观应力产生的静水压力设定为 $\Delta\sigma$，孔隙内流体的压力为 ΔP，此时试样处于非排水状态，等效压缩模量为 K_{u}。

对于图 20.2a 所示的试验，此时材料的内外表面均承受相同的静水压力 $\Delta\sigma$，因此固体材料各点的应力状态为 $-\Delta\sigma\delta_{ij}$，各点的体积应变 $\varepsilon_v = -\dfrac{\Delta\sigma}{K_s}$，而各边的应变则为 $\varepsilon_{11} = \varepsilon_{22} = \varepsilon_{33} = -\dfrac{\Delta\sigma}{3K_s}$，这意味着总孔隙介质（以及其中包含的孔洞）尺寸比例均减小 $\dfrac{\Delta\sigma}{3K_s}$，因此整体试样的体积分数变化 ΔV_0 为

$$\frac{\Delta V_0}{V_0} = \frac{\Delta\sigma}{K_s} \tag{20.15a}$$

同时，图 20.2a 中孔隙体积的变化 ΔV_c 为

$$\frac{\Delta V_c}{V_c} = \frac{\Delta\sigma}{K_s} \tag{20.15b}$$

我们可以通过 Betti–Rayleigh 功互易定理来求解 K_{dry} 和其他参数的关系[10-11]。设定静水压和孔隙压在拉伸状态时为正。针对图 20.2a 和 b 所示变形状态，我们定义图 20.2b 所示情况下 ΔV_{dry} 为试样整体的体积变化，ΔV_c 为相应的孔隙体积的变化，按照定义，有

$$\frac{\Delta V_{dry}}{V_0} = \frac{\Delta\sigma}{K_{dry}} \tag{20.16}$$

注意到式 (20.15a)，利用功互易定理，试验 A 的力系在 B 试样的体积变化 $(\Delta V_{dry} - \Delta V_c)$ 上作的功等于试验 B 的力系在 A 试样上引起体积变化 (ΔV_0) 所作的功（因为 B 的力系只在 A 试样外围作用，只能在整体体积上作功），有

$$\Delta\sigma\,(\Delta V_{dry} - \Delta V_c) = \Delta\sigma\Delta V_0 \tag{20.17a}$$

将式 (20.15a) 和式 (20.16) 代入 (20.17a)，得到

$$\Delta\sigma\Delta V_{dry} - \Delta\sigma\Delta V_c = \Delta\sigma\frac{\Delta\sigma}{K_s}V_0 \tag{20.17b}$$

整理式 (20.17a) 可得

$$\frac{1}{K_{dry}} - \frac{\Delta V_c}{V_0}\frac{1}{\Delta\sigma} = \frac{1}{K_s} \tag{20.17c}$$

通过孔隙率 ϕ 的定义 $\phi = V_c/V_0$，式 (20.17c) 又可以表述为

$$\frac{1}{K_{dry}} - \frac{\Delta V_c}{V_c}\frac{\phi}{\Delta\sigma} = \frac{1}{K_s} \tag{20.18a}$$

进一步简化，可以得到

$$\frac{1}{K_{dry}} - \frac{\phi}{K_\phi} = \frac{1}{K_s} \tag{20.18b}$$

式中，K_ϕ 就是孔隙空间的刚度，物理上表示外部静水压力导致孔隙体积分数变化的能力，具体的数学表达式如下：

$$\frac{1}{K_\phi} = \frac{1}{V_c}\frac{\partial V_c}{\partial\sigma} \tag{20.19c}$$

回到孔隙介质对应的边界条件（图 20.2c），在这里定义 ΔV_{sat} 为其所处边界条件下孔隙介质的总体体积变化，而 $\Delta V_{\mathrm{c-sat}}$ 则为对应的孔隙体积的变化。不难获得

$$\frac{\Delta V_{\mathrm{sat}}}{V_0} = \frac{\Delta \sigma}{K_{\mathrm{u}}} \tag{20.19a}$$

同时，通过式 (20.15b)，对图 20.2a 和 c 所示试验应用功互易定理，有

$$\Delta \sigma \left(\Delta V_{\mathrm{sat}} - \Delta V_{\mathrm{c-sat}} \right) = \Delta \sigma \Delta V_0 - \Delta p \Delta V_{\mathrm{c}} \tag{20.19b}$$

将式 (20.15) 和式 (20.19a) 代入式 (20.19b)，可得到以下表达式：

$$\Delta \sigma \left[\frac{\Delta \sigma}{K_{\mathrm{u}}} V_0 - \Delta V_{\mathrm{c-sat}} \right] = \Delta \sigma \frac{\Delta \sigma}{K_{\mathrm{s}}} V_0 - \Delta p \frac{\Delta \sigma}{K_{\mathrm{s}}} V_{\mathrm{c}} \tag{20.19c}$$

注意到饱和孔隙的体积变化和流体的压缩模量之间的关系如下：

$$\frac{\Delta V_{\mathrm{c-sat}}}{V_{\mathrm{c}}} = \frac{\Delta p}{K_{\mathrm{f}}} \tag{20.20}$$

并将式 (20.20) 代入式 (20.19c)，有

$$\frac{\Delta p}{\Delta \sigma} = \frac{\dfrac{1}{K_{\mathrm{u}}} - \dfrac{1}{K_{\mathrm{s}}}}{\dfrac{1}{K_{\mathrm{f}}} - \dfrac{1}{K_{\mathrm{s}}}} \tag{20.21a}$$

式 (20.21) 给出了孔隙介质处于不排水条件下单位体积总应力变化所导致的孔隙压力的改变，这一参数即后面将详细介绍的 Skempton 参数，是孔隙弹性理论中非常重要的参数。由所施加的静水压的增加而导致孔隙压力的增加可以依据孔隙内流体的压缩模量以及干燥状态下孔隙的刚度来获得，具体表达式为

$$\frac{\Delta p}{\Delta \sigma} = \frac{\dfrac{1}{K_{\mathrm{s}}}}{\dfrac{1}{K_{\phi}} + \dfrac{1}{K_{\mathrm{f}}} - \dfrac{1}{K_{\mathrm{dry}}}} \tag{20.21b}$$

综合式 (20.21a) 和式 (20.21b)，得到

$$\frac{1}{K_{\mathrm{u}}} = \frac{1}{K_{\mathrm{s}}} + \frac{\phi}{K_{\phi} + \dfrac{K_{\mathrm{s}} K_{\mathrm{f}}}{K_{\mathrm{s}} - K_{\mathrm{f}}}} \tag{20.22}$$

将式 (20.18b) 代入式 (20.22)，并消去 K_{ϕ}，得到

$$\frac{K_{\mathrm{u}}}{K_{\mathrm{s}} - K_{\mathrm{u}}} = \frac{K_{\mathrm{dry}}}{K_{\mathrm{s}} - K_{\mathrm{dry}}} + \frac{K_{\mathrm{f}}}{\phi \left(K_{\mathrm{s}} - K_{\mathrm{f}} \right)} \tag{20.23}$$

该式最初由 Gassmann 给出，描述了固体材料模量，骨架模量，非排水情况下孔隙介质模量、孔隙流体模量和孔隙率等的相互关系。需要注意的是，Gassmann 方程要求岩石是二相体。岩石骨架应该由单一矿物构成，孔隙流体应该由气体或液体构成。作为油气主要储层的砂岩，除主要成岩矿物石英之外，总含有一定量的黏土及其他矿物（如云母等），岩石骨架本身就是多相体，天然气混有一定量的水分。这些影响比较复杂，是 Gassmann 预测误差的主要来源。

20.5　达西定律

描述液体流过饱和孔隙介质的本构方程由法国工程师亨利 • 达西（Henry Darcy）在 1856 年解决城市供水问题时给出，他通过未胶结沙做水流渗滤实验，研究水流过沙时的流量与相关物理和几何参数之间的关系，发现总流量 Q 和介质的固有渗透能力、流体的截面以及压降梯度呈线性关系。此定律成为地球科学的一个分支——水文地质学的基础。

在不考虑体积力时，达西发现一维情况下如图 20.3 所示的实验所测得的总流量 Q 与介质的固有渗透能力、流体的截面以及压降梯度呈线性关系，即

$$Q = -\tilde{\chi}A\frac{P_b - P_a}{L} \tag{20.24a}$$

更一般的表达式中，我们将单位时间的流量也即质量流速定义为 $\boldsymbol{q}$，不难理解它是一个矢量，它和压力梯度之间的关系为

$$\boldsymbol{q} = -\chi\nabla P \tag{20.24b}$$

式中，P 为孔隙流体压力，各方向的分量描述为 $q_i = -\chi\dfrac{\partial P}{\partial x_i}, i = 1, 2, 3$，这里 $\{x_1, x_2, x_3\}$ 为正交坐标系，其各自对应的单位向量为 $\boldsymbol{e}_i$；梯度运算符 $\nabla = \dfrac{\partial}{\partial x_i}\boldsymbol{e}_i$；$\chi$ 为达西渗透率。在下面介绍的含有流体的孔隙介质变形时，我们需要用到这一公式。

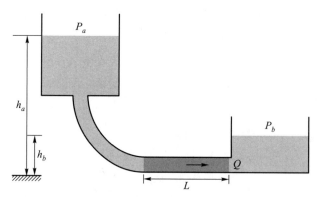

图 20.3　法国工程师达西在研究水流过沙时的流量与相关物理和几何参数之间的关系的实验示意图。总流量 Q 与介质的固有渗透能力 $\tilde{\chi}$、流体的截面 A 以及压降梯度 $(P_b - P_a)/L$ 呈线性关系

20.6　Biot 模型

如果孔隙中含有流体时，一般性的流体状态描述相当复杂，考虑到工程实际，一般可以将孔隙中的流体分为两种简化的情况，分别称之为排水情况与不排水情况。这两种情况下，我们都假定流体充满了所有孔隙（饱和状态），且这些孔隙组成连通网

络。排水情况等价于孔隙内的流体和外部一个巨大的承受给定压力的水库相连接。此时孔隙介质变形时，随着孔隙体积的变化，孔隙内的流体可以通过大水库来自动调节，以维持孔隙内流体所受的压力与大水库内压力一致。由于此时孔隙内的流体处于可排给状态，因此这一变形所对应的描述称为排水状态。不排水状态相对比较易于理解，相当于在孔隙介质包了一层不允许渗透的膜，它的存在对变形无影响，但阻止孔隙内流体的流出。

依据前面得到的应力–应变关系，Biot 给出了孔隙介质的物理过程

$$\sigma_{ij} = 2G\varepsilon_{ij} + \left(K - \frac{2G}{3}\right)\delta_{ij}\varepsilon_v - \alpha P\delta_{ij} \tag{20.25}$$

式 (20.25) 右侧的第三项是针对孔隙介质多出来的部分，α 代表孔隙介质所引入的新的弹性参数，它代表了孔隙压力与孔隙材料所受正压力产生的等效压力之间的等价关系：孔隙压力增加 ΔP 时导致等效应力增加 $\alpha\Delta P$，$\sigma_{ii} = \alpha\Delta P$，这里 i 不叠加。这里的各弹性常数 K 和 G 对应于排水状态下的孔隙介质弹性参数。需要注意的是，剪切模量与排水或非排水状态无关。显然，在非排水状态下孔隙介质的压缩涉及其内所含流体的影响，其压缩模量有别于 K，按照 Rice 和 Cleary 的定义用 K_{u} 表示，后续的讨论中将涉及这一弹性参数与 K 的关系。

如果公式中的应力–应变关系改写为应变–应力关系，则有

$$\varepsilon_{ij} = \frac{\sigma_{ij}}{2G} + \left(\frac{1}{9K} - \frac{1}{6G}\right)\delta_{ij}(\sigma_{11} + \sigma_{22} + \sigma_{33}) + \frac{\alpha}{3K}\delta_{ij}P \tag{20.26}$$

由以上方程与平衡方程 $\sum\limits_{j=1}^{3}\dfrac{\partial\sigma_{ij}}{\partial x_j} = 0, i = 1, 2, 3$，就可以得到关于位移函数的偏微分方程

$$G\nabla^2 u_i + \frac{G}{1-2\nu}\frac{\partial\varepsilon_v}{\partial x_i} = \alpha\frac{\partial P}{\partial x_i} \tag{20.27}$$

式中，$\nabla^2 = \dfrac{\partial}{\partial x_1^2} + \dfrac{\partial}{\partial x_2^2} + \dfrac{\partial}{\partial x_3^2}$，为拉普拉斯算子；$t$ 为时间；u_i 为物质点位移；$\varepsilon_v = \varepsilon_{11} + \varepsilon_{22} + \varepsilon_{33}$ 为体应变。由于上面孔隙流体压力参数 P 的出现，我们在位移方程之外需要一个新的方程，描述流体在压力作用下的运动以及这一运动带来的体积变化。该方程将由后续的达西公式和质量守恒条件来获得。

达西公式给出了孔隙介质中流体的动力学方程，这一方程需要和流体的质量守恒关系结合。考虑单位体积内流体的质量变化为 Δm，那么对应的体积变化率为 $\dfrac{\partial}{\partial t}\left(\dfrac{\Delta m}{\rho_{\mathrm{f}}}\right)$，其中 ρ_{f} 为孔隙压力为零时孔隙流体的密度[12]。根据质量守恒方程，我们有

$$\frac{\partial}{\partial t}\left(\frac{\Delta m}{\rho_{\mathrm{f}}}\right) = -\nabla\cdot\boldsymbol{q} \tag{20.28a}$$

将方程 (20.24b) 代入式 (20.28a) 中，有

$$\frac{\partial}{\partial t}\left(\frac{\Delta m}{\rho_{\mathrm{f}}}\right) = \chi\nabla^2 P \tag{20.28b}$$

现在来看 Δm 与各弹性常数之间的关系。和孔隙率类似，定义单位体积饱和孔隙材料中的流体质量为

$$m = \rho_{\rm f}\phi \tag{20.29a}$$

式中，$\rho_{\rm f}$ 为当前时刻流体密度。可以看到，质量的变化由孔隙率变化 $\Delta\phi$ 和流体密度变化 $\Delta\rho_{\rm f}$ 两部分构成，其表达式为

$$\Delta m = \rho_{\rm f}\Delta\phi + \phi\Delta\rho_{\rm f} \tag{20.29b}$$

而 $\Delta\rho_{\rm f}$ 与流体的可压缩性有关，对体积模量为 $K_{\rm f}$ 的流体，其密度的变化为

$$\frac{\Delta\rho_{\rm f}}{\rho_{\rm f}} = \frac{P}{K_{\rm f}} \tag{20.30}$$

由此 $\Delta m = \rho_{\rm f}\Delta\phi + \phi\rho_{\rm f}\dfrac{P}{K_{\rm f}}$，结合之前应变能的定义，现在来看对孔隙介质施加微小变形所导致的变形能变化

$$\mathrm{d}w = \sum_{i=1}^{3}\sum_{j=1}^{3}\sigma_{ij}\mathrm{d}\varepsilon_{ij} + P\mathrm{d}\phi \tag{20.31}$$

根据弹性变形的路径无关性，这一变形能的表达式必须是关于 (ε_{ij},ϕ) 的全微分。如果另外定义函数 $F = w - p\Delta\phi$，那么 $\mathrm{d}F = \sum\limits_{i=1}^{3}\sum\limits_{j=1}^{3}\sigma_{ij}\mathrm{d}\varepsilon_{ij} - \Delta\phi\mathrm{d}P$ 也应为全微分函数 [注意，这里 $\mathrm{d}(P\Delta\phi)$ 本身即为全微分函数]。

这样一来，考虑到应力和孔隙率变化量的函数均以 ε_{ij} 和 P 为自变量，即 $\sigma_{ij} = \sigma_{ij}(\varepsilon_{ij}, P)$，$\Delta\phi = \Delta\phi(\varepsilon_{ij}, P)$，那么按照 $\mathrm{d}F$ 的全微分表达式，有

$$\frac{\partial\Delta\phi}{\partial\varepsilon_{ij}} = -\frac{\partial\sigma_{ij}}{\partial P} = \alpha\delta_{ij} \tag{20.32a}$$

如果对 $\Delta\phi$ 积分且假定 P 不变，那么

$$\Delta\phi = \alpha(\varepsilon_{11} + \varepsilon_{22} + \varepsilon_{33}) + f(P) \tag{20.32b}$$

式中，$f(P)$ 是一个线性函数。代回式 (20.29b) 中，得到

$$\Delta m = \phi\rho_{\rm f}\frac{P}{K_{\rm f}} + \rho_{\rm f}[\alpha(\varepsilon_{11} + \varepsilon_{22} + \varepsilon_{33}) + f(P)] \tag{20.33a}$$

如果取

$$f(P) = \frac{\rho_{\rm f}\alpha^{2}}{K_{\rm u} - K}P - \phi\frac{P}{K_{\rm f}} \tag{20.33b}$$

得到以下关于质量变化的本构方程：

$$\Delta m = \rho_{\rm f}\alpha\left(\varepsilon_v + \frac{\alpha}{K_{\rm u} - K}P\right) \tag{20.33c}$$

式 (20.33b) 中线性函数 $f(P)$ 的形式使得无排水状态下 [对应于式 (20.33c) 中 $\Delta m = 0$]，我们有

$$\alpha P = -(K_{\rm u} - K)\varepsilon_v \tag{20.33d}$$

为此时孔隙介质所需满足的物理条件。这样一来，将式 (20.33d) 代入式 (20.25)，得到无排水情况下的应力–应变关系式

$$\sigma_{ij} = 2G\varepsilon_{ij} + \left(K_{\mathrm{u}} - \frac{2G}{3}\right)\delta_{ij}\left(\varepsilon_{11} + \varepsilon_{22} + \varepsilon_{33}\right) \tag{20.34}$$

可以看到，K_{u} 即为无排水状态下的体积模量。这一形式和前面讨论的一般各向同性介质的弹性响应一致。

根据前面所给出的单位孔隙介质中流体质量的变化，可以同样导出孔隙率的变化受变形及孔隙压的影响，有

$$\Delta\phi = \frac{\Delta m}{\rho_{\mathrm{f}}} - \frac{\phi P}{K_{\mathrm{f}}} = \alpha\left(\varepsilon_{11} + \varepsilon_{22} + \varepsilon_{33}\right) + \left(\frac{\alpha^2}{K_{\mathrm{u}} - K} - \frac{\phi}{K_{\mathrm{f}}}\right)P \tag{20.35}$$

目前我们引入的两个新的材料参数 α 与 K_{u} 与基质材料、孔隙流体的性质以及孔隙率有关。这一部分的最初工作由 Gassmann 给出，我们在这里先通过 Rice 和 Cleary 的工作，结合前面的 $\Delta\phi$、Δm 及本构关系来看 α、K_{u} 与其他物理量的关系。

考虑同时施加一相同的孔隙压力 p_0 和宏观应力 p_0，且后者产生在骨架材料上的压应力同样为 p_0，即 $\sigma_{11} = \sigma_{22} = \sigma_{33} = -p_0, \sigma_{12} = \sigma_{23} = \sigma_{13} = 0$，按照前面推导 Gassmann 公式时的结果

$$\frac{\Delta\phi}{\phi} = -\frac{p_0}{K_{\mathrm{s}}} \tag{20.36}$$

这里所给出的应力状态和最初的应力–应变关系应该是自洽的。将这一应力状态代入式 (20.25)，得到如下等式：

$$-p_0\delta_{ij} = 2G\left(-\frac{p_0\delta_{ij}}{3K_{\mathrm{s}}}\right) + \left(K - \frac{2G}{3}\right)\delta_{ij}\left(-\frac{p_0}{K_{\mathrm{s}}}\right) - \alpha\delta_{ij}p_0 \tag{20.37a}$$

此式给出

$$\alpha = 1 - \frac{K}{K_{\mathrm{s}}} \tag{20.37b}$$

由于基质材料的压缩模量 K_{s} 一般要高于孔隙介质压缩模量 K，因此 $0 < \alpha < 1$。在土材料中，$K \ll K_{\mathrm{s}}$，因此 $\alpha \to 1$。在致密岩石中，$K \approx K_{\mathrm{s}}$，因此 $\alpha \to 0$。

同样地，关于孔隙率的变化描述也应该是自洽的。通过式 (20.35) 和式 (20.36)，有

$$\Delta\phi = \alpha\varepsilon_v + \left(\frac{\alpha^2}{K_{\mathrm{u}} - K} - \frac{\phi}{K_{\mathrm{f}}}\right)p_0 = -\phi\frac{p_0}{K_{\mathrm{s}}} = \alpha\left(-\frac{p_0}{K_{\mathrm{s}}}\right) + \left(\frac{\alpha^2}{K_{\mathrm{u}} - K} - \frac{\phi}{K_{\mathrm{f}}}\right)p_0 \tag{20.38}$$

因此得到非排水状态下的压缩模量和其他弹性参数以及孔隙率之间的关系

$$K_{\mathrm{u}} = K + \frac{K_{\mathrm{s}}K_{\mathrm{f}}\alpha^2}{\alpha K_{\mathrm{f}} + \phi(K_{\mathrm{s}} - K_{\mathrm{f}})} \tag{20.39}$$

如果将式 (20.33c) 的结果代入式 (20.28b)，按照 Biot[13] 以及后续 Rice 和 Cleary[12] 的定义，α 与饱和状态下的泊松比以及 Skempton 提出的 B 相关。参

数 B 一般又称为孔隙压力参数,由 Skempton 在 1954 年提出,表示在非排水状态下(孔隙流体的质量不变),当所施加的宏观应力产生单位静水压 p 变化时对应的孔隙压力 P 的变化量,也即

$$B = -\frac{P}{(\sigma_{11} + \sigma_{22} + \sigma_{33})/3} \tag{20.40a}$$

或者

$$B = \left(\frac{\partial P}{\partial p}\right)_m \tag{20.40b}$$

和前面提到的 α 相似,B 表示加载的效率,即宏观上的压力有多少可以传递到孔隙流体中。我们可以从 Brown 和 Korringa[14] 给出的 Skempton 参数表达式中来考察 B 的取值范围。在质量不变的情况下,从式 (20.33d) 可以得到

$$\alpha B = 1 - \frac{K}{K_u} \tag{20.41a}$$

结合式 (20.37b),我们有

$$B = \frac{\dfrac{1}{K} - \dfrac{1}{K_u}}{\dfrac{1}{K} - \dfrac{1}{K_s}} \tag{20.41b}$$

考虑到一般情况下 $K_s > K_u > K$,从式 (20.41b) 中可看出 B 的取值范围在 $0 \sim 1$ 之间。如果将 $K = \dfrac{2(1 + 2\nu) G}{3(1 - 2\nu)}$ 和 $K_u = \dfrac{2(1 + 2\nu_u) G}{3(1 - 2\nu_u)}$ 代入式 (20.41a),有

$$\alpha = \frac{3(\nu_u - \nu)}{B(1 - 2\nu)(1 + \nu_u)} \tag{20.41c}$$

现在将式 (20.33c) 代入式 (20.28b),同时利用式 (20.41c),我们得到最终的关于压力的表达式

$$\tilde{B}\frac{\partial P}{\partial t} + \alpha\frac{\partial \varepsilon_v}{\partial t} = \chi\nabla^2 P \tag{20.42a}$$

式中

$$\tilde{B} = \frac{9}{2}\frac{(1 - 2\nu_u)(\nu_u - \nu)}{(1 - 2\nu)(1 + \nu_u)^2 GB^2} \tag{20.42b}$$

综合式 (20.36) 和式 (20.42),就可以求解以位移 u_i ($i = 1, 2, 3$) 和孔隙压力 P 为变量的孔隙介质变形方程。Biot 模型采用连续介质力学的方法导出了流体饱和孔隙介质中的声波方程,该模型反映了流体和岩石骨架中黏性和惯性相互作用机制,既包含了岩石骨架和孔隙流体对混合岩石介质弹性模量的单独作用,也包含了它们之间的耦合作用,该模型适合于任意频率条件下多孔岩石介质弹性模量的计算,但是由于没有考虑高频条件下孔隙流体的喷射作用,因此该理论方程所预测的高频条件下饱和流体岩石的速度并不十分准确。

20.7　小结

随着和多相介质组成的孔隙材料的工程和应用越来越多，如我们熟知的岩石就是这种典型，如何理解这一多相介质的变形并通过力学模型来描述具有重要的实际意义和科学价值。在这一章，我们分析了多孔介质在不同边界条件下的等效弹性行为，并且介绍了目前广泛使用的联系固体模量、基质模量（骨架模量）、孔隙流体模量和环境因素如压力等的力学模型，并且详细介绍了 Biot 孔隙材料线弹性理论及其中各参数的物理意义。

至此可以将各项同性线弹性孔隙力学的基本方程归纳如下。孔隙介质的几何方程为

$$\varepsilon_{ij} = \frac{1}{2}\left(\frac{\partial u_i}{\partial x_j} + \frac{\partial u_j}{\partial x_i}\right) \tag{20.43}$$

在忽略体积力的情况下，平衡方程为

$$\frac{\partial \sigma_{ij}}{\partial x_j} = 0 \tag{20.44}$$

质量守恒方程为

$$\frac{\partial}{\partial t}\left(\frac{\Delta m}{\rho_{\mathrm{f}}}\right) = -\frac{\partial q_i}{\partial x_i} \tag{20.45a}$$

孔隙内流体的运动方程由达西定律描述

$$q_i = -\chi\frac{\partial P}{\partial x_i} \tag{20.45b}$$

关于应力–应变关系的本构方程为

$$\varepsilon_{ij} = \frac{\sigma_{ij}}{2G} + \left(\frac{1}{9K} - \frac{1}{6G}\right)\delta_{ij}(\sigma_{11} + \sigma_{22} + \sigma_{33}) + \frac{\alpha}{3K}\delta_{ij}P \tag{20.46a}$$

关于质量变化–静水压力和孔隙压力之间的本构方程为

$$\Delta m = \rho_{\mathrm{f}}\alpha\left(\varepsilon_v + \frac{\alpha}{K_{\mathrm{u}} - K}P\right) \tag{20.46b}$$

对应于应力和位移的边界条件和之前介绍的一般各向同性介质的弹性变形没有区别，其中表面应力和位移的边界仍然为

$$\sigma_{ij}n_j = T_i, \quad u_i = \widehat{u}_i \tag{20.47}$$

由于孔隙压力这一参数的引入，我们需要增加相应的边界条件，包括流体压力边界

$$P = \widehat{P} \tag{20.48a}$$

和固定流量边界

$$-\chi\frac{\partial P}{\partial x_i} = \widehat{q} \tag{20.48b}$$

已知材料参数和边界条件的情况下，可以通过给定的边界条件来求解孔隙介质中基质材料的位移场、应力场以及孔隙流体的压力和孔隙流体质量等参数。

参考文献

[1]   Detournay E, Cheng A H D. Fundamentals of Poroelasticity [M]//Fairhurst, C. Analysis and Design Method: Principles, Practice and Projects, Vol. II. Pergamon Press, 1993: 113-171.

[2]   Kümpel H J. Poroelasticity: Parameters reviewed [J]//Geophysical Journal International, 1991, 105: 783-799.

[3]   Walsh J B. The effect of cracks on the compressibility of rock [J]. Journal of Geophysical Research, 1965, 70: 381-389.

[4]   Timoshenko S, Goodier J N. Theory of Elasticity [M]. 2nd ed. New York : McGraw-Hill, 1951.

[5]   Voigt W. Ueber die beziehung zwischen den beiden elastizitatsconstanten isotroper korper [J]. Annalen Der Physik Und Chemie, 1889.

[6]   Reuss A. Berechnung der fliegrenze von mischkristallen auf grund der plastizittsbedingung für einkristalle. [J]. ZAMM-Journal of Applied Mathematics and Mechanics/Ztschrift für Angewandte Mathematik und Mechanik, 1929, 9(1): 49-58.

[7]   Hill R. The elastic behavior of crystalline aggregate [J]. Proceedings of the Royal Society of London, 1952, A65: 349-354.

[8]   Gassmann F. Uber die elastizitat poroser medien [J]. Vier. Der Nater Gesellschaft, 1951, 96: 1-23.

[9]   Mavko G, Mukerji T. Seismic pore space compressibility and Gassmann's relation [J]. Geophysics, 1995, 60: 1743-1749.

[10]   Betti E. Teoriadella elasticita [J]. Nuovo Cimento, 1872, 7/8: 69-97.

[11]   Rayleigh L. More general form of reciprocal theorem [J]. Scientific Papers, 1873, 1: 179-184.

[12]   Rice J R, Cleary M P. Some basic stress diffusion solutions for fluid-saturated elastic porous media with compressible constituents [J]. Reviews of Geophysics and Space Physics, 1976, 14: 227-241.

[13]   Biot, Maurice A. General theory of three-dimensional consolidation [J]. Journal of Applied Physics, 1941, 12(2): 155-164.

[14]   Brown R J S, Korringa J. On the dependence of the elastic properties of a porous rock on the compressibility of the pore fluid [J]. Geophysics, 1975, 40(4): 608.

第 21 章 接触问题分析

21.1 简介

接触无处不在，它是物体运动和力传递的常见方式。接触物体之间力的传递和分布规律以及由此产生的变形和运动行为涵括了力学研究的各个领域。如何分析物体接触产生的相互作用力也逐步形成目前的接触力学这一分支学科。接触力学最初的研究论文始于 1882 年，由当时年仅 24 岁的赫兹(Heinrich Hertz) 发表。在题为《论弹性固体的接触》的论文中，赫兹给出了两个曲面弹性体接触时的弹性解，这一工作是今天我们研究弹性固体接触的基础。赫兹当时是柏林大学亥姆霍兹（Helmholtz）的研究助手；通过实验观察，赫兹发现相互接触的透镜其干涉条纹随接触力的变化而变化，因此开始定量化分析这一接触过程产生的弹性场，以及产生的弹性变形与玻璃透镜间光学干涉条纹斑图的关联。

随着对实际工程中接触问题研究的不断深入，人们开始研究摩擦和存在表面黏附下的接触问题、滚滑情况下的接触问题等[1-2]。例如，随着轮轨铁路工程的快速发展，接触面间存在摩擦时的滑动接触；两物体间存在局部打滑的滚动接触；由于表面轮廓接近，导致较大接触面尺寸的协调接触；各向异性或非均质材料间存在接触；弹塑性或黏弹性材料间存在接触；物体间存在弹性或非弹性撞击；轴承接触过程中的摩擦加热或在非均匀温度场中两物体的接触等[3-4]。图 21.1 所示为轨道交通中存在的典型接

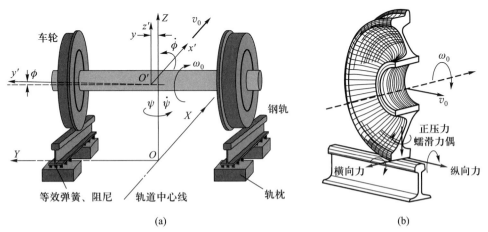

(a)   (b)

图 21.1 轨道交通中存在的典型接触问题。（a）轮对沿轨道运动过程中，其动力学行为受接触行为的影响显著；（b）轮轨之间存在接触产生的不同方向的作用力

触问题。1926 年 F. W. Carter 发表了轮轨一维滚动接触模型，该模型刻画了轮轨滚动方向的轮轨蠕滑率和蠕滑力之间的非线性关系定律[5]。之后 Vermeulen 和 Johnson[6-7] 以及 J. J. Kalker[8-9] 等在这一方面都作出了巨大贡献。而 J. L. Johnson 和 Galin 等则为界面黏附中的接触力学发展作出了巨大的贡献。

下面将主要围绕弹性接触问题，来讨论其求解及变形场特征。实际上，考虑到接触的复杂性，能够给出理论解的弹性接触问题并不多，主要是针对半无限大空间下的接触问题或者具有高度对称性的问题，如柱体或球体与半空间弹性接触等（图 21.2）。

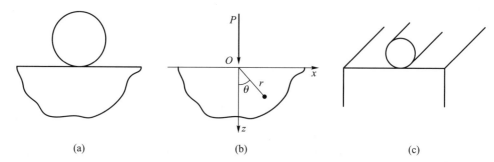

图 21.2 基本接触问题示意图。（a）球体和半无限大体的接触；（b）点载荷（三维）或线载荷（二维平面应变）下的极坐标；（c）圆柱与半无限大体的接触

21.2 接触中的准集中载荷

在前面讨论圣维南原理时，我们曾经讨论了分布载荷在半无限大空间上的应力场。现在先看集中载荷（等效为在宏观足够小的区域内的分布载荷）作用于半无限大空间上的弹性解，它是更复杂弹性问题求解的基础。

对图 21.3 中柱体与半空间的弹性接触，考虑接触面之间不存在黏附的情况，沿无限长柱体的轴向存在线集中载荷，这一问题属于平面应变变形。在图 21.3 所示的极坐标下，应力函数 $\chi(r,\theta)$ 需满足式（6.35）给出的协调方程

$$\nabla^2\nabla^2\chi = 0, \quad 即 \quad \left(\frac{\partial^2}{\partial r^2} + \frac{1}{r}\frac{\partial}{\partial r} + \frac{1}{r^2}\frac{\partial^2}{\partial \theta^2}\right)\left(\frac{\partial^2\chi}{\partial r^2} + \frac{1}{r}\frac{\partial\chi}{\partial r} + \frac{1}{r^2}\frac{\partial^2\chi}{\partial \theta^2}\right) = 0 \quad (21.1)$$

相应地，应力分量为

$$\begin{cases} \sigma_{rr} = \frac{1}{r}\frac{\partial\chi}{\partial r} + \frac{1}{r^2}\frac{\partial^2\chi}{\partial \theta^2} \\ \sigma_{\theta\theta} = \frac{\partial^2\chi}{\partial r^2} \\ \sigma_{r\theta} = -\frac{\partial}{\partial r}\left(\frac{1}{r}\frac{\partial\chi}{\partial \theta}\right) \end{cases} \quad (21.2)$$

平面应变下，极坐标中对应的应变和位移关系为（参考第 2 章）

$$\varepsilon_{rr} = \frac{\partial u_r}{\partial r}, \quad \varepsilon_{\theta\theta} = \frac{u_r}{r} + \frac{1}{r}\frac{\partial u_\theta}{\partial \theta}, \quad \gamma_{r\theta} = \frac{1}{r}\frac{\partial u_r}{\partial \theta} + \frac{\partial u_\theta}{\partial r} - \frac{u_\theta}{r} \quad (21.3)$$

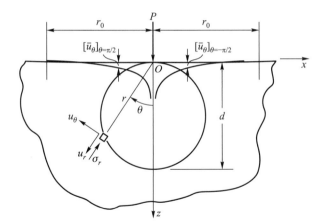

图 21.3 集中的线压载荷（平面应变）作用下，应力分量在圆柱坐标系和笛卡儿坐标系下的方向

通过分离变量，Flamant 于 1895 年给出了该问题的应力函数。我们假定

$$\chi = \alpha r f(\theta) \tag{21.4a}$$

将式 (21.4a) 代入式 (21.1)，可以得到

$$\chi = \alpha r \theta \sin \theta \tag{21.4b}$$

利用式 (21.2)，应力分量为

$$\begin{cases} \sigma_{rr} = 2\alpha \dfrac{\cos \theta}{r} \\ \sigma_{\theta\theta} = \sigma_{r\theta} = 0 \end{cases} \tag{21.4c}$$

此应力系指向集中载荷 P 作用点 O 的简单径向分布。在表面上，$\theta = \pm\pi/2$，因而除了在原点自身处外，法向应力 $\sigma_{\theta\theta} = 0$，并且剪应力 $\sigma_{r\theta} = 0$。在远离力的作用点处 $r \to \infty$，应力接近于零。因而满足所有的边界条件。在 O 点附近，$r \to 0$，理论给出无限大应力，这是由于假定载荷沿一条无宽度的线集中分布的结果。取半径为 r 的半圆，沿圆柱轴向为单位厚度，作用在半圆上的应力竖直分量对面积的积分应该等于单位厚度上所作用的力 P，于是可得到常数 α。按照斜面应力公式 (3.20c)，$\sigma n = \sigma_{rr} e_r$，且这一面应力沿 e_z 方向的分量为 $\sigma_{rr} e_r \cdot e_z$，因此我们有

$$-P = \int_{-\frac{\pi}{2}}^{\frac{\pi}{2}} \sigma_{rr} e_r \cdot e_z r \mathrm{d}\theta = 2\int_0^{\frac{\pi}{2}} 2\alpha \cos^2 \theta \mathrm{d}\theta = \alpha\pi \tag{21.4d}$$

由此得到

$$\chi = \alpha r f(\theta) = -\frac{P}{\pi} r \theta \sin \theta \tag{21.4e}$$

因此有

$$\sigma_{rr} = -\frac{2P}{\pi} \frac{\cos \theta}{r} \tag{21.5}$$

从图 21.3 所示的几何关系以及式 (21.5) 可以看到，在过 O 点的直径为 d 的

圆周上，$\sigma_{rr} = -\dfrac{2P}{\pi d}$，这里 $d = \dfrac{r}{\cos\theta}$。式 (21.4c) 表明，在 (r, θ) 处，主应力为 $(\sigma_{\theta\theta}, \sigma_{rr}) = \left(0, -\dfrac{2P}{\pi d}\right)$，此时最大剪应力为 $\tau_{\max} = \dfrac{P}{\pi d}$ 且与径向夹角为 $\dfrac{\pi}{4}$；$\tau_{\max}$ 的等值线也是一族经过 O 点的圆，如图 21.3 所示。

由于应力场已知，按照平面应变下物理方程，我们有

$$\varepsilon_{rr} = \frac{1-\nu^2}{E}\left(\sigma_{rr} - \frac{\nu}{1-\nu}\sigma_{\theta\theta}\right) = -\frac{1-\nu^2}{E}\frac{2P}{\pi}\frac{\cos\theta}{r} \tag{21.6a}$$

$$\varepsilon_{\theta\theta} = \frac{1-\nu^2}{E}\left(\sigma_{\theta\theta} - \frac{\nu}{1-\nu}\sigma_{rr}\right) = \frac{\nu(1+\nu)}{E}\frac{2P}{\pi}\frac{\cos\theta}{r} \tag{21.6b}$$

$$\varepsilon_{r\theta} = \frac{2(1+\nu)}{E}\sigma_{r\theta} = 0 \tag{21.6c}$$

通过式 (21.3) 中的运动学方程和式 (21.6) 中应变的表达式，Timoshenko 和 Goodier 给出了位移的解[10]

$$u_r = -\frac{2(1-\nu^2)}{\pi E}P\cos\theta\ln r - \frac{(1-2\nu)(1+\nu)}{\pi E}\theta P\sin\theta + C_1\sin\theta + C_2\cos\theta \tag{21.7a}$$

$$u_\theta = \frac{2(1-\nu^2)}{\pi E}P\sin\theta\ln r - \frac{(1-2\nu)(1+\nu)}{\pi E}\theta P\cos\theta +$$
$$\frac{(1+\nu)}{\pi E}P\sin\theta + C_1\cos\theta - C_2\sin\theta + C_3 r \tag{21.7b}$$

设定半平面的表面沿 x 方向，那么按照对称性，沿 z 轴上点的位移 u_θ 与 x 无关，有 $C_1 = C_3 = 0$。在接触面上，$\theta = \pm\pi/2$。如果不考虑变形带来的表面变化，从式 (21.7) 可得到相应的位移场

$$\begin{cases} u_r\left(r, \theta = \dfrac{\pi}{2}\right) = u_r\left(r, \theta = -\dfrac{\pi}{2}\right) = -\dfrac{1-2\nu}{4\mu}P \\ u_\theta\left(r, \theta = \dfrac{\pi}{2}\right) = -u_\theta\left(r, \theta = -\dfrac{\pi}{2}\right) = \dfrac{1-\nu}{\pi\mu}P\ln r + u_0 \end{cases} \tag{21.8a}$$

注意到 $u_\theta\left(r, \theta = \pm\dfrac{\pi}{2}\right)$ 代表了表面沿压力方向的沉降，即 $u_z(z=0) = u_\theta\left(r, \theta = \pm\dfrac{\pi}{2}\right)$。这里 u_0 为一常数，可以将它看作相对某一基准面的位移。因此为简洁起见，又将表面沿 z 方向的位移写为

$$u_z(z=0) = \frac{1-\nu}{\pi\mu}P\ln\frac{r}{r_0} = \frac{1-\nu}{\pi\mu}P\ln\frac{|x|}{r_0} \tag{21.8b}$$

注意到表面沿 x 方向的位移 $u_x(z=0) = u_r\left(r, \theta = \pm\dfrac{\pi}{2}\right)$。

到目前为止，我们获得了图 21.3 中等效集中力作用于半无限大空间时的平面应变弹性解。从式 (21.5) 和式 (21.6) 可以看到，应力和应变在表面的载荷 P 作用点 O 都存在奇异性。这是由假定接触过程中载荷作用在一条无宽度的线上造成的。后续的分

析可以看到，当载荷为一定分布时，类似的奇异性将消失。式 (21.5) 给出的极坐标下的应力描述可以很便捷地转换到图 21.3 中给出的直角坐标下

$$\sigma_{xx} = -\frac{2P}{\pi} \frac{x^2 z}{\left(x^2 + z^2\right)^2} \tag{21.9a}$$

$$\sigma_{zz} = -\frac{2P}{\pi} \frac{z^3}{\left(x^2 + z^2\right)^2} \tag{21.9b}$$

$$\sigma_{xz} = -\frac{2P}{\pi} \frac{xz^2}{\left(x^2 + z^2\right)^2} \tag{21.9c}$$

除了垂直方向的载荷外，切线载荷在接触中也非常常见，如摩擦力。我们考虑垂直于纸面方向在 O 点的单位长度切向集中力 Q，如图 21.4 所示。如果以力的作用方向即 x 轴顺时针方向旋转角度 θ 定义极坐标，此时应力的表达式就与法向力作用时的表达式相同。参考式 (21.4c)，有

$$\begin{cases} \sigma_{rr} = -\dfrac{2Q}{\pi} \dfrac{\cos\theta}{r} \\ \sigma_{\theta\theta} = \sigma_{r\theta} = 0 \end{cases} \tag{21.10}$$

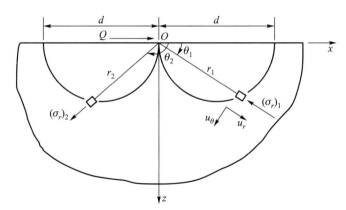

图 21.4 在沿剪切方向的线载荷（平面应变）作用下，应力分量在圆柱坐标系和笛卡儿坐标系下的方向

考虑到图 21.4 中坐标和图 21.3 中给出的坐标之间的旋转关系，切线载荷产生的应力分量为

$$\sigma_{xx} = -\frac{2Q}{\pi} \frac{x^3}{\left(x^2 + z^2\right)^2} \tag{21.11a}$$

$$\sigma_{zz} = -\frac{2Q}{\pi} \frac{xz^2}{\left(x^2 + z^2\right)^2} \tag{21.11b}$$

$$\sigma_{xz} = -\frac{2Q}{\pi} \frac{x^2 z}{\left(x^2 + z^2\right)^2} \tag{21.11c}$$

由 σ_{rr} 的表达式可以看到，σ_{rr} 的等值线为过 O 点，圆心在 x 轴的半圆，如图 21.4 所示。沿剪切力作用点，前方材料处于压缩状态，后方材料处于拉伸状态，这一应力状态是材料在往复滚动过程中表面剥离的主因。

对应的表面位移也可以参考垂向载荷作用下的解来推导，此时有

$$\begin{cases} u_r\left(r, \theta=\pi\right)=-u_r\left(r, \theta=0\right)=\dfrac{1-\nu}{\pi\mu}Q\ln r+u_0 \\[2mm] u_\theta\left(r, \theta=\pi\right)=u_\theta\left(r, \theta=0\right)=\dfrac{1-2\nu}{4\mu}Q \end{cases} \tag{21.12}$$

考虑到表面的 u_θ 对应于 z 方向的位移，式 (21.12) 表示剪切载荷前方的表面形成与 Q 呈线性比例的下沉位移，而后方则造成等量的抬升位移。

21.3 接触中的分布载荷

载荷作用于一点或者一线是一种理想状态，实际物理过程都是载荷在一定面积上的分布。将求得的集中载荷下平面应变变形时的位移与应力函数应用于分布载荷时，需要用到格林函数法：当某一分布的物理源可分解成很多点源的叠加时，如果已知点源产生的场，利用叠加原理，可以求出同样边界条件下任意分布的物理源所产生的场。这种求解数学物理方程的方法叫做格林函数法，而点源产生的场叫做格林函数。

现在考虑一个二维应力分布 $p(s)$，在宽为 $\mathrm{d}s$ 的条带上对应的载荷为 $p(s)\mathrm{d}s$。对前面集中载荷 P，它等价于应力分布 $p(s)=P/\mathrm{d}s$ 中当 $\mathrm{d}s$ 趋近于零的情况，即 $p\left(s\right)=P\delta(s)$。这里 $\delta(s)$ 为狄拉克函数，表示 $S=0$ 处的集中载荷。对照式 (21.8a) 中集中应力给出的表面位移函数，这一在 s 点的集中载荷导致 x 点处表面位移为 Δu_x，那么有

$$\Delta u_x\left(x\right)=-\frac{1-2\nu}{4\mu}p\left(s\right)\mathrm{d}s=-\frac{1-2\nu}{4\mu}P\delta(s)\mathrm{d}s \tag{21.13a}$$

对式 (21.13a) 沿整个 x 轴积分即得到式 (21.8a)。同样地，通过式 (21.8b)，载荷 $p(s)\mathrm{d}s$ 引起的 x 点处表面位移 $\Delta u_z(x)$ 为

$$\Delta u_z\left(x\right)=-\frac{1-\nu}{\pi\mu}p\left(s\right)\mathrm{d}s\ln\frac{|x-s|}{r_0} \tag{21.13b}$$

因此可以将应力分布 $p\left(s\right)\left(a\leqslant s\leqslant b\right)$ 产生的 z 方向位移通过叠加方式，即式 (21.13b) 的积分形式来求解，有

$$u_z\left(x\right)=-\frac{1-\nu}{\pi\mu}\int_a^b p\left(s\right)\ln\left(|x-s|\right)\mathrm{d}s \tag{21.13c}$$

式 (21.13c) 的偏微分形式为

$$\frac{\partial u_z}{\partial x}=-\frac{1-\nu}{\pi\mu}\int_a^b\frac{p\left(s\right)\mathrm{d}s}{x-s} \tag{21.14a}$$

同样地，从式 (21.13a) 不难得到

$$\frac{\partial u_x}{\partial x}=\begin{cases} -\dfrac{1-2\nu}{4\mu}p\left(x\right), & a\leqslant x\leqslant b \\[2mm] 0, & \text{其他位置} \end{cases} \tag{21.14b}$$

如果已知应力的分布函数，那么就可以通过式 (21.14) 来求解表面位移函数。下面考虑两种典型的应力分布函数：

（1）类似于裂纹尖端应力场的压力分布（图 21.5a），此时 $p(s) = \dfrac{-p_0 a}{\sqrt{a^2 - s^2}}$，$-a \leqslant s \leqslant a$。此时 z 方向位移函数遵从

$$\frac{\partial u_z}{\partial x} = -\frac{1-\nu}{\pi\mu} \int_{-a}^{a} \frac{-p_0 a}{\sqrt{a^2 - s^2}} \frac{\mathrm{d}s}{x - s} = 0 \tag{21.15a}$$

在接触区域 u_z 沿着 x 方向没有变化。它等同于用一个刚性平板压入弹性表面时的载荷分布。此时等效的压入力为 $P = -\displaystyle\int_{-a}^{a} \frac{p_0 a \mathrm{d}s}{\sqrt{a^2 - s^2}} = -p_0 \pi a$，也即 $p(s) = \dfrac{P}{\pi\sqrt{a^2 - s^2}}$。

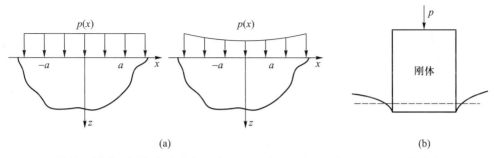

图 21.5 接触区域内不同的应力分布示意图及所采用的求解坐标系。（a）函数分布力；（b）方头接触

Nadai 于 1963 年给出了接触角附近的应力场，其两个主应力之和为

$$\sigma_1 + \sigma_2 \approx -\frac{2P}{\pi(2ar)^{1/2}} \sin\frac{\theta}{2} \tag{21.15b}$$

最大剪应力为

$$\tau_{\max} \approx -\frac{P}{2\pi(2ar)^{1/2}} \sin\theta \tag{21.15c}$$

可以看到，这一应力场的奇异性和前面看到的裂纹尖端应力场的奇异性一致。

（2）赫兹解中柱体压入无限大半平面时所得到的压力分布（图 21.5b），此时 $p(s) = \dfrac{p_0}{a}\sqrt{a^2 - s^2}$。通过式 (21.14a)，我们有

$$\frac{\partial u_z}{\partial x} = -\frac{(1-\nu)}{\pi\mu} \int_{-a}^{a} -\frac{p_0}{a} \frac{\sqrt{a^2 - s^2}\mathrm{d}s}{(x - s)} = \frac{(1-\nu)p_0}{\pi a\mu} x \tag{21.16a}$$

而

$$\frac{\partial^2 u_z}{\partial x^2} = \frac{(1-\nu)p_0}{\pi a\mu} = \frac{1}{R} \tag{21.16b}$$

上式中，压力的分布范围 a 是和压入的柱体半径 R 呈线性关系的长度量。因此，这一压力分布等价于在弹性表面上压一个半径为 R 的刚性圆柱。形成这一应力分布所

对应的作用力为 $P = \int_{-a}^{a} \frac{p_0}{a}\sqrt{a^2-s^2}\mathrm{d}s = \frac{p_0\pi a}{2}$，因此又可以反过来给出压力分布和作用力及接触半径之间的关系，有

$$p(s) = \frac{2p}{\pi a^2}\sqrt{a^2 - s^2} \tag{21.17a}$$

通过式 (21.16b)，我们有 $\frac{2P(1-\nu)}{\pi\mu a^2} = \frac{1}{R}$ ，即

$$P = \frac{\pi E^*}{4R}a^2, \quad E^* = \frac{E}{1-\nu^2} \tag{21.17b}$$

通过式 (21.17b)，我们有

$$a = 2\left[\frac{PR(1-\nu^2)}{\pi E}\right]^{1/2} = 2\left(\frac{PR}{\pi E^*}\right)^{1/2} \tag{21.18}$$

想了解赫兹求解过程的读者，可参考徐秉业等译的《接触力学》[11-12]。式 (21.17a) 中的应力分布所对应的最大压应力和平均应力分别为

$$p_{\max} = \frac{2P}{\pi a}, \quad p_{\mathrm{ave}} = \frac{P}{2a} \tag{21.19}$$

对于球面接触的轴对称问题，在不存在界面黏附的情况下，赫兹并没有给出内部的应力解。关于空间点接触的解首先是由 Boussinesq 在 1885 年给出的。之后由 Timoshenko 和 Goodier 给出了空间极坐标的解，具体的形式如下：

$$\sigma_{rr} = \frac{P}{2\pi}\left[\frac{(1-2\nu)}{r^2}\left(1-\frac{z}{\rho}\right) - \frac{3zr^2}{\rho^5}\right] \tag{21.20a}$$

$$\sigma_{\theta\theta} = -\frac{P}{2\pi}\frac{(1-2\nu)}{r^2}\left(1-\frac{z}{\rho}+\frac{zr^2}{\rho^3}\right) \tag{21.20b}$$

$$\sigma_{zz} = \frac{3P}{2\pi}\frac{z^3}{\rho^5} \tag{21.20c}$$

$$\sigma_{rz} = -\frac{3P}{2\pi}\frac{rz^2}{\rho^5} \tag{21.20d}$$

式中，$\rho = \sqrt{r^2 + z^2}$。利用线弹性本构关系和几何关系可得如下位移场：

$$u_r = \frac{P}{4\pi\mu}\left[\frac{rz}{\rho^3} - (1-2\nu)\frac{\rho-z}{\rho r}\right] \tag{21.21a}$$

$$u_z = \frac{P}{4\pi\mu}\left[\frac{z^2}{\rho^3} + \frac{2(1-\nu)}{\rho}\right] \tag{21.21b}$$

在固体表面 $(z=0)$ 处有

$$\overline{u}_r = -\frac{1-2\nu}{4\pi\mu}\frac{P}{r} \tag{21.22a}$$

$$\overline{u}_z = \frac{1-2\nu}{2\pi\mu}\frac{P}{r} \tag{21.22b}$$

同样地，可以将上式作为格林函数，推出作用在表面域 S 上的分布法向力 p 所产生的表面位移

$$\overline{u}_z = \frac{1 - 2\nu}{2\pi\mu} \iint_S \frac{p}{r'} \mathrm{d}S \qquad (21.23)$$

式中，r' 为作用分布力的微元 $p\mathrm{d}S$ 到所计算位移 $\overline{u}_z$ 的坐标点的距离。一般对于作用在圆形区上的轴对称分布压力

$$p = p_0 \left(1 - \frac{r^2}{a^2}\right)^n \qquad (21.24)$$

可以求得封闭形式的解。当 $n = 1/2$ 时，即

$$p = p_0 \left(1 - \frac{r^2}{a^2}\right)^{1/2} \qquad (21.25)$$

由式 (21.25) 积分可得总压力为 $P = 2\pi p_0 a^2/3$。通过积分可得对应表面压入位移为

$$\overline{u}_z = \frac{1 - \nu^2}{E} \frac{\pi p_0}{4a} \left(2a^2 - r^2\right), \quad r \leqslant a \qquad (21.26a)$$

$$\overline{u}_z = -\frac{1 - \nu^2}{E} \frac{p_0}{2a} \left[\left(2a^2 - r^2\right)\arcsin\frac{a}{r} + ra\left(1 - \frac{a^2}{r^2}\right)^{1/2}\right], \quad r > a \qquad (21.26b)$$

同样地，可得表面径向位移

$$\overline{u}_r = -\frac{(1 - 2\nu)}{6\mu} \frac{a^2}{r} p_0 \left[1 - \left(1 - \frac{r^2}{a^2}\right)^{3/2}\right], \quad r \leqslant a \qquad (21.27a)$$

$$\overline{u}_r = -\frac{(1 - 2\nu)\, p_0}{6\mu} \frac{a^2}{r}, \quad r > a \qquad (21.27b)$$

当赫兹接触压力分布为式 (21.25) 所示时，接触圆半径、两物体远处点互相接近的量以及总载荷与压力的关系分别为

$$a = \frac{\pi p_0 R}{2E^*}, \quad \delta = \frac{\pi a p_0}{2E^*}, \quad P = \frac{2}{3} p_0 \pi a^2 \qquad (21.28a)$$

实际问题中，我们需考察给定总载荷时其他各量的变化情况，所以式 (21.28a) 又可以表述为

$$a = \left(\frac{3PR}{4E^*}\right)^{1/3}, \quad \delta = \left(\frac{9P^2}{16RE^{*2}}\right)^{1/3}, \quad P_0 = \left(\frac{6PE^{*2}}{\pi^3 R^2}\right)^{1/3} \qquad (21.28b)$$

从式 (21.26) 和式 (21.27) 给出的位移函数，可以通过应变–位移关系及应力–应变关系得到表面的各应力分量。在作用区域内，即 $r \leqslant a$ 时，我们有

$$\frac{\sigma_{rr}}{p_0} = \frac{(1 - 2\nu)}{3} \frac{a^2}{r^2} \left[1 - \left(1 - \frac{r^2}{a^2}\right)^{3/2}\right] + \left(1 - \frac{r^2}{a^2}\right)^{1/2} \qquad (21.29a)$$

$$\frac{\sigma_{\theta\theta}}{p_0} = \frac{(1 - 2\nu)}{3} \frac{a^2}{r^2} \left[1 - \left(1 - \frac{r^2}{a^2}\right)^{3/2}\right] - \left(1 - 2\nu\frac{r^2}{a^2}\right)^{1/2} \qquad (21.29b)$$

$$\frac{\sigma_{zz}}{p_0} = -\left(1 - \frac{r^2}{a^2}\right)^{1/2} \tag{21.29c}$$

当 $r \leqslant a$ 时，我们有

$$\frac{\sigma_{rr}}{p_0} = -\frac{\sigma_{\theta\theta}}{p_0} = (1 - 2\nu)\frac{a^2}{3r^2} \tag{21.29d}$$

下面来看沿 z 轴方向的应力状态。由于对称性，这里各剪应力分量为零，3 个主应力分量可以通过对圆环的分布集中力积分获得

$$\frac{\sigma_{rr}}{p_0} = \frac{\sigma_{\theta\theta}}{p_0} = -(1+\nu)\left[1 - \frac{z}{a}\arctan\frac{a}{z}\right] + \frac{1}{2}\left(1 + \frac{z^2}{a^2}\right)^{-1} \tag{21.30a}$$

$$\frac{\sigma_{zz}}{p_0} = -\left(1 + \frac{z^2}{a^2}\right)^{-1} \tag{21.30b}$$

如果结合前面关于塑性屈服的分析，对照式 (21.29) 和式 (21.30)，在泊松比 $\nu = 0.3$ 的情况下，我们发现最大的剪应力为

$$\tau_{\max} = \frac{|\sigma_{zz} - \sigma_{\theta\theta}|}{2} = 0.31 p_0$$

该极值并不在表面，而是出现在压头中心位置往下 $z = 0.57a$ 的地方。这一位置对适用于 Tresca 屈服准则的材料而言，通常意味着塑性变形的初始位置；对于初始无位错的晶体材料，也是位错可能的萌生位置。

21.4 黏附效应

赫兹接触模型中没有考虑黏附效应，有些时候这个效应比较明显。如图 21.6 所示，两固体中单个原子或分子之间的吸引力和排斥力对抗的结果是在两个固体的理想平表面之间有一个平衡的间隙 z_0；当间隙小于 z_0 时，它们之间互相排斥，而当间隙大于 z_0 时，它们之间互相吸引；分开单位面积的两个截面的能量定义为 2γ。这里研究考虑具有这种效应的模型，即著名的 JKR 模型。

对于式 (21.24)，当 $n = -1/2$ 时，这种工况的加载圆对应于式 (21.15) 给出的平头冲压时产生的压力分布。JKR 模型考虑接触区内部接触压力以及界面黏附效应，在赫兹接触模型的基础上，叠加式 (21.24) 即有

$$p = p_0\left(1 - \frac{r^2}{a^2}\right)^{1/2} + p_0'\left(1 - \frac{r^2}{a^2}\right)^{-1/2} \tag{21.31}$$

式中

$$E^* = \frac{1-\nu_1^2}{E_1} + \frac{1-\nu_2^2}{E_2}, \quad \frac{1}{R} = \frac{1}{R_1} + \frac{1}{R_2}$$

对应的下标表示两个相压球体各自的弹性性能和半径，而 2γ 考虑了接触区域变化后上下表面单位面积上（2 倍因子）增加或减少的界面能。$p_0 = 2aE^*/(\pi R)$，

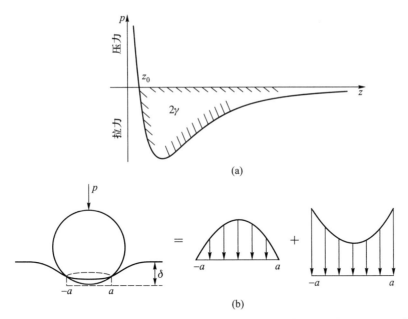

图 21.6 黏附作用下的接触。(a) 考虑表面相互作用时的表面能量问题;(b) JKR 模型将接触区域的作用分为不考虑黏附的赫兹接触以及和表面黏附对应的刚性平头压缩解

$p_0' = \sqrt{\dfrac{4\gamma E^*}{\pi a}}$,这两个参数可以通过后续推导给出。通过考虑式 (21.31) 中压力在压缩 [位移由式 (21.28a) 和式 (21.26a) 表示] 时所作的功,可以求得两物体中的弹性应变能

$$U_E = \frac{\pi^2 a^3}{E^*}\left(\frac{2}{15}p_0^2 + \frac{2}{3}p_0 p_0' + p_0'^2\right) \tag{21.32}$$

总压缩量由式 (21.28a) 和式 (21.26a) 求得,为

$$\Delta = \frac{\pi a}{2E^*}(p_0 + 2p_0') \tag{21.33}$$

现在研究应变能随接触半径 a 的变化:让两物体总的相对位移 δ 保持常数,可以求得

$$\left[\frac{\partial U_E}{\partial a}\right]_\Delta = \frac{\pi^2 a^2}{E^*}p_0'^2 \tag{21.34}$$

由于 δ 保持常数,没有外部作功,因而平衡条件要求 $\left[\dfrac{\partial U_E}{\partial a}\right]_\Delta = 0$,因此导出 $p_0' = 0$,这正对应于赫兹理论给出的结果。

我们需要进一步考虑界面黏附作用所导致的表面能量 U_S 的变化。当两物体相互挤压时,接触表面面积增加,表面能减少;反之,当两表面分离时,接触面积减少,表面能增加

$$U_S = -2\gamma\pi a^2 \tag{21.35}$$

式中,γ 是单位面积的表面能。系统的总能量 U_T 定义为 $U_T = U_E + U_S$。平衡态时

$$\left[\frac{\partial U_T}{\partial a}\right]_\Delta = 0 \tag{21.36}$$

可以推导出

$$\frac{\pi^2 a^2}{E^*} {p_0'}^2 = 4\gamma\pi a \tag{21.37}$$

由此可以得到 p_0' 的表达式

$$p_0' = -\sqrt{\frac{4\gamma E^*}{\pi a}} \tag{21.38}$$

这里选择负号是由于排除了 $r = a$ 处的压缩应力。净接触力由下式给出：

$$P = \int_0^a 2\pi r p\left(r\right) \mathrm{d}r = \left(\frac{2}{3}p_0 + 2p_0'\right)\pi a^2 \tag{21.39}$$

将 p_0 和 p_0' 代入并整理，得出 a 和 P 之间的关系

$$P = \frac{4E^* a^3}{3R} - \sqrt{16\pi\gamma E^* a^3} \tag{21.40}$$

对 a 求导可得图 21.7 中 B 点极值以及对应的半径 a_B

$$P = -3\pi\gamma R, \quad a = \left(\frac{9\pi\gamma R^2}{4E^*}\right)^{1/3} \tag{21.41}$$

零载荷可得 C 点接触半径，即 $P = 0$，于是

$$a_C = \left(\frac{9\pi\gamma R^2}{E^*}\right)^{1/3} \tag{21.42}$$

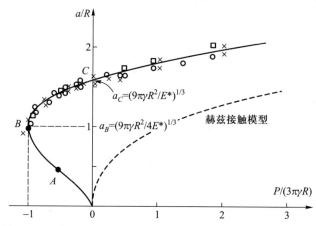

图 21.7 JKR 接触下由式 (21.40) 给出的接触力和接触半径之间的关系。这里实线由式 (21.40) 预测，虚线是赫兹接触模型预测结果，而符号则来自试验结果[7]

前面提到 JKR 模型考虑了接触区内部的界面黏附效应，实际上，按照图 21.6 所示，接触区外部也存在一个黏性接触区域，这一区域和接触面的几何形状以及接触面之间的作用距离有关（图 21.8），Bradley 模型中考虑的是通过 Lennard–Jones 势场 $U\left(r\right) = \dfrac{A}{r^{12}} - \dfrac{B}{r^6} = 4\varepsilon\left[\left(\dfrac{\sigma}{r}\right)^{12} - \left(\dfrac{\sigma}{r}\right)^6\right]$ 来直接描述界面之间的相互作用，这一过程尽管理论上不如 JKR 模型简明，但物理过程更加清晰，而且不存在应力和位移的奇异性。更进一步，我们可以考虑界面接触过程中表面原子或分子的动态作用，从而发展界面的动态作用模型。这一方面的研究仍然是目前接触力学中的前沿。

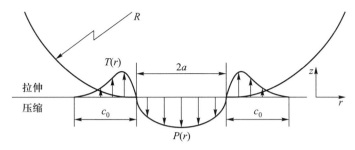

图 21.8 JKR 实际接触时由拉伸状态下的黏附作用区和赫兹状态下的压缩区控制。拉伸作用区的大小受接触表面的几何形貌和物理性质决定[13]

21.5 小结

考虑到接触是物体运动和力传递的常见方式，接触问题的重要性对于力学学科是不言而喻的。同时由于需要考虑接触过程中物体之间力的传递和分布规律、接触面之间的几何关系以及接触体内部的变形特征，接触问题实际上是一个非常典型而且复杂的非线性问题[14-16]。我们已经知道，接触力学最初的研究论文由赫兹发表于 1882 年。尽管过去了近一个半世纪，接触力学以及接触带来的学科交叉仍然处于蓬勃发展期。一方面在于接触的传统问题仍然没有得到彻底的解决，如涉及重大工程可靠性的轴承中的接触问题、高速轨道交通中的轮轨接触问题等[2]。另一方面，随着我们研究的介质逐渐向软物质领域和生物力学领域推进，前者引入了接触中的关于力传递、几何、材料三方面的非线性因素，而后者不仅涉及这三方面的因素，同时生物体中的接触又与生物、化学过程紧密耦合，且随时间不断演化。这些多场、多过程的耦合演化无疑极大地增加了分析的难度，也为我们揭示这些材料、结构、生物体系中的力学规律提供了新的机会。

参考文献

[1] Bowden F P, Tabor D. The Friction and Lubrication of Solids [M]. Oxford: Oxford University Press, 2001.

[2] 金学松. 轮轨蠕滑理论及其试验研究 [M]. 成都: 西南交通大学出版社，2006.

[3] Valentin L P. Contact Mechanics and Friction: Physical Principles and Applications [M]. New York: Springer-Verlag, 2010.

[4] Valentin L P. 接触力学与摩擦学的原理及其应用 [M]. 李强, 雒建斌, 等, 译. 北京: 清华大学出版社, 北京, 2011.

[5] Carter F W. On the action of a locomotive driving wheel [J]. Proceedings of the Royal Society of London, 1926, A112: 151-157.

[6] Vermeulen J K, Johnson K L. Contact of non-spherical bodies transmitting tangential forces [J]. Journal of Applied Mechanics, 1964, 31: 338-340.

[7] Johnson K L, Kendall K, Roberts A D. Surface energy and the contact of elastic solids [J]. Proceedings of the Royal Society, 1971, 324: 301-313.

[8]   Kalker J J. On the rolling contact of two elastic bodies in the presence of dry friction [D]. Netherlands: Delft University, 1967.

[9]   Kalker J J. Three-Dimensional Elastic Bodies in Rolling Contact [M]. Dordrecht: Kluwer Academic Publishers, 1990.

[10]   Timoshenko S, Goodier, J N. Theory of Elasticity [M]. 2nd ed. New York: McGraw-Hill, 1951.

[11]   Johson K L. Contact Mechanics [M]. Cambridge: Cambridge University Press, 1985.

[12]   Johnson K L. 接触力学 [M]. 徐秉业, 罗学富, 刘信声, 等, 译. 北京: 高等教育出版社, 1992.

[13]   Wei Y. A stochastic description on the traction-separation law of an interface with non-covalent bonding [J]. Journal of the Mechanics and Physics of Solids, 2014, 70: 227-241.

[14]   Laursen T A. Computational Contact and Impact Mechanics: Fundamentals of Modeling Interfacial Phenomena in Nonlinear Finite Element Analysis [M]. New York: Springer-Verlag, 2003.

[15]   Wriggers P. Computational Contact Mechanics [M]. 2nd ed. New York: Springer-Verlag, 2006.

[16]   Zhong Z H. Finite Element Procedures for Contact-Impact Problems [M]. Oxford: Oxford University Press, 1993.

第 22 章 力 学 设 计

22.1 简介

我们目前已经学习了固体力学中的核心概念。如前言中所说，固体力学是一门应用性非常强的学科。我们有必要在学习固体材料与结构的基本物理力学原理和数学描述方法的同时，掌握这些方法来处理具体的工程科学问题。在这一章，我们将结合前面的知识点，介绍如何通过理论分析，结合材料性质，来开展工程设计。这一过程通常是在某一个或者某几个特定的限制条件下，如何来组合材料性能以实现设计边界，通常涉及设计成本、材料性能、力学功能等多个问题[1]。

22.2 强度与轻量化设计

我们下面就工程中涉及的关键力学量的设计问题，先讨论其具体优化策略。这些具体案例所涉及的优化相当明确和简单，后续我们将在此基础上讨论更复杂问题的一般优化设计方法。

22.2.1 受压圆柱的轻量化

我们先考虑典型结构的轻量化问题。在这一问题中，分析对象为一个长为 L 的圆柱，该圆柱承受压力 F。在不发生屈曲的前提下，我们需要最小化圆柱的质量。所以这一设计的对象是承压的圆柱；设计目标是最小化圆柱的质量；设计过程中的限制是压力固定，长度固定，不发生屈曲。

我们先构建该设计的物理条件并给出对应的函数表达式，目标函数为圆柱质量 m

$$m = AL\rho \tag{22.1}$$

式中，ρ 为材料密度；A 为均匀圆柱的横截面积。我们将限制条件表述为

$$F \leqslant F_c \tag{22.2}$$

式中，F_c 对应于屈曲发生时的临界压力

$$F_c = c\frac{\pi^2 EI}{L^2} \tag{22.3}$$

式中，按照之前的分析，c 是一个与边界条件相关的系数；E 为材料的杨氏模量；I 为极惯性矩

$$I = \frac{\pi R^4}{4} = \frac{A^2}{4\pi} \tag{22.4}$$

将式 (22.3) 代入式 (22.2)，有

$$F \leqslant c\frac{\pi^2 EI}{L^2} \tag{22.5a}$$

也即

$$F \leqslant c\frac{\pi^2 EA^2}{L^2 4\pi} \tag{22.5b}$$

或者

$$A^2 \geqslant 4F\frac{L^2}{c\pi}\frac{1}{E} \tag{22.6}$$

因此得到关于横截面积的不等式

$$A \geqslant 2F^{1/2}\left(\frac{L^2}{c\pi}\right)^{1/2}\frac{1}{E^{1/2}} \tag{22.7}$$

由于长度 L 固定，要最小化质量，因此写出对应的质量方程

$$m = \left\{\frac{1}{\pi^{1/2}}F^{1/2}\right\}\left\{\left(\frac{L^4}{c}\right)^{1/2}\right\}\left\{\frac{\rho}{E^{1/2}}\right\} \tag{22.8}$$

这里可以看到，m 的表达式中包含了需要考虑的不同约束条件

$$m = \left\{\text{函数约束}\right\}\left\{\text{几何约束}\right\}\left\{\text{材料性能}\right\} \tag{22.9}$$

那么需要在一系列材料中选择能使 m 最小化的参数。既然其他条件都已经设定，那么针对式 (22.8)，我们需要最大化的指标为 $M = E^{1/2}/\rho$。这需要选择 M 值最大的材

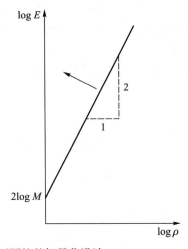

图 22.1　不发生屈曲的前提下圆柱的轻量化设计

料。我们将得到的目标函数 M 建立与 $\log E = 2\log M + 2\log \rho$ 对应的对数坐标，将每一材料所对应的（E, ρ）属性在图中标注（图 22.1）。如果某一材料（E, ρ）在图中的一点所做的平行于蓝线的斜率在 $\log E$ 轴上产生的截距（$2\log M$）最大，则材料具有更好的轻量化指标。

22.2.2 压力容器的轻量化与屈服

现在来考虑工程中常见的薄壁球状压力容器的轻量化与可靠性设计问题。我们需要设计一个薄壁的球状压力容器，该容器的半径给定为 R，且必须承受内压 P。设计目标方面，我们希望该容器尽可能地轻，同时不发生塑性屈服。当然，结构有可能断裂破坏，但现在仅考虑一个相对简单的设计需求，要求容器的变形在弹性范围内。

按照之前的设计思路，设计对象的功能为压力容器，目标为质量最小化，其面临的设计边界或者限制是：半径为 R，所承受的内压力不超过 P，在这一前提下容器壁材料不能屈服。

依据给定的条件，不难写出目标函数

$$m = 4\pi R^2 t \rho \tag{22.10}$$

式中，t 为薄壁的厚度；ρ 为薄壁材料的密度。限制条件则可以依据屈服准则来定

$$\bar{\sigma} \leqslant \sigma_{\mathrm{f}} \tag{22.11}$$

这里采用 von Mises 屈服准则

$$\bar{\sigma} = \sqrt{\frac{1}{2}\left[(\sigma_{rr} - \sigma_{\theta\theta})^2 + (\sigma_{\theta\theta} - \sigma_{\phi\phi})^2 + (\sigma_{\phi\phi} - \sigma_{rr})^2\right]} \tag{22.12}$$

对于薄壁球形容器，有

$$\sigma_{\theta\theta} = \sigma_{\phi\phi} = \frac{PR}{2t}, \quad a, R \gg t; \quad \sigma_{RR} \approx P \ll \sigma_{\theta\theta} = \sigma_{\phi\phi} \tag{22.13}$$

将式 (22.13) 中的各项代入式 (22.12) 中，有

$$\bar{\sigma} = \frac{PR}{2t} \tag{22.14}$$

利用式 (22.11)，不难得到

$$\frac{PR}{2t} \leqslant \sigma_{\mathrm{f}}, \quad \text{也即 } t \geqslant \frac{PR}{2\sigma_{\mathrm{f}}} \tag{22.15}$$

最小化质量时，可取

$$t = \frac{PR}{2\sigma_{\mathrm{f}}} \tag{22.16}$$

代入目标函数

$$m = \{2\pi P\}\{R^3\}\left\{\frac{\rho}{\sigma_{\mathrm{f}}}\right\} \tag{22.17}$$

式 (22.17) 右侧大括号内的三部分分别对应如下：

$$m = \{函数条件\}\{几何参数\}\{材料参数\} \tag{22.18}$$

这样，我们涉及和材料设计相关的因子为

$$M = \frac{\sigma_f}{\rho} \tag{22.19}$$

最大化 M 就可以获得设计所要求的目标。需要注意的是，式 (22.19) 定义的参数 M 即通常提到的材料的比强度。这在轻量化设计中是具有重要意义的一个参数，表 22.1 中给出了几种不同工程材料的比强度指标，可以看到最近在航空和交通领域兴起的纤维增强复合材料在比强度方面具有显著优势。如果按照之前同样的思路，取式 (22.19) 的对数，整理得到

$$\log \sigma_f = \log M + \log \rho \tag{22.20}$$

我们将该公式在图 22.2 中图形化，于是在球状压力容器的轻量化与屈服设计中，如果需要优化的材料参数为 (σ_y, ρ)，那么当经过该材料点且斜率为 1 的直线在 $\log \sigma_y$ 轴上产生的截距更大时，材料具有更好的比强度指标。

表 22.1　不同工程材料的比强度指标对照

材料类型	σ_f/MPa	$\rho/(10^3\mathrm{kg/m^3})$	σ_f/ρ
合金钢	1000	7.8	128.2
低碳钢	220	7.8	28.2
铝合金	400	2.7	148.1
钛合金	1000	4.5	222.2
碳纤维增强基复合材料（CFRP）	600	1.5	400

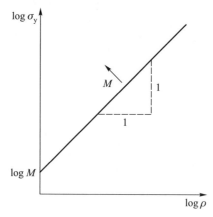

图 22.2　球状压力容器的轻量化与屈服设计

22.2.3　屈服与断裂

在前面薄壁球状压力容器的轻量化设计中，我们仅要求该容器尽可能轻的同时，不发生塑性屈服。现在考虑如何控制结构的破坏模式，例如可以设计实现先屈服后断裂，或者反过来在屈服前先断裂，这样可以通过断裂的缝隙实现渗漏，降低内部压力。一般而言，工程设计上有以下方案：

小的压力容器通常设计为压力导致材料屈服，而且不足以造成可能包含的直接破裂。由于屈服导致的变形容易发现，而且体积含量不大，塑性变形导致的空腔体积变化能有效降低内在压力。

对于大的压力容器而言，由于变形不易察觉，所以安全设计上需要保障裂纹扩展，以穿透壁面。这样可避免塑性变形导致壁面变薄并引发爆炸式破坏。

在这一问题中，设计对象的功能为压力容器，目标为尽可能大的承压能力，以及尽可能薄的壁厚以减小质量和成本，其面临的设计边界或者限制条件为：半径固定为 R，在这一前提下容器壁材料不能屈服。必须先屈服后破裂或者先渗漏后破裂。

同前面的分析类似，球形薄壁压力容器内部的应力状态由式 (22.13) 给出，且其最大主应力为

$$\sigma_1 = \frac{PR}{2t} \tag{22.21}$$

下面分两种情况讨论：

（1）假定有裂纹存在，为半椭圆形裂纹，长度为 $2a$，深度为 a。设计中要防止断裂，如果材料具备断裂韧性 K_{IC}，那么按照断裂力学中分析脆性断裂的思路，假定裂纹面垂直于最大主应力方向，由式 (22.21)，有

$$K_{\mathrm{I}} = Q\sigma_1\sqrt{\pi a} = Q\frac{PR}{2t}\sqrt{\pi a} \tag{22.22}$$

由脆性断裂准则，$K_{\mathrm{I}} = K_{\mathrm{IC}}$，有

$$Q\frac{PR}{2t}\sqrt{\pi a} \leqslant K_{\mathrm{IC}} \tag{22.23}$$

也就是

$$\frac{PR}{2t} \leqslant \frac{K_{\mathrm{IC}}}{Q\sqrt{\pi}}\frac{1}{\sqrt{a}} \tag{22.24}$$

（2）假定没有裂纹存在，那么在设计上要预防屈服，即要求 $\bar{\sigma} \leqslant \sigma_{\mathrm{f}}$，此时有

$$\frac{PR}{2t} \leqslant \sigma_{\mathrm{f}} \tag{22.25}$$

对情况（1），即有裂纹存在的情况下，综合式 (22.23) 和式 (22.24)，通过将两式取等，我们得到判断材料面临屈服还是脆性断裂的临界裂纹尺寸 a^*，具体表达式为

$$a^* = \frac{1}{Q^2\pi}\left(\frac{K_{\mathrm{IC}}}{\sigma_{\mathrm{f}}}\right)^2 \tag{22.26}$$

这里，a^* 是一个容许裂纹尺寸，当 $a < a^*$ 时，材料先出现屈服；当 $a > a^*$ 时，此时的等效应力 $\bar{\sigma} < \sigma_{\mathrm{f}}$，断裂破坏先发生。依据式 (22.26)，考虑第一个材料指数，定

义为

$$M_1 = \frac{K_{IC}}{\sigma_f} \tag{22.27}$$

从式 (22.26) 可以看到，当 M_1 最大化时，结构对裂纹的容许越好。

现在考虑大压力容器的设计，给定球形容器半径为 R，且壁厚能在压力 P 下不屈服。考虑到大的压力容器不能经常采用无损检测方式检查，需要保证即使有穿透壁厚的裂纹时裂纹也不会扩展，而是产生渗漏，这样造成的压力降低可以检验，这就是我们希望的宁可渗漏而不致破裂。

对于压力容器不会屈服的情况，从式 (22.25) 可得

$$t > \frac{PR}{2\sigma_f} \tag{22.28}$$

由于要求穿透壁厚的裂纹不扩展，则有

$$t < a^* = \frac{1}{Q^2\pi}\left(\frac{K_{IC}}{\sigma_f}\right)^2 \tag{22.29}$$

对于给定半径为 R 的压力容器，要求不屈服且同时可渗漏不致破裂，那么结合式 (22.28) 和式 (22.29)，得到其最大可承受的压力为

$$\frac{P_{max}R}{2\sigma_f} = \frac{1}{Q^2\pi}\left(\frac{K_{IC}}{\sigma_f}\right)^2 \tag{22.30a}$$

进一步推导给出

$$Q^2\pi\frac{P_{max}R}{2} = \frac{K_{IC}^2}{\sigma_f} \tag{22.30b}$$

式 (22.30b) 表明，满足大压力容器设计要求时，它可承受的最大压力与第二个材料指数 M_2 相关，即

$$M_2 = \left\{\frac{K_{IC}^2}{\sigma_f}\right\} \tag{22.31}$$

同时，考虑到还有经济性这一要求，在满足条件的情况下肯定是容器壁越薄越好，即按照式 (22.28) 给出的条件，那么最薄的压力容器对应于选择合适且具有高强度值 σ_f 的材料，因此第三个材料指数 M_3 与强度相关，即

$$M_3 = \sigma_f \tag{22.32}$$

综合考虑大压力容器的设计需求，我们获得 3 个由式 (22.27)、式 (22.31) 和式 (22.32) 定义的材料指数（图 22.3）。表 22.2 给出了一些典型材料的 3 个材料指数值，这解释了为什么大的压力容器通常由钢铁材料构成。

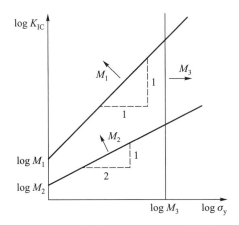

图 22.3 球形大压力容器的多目标设计：容器壁不屈服，渗漏但不破裂，且尽可能节省材料。这些条件对应于 3 个材料指数，当材料沿它们各自的方向前进得越远时，对应的材料性能越符合设计要求

表 22.2 典型材料的 M_1、M_2、M_3

材料	$M_1 = K_{IC}/\sigma_f / m^{1/2}$	$M_3 = \sigma_f / MPa$
韧性钢	> 0.6	300
韧性铜合金	> 0.6	120
韧性铝合金	> 0.6	80
钛合金	0.2	700
高强铝合金	0.1	500
纤维增强聚合物基复合材料	0.1	500

注：M_2 可由 M_1 和 M_3 换算得到。

22.3 应力与结构的设计

22.3.1 混凝土预应力

在脆性材料的服役过程中，其抗拉的能力非常弱，我们可以通过施加预应力的方式增强材料的承载能力。例如，对高强度钢筋施加预张力来获得混凝土结构中的残余应力。预先存在的压应力可以用来减小或抵消后续荷载所引起的拉应力，使得预应力和后续载荷叠加后结构总的拉应力控制在较小范围，甚至处于受压状态，这一方案可有效推迟混凝土裂缝的出现和扩展，从而提高构件的抗裂性能和刚度。在疲劳构架中，预先存在的压应力可有效提升结构的疲劳寿命。图 22.4 中给出了典型的车轴钢中的残余应力分布情况。和混凝土结构中预应力的施加方式不同，金属材料中的残余压应力通常通过渗氮或预变形等方式实现。对于圆柱形试样的残余应力分析，可参考文献 [2]. 同样，预先存在的压应力可有效提升结构的抗磨耗能力，类似的应用也非常多。

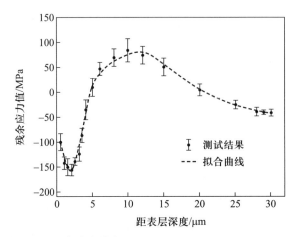

图 22.4 典型的车轴钢中的残余应力分布

我们在这里分析混凝土结构中预应力的施加。由于其带来的抗拉伸断裂性能以及构件刚度提升、相应的受压构件的稳定性提升、自重减小、耐疲劳性能增强等特征，其在工程中获得广泛应用。我们以图 22.5 所示的混凝土结构中预应力施加为例来讨论如何通过预应力设计改变材料的应力分布，从而提升其服役安全性。

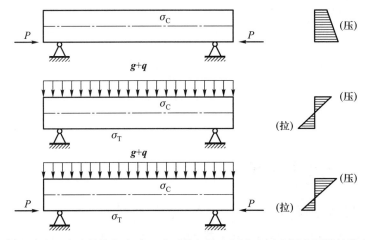

图 22.5 混凝土残余压应力的施加方式。通过施加偏心压力，可以调节原始结构中关于中线对称的应力分布，从而使最终底部的拉应力显著降低

考虑一个跨径为 L 的混凝土梁结构，其横截面的厚度为 h，宽度为 b，对应的横截面积 $A = bh$。如果它承受均布载荷，则在某一点的弯矩 M 作用下对应的最大拉应力为

$$\sigma_q = \frac{M}{I_z}\frac{h}{2} \tag{22.33}$$

式中，I_z 为弯矩沿 z 轴时的惯性矩，$I_z = bh^3/12$。如果在偏离中轴面的位置施加压缩载荷 P，考虑到偏心力引起的弯矩和径向载荷叠加，该载荷在对应位置产生的最大应

力为

$$\sigma_F = \frac{P}{A} + \frac{Pe}{I_z}\frac{h}{2} \tag{22.34}$$

整体混凝土梁内应力的分布为两者的叠加，即

$$\sigma = \sigma_q - \sigma_F = \frac{6M}{bh^2} - \frac{P}{bh}\left(1 + \frac{6e}{h}\right) \tag{22.35}$$

由以上公式不难看到，我们将弯矩 M 作用下混凝土梁中的最大拉应力位置的原始拉应力值 σ_q 调整为 σ，依据载荷 P 大小及偏心位置 e，σ 可能保持为拉应力状态，或者应力为零的状态，甚至是压应力状态。

对应于这些不同的主应力状态，一般定义一个参数预应力度 λ 来讨论，它既可以按部分预应力比或强度比来描述，也可以按照平衡荷载比来定义。我们在这里给出平衡荷载比时预应力度的表达式，如果混凝土梁受外荷载作用，产生弯矩 M_e，这一弯矩使得构件梁上下表面分布产生不同幅值的应力。现在仅考虑受拉区边缘混凝土，因为这里才是材料产生破坏的位置。如果我们施加另一个弯矩 M_p，且恰好使受拉区边缘混凝土的应力 $\sigma = 0$，那么此时的弯矩 M_p 抵消了外部荷载弯矩 M_e 所产生的拉应力，因此 M_p 又称为消压弯矩。对应的预应力度 λ 的定义为

$$\lambda = \frac{M_p}{M_e} \tag{22.36}$$

此时不难判断，当 $\lambda \geqslant 1$ 时，混凝土梁横截面上不存在拉应力区域；当 $0 < \lambda < 1$ 时，混凝土梁横截面上部分拉应力被抵消；当 $\lambda = 0$ 时，没有预应力影响。

实际施加预应力的过程中有不同的工序和方法，图 22.6 简要介绍了通过钢筋施加预应力过程时才有的先张法和后张法。顾名思义，先张法将预应力施加到钢筋上并通过结构台固定，之后浇注混凝土，待混凝土固化到预定状态，具有设计强度后，放松

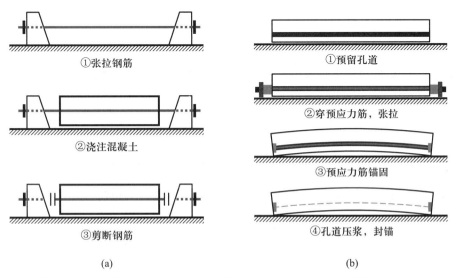

①张拉钢筋

②浇注混凝土

③剪断钢筋

(a)

①预留孔道

②穿预应力筋，张拉

③预应力筋锚固

④孔道压浆，封锚

(b)

图 22.6 混凝土结构中预应力的施加方式示意图：（a）先张法；（b）后张法

钢筋；具有预张力的钢筋通过钢筋–混凝土界面的剪切力传递，在混凝土中产生压应力；伴随着混凝土的压缩，钢筋同时释放一部分张力。最终这一混合结构形成一个具备残余应力的平衡系统，钢筋整体是受拉的，它附近的混凝土处于压缩状态。理想情况下，钢筋–混凝土界面处满足位移连续，整体过程如图 22.6a 所示。后张法则是在构架浇注成型后，通过预先设置的钢筋结构施加张力，而这部分张力通过锚具传递到混凝土体中，达到新的平衡状态。这一方法对钢筋–混凝土界面没有要求，甚至不需要形成接触界面，整体过程如图 22.6b 所示。同时，与前者不同，这一方法可以通过对锚具的调整实现后期混凝土内压力的调整，而在先张法过程中，一旦混凝土结构成型，则无法实现后续调整。

22.3.2 耐压壳结构设计

前面我们深入讨论了承受内压时的壳体结构安全，现在来讨论壳体结构在承受外压时的结构设计。和内压不同，外压壳体还存在结构稳定性的问题。典型的应用场领域是深海潜水器，解决其所遇到的高耐压性、水动力和结构可靠性等工程技术难题，是发展和推进力学工程科学研究的重要机遇和挑战。耐压壳是深海潜水器中最关键的结构，直接关系到潜水器安全性和总体性能。该设计过程要求结构有高的强度，高的抗屈曲能力。同时，要兼顾大容积、高可靠性以及避免超厚壳结构制备上的难点等，详细的分析过程可参考文献 [3]。表 15.1 已给出目前各国设计的深潜器耐压壳结构关键参数情况。

从表 15.1 可以看到，绝大部分深潜器的整体密度保持在水的密度附近。随着潜水深度的增加，所需要壳体的最小厚度增加，但同时结构密度也在增加，在万米深度以下（$P_o \geqslant 100$ MPa），结构的密度将大于 1 t/m³，即大于海水的密度，这对潜水器浮力材料的设计提出了要求。考虑到结构的密度定义为

$$\rho = \frac{\rho_m}{\rho_w}\left[1 - \left(\frac{R}{R+t}\right)^3\right] \tag{22.37a}$$

式中，R 为球壳内半径；t 为壳厚度；ρ_m 和 ρ_w 分别为壳体材料和当地海水密度。如果 t/R 比较小

$$\rho \approx 3\frac{t}{R}\frac{\rho_m}{\rho_w} \tag{23.37b}$$

一旦内部空间确定，如果要最小化潜水器质量，从式 (22.37b) 中可知，当 $\rho \approx \rho_w = 10^3$ t/m³ 时，$t \propto \dfrac{1}{\rho_m}$，如果潜水器壁厚增加，则其对应的材料密度必须降低。这也是表 15.1 各国深潜器耐压壳结构基本采用钛合金的原因。图 22.7 所示为采用钛合金材料（屈服强度 900 MPa，安全系数 1.4）来设计深潜器的单层壳体时，所需要的最小厚度以及深潜器结构密度随潜入深度的变化关系。

进一步分析壳体结构受静水压时的应力状态，先来讨论传统单层壳体结构的设计。

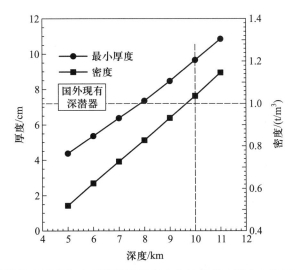

图 22.7 深潜器设计最小厚度与密度随设计深度变化的关系（图中方块区域为表 15.1 中国内外主要深潜器的壳壁厚度和潜水深度范围）

对于受内压和外压的单层壳体结构，其径向 σ_{rr} 和环向 $\sigma_{\theta\theta}$ 应力表达式为

$$\sigma_{rr}(r) = -\frac{\left(\dfrac{R}{r}\right)^3 - 1}{\left(\dfrac{R}{R+t}\right)^3 - 1}P_{\mathrm{o}} - \frac{1 - \left(\dfrac{R+t}{r}\right)^3}{1 - \left(\dfrac{R+t}{R}\right)^3}P_{\mathrm{i}} \tag{22.38a}$$

$$\sigma_{\theta\theta}(r) = \frac{\dfrac{1}{2}\left(\dfrac{R}{r}\right)^3 + 1}{\left(\dfrac{R}{R+t}\right)^3 - 1}P_{\mathrm{o}} - \frac{1 + \dfrac{1}{2}\left(\dfrac{R+t}{r}\right)^3}{1 - \left(\dfrac{R+t}{R}\right)^3}P_{\mathrm{i}} \tag{22.38b}$$

式中，$R \leqslant r \leqslant R+t$；外部压力 P_{o} 取决于下潜深度；内部压力 P_{i} 为人体正常工作压力，约 1 atm[①]。计算随壳体厚度变化的 von Mises 应力，不难得到最大应力分布于壳体的内表面，其他部分的材料远没有达到屈服。这种单层壳体的设计使得结构中只有很少部分的材料承受大的应力，大部分材料只承担小应力，这样的设计势必造成材料的浪费。

一个缓解由于厚壁带来的应力分布不均匀性的方法是将图 22.8a 中的单层壳体结构改为图 22.8b 中的双层壳体结构。仍然以钛合金材料为例，在万米深度（$P_{\mathrm{o}} = 100$ MPa），取内径 $R = 75$ mm，图 22.8c 给出了两种不同壳体应力沿着厚度的分布。通过对比单层和多层壳体在 10 000 m 深海环境下的应力分布，发现增加单层壳厚度 R 到 100 mm 可以使得最大 von Mises 应力从 600 MPa 降到 470 MPa，降低了约 22%；若采用双层的壳体结构，层间压力取 50 MPa，层间距离取 10 mm，还能在这个基础上再降低最大压力约为 20 MPa。另外层间距离也提供了一个设计参数，通过调节层间距离 δ 可进一步降低最大主应力，见图 22.8d。

---

① 1 atm=101 325 Pa，余同。

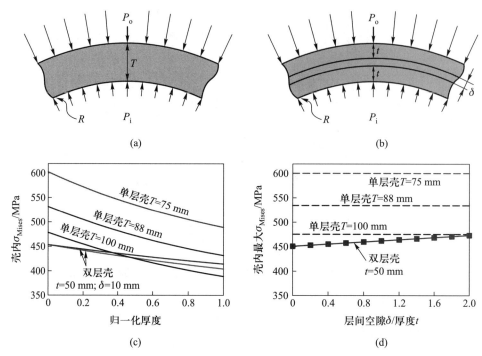

图 22.8 壳体结构及其应力分布：（a）～（b）单层和双层壳体结构所受载荷示意图；（c）单层壳体结构内部的应力随归一化厚度的变化，作为对照，同时提供了双层壳结构（层间距离 $\delta = 10$ mm）的应力在不同厚度处的情况；（d）壳体最大应力与层间空隙大小关系

在第 15 章中我们讨论了球壳屈曲的临界压力问题 [式 (15.21)]，按照铁木辛柯给出的单层球壳屈曲的临界压力 p_{cr}[4] 以及 Zoelly[5] 在 1915 年、Schwerin[6] 在 1922 年、Krenzke[7-8] 在 1963 年分别独立得到的单层球壳临界屈曲压力，有

$$p_{cr} = cE\frac{t^2}{R^2} \tag{22.39}$$

从式 (22.39) 可以看出，为了提高单层球壳抗屈曲的临界压力，需要材料的杨氏模量尽可能大，且设计厚度 t 尽可能大，结合式 (22.37b)，因此要求材料的密度尽可能地小。而从式 (22.38) 给出的分析来看，材料高的屈服强度能保证结构处于弹性状态。因此从这几方面的综合考虑也可以看到，现有金属材料中钛合金是一个不错的选择。

22.4 多参数化设计

我们在前面讨论了两类具体问题的设计，前面 3 个问题属于目标函数可以非常明确且能显式表达出来的类型；后面的残余应力设计和双层球壳体的设计，尽管它们的优化方向明确，但在具体策略方面是开放的，读者也可以探索其他不同的方案，达到优化设计的目标。而后面这样的问题，我们在实际的工程应用中可能面临得更多。对典型的多参数设计优化问题，一般涉及以下 5 个方面：

（1）问题的陈述和定义。这一部分通常来自问题的设计者或者需求方，他们需要阐明优化问题的目标和技术指标。

（2）信息和数据的获取。为了实现对问题的公式化描述，我们需要诸如材料性质、性能参数、限制条件、经济性以及其他的相关参数。考虑到很多时候第一阶段的问题陈述可能并不清晰，因此在公式中可能需要引入假设条件来求解。

（3）辨识并定义设计参数。这一步需要确定描述系统的关键参数。这些参数是自由的、可调控的。一旦给这些参数赋予数值，我们就具有了一套设计系统。在设计参数的选择过程中，需遵循以下基本原则：① 参数之间尽可能地保持相互独立性；② 对实现设计目标而言，一般存在一组最少参数的方案；③ 在问题的参数化描述阶段，尽可能多地纳入独立参数，后续可以将其中的一些设为固定值；④ 一旦设计参数确认，需要给它们赋予具体的数值，以形成可供试验的设计方案。

（4）确认所需采用的优化准则。一般的设计问题都具有多个可行的方案，我们需要通过适当的准则来考察它们的优劣。准则最好是一个标量函数，它的具体值由指定的一组设计参数决定。这样的准则一般称为目标函数。

（5）确认设计所面对的约束条件。设计中所有的预设条件都是约束边界。在这一阶段中我们不仅需要量化这些限制条件，且需要给出它们各自以设计参数为自变量的标量函数。当然，如果约束条件是隐性的，我们可能无法写出这类条件和设计参数之间的显式表达式，此时可能需要通过定义某些过渡参数以实现约束条件的量化。

我们后续将给出两个按照这一流程来展开的优化分析案例。与前面两个小节中的处理方法不同，我们将严格遵照以上介绍的 5 个方面开展寻优设计。

22.4.1 螺旋弹簧设计

如图 22.9 所示，这里我们考虑一个螺旋弹簧的设计问题。由于该类型弹簧的广泛使用，关于其力学分析可见诸很多机械设计或力学分析的教材。

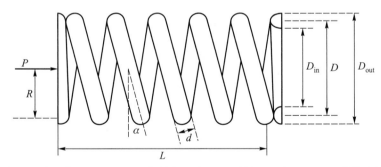

图 22.9 典型螺旋弹簧结构的关键几何结构示意图。弹簧丝的直径为 d，弹簧的外径 $D_{out} = D + d$，内径 $D_{in} = D - d$，这里 D 为平均直径，对应的半径为 R。螺旋弹簧一般包含一定数量的变形线圈以及边界处不可变形部分

1. 问题描述

在这一设计目标中，我们需要寻找最小化弹簧质量的设计方案。该螺旋弹簧可承受轴向载荷且不至于材料失效，一方面该弹簧需具有一个最小的伸长量，另一方面弹

簧的涌波频率应不小于 ω_0。

2. 数据信息

针对所描述问题的设计需求，我们可以定义如下数据和所涉及的所有参数的数学描述：弹簧沿轴向的变形量 δ；螺旋的平均直径 D；螺旋丝的直径 d；可变形的螺旋数目 N；弹簧材料密度 $\rho = 8.7 \times 10^3 \ \text{kg/m}^3$；剪切模量 $G = 82.6 \ \text{GPa}$；容许剪切应力 $\tau = 600 \ \text{MPa}$。其他可能需要的数据有：非变形的螺旋数 $N_0 = 2$；施加的载荷 $P = 50 \ \text{N}$；最小弹簧伸长量 $\Delta = 12 \ \text{cm}$；浪涌频率 $\omega_0 = 100 \ \text{Hz}$；螺旋最大外径 $D_{\text{out}} = 37 \ \text{cm}$。

3. 设计参数

当弹簧处于拉或压状态时，螺旋线承受扭转，因此我们需要给出剪应力的表达式，同时也需给出涌波频率的表达式。这一弹簧的设计方法包含变形量与外载关系

$$P = K\delta \tag{22.40}$$

弹性系数

$$K = \frac{d^4 G}{8 D^3 N} \tag{22.41}$$

剪应力

$$\tau = \frac{8 k P D}{\pi d^3} \tag{22.42}$$

式中，k 为 Wahl 应力集中因子

$$k = \frac{4D - d}{4(D - d)} + \frac{0.615 d}{D} \tag{22.43}$$

以及涌波频率

$$\omega = \frac{d}{2\pi N D^2} \sqrt{\frac{G}{2\rho}} \tag{22.44}$$

其中，关于 Wahl 应力集中因子 k 的表达式是通过实验方法获得的，其他的参数关系都可以通过弹性变形理论获得。有了前面给出的函数描述，我们进入选定设计变量环节。考虑图 22.9 中的弹簧承受的载荷情况，其刚度系数及其他的关键量由这一结构的 3 个设计参数决定，即弹簧丝的直径 d、螺旋弹簧的平均直径 D、可变形的螺旋线圈数 N。

4. 目标函数

该结构的优化目标是最小化弹簧的质量 m，因此其优化准则或者目标函数可以表示为

$$m = \frac{1}{4}(N + N_0)\pi^2 D d^2 \rho \tag{22.45}$$

我们需要在后续设计所面临的约束条件下找到 m 的最小值。

5. 约束条件

通过问题的描述，我们可以量化这一设计所面临的限制条件，包含以下 5 个方面的内容：

（1）变形量的限制：要求在载荷 P 的作用下伸长量至少为 Δ，因此通过前面的变形与载荷关系，由 $\delta \geqslant \Delta$，我们得到

$$\frac{P}{K} \geqslant \Delta \tag{22.46}$$

（2）剪应力的限制：为了防止弹簧材料过载产生塑性变形，弹簧丝中的剪切力有一个容许极限，不能大于 τ_{a}，即

$$\tau \leqslant \tau_{\mathrm{a}} \tag{22.47}$$

（3）涌波频率限制：为了限制共振行为，我们需控制弹簧的涌波频率，使其尽可能地高，因此有

$$\omega \geqslant \omega_0 \tag{22.48}$$

（4）尺寸限制：弹簧的外径不能超过限定值，有

$$D + d \leqslant D_{\mathrm{out}} \tag{22.49}$$

（5）显式的设计参数边界：在实际工程中，可能需要对尺寸、数目有限制条件，如弹簧丝的直径大小、弹簧的直径以及弹簧中的可变形圈数

$$d_{\min} \leqslant d \leqslant d_{\max} \tag{22.50a}$$

$$D_{\min} \leqslant D \leqslant D_{\max} \tag{22.50b}$$

$$N_{\min} \leqslant N \leqslant N_{\max} \tag{22.50c}$$

综上所述，我们将这一设计问题转化为式 (22.46)～ 式 (22.50) 所示 7 个不等式约束条件下，获取式 (22.45) 所示目标函数最小化的数学问题。

22.4.2 螺旋弹簧刚度

在式 (22.41) 和式 (22.42) 中，我们用到螺旋弹簧的刚度系数和最大剪应力的表达式，这里补充其相应的理论推导过程。

利用式 (13.30b) 给出的圆柱扭转下的扭矩与应力的关系，我们可以得到

$$U = \int_V \frac{1}{2} \varepsilon_{\theta z} \sigma_{\theta z} \mathrm{d}V = \int_V \frac{1}{2} G(\alpha r)^2 \mathrm{d}V = \alpha G J \tag{22.51a}$$

通过式 (13.30a)，考虑到沿螺旋丝的长度微元 $\mathrm{d}s$，上式中 $\mathrm{d}V = 2\pi r \mathrm{d}r \mathrm{d}s$，有

$$U = \int_0^{d/2} \frac{1}{2} G\alpha^2 r^3 \mathrm{d}r \int_0^{N\pi d} \mathrm{d}s = N\pi \mathrm{d}\frac{(PR)^2}{2GJ} \tag{22.51b}$$

如图 22.10 所示,利用 Castigliano 定理,载荷 P 与弹簧伸长量 δ 的关系可以表示为

$$\delta = \frac{\partial U}{\partial P} = N\pi d \frac{PR^2}{GJ} \tag{22.52a}$$

利用式 (22.40),我们得到弹簧的刚度系数

$$K = \frac{P}{\delta} = \frac{d^4 G}{8D^3 N} \tag{22.52b}$$

同样地,我们可以利用扭矩和剪应力的关系得到应力与设计变量之间的关系式 (13.30b)。唯一例外的是,其中的应力集中因子 k 需要通过试验方法来确定。

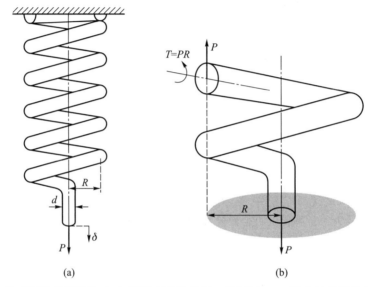

(a)　　　　　　　　　　　　(b)

图 22.10　典型螺旋弹簧结构(a)的刚度系数推导。按照图 22.9 给出的弹簧几何信息,考虑弹簧所受载荷通过螺旋中轴(b),则可以得到弹簧丝中所受扭矩 $T = PR$

22.4.3　三杆件桁架设计

我们再来设计一个如图 22.11 所示的对称三杆件桁架结构。这是一个力学分析中经常用到的典型例子。我们按照前面介绍的 5 个优化分析步骤,逐步加以分析。

1. 问题描述

此时设计目标仍然是寻找最小化质量,或者是材料用量的结构在给定的约束条件下可支撑载荷 P。

2. 数据信息

为解决以上问题,我们需要关于杆件的几何信息、材料性能以及载荷信息。同时注意,这一结构是超静定的,我们需要分析各单元载荷、各结点位移以及本征频率,从而给出各限制条件的表达式。

结构具有对称性,杆 1 和杆 3 的横截面积相同,设为 A_1,而杆 2 的横截面积为 A_2。依据超静定结构的分析结果,我们得到节点 ④ 的水平和垂直位移与所施加载荷

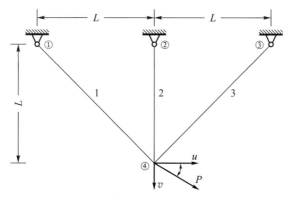

图 22.11 对称的三杆件桁架结构设计。寻找在支撑载荷 P 作用下符合结构安全和变形量大小的最小化质量结构

的关系为

$$u = \frac{\sqrt{2}eP_u}{A_1E}, \quad v = \frac{\sqrt{2}eP_v}{(A_1 + \sqrt{2}A_2)E} \tag{22.53}$$

式中，E 是材料的杨氏模量；P_u 和 P_v 分别为载荷 P 沿水平和垂向的分量，$P_u = P\cos\theta$，$P_v = P\sin\theta$，θ 是 P 载荷方向与水平方向的夹角。图 22.11 给出了载荷方向与各杆件节点的位移关系。

利用式 (22.53) 给出的位移量，各杆单元中的应力即可确定。我们在这里定义 σ_1、σ_2 和 σ_3 分别为杆 1、杆 2 和杆 3 在桁架结构承受外载 P 时的应力，它们各自的表达式为

$$\sigma_1 = \frac{1}{\sqrt{2}}\left[\frac{P_u}{A_1} + \frac{P_v}{(A_1 + \sqrt{2}A_2)}\right] \tag{22.54a}$$

$$\sigma_2 = \frac{\sqrt{2}P_v}{(A_1 + \sqrt{2}A_2)} \tag{22.54b}$$

$$\sigma_3 = \frac{1}{\sqrt{2}}\left[-\frac{P_u}{A_1} + \frac{P_v}{(A_1 + \sqrt{2}A_2)}\right] \tag{22.54c}$$

考虑到许多结构可能处于运动环境或者承受动态载荷，它们自身将具有固有的自然频率。一旦这些频率与外部的动态频率形成共振，将可能造成突发性结构失效。为避免这类情形，我们一般在设计过程中将结构的最低自然或本征频率尽可能地提高，以避开动态载荷的可能频率。这样一来，就要求设计的结构刚度尽可能地大。对图 22.11 中的结构，可计算得到与最低本征频率相关的最小特征值

$$\xi = \frac{3EA_1}{\rho L^2(4A_1 + \sqrt{2}A_2)} \tag{22.55}$$

式中，ρ 为材料密度。

3. 设计参数

整个结构的设计参数即为杆 1 和杆 3 的横截面积 A_1 以及杆 2 的横截面积 A_2。

4. 目标函数

我们优化的目标为系统质量最小或者所用材料的体积最小。因此，不难得到这一标量函数的表达式

$$V = L \left(2\sqrt{2}A_1 + A_2 \right) \tag{22.56}$$

5. 约束条件

按照之前讨论的设计目标，我们不难看到，只需讨论 $0 \leqslant \theta \leqslant 90°$ 这一范围即可。同时从应力的表达式可以看到，σ_1 总是大于 σ_3，这样一来，我们只需要关注 σ_1 和 σ_2 是否满足限制条件，即

$$\sigma_1 \leqslant \sigma_a, \quad \sigma_2 \leqslant \sigma_a \tag{22.57a}$$

同时注意到，节点④ 处的水平与垂向位移也有相应的限制，即

$$u \leqslant \Delta_u, \quad v \leqslant \Delta_v \tag{22.57b}$$

关于本征频率的限制，我们有

$$\xi \geqslant (2\pi\omega_0)^2 \tag{22.57c}$$

在杆件受压的情况下，我们还需要考虑屈曲的问题，这就需要截面惯性矩 I 的信息。一般而言，$I = \beta A^2$，其中 A 为截面积，β 是无量纲系数，与横截面的几何形状及屈曲方向有关。依据这一条件，屈曲的限制条件要求

$$-F_i \leqslant \frac{\pi^2 EI}{L_i^2}, \quad i = 1, 2, 3$$

对应的应力表达式为

$$-\sigma_1 \leqslant \frac{\pi^2 E\beta A_1}{2L^2}, \quad -\sigma_2 \leqslant \frac{\pi^2 E\beta A_2}{L^2}, \quad -\sigma_3 \leqslant \frac{\pi^2 E\beta A_1}{2L^2} \tag{22.57d}$$

最后，从工程实践的角度考虑，我们需要限制各杆件的横截面积不能小于某一个值，即

$$A_1, A_2 \geqslant A_{\min} \tag{22.57e}$$

综上所述，我们将图 22.11 中所示的对称三杆件桁架结构轻量化设计问题转化为式 (22.57) 所示的 10 个约束条件下，获取式 (22.56) 所示目标函数最小化的数学问题。

22.5 强度的安全概率设计

由前面强度的分散性特征讨论（见 11.9 节）可知，一般材料强度的分布可通过 Weibull 分布来描述：强度的概率密度函数和对应的分布函数分别由式 (11.36) 和 (11.37) 给出。在力学设计，尤其是脆性介质的使用设计过程中，我们需要考虑这一强度分散性给安全带来的影响，并在这里作一个简要的分析。

我们考虑某一批次体积为 Ω_0 的试样，宏观意义上来看这些试样完全相同，如果让它们均承担同样的应力 σ，其中的一部分试样由于强度低于 σ 而失效。如果

这批试样的样本量足够大，我们可以从其强度的 Weibull 分布来得到它们的健存概率，也即每一个试样在该应力下有多大概率是健康的，根据式 (11.37)，强度在 $[0, \sigma]$ 的试样将失效，这一部分概率为 $p(\sigma, \sigma_\mathrm{e}, m) = 1 - \mathrm{e}^{-(\sigma/\sigma_\mathrm{e})^m}$。那么健存概率 $p_\mathrm{h} = \widehat{p}_\mathrm{h}(\sigma, \sigma_\mathrm{e}, m) = 1 - p$

$$p_\mathrm{h} = \mathrm{e}^{-(\sigma/\sigma_\mathrm{e})^m}, \quad \sigma \geqslant 0 \tag{22.58}$$

可以看到，当 m 越大时，对这一健存概率的估计就越确定；当 $m \to \infty$ 时，p_h 趋向于两种极端状态，$\sigma > \sigma_\mathrm{e}$ 时，p_h 趋于 0，反之，$p_\mathrm{h} \approx 1$。

我们可以通过式 (22.58) 来确定材料的强度分布和健存概率分布。如果我们拥有一批宏观意义上相同且体积为 Ω_0 的试样，可考虑将这批试样分为 N 组，每一组都具有相同数量的样本。对于其中的每一组 i，考察它在应力 $\sigma_i(i = 1, \cdots, N)$ 下的健存概率，得到相应的概率值 $p_\mathrm{h}^{(i)}$。通过这一组数据 σ_i 及对应的 $p_\mathrm{h}^{(i)}$，我们就可以获得式 (22.58) 中所需参数 σ_e 和 m。

为了准确地获得 m 值，我们可以利用式 (22.58) 的特殊性质，经过简单变换，可以得到

$$\ln\left(\ln\frac{1}{p_\mathrm{h}}\right) = m\ln\frac{\sigma}{\sigma_\mathrm{e}} \tag{22.59}$$

因此在纵轴为 $y = \ln\left(\ln\frac{1}{p_\mathrm{h}}\right)$，横轴为 $x = \ln\frac{\sigma}{\sigma_\mathrm{e}}$ 的坐标尺下，将得到 $y = mx$ 这一线性关系，对应的斜率就是我们希望得到的 Weibull 模量。

目前分析材料的健存概率都是在试样具有相同的体积 Ω_0 的情况下获得的，一旦材料的体积发生变化，我们预期其健存概率也将改变。现在考虑一个试样的体积为 V，如果我们考虑一种最危险的情况，它的健存概率等价于 k 个体积为 Ω_0 的试样串联时的健存概率，这里 $k = V/\Omega_0$，则根据概率分布特点，体积为 V 的试样的健存概率 $p_\mathrm{h}(V, \sigma)$ 为

$$p_\mathrm{h}(V, \sigma) = [p_\mathrm{h}(\Omega_0, \sigma)]^k = [p_\mathrm{h}(\Omega_0, \sigma)]^{V/\Omega_0} \tag{22.60a}$$

考虑到

$$\ln[p_\mathrm{h}(V, \sigma)] = \frac{V}{\Omega_0}\ln[p_\mathrm{h}(\Omega_0, \sigma)] \tag{22.60b}$$

我们得到

$$p_\mathrm{h}(V, \sigma) = \exp\left[-\frac{V}{\Omega_0}\left(\frac{\sigma}{\sigma_\mathrm{e}}\right)^m\right] \tag{22.61}$$

式 (22.61) 表明，体积的增加将带来健存概率的显著下降。如果设计过程中需要保持健存概率为某一给定值 p_h，结合式 (22.58) 和式 (22.60b)，我们需要调整相应的载荷值 σ，即

$$\sigma = \sigma_\mathrm{e}\left(-\frac{\Omega_0}{V}\ln p_\mathrm{h}\right)^{1/m} \tag{22.62}$$

如果设计过程中需要保持健存概率不变，随着体积增加，相应地我们需要下调所施加的载荷。在脆性材料如陶瓷或岩石材料的强度测试过程中，通过三点弯曲试验获得的材料强度通常高于通过四点弯曲所获得的就是这个原理。

22.6　小结

在这一章我们通过几类典型的工程应用问题，结合目前已经讲述的固体力学知识，分析了如何实现特定目标的力学优化与设计。这一分析过程包含了特定的限制条件下，考虑成本、材料性能、力学功能，材料力学行为的统计特征等方面的因素来实现功能和性能方面的要求[9]。类似的问题对工程领域，尤其是力学方面的工程设计人员而言，可能在实际工作中经常遇到[10]。这需要我们在精通问题所涉及的力学原理的同时，对材料的性能有比较全面的了解，也需要我们在设计过程中抓住主要矛盾，综合分析，以期得到可以量化的优化设计参数，实现设计目标。

参考文献

[1]　Ashby M F. Materials Selection in Mechanical Design [M]. 3rd ed. Butterworth Heinemann, 2004.

[2]　Wen J, Wei Y. A dislocation-based solution for stress introduced by arbitrary volume expansion in cylinders [J]. Mathematics and Mechanics of Solids, 2018:108128651775128.

[3]　张吟, 刘小明, 雷现奇, 等. 基于分层分压结构的新型潜水器耐压壳结构设计 [J]. 力学学报, 2017, 49(6): 1231-1242.

[4]　Timoshenko S P. Theory of Elastic Stability[M]. New York: McGraw-Hill, 1936.

[5]　Zoelly R. Uberein Knickungsproblem am der Kugelschale [M], Zurich: Dissertation, 1915.

[6]　Schwerin E. Zur stabilität der dünnwandigen hohlkugel unter gleichmäßigem außendruck [J]. Ztschrift für Angewandte Mathematik und Mechanik, 1922, 2: 81-91.

[7]　Krenzke M A, Kiernan T J. Elastic stability of near-perfect shallow spherical shells [J]. AIAA Journal, 1963, 1: 2855-2857.

[8]　Krenzke M A. The elastic buckling strength of near-perfect deep spherical shells with ideal boundaries: Rpt. No. 1713 [R]. David Taylor Model Basin, 1963.

[9]　程耿东. 工程结构优化设计基础 [M]. 大连: 大连理工大学出版社, 2012.

[10]　Wang Y, Yuan L, Zhang S, et al. The influence of combined gradient structure with residual stress on crack-growth behavior in medium carbon steel [J]. Engineering Fracture Mechanics, 2019, 209: 369-381.

索　引

A

安定理论, 193, 194, 206
安定状态, 193
安全寿命设计, 315
奥氏体, 5, 6, 300

B

Basquin 公式, 290, 293, 294
Biot 模型, 323, 330, 334
饱和状态, 323, 327, 330
贝氏体, 6
变形, 13
变形梯度张量, 128, 133, 135, 139
变形稳定性, 225, 234, 236, 241
表面波, 113
波动方程, 101, 103, 106-108
玻璃化转变, 214
伯努利, 14
泊松效应, 25, 27, 31, 39, 67
布拉维点阵, 3

C

Coble 蠕变, 219-221
残余应力, 193
长时模量, 216
超弹性材料, 126, 131, 137, 139
迟滞回线, 208
纯剪切, 29, 30, 91, 131
脆性断裂, 257, 259, 261, 303, 305

D

Drucker–Prager 准则, 173, 175, 176
达西定律, 330
大变形本构关系, 133
弹塑性大变形, 140
弹塑性模型, 179, 180, 185
弹性常数, 25, 57, 60, 62, 66
弹性断裂, 243, 255, 275, 305
弹性力学, 1, 25, 68, 321
弹性柔度张量, 64, 67
弹性小变形, 16, 245, 255, 256
弹性卸载, 200, 201, 205
弹性张量, 57, 59, 68
定向模量, 64
动态模量, 212, 214
短时模量, 216
断裂力学, 1, 243, 244, 250
断裂韧性, 250, 277, 299, 355
多参数化设计, 362

F

蜂窝材料, 78, 79
复合结构, 69, 74, 78

G

Gassmann 方程, 327, 329
格林应变张量, 135, 137-140
功互易定理, 99
构形熵, 120
骨架材料, 321-323

郑重声明

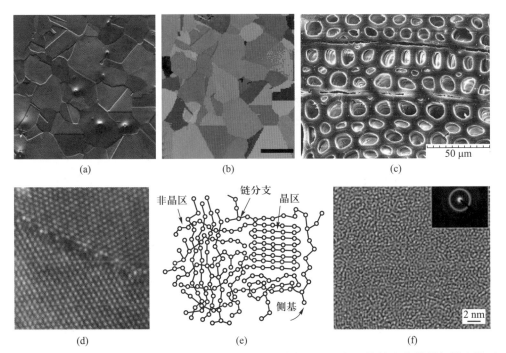

图 1.1 材料的微观结构。(a) 304 不锈钢中的晶粒结构;(b) 晶粒结构在背散射扫描电镜下的晶粒取向差异;(c) 树木的细胞结构;(d) 晶体材料的原子结构;(e) 聚合物材料或者橡胶材料的链状网络结构; (f) 非晶材料的无序结构

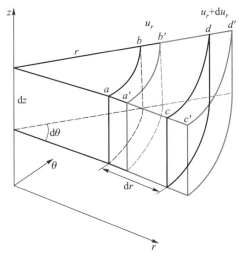

图 2.7 圆柱坐标下的微元沿径向变形后的示意图。该微元在变形前弧度为 dθ,径向长度为 dr,这里显示了沿 r 方向变形前后的位置

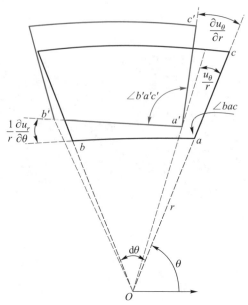

图 2.9 圆柱坐标下的微元沿径向和周向位移产生的剪切变形示意图。变形前的投影 (黑色) 在变形后 (红色) 由于周向和径向位移而导致角度变化

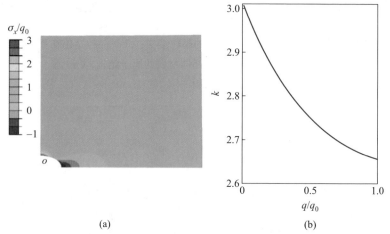

(a)

(b)

图 9.7 （a）结构在单轴拉伸载荷 $q_0 = 8.0 \times 10^4$ MPa 时的 σ_x 应力分布云图；（b）孔边 o 位置处的应力集中系数 k 随载荷的变化曲线

(a)   (b)   (c)

图 10.6 在 $x - y$ 平面的刃位错（位错线沿 z 方向）应力云图（区域大小为 20nm $\times$ 20 nm）。(a) σ_{xx}; (b) σ_{yy}; (c) σ_{xy}

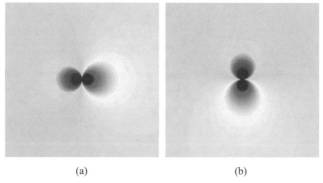

(a)   (b)

图 10.7 在 $x-y$ 平面的螺位错（位错线沿 z 方向）应力云图（区域大小为 20 nm × 20 nm）。（a）σ_{yz}；（b）σ_{xz}

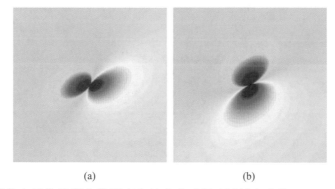

(a)   (b)

图 10.8 考虑各向异性的螺位错所产生的应力云图（区域大小为 20nm × 20 nm）。（a）σ_{yz}；（b）σ_{xz} [13-14]

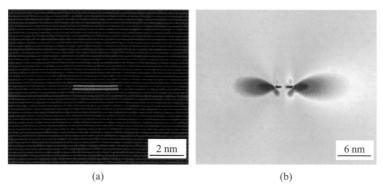

(a)   (b)

图 10.10 金属铜中的扩展位错。（a）原子结构图，位错线垂直于纸面，红色原子为位错，蓝色原子为层错；（b）单位刃位错分解为扩展位错后产生的应力场 σ_{xy}

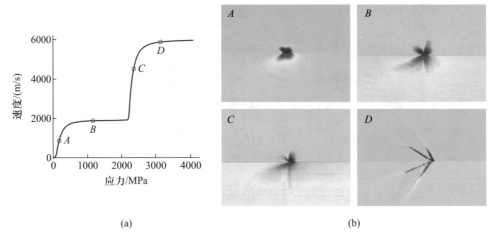

(a)   (b)

图 10.11　铜晶体中孪晶界面上刃位错的运动。（a）速度–应力依赖关系；（b）对应点的应力云图 σ_{xx}